NEW

국가직무능력표준(NCS)에 따른

제과제빵 이론&실기

홍행홍·민경찬·서홍원·이재동·정혜심·이관복 공저

光文閣
www.kwangmoonkag.co.kr

국가 경제가 발전하고 고도 산업사회화가 됨에 따라 국민 식생활의 향상과 더불어 식생활의 세계화 경향을 예견하여 국가기술자격법, 동시행령 및 동시행규칙을 개정하여 산업 인력의 중요성이 더욱 강조되어 있는 시점에 있다.

이에 따라 제과·제빵 분야에서도 1974년부터 제과사·제빵사 자격제도를 실시하여 질 높은 많은 제과(빵) 기술인을 배출하여 제과산업 발전에 크게 기여해 왔으나 근년에 들어 계속되는 급격한 출산율의 감소는 장기적으로 생산 현장의 '인력난'을 예상하게 되었으므로 효율성이 높은 다기능 기술 인력의 필요성이 대두되고 있다. 국가는 이를 대비하여 2007년부터 〈국가직무능력표준〉을 설정하여 산업 인력의 선진화를 추진하고 있다.

제과 산업 현장에서 보다 많은 국가자격을 가진 우수한 인력이 생산 및 경영의 주체가 될 때, 보다 나은 식문화(食文化) 발전을 기대할 수 있다는 관점에서 되도록 많은 사람이 이 분야의 자격을 취득할 수 있도록 이 책을 집필하게 되었으며, 1993년 9월 처음 발행한 이래 수많은 독자 여러분의 사랑에 힘입어 다시 최근에 확정 고시한 〈국가직무능력표준〉에 맞춘 자료와 문제를 보강하여 미래형 개정판을 내게 되었다.

이 책은
1. 제과사, 제빵사 자격시험에 대한 상세한 안내와 출제, 채점 기준을 실었으며
2. 출제 과목별 '요점 정리'와 '예상 문제'를 자세하고 폭넓게 수록하여 암기식을 지양하고
   근본적인 이해를 하는 데에 초점을 두었으며
3. 실기에 대해서는 자세한 제조 공정과 요령을 통하여 기능성을 높이도록 하고, 컬러판으로 실기 품목을 소개하여 자율실습을 돕도록 하여 자격증 취득의 바른 길잡이가 되도록 최선을 다하였다.

많은 수험자가 이 책을 읽고 열심히 기능을 연마하여 자격을 취득하고 훌륭한 제과인이 되기를 바라며, 본서 출간을 위해 애써주신 광문각출판사 박정태 대표님과 편집부 직원 여러분께 감사를 드린다.

저자 일동

과자류, 빵류 재료

빵류·과자류 재료 혼합

1-1-1. 재료 준비 및 계량

Ⅰ. 배합표 작성 및 점검

① 배합표의 종류

1) Baker's percent(베이커스 퍼센트)

배합표에 있는 밀가루의 무게를 100%로 하여 각각의 재료를 밀가루에 백분율로 표시

2) True percent(트루 퍼센트)

전 재료의 퍼센트의 합이 100%로 보고 총 중량에서 각 재료가 차지하는 비율(%)을 나타낸 것

② 배합표의 종류

1) 각 재료의 무게

각 재료의 무게(g) = 밀가루 무게(g) × 각 재료의 비율(%)

2) 밀가루의 무게

$$밀가루\ 무게(g) = \frac{밀가루\ 비율(\%) \times 총\ 반죽\ 무게(g)}{총\ 배합률(\%)}$$

3) 총 반죽 무게

$$총\ 반죽\ 무게(g) = \frac{총\ 배합률\ (\%) \times 밀가루\ 무게\ (g)}{밀가루\ 비율(\%)}$$

Ⅱ. 기초 재료과학

① 탄수화물(Carbohydrates)

탄수화물은 탄소, 수소, 산소의 세 가지 원소로 구성되어 있는 유기 화합물로 $Cm(H_2O)n$으로 표시하며 지방, 단백질과 함께 3대 영양소를 이루고 있다.

또한, 이것은 포도당과 같은 단당류로부터 시작하여 복잡한 구조의 전분과 셀룰로오스에 이르기까지 방대한 화합물을 포함하고 있다.

〈탄수화물의 분류〉

단당류		과당류 (Oligosaccharides)	다당류 (Polysaccharides)
5탄당	6탄당		
아라비노오스 (arabinose) 크실로오스 (xylose) 리보오스 (ribose)	포도당(glucose) 갈락토오스(galactose) 만노오스(mannose) 탈로오스(tallose) 과당(fructose) 소르보오스(sorbose)	• 2당류($C_{12}H_{22}O_{11}$) 자당(sucrose) 유당(lactose) 맥아당(maltose) • 3당류($C_{18}H_{32}O_6$) 라피노스(raffinose)	• 펜토산($C_5H_8O_4$)n 아라반(araban) 크실란(xylan) • 헥소산($C_6H_{10}O_5$)n 전분 셀룰로오스 이눌린

탄수화물의 기본 단위인 포도당은 엽록소를 가진 식물의 광합성(光合成) 작용에 의하여 생성되는데 이 복잡한 과정은 $6CO_2+6H_2O+$태양 빛에너지 → $C_6H_{12}O_6 + 6O_2$의 화학식으로 요약할 수 있다. 탄수화물이 가수분해에 의하여 더 간단하게 되지 않는 것은 단당류, 2개 또는 3개의 단당류로 결합된 것을 2당류 또는 3당류라 한다. 탄수화물 유도체로 고무(gum)질, 펙틴질 등이 있다.

1. 단당류(Monosaccharides)

1) 포도당(Glucose)

① 자연계에 가장 널리 분포되어 있는 다당류의 기본적인 구성 분자로 광학적 우선성(右旋成)이므로 덱스트로오스(dextrose)라고도 한다.

② 분자식: $C_6H_{12}O_6$

③ 환원당

④ 상대적 감미도: 75

⑤ 전분의 가수분해로 얻을 수 있다.

2) 과당(Fructose)

① 좌선성(左旋性)이므로 레블로오스(levulose)라고도 한다.

② 분자식: $C_6H_{12}O_6$　　　③ 환원당

④ 상대적 감미도: 175　　　⑤ 이눌린의 가수분해, 설탕의 가수분해로 얻을 수 있다.

3) 갈락토오스(Galactose)

① 우유 중의 유당을 분해하여 얻을 수 있다.

② 분자식: $C_6H_{12}O_6$　　　③ 환원당　　　④ 포유동물의 젖에서만 존재

2. 2당류(Disaccharides)

1) 설탕(Sucrose)

① 사탕수수, 사탕무로부터 얻는 2당류 중 가장 중요한 자원

② 분자식: $C_{12}H_{22}O_{11}$

③ 인버타제(Invertase)라는 효소에 의해 포도당과 과당으로 분해

④ 비환원당　　　　　　　　⑤ 상대적 감미도: 100

⑥ 다른 설탕류와 구분되는 단어로 '자당' 이라고도 한다.

2) 맥아당(Maltose)

① 전분이 분해되어 생산되는 2당류

② 전분에 작용하는 알파아밀라제(α-amylase)와 베타아밀라제(β-amylase)에 의해 생성

③ 분자식: $C_{12}H_{22}O_{11}$

④ 말타제(maltase)라는 효소에 의해 2개의 포도당으로 분해

⑤ 환원당　　　　　　　　⑥ 상대적 감미도: 32

⑦ 발효 과정을 거치는 감주의 주요당

3) 유당(Lactose)

① 포유동물의 젖 중에 자연 상태로 존재

② 분자식: $C_{12}H_{22}O_{11}$

③ 락타제(lactase)라는 효소에 의해 포도당과 갈락토오스로 분해

④ 환원당　　　　　　　　⑤ 상대적 감미도: 16

⑥ 유산균에 의해 유산(乳酸: lactic acid)을 생성하여 유산균 음료의 특유한 맛과 향을 나타낸다.

3. 전분(Starches)

식물계의 중요한 저장 탄수화물인 전분은 종자, 과실, 줄기, 잎, 뿌리 등에 가장 널리 분포된 물질로 옥수수, 밀, 쌀 등의 전분과 같은 '곡물 전분'과 타피오카, 감자, 칡 등의 전분과 같은 '구경 전분'이 포함된다.

1) 분자 구조

전분은 아밀로오스와 아밀로펙틴의 2가지 기본 형태로 되어 있다.

(1) 아밀로오스(amylose)

① 포도당 단위가 직쇄로 연결(분자량 80,000~320,000)
② 알파 - 1,4 - 결합으로 연결
③ 요오드 용액에 의해 청색 반응
④ 베타 아밀라제에 의해 거의 완전히 맥아당으로 분해
⑤ 쉽게 퇴화하고 침전하는 경향이 있다.

(2) 아밀로펙틴(amylopectin)

① 분자 구조는 측쇄 연결
② 측쇄는 알파 - 1,6 - 결합으로 연결
③ 요오드 용액에 의해 적자색 반응
④ 베타 아밀라제에 의해 약 52%까지만 분해
⑤ 퇴화의 경향이 적다.

★ 보통의 곡물은 아밀로오스가 17~28%이고 나머지가 아밀로펙틴이다. 찹쌀이나 찰옥수수는 아밀로펙틴이 100% 이다.

2) 젤라틴화(Gelatinization)

① 전분 입자는 실온 이하의 온도에서 사실상 불용성
② 전분은 수분 존재하에 온도가 높아지면 팽윤되어 풀이 된다. 풀이 되는 현상을 젤라틴화 또는 호화라 한다.
③ 전분의 호화 온도는 종류에 따라 다르며 밀가루와 감자 전분은 56~60℃, 옥수수 전분은 80℃ 에서 호화되기 시작(알파-전분 상태)
④ 팽윤제(swelling agents)라 불리는 어떤 염과 알칼리는 호화점을 낮추어 실온에서도 팽윤이 일 어나게 한다.

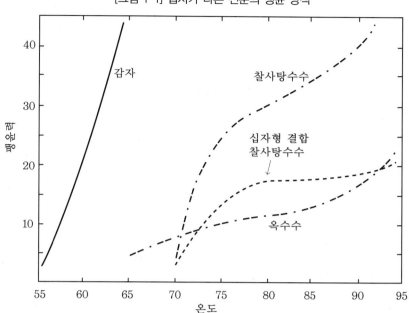

[그림 1-1] 입자가 다른 전분의 팽윤 양식

3) 퇴화(Retrogradation)

(1) 전분 용액이 희석, 농축, 냉각 등으로 아밀로오스 분자가 물과 분리되어 침전을 형성하거나 망상 조직이 형성되어 물리적으로 불안정한 상태가 되는 현상을 퇴화라 한다.

(2) 빵과 케이크가 딱딱해 지는 현상을 노화라 하는데 전분의 퇴화가 큰 원인이 된다.

(3) 퇴화는 아밀로오스 농도가 높을 때, pH7 근처에서, 중합도가 균일할 때(중합도 150~200), 아밀로오스 분자로부터 물을 끌어 낼 무기물이 존재할 때 빨리 일어난다.

(4) 유화제는 전분 입자 안의 직선형 분자와 나선형 복합물을 만들어 입자로부터의 이동을 방지하여 노화를 지연시키나 측쇄를 가진 전분에는 영향을 줄 수 없어서 노화는 계속된다.

(5) 빵 제품의 노화는 오븐에서 나오자마자 시작되며, -18℃ 이하에서는 노화가 거의 정지하나 냉장 온도(-0~2℃)에서 가장 빨리 노화된다.

(6) 노화 지연 방법

① 냉동 저장(-18℃ 이하)   ② 유화제 사용   ③ 포장 관리

④ 양질의 재료 사용   ⑤ 적정한 공정 관리

★가열 처리(토스트)로 다시 알파화시켜 먹는 방법이 쓰이고 있다.

② 유지(Fats and Oils)

유지는 자연계에 있는 대단히 중요한 유기 화합물의 하나로 물에 불용성이며, 글리세린과 고급 지방산과의 에스텔, 즉 화학적으로는 트리글리세라이드(Triglycerides)라 한다.

지방(Fats)과 기름(Oils)이란 용어는 근본적으로 다른 구성의 물질이 아니고 평상 온도에 대한 물리적 상태로 구별하는 말이다.

1. 지방산과 글리세린

1) 글리세린(glycerine)

① 무색, 무취, 감미를 가진 시럽과 같은 액체로 비중은 물보다 크다.

② 3개의 수산기(-OH)를 가지고 있어 글리세롤(glycerol)이라고도 하며 물에 녹는다.

③ 구조식

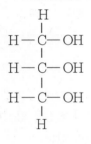

④ 지방의 가수분해로 얻는다.

⑤ 수분 보유력이 커서 식품의 보습제로 이용

⑥ 물-기름 유탁액에 대한 안정 기능이 있어 크림을 만들 때 물과 지방의 분리를 억제

⑦ 향미제의 용매로 널리 사용되는 한편 식품의 색택을 좋게 하는 독성이 없는 극소수 용매 중의 하나로 케이크 제품에는 1% 미만에서 2%까지 사용

2) 지방산(faffy acids)

지방산은 지방 전체 분자량의 94~96%를 구성하고 있으며, 그 분자의 반응 부분이 되기도 한다. 가장 보편적인 지방산은 끝에 1개의 카복실기(-COOH)가 붙어 있는 지방족 화합물로 이소발레린산을 제외하고는 탄소 수가 4에서 26에 달하는 **짝수**이다.

(1) 포화지방산

① 지방산 사슬의 탄소 원자가 2개의 수소 원자와 결합하여(CH_2: 메틸렌 그룹) 단일결합만으로 이루어진 지방산

② 탄소 원자 수가 증가함에 따라 융점(melting point)과 비점(boiling point)이 높아진다.

③ 대표적인 포화지방산
- 뷰티르 산(C_3H_7COOH): 우유지방
- 카프로 산($C_5H_{11}COOH$): 우유지방, 코코넛, 야자씨
- 미리스트 산($C_{13}H_{27}COOH$): 우유지방, 넛메그지방
- 팔미트 산($C_{15}H_{31}COOH$): 라드, 쇠기름, 야자유, 코코아버터, 기타 많은 식물성 기름
- 스테아르 산($C_{17}H_{35}COOH$): 천연 동·식물성유

④ 분자식: $C_nH_{2n+1}COOH$

<주요 지방의 지방산 구성비>

지 방	포화지방산(%)	불포화지방산(%)
우유지방	57.5	42.5
코코넛유	91.2	8.8
야자인유	80.8	19.2
코코아버터	59.8	40.2
라 드	41.5	58.5
면실유	27.2	72.8
대두유	11~20	83~90
낙화생유	21.7	78.3

(2) 불포화지방산

① 지방산 사슬의 탄소 원자가 2개의 수소 원자를 갖지 못하여 탄소와 탄소 사이에 2중결합 (double bond)을 지닌 지방산

$$\begin{array}{cccccc} H & H & H & H & H & H \\ | & | & | & | & | & | \\ -C & -C & -C & =C & -C & -C- \\ | & | & & & | & | \\ H & H & & & H & H \end{array}$$

② 2중결합 수가 많을수록, 탄소 수가 작을수록 융점이 낮아진다.

③ 대표적인 불포화지방산
- 올레산($C_{17}H_{33}COOH$): 유지방, 라드, 쇠기름, 올리브유, 땅콩기름, 홍차씨 기름 ⇒ 2중결합이 1개
- 리노레산($C_{17}H_{31}COOH$): 식물성 유지에 다량 함유 ⇒ 2중결합이 2개
- 리노렌산($C_{17}H_{29}COOH$): 아마인유와 같은 건성유의 주성분 ⇒ 2중결합이 3개

2. 지방의 화학적 반응

1) 가수분해

(1) 유지는 물의 존재하에 가수분해되면 모노, 디 글리세라이드와 같은 중간 산물을 생성하고
   종국에는 지방산과 글리세린이 된다.

(2) 유지 $\xrightarrow{\text{가수분해}}$ ┌ 유리지방산 1 $\xrightarrow{\text{가수분해}}$ ┌ 유리지방산 2 $\xrightarrow{\text{가수분해}}$ ┌ 유리지방산 3
   └ 디글리세라이드   └ 모노글리세라이드   └ 글리세린

(3) 유리지방산 함량이 높아지면 튀김 기름은 거품이 많아지고, 발연점(연기가 나기 시작하는
   온도)이 낮아진다.

2) 산화

(1) 유지가 대기 중의 산소와 반응하는 것을 자가 산화(Autoxidation)라 한다.

(2) 산화 기작

$$-\underset{\text{(유지의 2중결합)}}{\overset{\displaystyle H \quad\;\; H}{C = C}} - \quad + \underset{\text{산소}}{O_2} \quad \longrightarrow \quad -\underset{\text{(과산화물)}}{\overset{\displaystyle H \quad\;\; H}{\underset{O - O}{C - C}}}-$$

(3) 산화 과정 중의 과산화수화물은 무미, 무취이지만 이것은 불안정하여 길이가 짧은 알데히
   드나 산으로 분해되어 냄새가 나게 된다(산패취).

(4) 산화에 영향을 주는 요인(Lundberg)

   ① 2중결합의 수   ② 불포화도
   ③ 부산화제(금속, 자외선, 생물학적 촉매)   ④ 온도

   ★과산화수화물 → 과산화물(산패 속도가 급격히 빨라짐)
   ★항의 환원, 에스텔화, 검화 등 여러 가지 반응이 있다.

3. 지방의 안정화

1) 항산화제

   ① 산화적 연쇄반응을 방해하여 유지의 안정 효과를 갖게 하는 물질

② 항산화제의 대부분은 1개 또는 그 이상의 수산기(-OH)가 붙어 있는 환상 구조를 가진 석탄산 계통의 화합물

③ 식품 첨가용 항산화제에는 비타민 E, 프로필 갈레이트, BHA, NDGA, BHT 등이 있다.

④ 비타민 C, 구연산, 주석산, 인산을 포함하는 산 화합물은 그 자신만으로는 별 효과가 없지만 항산화제와 병용하면 지방의 안정성을 높여주므로 이들을 **보완제(synergists)**라 한다.

⑤ 지방산 에스텔의 유리기는 석탄산으로부터 수소 원자를 쉽게 받아 안정화되어 연쇄반응을 중지한다. 그러나 항산화제는 지방 안정화 과정에서 자신이 소모되기 때문에 무한정으로 산화를 방지하지는 못한다.

⑥ 천연 원유(原油)에는 상당량의 항산화제 물질이 함유되어 있으나 정제 중에 대부분이 제거된다.

2) 수소 첨가

① 지방산의 2중결합에 수소를 촉매적으로 부가시켜 불포화도를 감소

② 수소 첨가 기작

(유지의 2중결합)　　　　수소　　　　(포화지방산)

③ 불포화도가 감소되어 포화도가 높아지므로 융점이 높아지고 단단해진다. 그래서 유지의 수소 첨가를 **경화(硬化)**라 한다.

★ 유지의 안정성을 측정하기 위한 방법으로 '활성산소법(AOM)', '순간 안정성 시험', '샬 테스트' 등이 사용되고 있다. 이는 온도 등을 높여 유지의 산패를 가속하는 방법이다.

4. 제과용 유지의 특성

1) 향미

① 유지 제품별로 특유의 향미가 있어야 하나 온화해야 된다.

② 튀김이나 굽기 과정을 거친 후에 냄새가 환원되지 않아야 좋다.

2) 가소성(plasticity)

① 유지가 고체 모양을 유지하는 성질로, 낮은 온도에서 너무 단단하지 않으면서 높은 온도에서도 너무 부드러워지지 않는 것을 가소성 범위가 넓다고 한다.

② 파이용 마가린이 대표적인 제품

③ 단단한 정도는 온도, 고형질, 입자의 크기, 결정체의 모양, 결정의 강도, 고체-액체의 비율 등에 의해 영향을 받는다.

3) 유리지방산가

① 유지가 가수분해된 정도를 알 수 있는 지수로도 사용

② 1g의 유지에 들어 있는 유리지방산을 중화하는 데 필요한 수산화칼리의 mg수로 정의되고, 결과는 %로 표시

③ 튀김 기름에 유리지방산이 많아지면 낮은 온도에서 연기가 난다.

4) 안정성

① 지방의 산화와 산패를 억제하는 기능

② 저장 기간이 긴 제품(예 : 쿠키)에 사용하는 유지의 제일 중요한 특성은 안정성이 높은 유지

5) 색

① 버터, 마가린, 식용유, 라드 등은 고유의 색을 가져야 한다.

② 쇼트닝은 순수한 백색(Lovibond 색가로 2.0 이하)

③ 원유, 결정 입자의 크기, 공기 또는 질소의 함유량, 템퍼링, 정제 등에 영향을 받는다.

6) 기능성(쇼트닝성)

① 빵, 과자 제품의 부드러움을 나타내는 쇼트닝가를 의미

② 표준 크래커나 파이 껍질의 강도를 측정하는 쇼트 미터(Bailey Shortmeter)로 측정

7) 크림가

① 유지가 믹싱 조작 중 공기를 포집하는 능력

② 크림법을 사용하는 케이크와 크림 제조에 중요한 기능

8) 유화가

① 유지가 물을 흡수하여 보유하는 능력

② 일반 쇼트닝은 자기 무게의 100~400%를 흡수하며, 유화 쇼트닝은 800%까지 흡수

③ 많은 유지와 액체 재료(물, 계란, 우유 등)를 사용하는 제품에 특히 중요한 기능(고율 배합 케이크, 파운드 케이크, 크림 등)

③ 단백질(Proteins)

3대 유기 화합물인 탄수화물, 지방, 단백질 중에서 단백질은 영양학적으로도 가장 중요하고 화학적으로도 가장 복잡하다.

단백질은 탄소, 수소, 산소 외에 12~19%의 질소로 구성되는데 이 질소가 단백질이 특성을 규정짓는다. 일반 식품은 질소를 정량하여 단백계수 6.25를 곱한 것을 단백질 함량으로 보며 밀의 경우는 5.7을 곱하여 밀단백질로 본다.

1. 아미노산

1) 기본 구조

(1) 단백질이 기본 단위로 아미노 그룹(-NH2)과 카복실 그룹(-COOH)을 함유하는 유기산

(2) 아미노산의 구조식

$$\begin{array}{cc} H_2N & COOH \\ & C \\ H & R \end{array}$$

(3) 아미노산은 염기와 산의 특성을 함께 지니고 있는 공산염기성

(4) 필수아미노산: lysine, tryptophan, phenylalarnine, leucine, isoleucine, threonine, methionine, valine

2) 아미노산의 분류

[반응성과 성분에 따른 분류]

(1) 중성 아미노산

① 아미노 그룹과 카복실 그룹을 각각 1개씩
② 지방족 화합물로 거의 모든 단백질이 구성 성분

(2) 산성 아미노산

① 아미노 그룹 1개와 카복실 그룹 2개
② 약산의 성질
③ 아스파르산(Aspartic acid), 글루탐산(Glutamic acid)

(3) 염기성 아미노산

① 아미노 그룹 2개와 카복실 그룹 1개   ② 약염기성의 성질

③ 라이신(Lysine), 알기닌(Arginine), 히스티딘(Histidine)

(4) 함유황 아미노산: 시스틴(CyS), 시스테인(CySH), 메티오닌

[구조에 따른 분류]

(1) 지방족 아미노산   (2) 방향족 아미노산   (3) 이중환상 아미노산

2. 단백질의 분류

자연계에 존재하는 방대한 수의 단백질은 생물학적 방법으로 식물성과 동물성 단백질로 나누거나 화학적 성질에 따라 ① 단순단백질 ② 복합단백질 ③ 유도단백질로 분류한다.

1) 단순단백질

가수분해로 알파 아미노산이나 그 유도체만이 생성되는 단백질이다.

(1) 알부민
  ① 물이나 묽은 염류 용액에 녹고 열과 강한 알코올에 응고
  ② 흰자, 혈청, 우유, 식물 조직

(2) 글로불린
  ① 물에 불용성, 묽은 염류 용액에 가용성, 열 응고
  ② 계란, 혈청, 대마씨, 완두

(3) 글루테린
  ① 중성 용매에 불용성, 묽은 산·염기에 가용성, 열응고
  ② 곡식의 낱알에만 존재, 밀의 **글루테린**

(4) 글리아딘
  ① 물에 불용성, 묽은 산과 알칼리에 가용성, 강한 알코올에 용해
  ② 밀의 글리아딘, 옥수수의 제인, 보리의 호르데인

(5) 알부미노이드
  ① 중성 용매에 불용성
  ② 동물의 결체 조직인 인대, 건(腱), 발굽 등에 존재
  ③ 분해되어 콜라겐(젤라틴이 됨)과 케라틴(角素)

(6) 히스톤

① 물이나 묽은 산에 용해, 암모니아에 침전, 열에 불응고
② 동물의 세포에만 존재, 핵단백질, 헤모글로빈을 만든다.

2) 복합단백질

아미노산에 다른 물질이 결합된 단백질

(1) 핵단백질

① 세포의 활동을 지배하는 세포 핵을 구성하는 단백질
② RNA, DNA와 결합하며 동식물의 세포에 존재

(2) 당단백질

① 탄수화물과 단백질이 결합된 화합물
② 동물의 점액성 분비물, 연골 등에 존재(mucin과 mucoid)

(3) 인단백질

① 유기 인과 단백질이 결합   ② 우유의 카세인, 노른자의 오보비테린

(4) 색소 단백질

① 발색단(發色團)을 가진 단백질 화합물
② 포유류 혈관, 무척추 동물 혈관, 녹색식물에 존재
③ 헤모글로빈, 헤마틴, 엽록소

(5) 레시틴 단백질: 인산 화합물인 레시틴과 결합된 단백질

(6) 지단백질: 지방산과 결합된 단백질

(7) 금속단백질: 철, 망간, 구리, 아연 등과 결합된 단백질

3) 유도단백질

천연 단백질이 효소나 산, 알칼리, 열 등 적절한 작용제에 의한 부분적인 분해로 얻어지는 제1차, 제2차 분해 산물을 말한다.

(1) 메타프로테인: 제1차 산물로 물에는 불용성, 묽은 산과 알칼리 용액에는 가용성

(2) 프로테오스: 메타보다 가수분해가 더 많이 진행된 분해 산물로 수용성이나 열에 응고되지 않는다.

(3) 펩톤: 가수분해가 상당히 진행되어 분자량이 적은 분해 산물로 실제적으로 교질성도 없다.

(4) 펩티드: 2개 이상의 아미노산 화합물, 비교적 적은 분자량

3. 소맥의 단백질

1) 젖은 글루텐과 건조 글루텐의 조성

<table>
<tr><td colspan="2" align="center">젖은 글루텐 조성(%)</td></tr>
<tr><td>물</td><td>67</td></tr>
<tr><td>단백질</td><td>26.4</td></tr>
<tr><td>전 분</td><td>3.3</td></tr>
<tr><td>지방</td><td>2.0</td></tr>
<tr><td>회 분</td><td>1.0</td></tr>
<tr><td>섬유질</td><td>0.3</td></tr>
</table>

<table>
<tr><td colspan="2" align="center">건조 글루텐 조성(%)</td></tr>
<tr><td>단백질</td><td>80</td></tr>
<tr><td>전 분</td><td>10</td></tr>
<tr><td>지 방</td><td>6</td></tr>
<tr><td>회 분</td><td>3</td></tr>
<tr><td>섬유질</td><td>1</td></tr>
</table>

① 밀가루와 물이 반죽으로 혼합될 때 응집성, 신장성, 탄력성, 점성, 유동성을 가진 **글루텐** (Gluten)이란 물질이 생성

② 글루텐 형성의 주요 단백질
  - 글루테닌: 50,000~1,000,000의 분자량, 탄력성을 갖게 하는 단백질
  - 글리아딘: 20,000~40,000의 분자량, 점성, 유동성을 갖게 하는 단백질

2) 글루텐과 단백질 관계

(1) 젖은 글루텐(%) = 젖은 글루텐 중량 / 밀가루 중량 × 100

(2) 건조 글루텐(%) = 젖은 글루텐(%)÷3 = 밀가루 단백질(%)

【연습문제】
밀가루 50g에서 18g의 젖은 글루텐을 얻었다면 이 밀가루의 단백질은 함량은?
  〈풀이〉 ① 젖은 글루텐(%)=18/50×100=36%   ② 건조 글루텐(%)=36%÷3=12%
  ∴ 이 밀가루에는 약 12%의 단백질이 들어 있다.

④ 효소(Enzymes)

1. 효소의 분류

1) 일반 분류

국제생화학 연합회가 1961년에 촉매 반응의 형태에 따라 분류하고 명명한 효소

(1) Oxidoreductase(산화환원효소): 산화와 환원작용을 촉매

(2) Transferase(전이효소): 아미노 그룹이나 메틸 그룹 등을 다른 물질에 옮기는 효소

(3) Hydro1ase(가수분해효소): 어떤 물질에 물을 첨가하여 분해시키는 효소

(4) Lyase(분해효소): 가수분해 이외의 방법으로 물질을 분해

(5) Isomerase(이성화효소): 입체 이성체의 변화, 이중결합의 위치 전환 등으로 분자 내 배열을 바꾸는 효소

(6) Ligase(합성효소): 2개의 분자를 축합하는 결합을 촉매

2) 작용 기질에 따른 분류

(1) 탄수화물 분해효소(Carbohydrases)

① 셀룰라제(Cel1ulases)
  • 섬유소를 용해, 분해
  • 맥아분, 목재 파괴 박테리아나 곰팡이에 존재

② 이눌라제(Iinulases)
  • 돼지감자 등의 이눌린을 과당으로 분해
  • 땅속 줄기와 뿌리 식물에 존재

③ 아밀라아제(Amylases)
  • 전분 또는 간장의 글리코겐을 가용성 전분이나 덱스트린으로 전환시키는 액화작용과 맥아당으로 전환시키는 당화작용
  • 디아스타제 또는 알파 아밀라제, 베타 아밀라제라고도 하며, 침에 있는 효소를 프티알린이라 한다.
  • 맥아 추출물, 밀가루, 침. 어떤 종류의 박테리아와 곰팡이 등에 존재

④ 2당류 분해효소
  • 인버타제(Invertase): ⓐ 설탕을 포도당과 과당으로 분해, ⓑ 제빵용 이스트, 췌액, 장액에 존재

- 말타제(Maltase): ⓐ 맥아당을 2분자의 포도당으로 분해, ⓑ 제빵용 이스트, 췌액, 장액에 존재
- 락타제(Lactase): ⓐ 유당을 포도당과 갈락토오스로 분해, ⓑ 췌액과 장액에 존재, 제빵용 이스트에는 없음.

⑤ 산화효소

- 찌마제(Zymase): 포도당. 과당과 같은 단당류를 알코올과 이산화탄소로 분해
- 퍼옥시다제(Peroxidase): 카로틴 계통의 황색 색소를 무색으로 산화시키며 대두 등에 존재

(2) 단백질 분해효소(Proteolytic Enzymes)

① 프로테아제(Proteases): 단백질을 펩톤, 폴리펩티드, 아미노산으로 전환시키는 효소
- 프로테아제: 밀가루, 발아 중의 곡식, 곰팡이류 등에 존재
- 펩신: 위액에 존재
- 트립신: 췌액에 존재
- 레닌: 단백질을 응고시키며, 반추위 동물의 위액에 존재

② 펩티다제(peptidases): 펩티드를 분해하여 아미노산으로 전환시키는 효소
- 펩티다제: 췌액에 존재
- 에렙신: 위액에 존재

(3) 지방 분해효소(Esterases)

① 리파제

② 지방을 글리세롤과 지방산으로 전환시키며 이스트, 밀가루, 장액 등에 존재한다.

③ 스테압신: 췌액에 존재

④ 인산에스텔 분해효소, 핵산 중합 파괴 효소

2. 효소의 성질

1) 선택성

(1) 절대적 선택성: 어느 특정한 기질만 공격할 수 있는 능력

(2) 상대적 선택성: 서로 관련된 기질의 어느 특정한 형태의 반응에만 작용

(3) 공간적 선택성

① 입체 선택성이라고도 한다.

② 한 화합물의 2개의 입체 이성체 중 하나에만 반응하는 능력

(4) 효소 - 기질 + 물 ⇒ 효소 + 산물 A + 산물 B

효소와 기질은 마치 **열쇠**와 **자물쇠**의 관계와 같다.

2) 온도의 영향

(1) 효소는 일종의 단백질인 까닭에 열에 의해 변성되기도 하고 파괴되기도 한다. 온도가 낮으면 촉매 반응 속도가 0이 된다.

(2) 적정 온도 범위 내에서 온도 10℃ 상승에 따라 효소 활성은 약 2배로 증가

(3) 최적 온도 수준을 넘으면 반응 속도는 감소된다. 지나치게 고온이 되면 효소 자체의 단백질 변성에 의해 불활성이 되며, 온도를 다시 낮추어도 원래의 활성을 회복하지 못한다.

3) pH의 영향

(1) pH가 달라지면 효소의 활성도가 달라진다.

(2) 같은 효소라도 그 작용 기질에 따라 적정 pH도 달라진다.

(3) 몇 가지 가수분해효소의 적정 pH

효소	기질	적정 pH
펩신	계란 알부민	1.5
펩신	글루타밀타이로신	4.0
유레아제	맥아당	7.0
유레아제	요소	6.4~6.9
췌장 아밀라제	전분	6.7~6.9
맥아 아밀라제	전분	4.5
알기나제	알긴	9.5~9.9

3. 아밀라제

아밀라제는 배당체 결합을 분해하는 가수분해효소로 자연계에 널리 분포되어 많은 동물의 조직, 고등식물, 곰팡이류, 박테리아류 등에 존재한다.

1) 베타 아밀라제(Beta-Amylase)

(1) 전분의 알파-1,4 결합을 공격하여 맥아당을 생성: 당화효소

(2) 알파-1,6 결합에 작용하지 못함: 외부 아밀라제

(3) 손상된 전분과 덱스트린에서 맥아당을 직접 생성시킨다.

2) 알파 아밀라제(Apha-Amylase)

(1) 전분은 덱스트린으로 전환: 액화효소

(2) 아밀로오스와 아밀로펙틴 사슬의 내부 결합을 가수분해: 내부 아밀라제

(3) 천연 상태의 전분에 직접 작용하여 전분을 쉽게 액화

(4) 밀가루 100파운드당 약 6,000 단위, 맥아로 0.2~0.4%가 권장량

3) 곰팡이류 아밀라제와 박테리아류 아밀라제

(1) 아밀라제의 공급원이 다르면 온도와 pH에 따라 그 활성도 다르게 된다.

(2) 제빵에는 알파 아밀라제 역가가 5,000~20,000 단위가 사용

(3) 공급원에 따라 열 안정성이 다르다.

온도(℃)	효 소 활 성(%)		
	곰팡이류	밀맥아류	박테리아류
65	100	100	100
70	52	100	100
75	3	58	100
80	–	25	92
85	–	1	58
90	–	–	22
95	–	–	8

Ⅲ. 재료의 성분 및 특성

① 밀가루(Wheat Flour)

1. 밀알의 구조

밀알은 구조적으로 배아, 내배유, 껍질의 3부분으로 구성되어 있다.

1) 구성 부위별 특징

항목	껍질	배아	내배유
중량 구성비(%)	14	2~3	83
단백질(%)	19	8	73
회 분	많다	많다.	적다.
지 방	중간	많다.	적다.
무질소물	적다.	적다.	많다.

2) 껍질층(Bran Layers)

(1) 종피에 들어 있는 색소 물질의 양, 농도, 색조, 외피의 투명성 등에 의해 독특한 색

(2) 내배유 바로 바깥쪽의 호분 세포층은 두꺼운 벽을 가진 단백질로 구성되어 있으나 글루텐을 형성하지 않는다.

3) 배아(Germ)

(1) 밀의 발아 부위로서 상당량의 지방이 함유되어 있으므로 저장성이 나쁘다.

(2) 배아유는 식용 또는 약용으로 사용된다.

4) 내배유(Endosperm)

(1) 호분 세포층 바로 아래에 ① 주위세포, 낱알 표면에 대하여 수직으로 길게 늘어선 ② 각주세포, 가운데 부분을 채우고 있는 ③ 중심세포 3가지 형태의 전분으로 구성

(2) 경질소맥으로 만든 강력분은 초자질의 내배유 조직을 가지고 있어 모래알 같은 특성

(3) 연질소맥으로 만든 박력분은 작은 세포 입자와 유리된 전분을 가지고 있어 고운 밀가루

2. 제분(Milling of Wheat)

제분의 목적은 첫째, 내배유 부분으로부터 가능한 한 껍질 부위와 배아 부위를 분리하는 것이고, 둘째는 내배유 부위의 전분을 손상되지 않게 가능한 한 최대로 고운 밀가루의 수율을 높이는 것이다.

1) 제분 공정은 [그림 1-2]와 같다.

2) 제분율과 용도

(1) 제분율이란 밀을 제분하여 밀가루를 만들 때 밀에 대한 밀가루의 백분율로 표시

(2) 분리율이란 밀가루를 100으로 했을 때 특정 밀가루의 백분율을 말하며, 분리율이 작을수록 밀가루 입자가 곱고 내배유 중심 부위가 많은 밀가루이다.

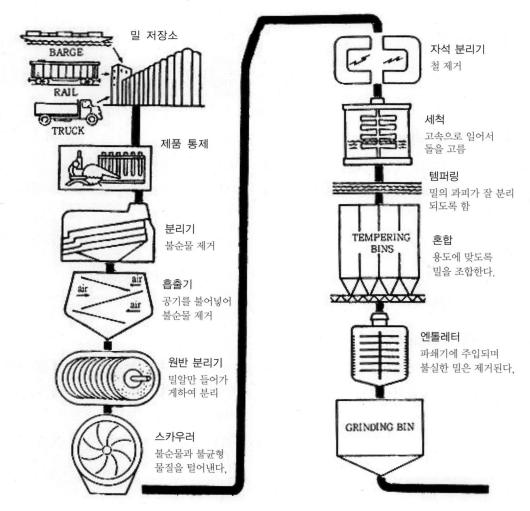

〔그림 1-2〕 제분 공정(계속)

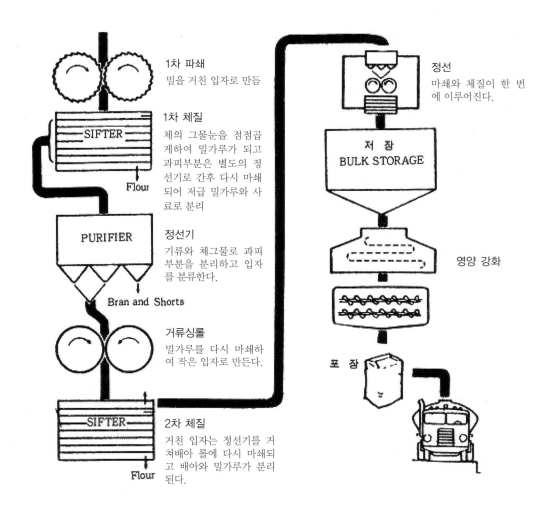

1차 파쇄
밀을 거친 입자로 만듬

1차 체질
체의 그물눈을 점점곱
게하여 밀가루가 되고
과피부분은 별도의 정
선기로 간후 다시 마쇄
되어 저급 밀가루와 사
료로 분리

정선기
기류와 체그물로 과피
부분을 분리하고 입자
를 분류한다.

거류싱롤
밀가루를 다시 마쇄하
여 작은 입자로 만든다.

2차 체질
거친 입자는 정선기를 거
쳐배아 롤에 다시 마쇄되
고 배아와 밀가루가 분리
된다.

정선
마쇄와 체질이 한 번
에 이루어진다.

영양 강화

〔그림 1-2〕 제분 공정

(3) 밀, 밀가루 성분의 변화

성분	밀(%)	밀가루(%)	과피(%)
수분	12.00	13.50	13.00
회분	1.80	0.40	5.80
단백질	12.00	11.00	15.40
섬유소	2.20	0.25	9.00
지방	2.10	1.25	3.60
무질소물	69.90	73.60	53.20

※ 제분율, 분리율이 낮을수록 껍질 부위가 적다.

(4) 제빵용

① 특정 제품에 따라 그 규격이 다양하지만 **경질소맥**을 제분해서 얻는 **강력분**을 사용하는데 단백질 함량은 12~14%로 최소 10.5% 이상이 요구된다. 회분은 0.40~0.50%가 바람직하다.

② 믹싱 내구성, 발효 내구성이 크며 흡수율도 높다.

(5) 제과용

① 연질소맥을 제분해서 얻는 **박력분**을 사용하는데 평균 7~9%의 단백질 함량과 0.40% 이하의 회분이 바람직하다.

② 강력분에 비하여 흡수율이 낮고 믹싱 내구성, 발효 내구성이 작다.

3. 밀가루의 성분

1) 단백질

(1) 내배유에 함유된 단백질은 전 단백질의 75% 정도로 글리아딘과 글루테닌이 거의 동량으로 들어 있으므로 글루텐 형성에 큰 몫(물에는 녹지 않는다)을 한다.

(2) 배아에는 주로 수용성인 알부민과 염수용성인 글로불린이 들어 있다. 핵단백질과 같은 형태의 생물학적 활성 단백질

(3) 껍질에는 전단백질이 15~20%를 함유하며 알부민, 글로불린, 글리아딘 등의 형태로 존재

(4) 글루텐 형성 단백질

- 글리아딘 36%(70% 알코올에 용해성)
- 글루테닌 20%(중성 용매에 불용성)
- 메소닌 17%(묽은 초산에 용해성)
- 알부민, 글로불린 7%(수용성)

2) 탄수화물

(1) 밀가루의 70% 이상을 차지하며 전분, 덱스트린, 셀룰로스, 여러 가지 형태의 당류와 펜토산으로 구성

(2) 손상된 전분

① 장시간 발효 동안 적절한 가스 생산을 지원해 줄 발효성 탄수화물을 생성한다.

② 흡수율을 높이고 굽기 과정 중에 적성 수준의 덱스트린 형성

③ 권장량은 4.5~8%

(3) 수용성 탄수화물: 자당, 맥아당, 포도당, 과당, 라피노스 등 단당류로부터 3당류의 형태로 1~1.5%

(4) 수용성 펜토산이 교질로 변하면 반죽을 단단한 상태로 만들어 주며, 2차 발효 중 생산되는 가스세포가 무너지지 않게 하여 빵의 세포 구조를 유지

3) 지방

(1) 지방과 그 유사 물질은 밀 전체의 2~4%, 배아에는 8~15%, 껍질에는 6% 정도가 되나 밀가루에는 1~2% 정도로 감소

(2) 에테르, 사염화탄소와 같은 용매로 추출되는 지방: 유리지방(밀가루의 60~80%)

(3) 에테르에 추출되지 않는 결합 지방: 인지질로 믹싱 중 단백질과 결합하여 지단백질을 형성 (주로 글루테닌과 결합)

4) 광물질

(1) 밀의 광물질은 토양, 강우량, 기후 조건과 품종에 따라 1~2% 함유

(2) 부위별로 큰 차이: 내배유에 0.28~0.39%, 껍질 부위에 5.5~8.0%

(3) 밀가루의 회분: 껍질 부위가 적을수록 회분이 적다.

마니토바 밀의 제분

제분율(%)	회 분(%)	제분율(%)	회 분(%)
75	0.44	80	0.58
77.5	0.49	100	1.50

(4) 밀가루 회분 함량의 의미

① 정제도 표시: 고급 밀가루는 밀의 1/4~1/5로 감소

② 제분 공장의 점검 기준: 제분율과 정비례

③ 제빵 적성을 직접 나타내지는 않는다: 밀가루의 조합으로 가능하므로

④ 같은 제분율일 때 경질소맥이 연질소맥보다 회분 함량이 높다.

4. 표백 · 숙성과 개선제

1) 표백 · 숙성

(1) 표백 : 밀가루의 황색 색소를 제거하는 것

숙성: -SH 그룹을 산화시켜 제빵 적성을 좋게 하는 것

(2) 자연 밀가루에는 카로티노이드(carotenoid)로 표시해서 1.5~4ppm 정도의 황색 색소 물질을 함유: 산소나 염소로 표백

(3) 밀가루의 색을 지배하는 요소

① 입자 크기: 입자가 작을수록 밝은색이며 크기는 표백에 영향을 받지 않는다.

② 껍질 입자: 껍질 입자가 많을수록 어두운색이 되며, 껍질의 색소 물질은 일반 표백제에 의해 영향받지 않는다.

③ 카로틴 색소물질: 내배유에 천연상태로 존재하는 이 색소 물질은 표백제에 의해 탈색

(4) 콩이나 옥수수로부터 얻는 리폭시다제(Lipoxydase)를 반죽에 첨가하면 발효 기간 중 색소 물질을 파괴하는 성질이 있어 실용화되고 있다.

(5) 포장한 밀가루는 24~27℃의 공기가 잘 통하는 저장실에서 3~4주를 숙성

2) 밀가루 개선제

(1) 밀가루 개선제: 브롬산칼륨, 아조디카본아마이드, 비타민 C와 같이 두드러진 표백작용이 없이 숙성제로 사용하는 물질

(2) 과산화아세톤을 20~40ppm 수준으로 처리한 밀가루는 반죽의 신장성, 부피가 증가하고 브레이크와 슈레드, 기공, 조직, 속색 등이 개선된다.

(3) 비타민 C는 자신이 환원제이지만 믹싱 과정에서 산화제로 작용한다. 산소 공급이 제한되면 산화를 방지하여 환원제의 역할

② 기타 가루(Miscellaneous Flour)

1. 호밀가루(Rye Flour)

호밀은 빵 원료 곡식으로 특히 독일, 폴란드, 스칸디나비아 반도 일대와 러시아 등의 나라에서는 매우 중요한 위치를 차지한다. 영양학적 측면에서 밀가루와 근본적인 차이가 없고 호밀빵과 식빵 단백질의 생물가도 거의 같다.

1) 호밀의 구성

(1) 호밀의 평균 성분 구성

성 분	함유량(%)	성 분	함유량(%)
단백질	12.6	탄수화물	70.9
지 방	1.7	회 분	1.9
섬유질	2.4	수 분	10.5

(2) 호밀의 단백질은 밀단백질과 유사하나 글루텐 형성 단백질인 프롤라민과 글루테닌은 호밀에는 전단백질의 25.72%인데 비하여 밀의 경우는 90%나 되는 차이가 있다(글루텐 형성 능력이 떨어진다).

(3) 펜토산 함량이 높아 반죽을 끈적거리게 하고 글루텐 형성을 방해

(4) 제빵 적성을 해치는 껌류는 유산과 초산 등 유기산에 의하여 영향력이 감소되므로 일반 이스트 발효보다 사워(sour) 반죽 발효에 의해 우수한 품질의 호밀빵이 된다.

(5) 호밀의 지방은 1.7~2.3%이고 제분율에 따라 호밀가루에는 0.65~1.25%의 지방이 함유된다. 이 지방이 분해되어 유리 지방산이 되면 호밀가루가 굳어지므로 지방 함량이 높은 호밀가루는 저장성이 나빠진다.

2) 호밀의 제분

밀의 제분과 일반적으로 같다. 제분율에 따라 호밀가루 제품이 달라진다.

(1) 백색 호밀가루

① 회분 함량은 0.55~0.65%, 단백질 함량은 6~9%
② 크리어 밀가루 60%+백색 호밀가루 40%: 적정 부피 가능

(2) 중간색 호밀가루

① 회분 함량은 0.65~1.0%, 단백질 함량은 9~11%
② 크리어 밀가루 70% + 중간색 호밀가루 30%: 적정 부피 가능

(3) 흑색 호밀가루

① 회분 함량은 1.0~2.0%, 단백질 함량은 12~16%
② 크리어 밀가루 80%+흑색 호밀가루 20%: 적정 부피 가능

2. 대두분(Soybean Flour)

콩은 인류에 의해 재배된 가장 오래된 농작물의 하나로 중국에 있어 콩은 식품 단백질의 중요 자원이었고 B.C. 2823년에 이미 언급된 바 있다. 이것이 1712년에 유럽으로 전래된 후 전 세계에 널리 전파되어 사료와 기름 등 수많은 식품 용도로 개발되고 있다.

1) 콩의 성분 구성

(1) 콩의 화학적 구성

성분	최소(%)	최대(%)	평균(%)
수분	5.02	9.42	8.0
회분	3.30	6.35	4.6
지방	13.50	24.20	18.0
섬유소	2.84	6.27	3.5
단백질	29.60	50.30	40.0
펜토산	3.77	5.45	4.4
설탕류	5.65	9.46	7.0
전분 유사물	4.65	8.97	5.6

(2) 제품별 대두 단백질

성분	단백질(%)	지방(%)	수분(%)
전지 대두분	41.0	20.5	5.8
고지방 대두분	46.0	14.5	6.0
저지방 대두분	52.5	4.0	6.0
탈지 대두분	53.0	0.6	6.0
농축 대두분	66.2	0.3	6.7
분리 대두분	92.8	〈 0.1	4.7
레시틴 처리 대두분	51.0	6.5	7.0

※ 제과 · 제빵용은 탈지 대두분 또는 레시틴 처리 대두분이 권장되고 있다.

2) 대두 단백질

(1) 필수아미노산 라이신 함량이 높아 밀가루 영양의 보강제로 사용

(2) 밀 단백질과는 화학적 구성과 물리적 특성도 다르며, 특히 신장성이 결여되어 있다.

(3) 대두 단백질과 밀 단백질의 아미노산 구성 비교

아미노산	밀 글루텐	대두 단백질
Arginine	3.9	5.8
Histidine	2.2	2.2
Lysine	1.9	5.4
Tyrosine	3.8	4.3
Tryptophan	0.8	1.5
Phenylalanine	5.5	5.4
Cystine	1.9	1.0
Methionine	3.0	2.0
Threonine	2.7	4.0
Leucine	12.0~2.6	6~8
Isoleucine	3.7~0.2	4.0
Valine	3.4~0.5	4~5
Sulfur	1.1	1.1

3) 이용

빵, 과자 제품에 대두분을 사용하는 이유는 영양가를 높이고 물리적 특성에 영향을 주기 때문이다.

(1) 저장성 증가

① 빵 속으로부터의 수분 증발 속도 감소
② 전분의 겔과 글루텐 사이에 있는 물의 상호 변화를 늦춘다.
③ 대두 인산 화합물의 항산화제적 역할

(2) 빵속 조직을 개선

(3) 토스트할 때 황금갈색 색상을 띤 고운 조직의 빵을 만든다.

(4) 단백질의 영양적 가치는 전밀빵 수준 이상이다.

★실제로 현재 대두분 사용에 거부감을 느끼는 것은 제빵 기능성이 나쁘기 때문이다.

3. 활성 밀 글루텐(Vital Wheat Gluten)

1) 제조

(1) 밀가루에 물을 넣고 믹싱하여 느슨한 반죽을 만든다(글루텐 형성).

(2) 반죽 중의 전분과 수용성 물질을 세척

(3) 조절된 조건하에서 글루텐을 건조하고 분말 형태로 만든다(가능한 한 저온에서 고도의 진공으로 분무건조).

2) 활성 밀 글루텐 구성

성 분	항유량(%)
수분	4~6
단백질(N×5.7)	75~77
광물질	0.9~1.1
지방	0.7~1.5

3) 이 용

(1) 반죽의 믹싱 내구성을 개선하고 발효, 성형, 최종 발효의 안정성을 높인다.

(2) 사용량에 대하여 1.25~1.75%의 가수량 증가

(3) 제품의 부피, 기공, 조직, 저장성을 개선

(4) 하스(Hearth) 형태의 빵과 롤, 소프트 번과 롤, 호밀빵, 건포도빵, 단과자빵, 규정식 빵 등에 널리 사용

4. 감자가루, 땅콩가루, 면실분

1) 감자가루

(1) 구황식량, 향료제, 노화 지연제, 이스트 영양제로 사용

(2) 생감자의 구성

성 분	생감자 상태(%)	건물 기준(%)
수 분	75	–
단백질	2	8
탄수화물	20	80
지방, 섬유질 등	3	12

(3) 감자가루의 구성

성분	함유량(%)	성분(%)	함유량(%)
수 분	7.2	칼 슘	0.03
회 분	3.2	마그네슘	0.10
단백질(N×6.25)	8.0	칼 륨	1.59
지 방	1.4	철	0.03
조섬유	1.6	구 리	0.001
탄수화물	78.7	인	0.18

※이스트의 성장을 촉진하는 영양이 된다. 감자 전분은 단백질, 지방, 광물질 등이 없는 전분으로 감자가루와 구별해야 한다.

2) 땅콩가루

(1) 땅콩가루의 구성

성 분	함유량(%)	범위(%)
단백질	60.0	55~62
지 방	7.0	5~9
섬유질	2.5	2~3
물	6.0	2~10

(2) 제과용은 95% 이상이 12메시(mesh)를 통과하는 것이 좋다.

(3) 전체 단백질 함량이 높을 뿐만 아니라 필수아미노산 함량도 높아 영양 강화의 중요한 식품 자원

3) 면실분

(1) 면실분의 구성

성분	수분	단백질	지방	섬유질	탄수화물	회분
함유량(%)	6.3	57.5	6.5	2.1	21.4	6.2

(2) 단백질이 높은 생물가를 가지고 있으며 광물질과 비타민이 풍부

(3) 영양 강화 재료로 사용되고 있으며 밀가루 대비 5% 이하로 사용

③ 감미제(Sweetening Agents)

설탕류는 여러 가지 빵·과자 제품을 생산하는 데 사용되는 기본 재료의 하나로 바람직한 영양소, 감미와 향 재료, 안정제, 발효 조절제 등 복합적 기능을 지니고 있다.

1. 설탕(Cane Sugar)

사탕수수 즙액을 농축하고 결정화시킨 원액을 원심 분리하면 원당과 제1 당밀로 분리된다.

1) 정제당

원당 결정 입자에 붙어 있는 당밀 및 기타 불순물을 제거하여 순수한 자당을 얻는데 입상형 당과 분당으로 나눌 수 있다.

(1) 입상형 당

① 입자가 아주 미세한 제품으로부터 입자가 상당히 큰 제품에 이르기까지 용도별로 제조
② 빙당, 커피당, 과립당 등 특수 용도 제품도 제조

(2) 분당

① 거친 설탕 입자를 마쇄하여 고운 눈금을 가진 체를 통과시켜 얻는다.
② 3%의 전분을 혼합하여 덩어리가 생기는 것을 방지(인산3칼슘을 고화 방지제로 사용하기도 함)
③ 펀던트 슈가, 아이싱 슈가와 같이 모든 입자가 325메시를 통과하는 극히 미세한 제품으로부터

거친 분말까지 다양(×표가 많을수록 고운 제품)

★ 이외에 결정형 제품이 아니면서 분당도 아닌 형태의 변형당도 있다. 색상은 백색에서 암갈색까지 다양하고 설탕 입자는 아주 불규직한 모양이며 많은 틈이 있어 용해성이 아주 높은 것도 있다. 소프트 슈가, 각설탕, 냉음료 전용 등이 있다.

2) 액당과 전화당

(1) 액당은 정제된 자당(설탕) 또는 전화당이 물에 녹아 있는 용액 상태이며 설탕이 가수분해 되면 포도당과 과당이 동량으로 생성되는데 이 혼합물을 전화당이라 한다.

(2) 제과 제품에 사용하는 전화당(40쪽 참조)

(3) 액당의 평균 구성

제품	고형질(%)
설탕(자당)단독	67.0~67.4
설탕/전화당(50%)	76.0~76.6
설탕/포도당	67.0~67.4
전화당/포도당	72.8~73.2

2. 포도당과 물엿

대부분의 포도당과 물엿은 옥수수를 습식으로 갈아서 만든 전분을 산이나, 효소 또는 산-효소 의 방법으로 가수분해시켜 만든다.

제 품		권장량, 전체 설탕량 기준(%)
파운드 케이크		0.3~7.5
과일 케이크	밝은색	10
	어두운색	10 이상
반죽형 케이크	화이트	7.5~10
	옐로우	7.5~10
	초콜릿	10~30
스펀지 케이크	로프, 링	5.0~7.5
	레이어, 롤	7.5~15
쿠 키		5~15
단과자 빵류		20~50
아이싱	포장용	2.5~10
	비포장용	10 이상
마시맬로우		10~50

1) 포도당

(1) 감미도: 설탕 100에 대하여 75 정도

(2) 무수 포도당($C_6H_{12}O_6$)과 함수 포도당($C_6H_{12}O_6 \cdot H_2O$)이 있는데 제과용은 함수 포도당 (일반 포도당)

(3) 입자 크기

① 일반 제품(14메시)　　② 분말 제품(48메시)　　③ 미분말 제품(200메시 통과)

(4) 잠열(latent heat)이 45.8BTU/파운드(설탕 10BTU/파운드)로 믹싱 중 냉각 효과가 크다.

(5) 발효성 탄수화물과의 관계

① $C_{12}H_{22}O_{11} + H_2O \rightarrow C_6H_{12}O_6 + C_6H_{12}O_6$
　　설탕　　　　물　　　포도당　　　과당
　　100g　　　5.26g　　52.63g　　　52.63g

∴ 설탕 100g은 무수 포도당 105g이 된다.

② 일반 포도당($C_6H_{12}O_6 \cdot H_2O$)에는 발효성 탄수화물이 91% 정도이고 나머지는 물이므로, 포도 당 105.26g과 같은 고형질이 되려면 105.26 ÷ 0.91 = 약 115.67(g)

∴ 설탕 100g은 일반 포도당 115g이 된다.

2) 물엿

(1) 전분을 가수분해하여 얻는 물엿에는 포도당, 맥아당, 다당류, 덱스트린 등이 함유되어 점성 이 있는 액체가 된다.

(2) 산 전환 물엿보다 효소 전환 물엿의 점도가 작다.

(3) 산 전환, 효소 전환 물엿의 구성

산 전환, 효소 전환 물엿의 구성

성 분	효소 전환 물엿	산전환 물엿(43° Be')
수 분	18.2%	19.7%
전체 고형질	81.8%	80.3%
포도당	30.6%	17.6%
맥아당	27.9%	16.6%
과당류(3당류·4당류)	13.1%	16.2%
덱스트린	9.9%	29.6%
회 분	0.3%	0.3%
포도당 당량	63.0%	42.0%
pH	4.9~5.1	4.9~5.1
점도(38℃)	58 poises	150 poises
비 점	111.9℃	108.5℃

감미제와 고형질 함량

감미제	전체 고형질(%)	고형질 대치
입상형 설탕	100	1.00
물엿 고형질	97.5	1.03
포도당	91.0	1.10
고전환 물엿	82.0	1.22
중전환 물엿	81.0	1.235
일반 물엿	80.0	1.25
액체당(67° 브릭스)	67.0	1.50
액체당(76° 브릭스)	76.0	1.32
표준 전화당	76.0	1.32

3. 맥아와 맥아시럽

맥아와 맥아시럽에는 광물질, 가용성 단백질, 반죽 조절 효소 등 이스트 활성을 활발하게 해주는 영양 물질이 함유되어 있어서 반죽의 조절을 가속시키고 완제품에 독특한 향미를 준다.

1) 맥아제품 사용 이유

(1) 가스 생산의 증가　　　　　(2) 껍질 색 개선

(3) 제품 내부의 수분 함유 증가　　　(4) 부가적인 향의 발생

2) 맥아시럽의 구성

색상(Lovibond)	80~700	회분(%)	0.89~0.97
전체 당류(%)	57.33~60.35	산도(%)	0.54~0.90
맥아텍스트린(%)	13.58~18.73	전체 고형질(%)	80.0~80.5
단백질(%)	3.79~4.20		

3) 효소의 활성도

(1) 저활성 시럽: 린트너(Lintner)가 30° 이하

(2) 중활성 시럽: 린트너(Lintner)가 30~60°

(3) 고활성 시럽: 린트너(Lintner)가 70° 이상

4) 사용

(1) 중활성 시럽을 밀가루 기준 0.5% 사용 → 이스트의 활성을 활발하게 한다.

(2) 분유 6% 사용 시 0.5%의 맥아시럽 사용으로 분유의 완충 효과 보상

(3) 중활성 효소제 맥아시럽 사용은 ① 강한 밀가루 ② 분유 사용량이 많은 제품 ③ 경수나 알칼리성 물에 여러 가지 장점이 있다.

(4) 완제품(기공과 조직, 껍질 색) 개선 효과와 수분 보유 특성을 증가시킨다.

4. 당밀

(1) 사탕수수 정제 공정의 1차 산물이거나 부산물로서 그 특유한 향 때문에 제과, 제빵 제품에도 사용되고 있다.

(2) 등급

① 오픈 케틀(Open Kettle) 당밀: 적황색으로 당이 약 70%, 회분이 1~2%

② 1차 당밀: 연한 황색으로 당이 60~66%, 회분이 4~5%

③ 2차 당밀: 적색으로 당이 56~60%, 회분이 5~7%

④ 저급 당밀은 담갈색으로 당이 52~55%, 회분이 9~12%

(직접 식용으로 사용하지 않고 가축 사료, 이스트 생산, 알코올 생산 등의 원료로 사용)

(3) 제품

① 시럽 상태: 30% 전후의 물에 당을 비롯한 고형질이 용해된 상태

② 분말 상태: 시럽을 탈수시켜 분말, 입상형, 엷은 조각(flake) 형을 만든다.

★ 제과에 많이 쓰이는 럼주는 당밀을 발효시킨 술이다.

5. 유당

(1) 유장을 특수 증발 장치에 넣어 고형질 50%의 농축액을 만들고, 엄밀한 조건하에서 결정(結晶)을 유도한 후 원심분리, 세척, 재용해, 탈색, 여과, 분무 건조로 만든다.

(2) 설탕에 비하여 감미도(16)와 용해도가 낮고 결정화가 빠르다(연유 중의 유당이 모래알처럼 결정되기도 한다).

(3) 환원당으로 단백질이 아미노산 존재하에 갈변 반응을 일으켜 껍질 색을 진하게 하며, 제빵용 이스트에 의해 발효되지 않으므로 잔류당으로 남는다.

★ 조제분유, 유산균 음료 등 유제품에 널리 사용되고 있다.

6. 감미제의 기능

1) 이스트 발효 제품에서의 기능

(1) 발효가 진행되는 동안 이스트에 발효성 탄수화물을 공급한다.

(2) 이스트에 의해 소비되고 남은 당은 밀가루 단백질 중의 아미노산과 환원당으로 반응하여 껍질 색을 진하게 한다. → 마이얄(Maillard) 반응

(3) 휘발성 산과 알데히드 같은 화합물의 생성으로 향을 나게 한다.

(4) 속결, 기공을 부드럽게 한다.

(5) 수분 보유력이 있으므로 **노화를 지연**시키고 저장 수명을 증가시킨다.

2) 과자 제품에서의 기능

(1) 감미제로 단맛이 나게 한다.

과당	전화당	자당	포도당	맥아당	유당	솔비톨
175	135	100	75	32	16	60

(2) **수분 보유제로 노화를 지연**하고 신선도를 오래 지속시킨다.

(3) 밀가루 단백질을 부드럽게 하는 연화 효과가 있다.

(4) 캐러멜화 반응과 갈변 반응에 의해 껍질 색이 진해진다.

(5) 감미제 제품에 따라 독특한 향을 나게 한다.

3) 기타 감미제

(1) **아스파탐**(Aspatame): 아스파린산과 페닐알라닌이라는 2종류의 아미노산으로 이루어진 감미료로 감미도는 설탕의 200배

(2) **올리고당**(Oligosaccharides): 1개의 포도당에 2~4개의 과당이 결합된 3~5당류로서 감미도는 설탕의 30% 정도이며 장내 유익균인 비피더스균의 증식 인자로 알려져 있다.

(3) **이성화당**: 포도당의 일부를 과당으로 이성화(異性化)시킨 당으로 과당-포도당이 혼합 상태 (HFCS: 고과당 물엿)

(4) **꿀**: 감미, 수분 보유력이 높고 향이 우수하다.

(5) **천연 감미료**: 스테비오시드, 글리실리틴, 소미린, 단풍당 등

(6) **사카린**: 안식향산 계열의 인공 감미료

(7) **캐러멜 색소** : 설탕을 가열하여 캐러멜화 시킨 색소 물질

④ 유지 제품(Shortening Products)

1. 제품별 특성

1) 버터(Butter)

(1) 유지에 물이 분산되어 있는 유탁액으로 향미가 우수

(2) 우유지방: 80~81%, 수분은 14~17%, 소금은 3.0%이고 카세인, 단백질, 유당 등이 1%

(3) 비교적 융점이 낮고, 가소성 범위가 좁은 편이다.

2) 마가린(Margarine)

(1) 버터 대용품으로 동물성 지방으로부터 식물성 지방에 이르기까지 원료유가 다양하다.

(2) 지방 80%, 우유 16.5%, 소금 3.0%, 유화제 0.5%, 인공 향료와 색소는 약간

제품 \ 수분	지방 고형질 계수				융점(℃)
	10℃	20℃	30℃	40℃	
식탁용 마가린	41.5	26.0	6.0	1.0	34.2
케이크용 마가린	39.0	25.0	10.0	5.5	41.3
롤-인 마가린	24.1	20.5	18.8	16.3	46.1
퍼프용 마가린	27.4	24.2	22.6	20.1	48.3

※ 파이용 마가린: 롤-인, 퍼프용 마가린과 같이 가소성(plasticity) 범위가 넓은 제품

3) 액체 쇼트닝(Fluid Shortening)

(1) 유화제 사용으로 가소성 쇼트닝의 공기 혼합 능력을 지니면서 유동성이 커서 파이프를 이용할 수 있는 제품(사용 편리)

(2) 케이크 반죽의 유동성, 가공과 조직, 부피, 저장성 등을 개선

4) 라드(Lard)

(1) 돼지의 지방 조직으로부터 분리해서 정제한 지방

(2) 주로 쇼트닝가를 높이기 위하여 빵, 파이, 쿠키, 크래커에 사용

5) 튀김 기름(Frying Fat)

(1) 튀김 기름이 갖추어야 할 요건

① 튀김물(도넛 등)이 구조 형성을 할 수 있게 열 전달을 해야 한다.

② 튀김 중 또는 포장 후 불쾌한 냄새가 나지 말아야 한다.

③ 설탕의 탈색, 지방 침투가 일어나지 않게, 흡수된 지방은 제품이 냉각되는 동안 충분히 응결되어야 한다.

④ 기름을 대치할 때 그 성분과 기능이 바뀌지 않아야 한다.

(2) 튀김 기름의 4대 적

① 온도 또는 열   ② 수분 또는 물   ③ 공기 또는 산소   ④ 이물질

(3) 튀김 온도: 튀김물의 무게에 따라 180~194℃ 높은 온도에서 튀기게 되어 안정성이 중요

(4) 유리지방산 함량이 0.1% 이상이 되면 발연 현상이 일어나며 통상 0.35~0.5%에서 작업하게 된다. 이와 같은 수준이 되는 기간을 **품질 기간**(quality period)이라 한다.

2. 계면활성제

계면활성제는 액체의 표면장력을 수정시키는 물질로 빵과 과자에 응용하면 부피와 조직을 개선하고 노화를 지연시킨다.

1) 화학적 구조

(1) **친수성 그룹** : 유기산 등 극성기를 가지고 있어 물과 같은 극성 물질에 강한 친화력

(2) **친유성 그룹** : 지방산 등 비극성기를 가지고 있어 유지에 쉽게 용해되거나 분산

★ 친수성 그룹과 친유성 그룹을 함께 가지고 있다.

(3) **친수성 - 친유성 균형**(hydrophile-lipophile balance) : 계면활성제에 대한 친수성단의 크기와 강도의 비

① 계면활성제 분자 중의 친수성 부분의 %를 5로 나눈 수치로 표시

② HLB 수치가 9 이하 : 친유성으로 기름에 용해

　　　　　11 이상 : 친수성으로 물에 용해

★ 모노글리세라이드는 HLB가 2.8~3.5이므로 친유성, 폴리솔베이트 60은 HLB가 15이므로 친수성

2) 주요 계면활성제

(1) 레시틴

① 옥수수유와 대두유로부터 얻는데 친유성 유화제

② 빵 반죽 기준 0.25%, 케이크 반죽에는 쇼트닝의 1~5% 사용

(2) 모노-디 글리세라이드

① 유지가 가수분해될 때의 중간 산물

② 쇼트닝 제품에 유지의 6~8%, 빵에는 밀가루 기준 0.375~0.5% 사용

(3) 모노-디 글리세라이드의 디아세틸 탈타린산 에스텔: 친유성기와 친수성기가 1:1이므로 유지에도 녹고 물에도 분산

(4) 아실 락티레이트: 밀가루 기준 0.35%, 쇼트닝 기준 3% 사용

(5) SSL: 크림색 분말로 물에도 분산되고 뜨거운 기름에 용해, 프로필렌 글리콜 모노—디 글리세라이드 등

3. 제과, 제빵에 있어서의 기능

1) 쇼트닝 기능

(1) 비스킷, 웨이퍼. 쿠키, 각종 케이크류에 부드러움과 무름을 주는 기능

(2) 믹싱 중에 유지가 얇은 막을 형성하여 전분과 단백질이 단단하게 되는 것을 방지하여 구운 후의 제품에도 윤활성 제공

(3) 액체유는 가소성이 결여되어 반죽에서 피막을 형성하지 못하고 방울 형태로 분산되므로 쇼트닝 기능이 거의 없다.

★쇼트미터(shortmeter)로 측정

2) 공기 혼입 기능

(1) 믹싱 중에 지방이 포집하는 공기는 작은 공기세포와 공기방울 형태로 굽기 중 팽창하여 적정한 부피, 기공과 조직을 만든다.

(2) 가소성 유지는 액체유의 구(球)형에 비하여 덩어리 형태가 되어 표면적이 크고 더 많은 공기를 포집할 수 있다. 이 공기 세포가 굽기 중 증기압에 의해 팽창되는 핵인 것이다.

(3) 케이크 반죽 속의 유지는 불규칙한 호수 형태를 이루는데 여기에 유화제를 첨가하면 단위 면적당 유지 입자 수가 증가되어 케이크의 부피를 증대시킨다.

3) 크림화 기능

(1) 지방이 믹싱에 의해 공기를 흡수하여 크림이 되는 기능

(2) 크림성이 양호한 유지: 쇼트닝의 275~350%에 해당되는 공기를 함유하게 된다.

(3) 설탕: 지방을 3:2로 혼합하여 믹싱, 150~200% 공기 혼입, 계란을 서서히 첨가하며 믹싱하여 275~350%의 공기 함유

4) 안정화 기능

(1) 케이크 반죽의 연결된 '외부적 상(相): 밀가루, 설탕, 계란, 우유 등이 물과 혼합된'과 불연속적인 '내부적 상'을 이루는 유지와의 유상액 형성으로 공기를 함유

(2) 고체 상태의 지방이 크림으로 될 때 무수한 공기 세포를 형성하여 보유: 반죽에 기계적 강도를 주고, 오븐 열에 의하여 글루텐 구조가 응결되어 튼튼해질 때까지 주저 앉는 것을 방지

5) 식감과 저장성

(1) 식감이란 식품을 먹을 때 미각, 후각, 촉각 등 감각적 느낌을 포함하는 개념으로 쓰이는데 재료 자체보다도 완제품에서의 식감이 중요

(2) 제품의 저장성은 일정한 기준의 신선도를 측정하여 결정되는데 제품 종류에 따라 다르다. 장기간 저장이 가능한 제품에 사용하는 유지는 유지 자체의 저장성도 중요

5 우유와 우유 제품(Milk and Milk Products)

인류가 가축의 젖을 식품으로 사용하기 시작한 것은 6,000년 이전으로 보며, 지역에 따라서는 염소, 물소, 라마, 순록, 낙타 등도 젖을 공급하고 있으나 젖소가 가장 효율적이고 중요한 우유 생산 동물이란 점에서 주로 우유에 대하여 언급하고자 한다.

1. 우유의 구성

포유동물 젖의 평균 조성(%)

동물	수분	지방	단백질	유당	회분
젖 소	87.50	3.65	3.40	4.75	0.70
사 람	87.79	3.80	1.20	7.00	0.21
양	80.60	8.28	5.44	4.78	0.90
돼 지	80.63	7.60	6.15	4.70	0.02
말	89.86	1.59	2.00	6.14	0.41
낙 타	87.67	3.02	3.45	5.15	0.71
개	74.55	10.20	3.15	11.30	0.80

1) 우유지방(Milk Fat, Butter Fat)

(1) 유지방 입자는 0.1~10μ(평균 3μ)의 미립자 상태

(2) 유장(serum)의 비중 1.030에 비해 유지방의 비중은 0.92~0.94이므로 원심분리하면 지방 입자가 뭉쳐 크림이 된다.

(3) 유지방에는 황색 색소 물질인 카로틴을 비롯한 식물 색소 물질, 인지질인 레시틴, 세파린, 콜레스테롤, 지용성 비타민 A·D·E 등이 들어 있다.

(4) 지방 용해성 스테롤인 콜레스테롤(C27H45OH)은 뇌 조직, 신경, 혈관, 간 조직에 존재하는 중요한 호르몬과 유사한 물질로 0.071~0.43% 함유

2) 단백질(Proteins)

(1) 주 단백질인 카세인(약 3%)은 산과 효소 레닌에 의해 응고

★pH6.6에서 pH4.6으로 내려가면 칼슘과 화합물 형태로 응유하며 분자량은 75,000~100,000

(2) 락토알부민과 락토글로불린은 약 0.5% 정도씩 들어 있다. 열에 의해 변성되어 응고

3) 유당(Lactose, Milk Sugar)

(1) 우유의 주된 당으로 평균 4.8% 함유

(2) 제빵용 이스트에 의해 발효되지 않는다.

(3) 유산균에 의해 발효되면 유산(乳酸)이 되고 산가가 0.5~0.7%(pH 4.6)에 이르면 단백질 카세인이 응고

(4) 우유에서 신맛을 느낄 수 있는 유산 함량은 0.25~0.30%

4) 광물질(Minerals)

(1) 우유의 회분 함량은 0.6~0.9%(평균 0.72%)로 전체의 약 1/4을 차지하는 칼슘과 인은 영양학적으로 중요한 역할

(2) 구연산은 0.02% 정도로 함유

(3) 광물질은 주로 용액 상태로 우유에 녹아 있지만 칼슘, 인, 마그네슘의 일부는 카세인과 유기적으로 결합

5) 효소와 비타민(Enzymes and Vitamins)

(1) 리파제, 아밀라제, 포스파타제, 퍼옥시다제, 촉매 효소 등을 비롯해서 갈락타제, 락타제, 뷰티리나제 등 효소: 살균 또는 분유 제조 과정에서 대부분 불활성화

(2) 비타민 A, 리보플라빈, 티아민은 풍부하나 비타민 D와 E는 결핍

2. 우유 제품

1) 시유(Market Milk)

(1) 시유라 하는 것은 음용하기 위해 가공된 액상 우유로, 원유를 받아 여과 및 청정 과정을 거친 후 표준화, 균질화, 살균 또는 멸균, 포장, 냉장하는 것이다.

(2) 우유 규격

축산물 가공처리법

제품	무지고형분	유지방	비중	산도	세균 수(ml)	대장균(ml)
시유	8.0% 이상	3.0% 이상	1.028~1.034	0.18이하 (져지종) 0.20 이하	40,000 이하 (표준 평판법)	10 이하
멸균유	8.0% 이상	3.0% 이상	1.028~1.034		음성	음성
가공유	7.2% 이상	2.7% 이상		0.18% 이하	40,000 이하	10 이하

2) 농축 우유(Concentrated Milk)

(1) 우유 중의 수분을 증발시켜 고형질 함량을 높인 우유

(2) 증발 농축 우유: 유지방 7.9% 이상, 고형질 25.9% 이상으로 농축(원유 고형질의 2.22배)하고 116~118℃에서 살균

(3) 일반 농축 우유: 수분을 27% 수준까지 낮춘 우유

(4) 가당 농축 우유: 지방 8.6%, 유당 12.2%, 단백질 8.2%, 회분 1.7%, 첨가하는 당 42%, 물 27.3%의 조성

★농축 우유(연유)에서 모래알 같은 촉감을 느끼게 하는 것은 급랭 시 유당이 결정화된 것

3) 분유(Dry Milks)

(1) 종류: ① 전지분유　② 부분 탈지분유　③ 탈지분유

(2) 제품별 조성

제품	수분	지방	단백질	유당	회분
전지분유	2.4~4.5	25~29.2	24.6~28.3	31.4~39.9	5.6~6.2
부분 탈지분유	2.1~5.3	13.0~22.0	25.7~38.4	34.7~48.9	5.7~7.3
탈지분유	2.7~3.6	0.78~1.03	35.6~38.0	50.1~52.3	8.0~8.36

(3) 열처리가 잘못된 분유는 빵제품 부피를 감소시키고 시스테인과 글루타티온을 넣은 것과 같이 반죽을 약하게 한다.

4) 유장 제품(Whey Products)

(1) 유장은 우유에서 유지방, 카세인 등이 응유되어 분리되고 남은 부분으로 여기에는 우유의 수용성 비타민과 광물질, 비카세인 계열 단백질과 대부분의 유당이 함유되어 있다.

(2) 탈지분유와 유장의 평균 조성 비교

성 분	탈지분유	유장 분말
수 분	3.0	4.0
단백질	35.7	12.5
지 방	0.8	1.0
유 당	52.3	73.5
회 분	8.2	9.0

(3) 조제분유: 유장에 탈지분유, 대두분, 밀가루, 효소, 비타민, 무기질 등을 넣어 만든 제품

★이 외에 우유로 만드는 제품: 유지방으로 '버터', 우유 단백질로 '치즈', 유당으로 각종 '유산균 제품', 유지함량 18.0% 이상인 '생크림' 등

5) 기타

(1) 수분이 많은 우유는 뚜껑을 개봉하면 냉장 보관한다.

(2) 고온 다습한 곳에 분유를 장기간 저장하면 노화취, 산패취가 난다.

(3) 빵 반죽에서 탈지분유는 완충제의 역할을 한다.

(4) 스펀지 도우법에서 분유를 스펀지에 첨가하는 경우

 ① 저단백질 또는 약한 밀가루 사용 시

 ② 아밀라제 활성이 과도할 때

 ③ 본반죽 발효 시간을 짧게 할 때

 ④ 밀가루가 쉽게 지치는 경우

⑥ 계란과 난제품

1. 계란의 구성

1) 구조

(1) 노른자: 구형(球形)으로 중심 부위에
    위치하고 알끈이 양쪽으로 흰자에 연결

(2) 흰자: 노른자를 둘러싸고 껍질과 경계

(3) 껍질: 외막과 내막으로 분리되어 있으
    며 냉각, 숙성되면서 공기포가 생긴다.
    껍질은 계란이 액체 물질을 보호하는 용
    기의 역할

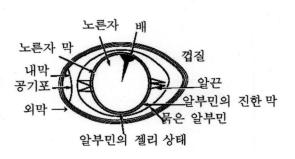

[그림 1-3] 계란의 구조

2) 부위별 구성

(1) 껍질에 묻어 있는 흰자가 있으므로 흰자는 60% 미만이 된다.

(2) 60g이 넘으면 노른자 비율이 감소하고 흰자 비율이 증가

부 위	구성비(%)	개략적인 비율(%)
껍 질	10.3	10
전 란	89.7	90
노른자	30.3	30
흰 자	59.4	60

【연습문제】

1. 전란 1,000g이 필요하다면 껍질을 포함하여 60g짜리 계란이 몇 개 필요한가?

   〈풀이〉 가식 부분(전란) = 60g×0.9 = 54g

   1,000g÷54g = 18.52(개) ⇒ 19개(소수 이하는 올림으로 처리)

2. 흰자 1,000g이 필요하다면 껍질을 포함하여 60g짜리 계란이 몇 개 필요한가?

   〈풀이〉 흰자 = 60g×0.6 = 36g   1,000g÷36g = 27.78(개) ⇒ 28개(올림)

3. 노른자 1,000g이 필요하다면 껍질을 포함하여 60g짜리 계란이 몇 개 필요한가?

   〈풀이〉 노른자 = 60g×0.3 = 18g   1,000g÷18g = 55.56(개) ⇒ 56개(올림)

3) 부위별 화학적 조성

성 분	전 란(%)	노른자(%)	흰 자(%)
수 분	75.0	49.5	88.0
단백질	11.0	16.5	11.2
지 방	11.5	31.6	0.2
당(포도당 기준)	0.3	0.2	0.4
회 분	0.9	1.2	0.7

(1) 흰자

① 4개의 층(가장 바깥쪽 묽은 흰자, 중간 쪽 진한 흰자, 내부 쪽 묽은 흰자, 노른자 외막의 진한 흰자)

② 콘알부민(Con albumin) : 전체 흰자의 13%를 차지하는 항세균 물질

③ 아비딘(Avidin) : 흰자의 0.05%로 비오틴(biotin)과 결합(비오틴의 흡수를 저해)

(2) 노른자

① 단백질, 지방, 소량의 광물질과 포도당의 복잡한 혼합물

② 노른자에는 인지질인 레시틴(Lecithin)이 소량 들어 있다.

③ 노른자 고형질의 70%를 차지하는 지방의 65%가 트리글리세라이드, 30%가 인지질, 4%가 콜레스테롤이고, 카로틴 색소와 비타민이 극미량 함유되어 있다.

【연습문제】 전란 1,000g 대신 밀가루와 물을 사용한다면?

〈풀이〉 전란의 75%가 물이므로 1,000g×0.75=750g(물), 나머지 고형질 대신 250g의 밀가루를 사용

2. 계란 제품

1) 생계란(Shell eggs)

(1) 껍질과 내막은 배(胚)가 발달하는 데 필요한 기체의 교환이 가능하도록 많은 구멍과 반투막으로 구성 ⇒ 박테리아의 오염이 용이

(2) 적절한 위생처리가 필요

① 선별   ② 세척   ③ 살균 (60~62℃에서 3분 30초)

(3) 등불검사(candling)로 신선도를 측정: 흰자가 진하며 노른자가 공 모양으로 별로 움직이지 않는 것이 신선

2) 냉동 계란(Frozen eggs)

(1) 세척, 살균한 계란을 껍질로부터 분리하고 용도에 따라 전란, 노른자, 흰자, 강화란으로 만든다.

(2) -23~-26℃로 급속 냉동하고, -18~-21℃에 저장한다.

(3) 냉동 계란의 해동은 21~27℃에서 18~24시간 또는 흐르는 물에 담가 5~6시간 녹이는데, 사용 전에 잘 혼합하고 2일 내에 사용한다.

3) 분말 계란

(1) 전란 분말

① 전란을 분무 건조시킨 제품

② 전란: 물을 1: 3이 되도록 가수(加水)하여 혼합한다(액란). 건조 재료와 함께 사용하는 방법도 있다.

(2) 노른자 분말

① 노른자를 흰자로부터 분리하여 분무 건조

② 노른자: 물을 1 : 1.25가 되도록 가수하여 혼합한다.

③ 프리믹스에 많이 이용(분말 상태로)

(3) 흰자 분말

① 전란에서 흰자를 분리하여 분무 건조

② 흰자: 물을 1 : 7이 되도록 가수하여 혼합한다.

③ 거품 형성(글로불린), 거품 안정(오보뮤신), 케이크의 구조 형성(오브알부민)

3. 계란의 사용

1) 기능

(1) 결합제 역할: 단백질이 변성하여 농후화제가 된다(커스터드 크림).

(2) 팽창작용: 계란 단백질이 피막을 형성하여 믹싱 중의 공기를 포집하고, 이 미세한 공기는 열 팽창하여 케이크 제품의 부피를 크게 한다(스펀지 케이크).

(3) 쇼트닝 효과: 노른자의 지방이 제품을 부드럽게 한다. 레시틴은 유화제 역할

(4) 색: 노른자의 황색 계통은 식욕을 돋우는 속 색을 만든다.

(5) 영양가: 건강 생활을 유지하고 성장에 필수적인 단백질, 지방, 무기질, 비타민을 함유한 거

의 완전 식품이다.

2) 취급

(1) 신선한 계란
① 껍질이 거친 상태
② 밝은 불에 비추어 볼 때 밝고 노른자가 구형(공 모양)인 것
③ 6~10%의 소금물에 담갔을 때 가라 앉는 것(비중 1.08)
④ 계란을 깼을 때 노른자의 높이가 높은 것

(2) 취급상 유의사항
① 껍질에 묻은 오물 등을 세척하고 사용한다(위생란 상태).
② 신선한 계란은 기포성이 우수하다(기포 시간은 다소 길다).
③ 흰자와 노른자를 분리할 때 흰자에 노른자가 들어가지 않도록 한다.
④ 흰자를 거품 올릴 때 용기나 흰자에 **기름기**가 없어야 한다.
⑤ 오래 두고 사용할 계란은 냉장 온도에서 보관한다.

7 이스트(Yeast)

1. 이스트 일반

1) 생물학적 특성
(1) 원형 또는 타원형으로 길이가 1~10μ 폭이 1~8μ
(2) 엽록소가 없는 타가영양체로 자낭균류의 단세포 식물
(3) 학명: Saccharomyces cerevisiae
(4) 세포벽: 식물세포 특유의 셀룰로스막으로 거의 모든 용액을 통과시킨다.
(5) 원형질막: 이스트에 필요한 용액만을 선택적으로 통과시킨다(영양물 흡수, 대사 최종산 물 배설).
(6) 핵: 직경 1μ정도인 핵은 1개이며, 대사의 중추 역할을 담당하는 유전 인자 함유

[그림 1-4] 이스트의 구조

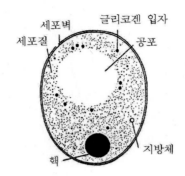

2) 생식

(1) 출아법(budding)

① 무성 생식으로 이스트의 가장 보편적인 증식 방법
② 성숙된 이스트 세포의 핵이 2개로 분리되면서 유전자도 분리 → 어미세포의 핵과 세포질이 출아된 세포로 이동하여 새로운 딸세포를 형성(정상 조건하에서 2시간 소요)

(2) 포자 형성(sporulation)

① 무성 생식으로 주위의 조건이 부적합할 때의 증식 방법
② 포자낭 속에서 작은 포자로 성장하다가 낡은 세포벽이 터지면 밖으로 방출되어 있다가 조건이 맞으면 발아

(3) 유성 생식

① 목적에 맞게 서로 대응이 되는 세포를 교잡시키는 잡종 교배
② 발효력, 건실성, 저장성 등 이스트의 능력을 개선하는 데 이용

3) 화학적 구성

(1) 일반 성분

수분(%)	회분(%)	단백질(%)	인산(%)	pH(%)
68~83	1.7~2.0	11.6~14.5	0.6~0.7	5.4~7.5

※ 제빵용 생이스트의 수분은 73% 전후로 하는 것이 보통이다.

(2) 이스트 단백질과 근육 단백질의 필수아미노산 비교

아미노산	이스트 단백질(%)	근육 단백질(%)
Arginine	4.3	7.1
• Histidine	2.8	2.2
*Lysine	6.4	8.1
Tyrosine	4.2	3.1
*Tryptophan	1.4	1.2
*Phenylalanine	4.1	4.5
Cystine	1.3	1.1
*Methionine	+	3.3
*Threonine	5.0	5.2
*Leucine	13.2 ± 2.6	12.1 ±1.1
*Isoleucine	3.4 ± 0.2	3.4 ± 0.2
*Valine	4.4 ± 0.8	3.4 ± 0.4

4) 이스트에 있는 효소

효 소	작용 물질	분해 생성물
프로테아제(Protease)	단백질	펩티드, 아미노산
리파제(Lipase)	지방	지방산 + 글리세린
*인버타제(Invertase)	설탕(자당)	포도당 + 과당
*말타제(Maltase)	맥아당	포도당 + 포도당
*찌마제(Zymase)	단당류(포도당, 과당)	CO_2 + 알코올
*락타제(Lactase)	유당	포도당 + 갈락토스 제빵용 이스트에는 없다.

2. 제품과 취급

1) 제품

(1) 생이스트, 압착효모(Compressed Yeast)

① 본배양기의 이스트를 여과, 균질화하여 가소성 덩어리를 만들고 사출기를 통해 정형시킨 효모

② 70~75%의 수분을 함유

③ 냉장 온도가 현실적인 이스트의 보관 온도(0℃에서 2~3개월, 13℃에서 2주, 22℃에서 1주도 어렵다).

④ 벌크 이스트: 대형 단위로 제품화한 것

(2) 활성 건조효모(Active Dry Yeast)

① 수분 7.5~9.0%로 건조시킨 효모
② 건조 공정과 건조 저장에 견뎌낼 균주를 이용(질소 충전 또는 진공포장으로 안정도가 1년 이상 유지)
③ 이론상 생이스트의 1/3만 사용해도 되지만 건조 공정과 수화 중에 활성세포가 다소 줄기 때문에 실제로 40~50% 사용
④ 수화(水化) : 40~45℃의 물(이스트의 4배 중량)에서 5~10분
★ 낮은 온도의 물로 수화시키면 이스트로부터 글루타티온(glutathione)이 침출되어 반죽이 끈적거리고 약하게 된다.
⑤ 장점 : 균일성, 편리성, 정확성, 경제성
★ 인스턴트(Instant)이스트 : 활성 건조효모의 단점을 보완하여 수화시키지 않고 직접 사용

(3) 불활성 건조효모(Inactive Dry Yeast)

① 높은 건조 온도에서 수분을 증발시켜 이스트 내의 **효소계**를 완전히 불활성화
② 빵, 과자 제품의 **영양 보강제**로 사용
③ 우유와 계란의 단백질과 같은 영양가를 가지고 있으며, 특히 필수아미노산인 라이신이 풍부해서 곡물 식품의 결핍을 보강
④ 환원제인 글루타티온이 침출되지 않도록 처리해야 한다.

2) 취급과 저장

이스트도 생물이므로 ① 설탕, 유효질소. 광물질, 비타민, 물과 같은 영양소와 ② 온도, 효소, 산소, pH, 시간, 영양 물질의 농도, 독성 물질과 같은 환경 요소에 지배되므로 적절한 사용과 취급이 요구된다.

(1) 빵 반죽 내에서의 이스트 작용 요약

① 2~3시간 발효 중에는 이스트 세포 수의 증가는 없다.
② 이스트는 포도당, 과당, 설탕. 맥아당을 발효성 탄수화물로 이용하지만 유당을 발효시키지 못한다.
③ 발효 최종 산물은 이산화탄소(CO_2)와 에틸 알코올이다. 이산화탄소는 '팽창'에, 알코올은 다른 과정을 거쳐 pH를 낮추어 '글루텐 숙성'과 '향'을 발달시킨다.
④ 가스 생산의 최대점이 반죽의 가스 보유력이 최대인 점과 일치하도록 '글루텐을 조절'하는 기능
⑤ 이스트 세포는 63℃ 근처에서, 포자는 약 69℃에서 죽는다.
⑥ 온도 30~38℃, pH 4.5~4.9에서 발효력이 최대로 된다.

(2) 사용

① 너무 높은 온도의 물과 직접 닿지 않도록 한다. 이스트는 48℃에서 세포의 파괴가 시작된다.

② 믹서의 기능이 불량한 경우에는 소량의 물에 풀어서 사용하면 전 반죽에 고루 분산된다.

③ 이스트와 소금은 직접 접촉하지 않도록 한다.

④ 고온 다습한 날에는 이스트의 활성이 증가되므로 반죽 온도를 낮춘다.

⑤ 이스트는 통상 냉장고에 보관한다.

⑥ 먼저 배달된 이스트부터 순서대로 사용한다(선입선출).

⑦ 사용 직전에 냉장고에서 꺼내며 여러 시간씩 실온에 방치하는 것은 좋지 않다.

⑧ 이스트 사용량과 관계되는 사항

  • 다소 **증가**하여 사용하는 경우: 글루텐의 질이 좋은 밀가루를 사용, 미숙한 밀가루의 사용, 소금 사용량이 조금 많을 때, 반죽 온도가 다소 낮을 때, 물이 알칼리성일 때

  • **증가**하여 사용하는 경우: 설탕 사용량이 많을 때, 우유 사용량이 많을 때, 발효 시간을 단축시킬 때, 소금 사용량이 많을 때

  • 다소 **감소**하여 사용하는 경우: 손으로 하는 작업 공정이 많을 때, 실온이 높을 때, 작업량이 많을 때

  • **감소**하여 사용하는 경우 : 자연 **효모**와 병용하는 경우, 발효 시간을 지연시킬 때

[미생물 감염을 감소시키는 공장 위생]

(1) 소독액으로 벽, 바닥, 천정을 세척

(2) 기구, 수돗물 탱크와 수도관, 콘베이어 등을 청소하고 소독

(3) 뚜껑이 있는 재료통을 사용

(4) 재료는 적절한 환기와 조명시설이 된 저장실에 보관

(5) 제조 공정을 잘 지킨다(이스트 활동이 활발하면 세균 번식이 억제).

(6) 공기를 세척하고 여과

(7) 노화된 제품, 감염된 제품은 절대로 공장에 반입하지 않는다.

(8) 빵 상자, 수송 차량, 매장 진열대 등을 청결하게 한다.

(9) 제품의 **산도**(pH)를 높여 곰팡이와 로프 억제 (pH 수치 감소)

(10) 적정한 **억제제** 사용

(11) **자외선** 조사로 공기중 미생물 살균

(12) 제품에 **초단파열선**을 조사

⑧ 물(water)과 이스트푸드(Yeast Food)

물은 지표면의 3/4인 바다를 이루고, 공기 중에도 우리 인체에도 있는 가장 흔하면서도 가장 중요한 물질이다. 식품의 필수 구성 물질이면서 소화를 돕기도 한다. 물이 없는 빵이나 과자를 생각할 수 없고, 물은 반죽의 특성에 관계할 뿐만 아니라 완제품의 품질에도 크게 영향을 준다.

1. 물의 경도

1) 연수와 경수

경도(Hardness): ① 주로 칼슘염과 마그네슘염이 녹아 있는 양에 지배 ② 칼슘염과 마그네슘염을 탄산칼슘으로 환산한 양을 ppm으로 표시

	연수	아연수	아경수	경수
ppm	60 이하	60 이상~120 미만	120 이상~180 미만	180 이상

★ 경수의 분류
① 일시적 경수: 가열에 의해 탄산염이 침전되어 연수로 되는 물
② 영구적 경수: 가열에 의해서 경도가 변하지 않는 경수

2) 물의 처리

(1) 여과: 물에 들어 있는 불순물을 제거하는 것

활성탄소를 사용하면 바람직하지 못한 맛과 냄새를 내는 유기물을 흡착시킨다.

(2) 양이온 교환법: 나트륨 비석과 수소 비석(沸石)을 사용하여 물을 연화

(3) 음이온 교환법: 교환수지에 산을 직접 흡착시켜 물을 연화

(4) 석회-소다법: 중탄산 칼슘과 마그네슘을 석회와 소다와 반응시켜 불용성 화합물로 침전시키는 것

★ 물에 있어 광물질과 불순물의 제거와 더불어 '생물학적 순도'에 대하여도 세심한 주의가 필요하다. 세균 특히 병원균이 오염된 물은 제과·제빵의 중요한 재료로 부적합하므로 사전에 혹은 계속적인 소독이 필요하다.

2. 제빵에서의 물

1) 물의 특성과 이스트푸드 사용량의 관계

물의 형태	분류	이스트푸드의 형태	이스트푸드의 요구량	기타 특수 조치
산성 (pH7 이하)	① 연수 (120ppm 미만)	정 규	정 상	스펀지에 소금 첨가 (심한 경우 CaSO4 첨가)
	② 아경수 (120~180ppm)	정 규	정 상	불필요
	③ 경수 (180ppm 이상)	정 규	감 소	심한 경우 스펀지에 맥아 첨가
중성 (pH 7~8)	① 연수	정 규	증 가	불필요
	② 아경수	정 규	정 상	불필요
	③ 경수	정 규	감 소	스펀지에 맥아 첨가
알칼리성 (pH 8 이상)	① 연수	산 성 +CaHPO4	증 가	CaSO4 첨가
	② 아경수	산 성	정 상	불필요
	③ 경수	산 성	감 소	맥아첨가량 증가, 유산 첨가

2) 물의 영향과 조치

(1) 아경수(120~180ppm)가 제빵에 좋은 것으로 알려져 있다.

(2) 연수: 글루텐을 약화시켜 연하고 끈적거리는 반죽을 만든다.

(3) 경수: 발효를 지연시키는 영향을 준다.

(4) 알칼리 물: 이스트 발효에 따라 발생되는 정상적인 산도를 중화시켜 효소가 작용하기에 적정한 pH 4~5에 못 미치게 하여 발효에 지장을 준다.

(5) 경수: ① 이스트 사용량을 증가시키고 ② 맥아 첨가로 효소를 공급하며 ③ 이스트푸드를 감소시킨다.

(6) 연수: ① 반죽이 연하고 끈적거리기 때문에 흡수율을 2% 정도 줄이고 ② 가스 보유력이 적으므로 이스트푸드와 소금을 증가시킨다.

3. 이스트푸드(Yeast Food)

(1) 이스트푸드의 주기능은 ① 반죽 조절제 ② 물 조절제 ③ 산화제이다.

제2의 기능이 이스트의 영양인 질소를 공급하는 것

(2) 대표적인 이스트푸드의 배합

# 1(%)	# 2(%)	# 3(%)
산성 인산칼슘 = 50.0 염화나트륨 = 19.35 황산암모늄 = 7.0 브롬산 칼륨 = 0.12 요오드산 칼륨 = 0.10 전분 = 23.43	황산칼슘 = 25.0 염화암모늄 = 9.7 브롬산칼륨 = 0.3 염화나트륨 = 25.0 전분 = 40.0	과산화칼슘 = 0.65 인산암모늄·인산디칼슘 = 9.0 전분·밀가루 = 90.35

※ #1 → 완충형 , # 2 → 알카디형 , # 3 → 산성형

(3) 산화제로 빵 제품에 사용하는 물질은 브롬산 칼륨, 요오드산 칼륨, 브롬산 칼륨, 요오드산 칼륨, 과산화칼슘, 아조디카본아미드, 비타민 C 등이다.

① 브롬산 칼륨은 지효성, 요오드산 칼륨은 속효성

② 과산화 칼슘: 스펀지보다 도우에 사용하는데 글루텐을 강하게 하고 반죽을 다소 되게 하여 정형 과정에서 덧가루 감소

③ 아조디카본아미드: 밀가루 단백질의 -SH 그룹을 산화하여 글루텐을 강하게 한다.

④ 아스코르브산: 산소가 없는 곳에서는 원래 환원제이지만 믹싱 과정에서는 공기와 접촉하여 산화제로 작용

4. 제빵 개량제

빵의 품질을 개선하는 재료로서 부피 증가, 껍질 색 개선, 발효 시간 단축, 조직의 개선, 노화 지연 등을 목적으로 사용하고 있다.

(1) 개량제의 성분과 기능 요약

개량제 성분	기 능	효 과
브롬산칼륨, 요드산칼륨 아조디카본아미드 비타민 C	• 산화제 역할 (시스테인 → 시스틴) ↓ • 글루텐 강력화	• 부피 증가 • 기공과 조직 개선 • 이스트푸드의 성분 (반죽 조절 기능)
암모늄염	• 이스트의 영양: 이스트의 활성 제고	• 발효촉진 → 부피 증가 • 이스트푸드 성분(영양)
칼슘염 마그네슘염	• 물의 경도를 높임: 연수 → 아경수 → 글루텐을 강력화	• 반죽의 공기 함유 능력 증대 ↓ • 이스트푸드 성분(물 조절제)
글루타티온 시스테인	• 환원제:글루텐의 탄력성 감소, 글루텐의 신전성 증가	• 믹싱 시간 단축 • 발효 시간 단축 • 반죽의 탄력성을 약화
아밀라제	• 전분 → 맥아당	• 발효성 탄수화물 생산 증가 • 지속적 발효 여건 부여
유화제(乳化劑)	• 모노-디-글리세리드, 레시틴 등: 반죽의 물리성 향상	• 노화 지연 → 신선도 유지 • 반죽의 물리적 특성 개선 • 제품의 기공, 조직 개선
유기산(有機酸)	• 향미 강화, pH 조절	• 발효가 짧은 제품에 유용

(2) 시중 개량제의 성분(저배합당 빵, 약한 강력분 사용 빵에 유용)

주요 성분	기 능
밀가루, 전분	• 부형제, 구조 강화
포도당(당)	• 발효성 탄수화물 공급(껍질색 개선)
글리세린 지방산 에스테르 레시틴, 솔비톨 지방산 에스테르	• 유화제, 반죽의 물리적 특성 개선 • 수분 손실 방지 → 노화 지연
아밀라제(맥아분)	• 발효당 생성 → 발효 촉진
대두분, 대두유	• 영양강화, 구조강화, 유화작용
비타민 C, 생물성 물질 등	• 산화제 역할 → 반죽 강화 → 부피 증가

⑨ 화학 팽창제

1. 베이킹파우더(Baking Powder)

1) 베이킹파우더의 구성

탄산수소나트륨: CO_2 가스를 발생
산 작용제: CO_2 가스 발생 속도를 조절
부형제(밀가루, 전분): ① 중조와 산염의 격리 ② 흡수제 ③ 취급과 계량이 용이

2) 원리

$$2NaHCO_3 \longrightarrow CO_2 + H_2O + Na_2CO_3$$
$$\text{탄산수소나트륨} \qquad \text{이산화탄소} \quad \text{물} \qquad \text{탄산나트륨}$$

3) 규격

전 베이킹파우더 무게의 12% 이상인 유효 CO_2 가스가 발생해야 한다.

4) 작용 속도에 의한 분류

빠른순서	기 능
1	주석산 $H_2(C_4H_4O_6)$, 주석산 크림 $KH(C_4H_4O_6)$: 작용 후 수 분 동안에 대부분의 가스 발생
2	산성 인산칼슘(오르소 형): 실온에서 1/2~2/3의 가스가 발생
3	피로인산 칼슘, 피로인산소다: 실온에서 1/2 정도의 가스 발생
4	인산 알루미늄소다: 실온에서 1/3 이하의 가스 발생
5	황산 알루미늄소다: 실온에서는 거의 작용하지 않음.

※ 산 작용제를 복합적으로 사용하여 가스 발생 속도를 조절한다.

5) 베이킹파우더 배합 예

구성물질 \ 형태	I	II	III	IV
탄산수소나트륨	30	30	30	30
제1인산칼슘	5	–	5	12
산성피로인산나트륨(SAPP)	36	42	–	–
알루미늄인산나트륨(SALP)	–	–	26	–
알루미늄황산나트륨(SALS)	–	–	–	23
유산칼슘(lactate)	2	–	–	–
탄산칼슘	–	–	–	7
전 분	27	28	39	28

6) 중화가(N.V)

(1) 산에 대한 탄산수소나트륨의 비율로 유효 이산화탄소 가스를 발생시키고 중성이 되는 양을 조절할 수 있다.

【연습문제】

베이킹파우더 10kg의 중화가=80, 전분이 28%일 때 탄산수소나트륨의 양과 산 작용제의 양을 구하시오.

◐ ① 전분 무게 = 10kg×0.28 = 2.8kg ② 산 작용제 무게 + 탄산수소나트륨 무게 = 10−2.8 = 7.2(kg), 10×0.72 = 7.2(kg) ③ 산 무게를 x라 하면 탄산수소나트륨 무게는 0.8x

④ x + 0.8x = 7.2, 1.8x = 7.2, x = 4 산작용제 = 4kg, 탄산수소나트륨 = 3.2kg

(검산) $\dfrac{중조}{산} \times 100 = \dfrac{3.2}{4} \times 100 = 80$(중화가)

2. 암모니아 및 기타

1) 암모늄 염

(1) 장점

① 물의 존재하 단독 작용   ② 쿠키 등의 퍼짐을 도움
③ 밀가루 단백질을 부드럽게 하는 효과   ④ 굽기 중 3가지 가스로 분해되어 잔류물이 없다.

(2) 원리

① $(NH_4)_2CO_3$ $2NH_3 + H_2O + CO_2$
  (탄산암모늄)   (암모니아가스) (물) (이산화탄소)

② $2NaHCO_3$ $2NH_3 + CO_2 + H_2O$
  (탄산수소암모늄)   (암모니아가스) (이산화탄소)(물)

(3) 사용

① 크림 퍼프(슈), 쿠키 등에 사용   ② 수분이 많은 제품에는 적정량만 사용

2) 중조(탄산수소나트륨)

(1) 단독 또는 B. P.의 형태로 사용

(2) 재료에 자연 상태로 들어 있는 산성에 의해 중화

(3) 사용 과다: 노란색, 소다맛, 비누맛, 소금맛

3) 주석산 칼륨

(1) 중조와 작용하면 속효성 B. P.가 된다.

(2) 산도를 높이면 속색이 밝아진다. 캐러멜화 온도를 높인다,

　① 우유 단백질 + 박테리아 → 수소 + 이산화탄소(빵)

　② 과산화수소 + 효소 → 산소 + 물(빵)

　③ 일산화질소 → 산소 + 질소(중성 반응)

⑩ 향료, 향신료, 안정제

　향료를 사용하는 목적은 제품에 독특한 개성을 주는 데 있으므로 향, 맛, 속 조직이 잘 조화되어야 하고 천연향을 선호하는 고객의 향미 감각을 고려해야 한다.

1. 향료(Flavors)

1) 제과 · 제빵 향의 공급원

(1) 발효와 굽기 과정에서 생기는 향

　① 발효는 여러 가지 재료의 생화학적 변화를 동반하여 향 물질을 생성시킴(발효 정도와 시간의 장단, 발효 대상 등)

　② 굽기 과정의 캐러멜화 반응과 갈변 반응으로 특유의 향 발생

(2) 사용하는 재료의 향

　① 재료별로 자연 상태로 특유의 향을 내는 물질을 함유

　② 굽기 중 열을 받아 특이한 향을 내는 물질

(3) 향료

　① 천연향: 꿀, 당밀, 코코아, 초콜릿. 분말 과일, 감귤류, 바닐라 등

　② 합성향: 천연 향에 들어 있는 향 물질을 합성하여 만든 것

　③ 인조향: 천연향의 맛과 향이 같도록 화학성분을 조합

2) 향료의 분류

(1) 비알코올성 향료

　① 글리세린, 프로필렌글리콜, 식물성유에 향 물질을 용해

② 굽기 과정에 휘발하지 않는다.

(2) 알코올성 향료

① 에틸알코올에 녹는 향을 용해시킨 향료

② 굽기 중 휘발성이 크므로 아이싱과 충전물 제조에 적당

(3) 수지

① 수지액에 향료를 분산

② 반죽에 분산이 잘되고 굽기 중 휘발성이 적다.

(4) 분말

① 수지액에 유화제를 넣고 향 물질을 용해시킨 후 분무 건조

② 굽는 제품에 적당하고 취급이 용이

3) 케이크와 아이싱에 전형적으로 쓰이는 향의 조합

(1) 초콜릿에 바닐라

(2) 초콜릿에 박하

(3) 과실에 레몬

(4) 생강과 계피에 올스파이스(allspice)

(5) 당밀에 생강

(6) 초콜릿에 계피와 바닐라

(7) 초콜릿에 아몬드

(8) 대부분의 향에 버터향

4) 단과자 빵류와 데니시 페이스트리를 위한 향의 조합

(1) 카다몬(cardamon) : 레몬 = 1 : 1

(2) 카다몬 : 계피 : 바닐라 = 1 : 1 : 4

(3) 코리안더(corriander) : 계피 : 바닐라 = 1 : 1 : 4

(4) 코리안더 : 계피 : 레몬 = 4 : 2 : 1

(5) 코리안더 : 메이스 : 바닐라 = 2 : 1 4

2. 향신료(Spice)

대항해 시대에는 보존육이 식사의 주체였으므로 냄새를 막는 데는 향신료가 필수 불가결한 존재였다. 냄새를 막을 뿐만 아니라 식품의 향미를 돋운다는 것을 알고부터는 향신료의 효과적인 조합이 개발되었고 이는 식품의 기호성을 크게 향상시켰다.

1) 계피(cinnamon)

① 열대성 상록수의 나무껍질로 만든 향신료

② 세일론이 주산지이며 중국 계열의 계피와 구별

2) 넛메그(nutmeg)

① 동인도 지방의 식물에서 얻는 향신료로 과육을 일광 건조한 것

② 가종피로 '메이스'를 만든다.

3) 생강(ginger)

① 열대성 다년초의 다육질 뿌리

② 매운맛과 특유의 방향을 가지고 있다.

4) 정향(clove)

① 잔지바르와 인디아가 원산지인 4~10m의 상록수 꼭대기 부분에 열리는 열매에서 얻는다.

② 증류에 의해 정향유를 생산

5) 올스파이스(allspice)

① 복숭아과 식물로 계피, 넛메그의 혼합 향을 낸다.

② 자메이카 후추라고도 한다.

6) 카다몬(cardamon)

① 인도, 세일론 등지에서 자라는 생강과의 다년초 열매로부터 얻는다.

② 열매 깍지 속의 3mm가량의 조그만 씨를 이용

7) 박하(peppermint)

① 심과의 박하속에 속한 식물의 잎사귀에서 얻는다.

② 박하유와 박하뇌가 주로 이용

★이외에 식용 양귀비씨, 후추, 나도고수열매(aniseed), 코리안더, 캐러웨이 등이 사용된다.

3. 안정제(Stabilizers)

1) 한천(agar-agar)

① 태평양의 해초인 우뭇가사리로부터 만든다.

② 끓는 물에 용해되고 냉각되면 단단하게 굳는다.

③ 물에 대해 1~1.5% 사용

2) 젤라틴(gelatin)

① 동물의 껍질이나 연골 조직의 콜라겐을 정제

② 끓는 물에 용해되며 냉각되면 단단하게 굳는다.

③ 용액에 대하여 1% 농도로 사용하며 완전히 용해시켜야 한다.

④ 산 용액 중에서 가열하면 화학적 분해가 일어나 젤 능력이 줄거나 없어진다.

3) 펙틴(pectin)

① 과일과 식물의 조직 속에 존재하는 일종의 다당류

② 설탕 농도 50% 이상, pH 2.8 ~ 3.4에서 젤리를 형성

③ 메틸기(methoxyl) 7% 이하: 당과 산에 영향을 받지 않는다.

　　　　　　　　　　 7% 이상: 당과 산이 존재해야 한다.

4) 알기네이트(alginate)

① 태평양의 큰 해초로부터 추출

② 냉수 용해성, 뜨거운 물에도 용해

③ 1% 농도로 단단한 교질

④ 산의 존재하 교질 능력이 감소, 칼슘(우유) 존재하 교질 능력 증가

5) 씨엠씨(C. M. C)

① 셀룰로스로부터 만든 제품

② 냉수에서 쉽게 팽윤되어 진한 용액이 되지만 산에 대한 저항성은 약하다,

6) 로커스트빈 껌(Locust bean gum)

① 지중해 연안 지방의 로커스트빈 나무의 수지(樹脂)

② 냉수 용해성, 뜨겁게 해야 완전한 힘을 발휘

③ 0.5% 농도에서 진한 액체, 5% 농도에서 진한 페이스트 상태

④ 산에 대한 저항성이 크다(과일과 함께 끓여도 무방).

7) 트래거캔스(tragacanth)

① 터키, 이란 등 소아시아 일대의 트라가칸트 나무 수지

② 냉수 용해성, 71℃로 가열하면 농후화도가 최대

★ 이 외에 카라야 껌(karaya gum), 아이리쉬 모스(Irish Moss) 등이 안정제로 사용된다.

★ 안정제는 ① 아이싱의 끈적거림 방지 ② 아이싱이 부서지는 것 방지 ③ 머랭의 수분 배출 억제 ④ 크림 토핑의 거품 안정제 ⑤ 젤리 제조 ⑥ 무스 케이크 제조 ⑦ 파이 충전물의 농후화제 ⑧ 흡수제로 노화지연 효과 ⑨ 포장성 개선 등의 목적으로 사용된다.

4. 초콜릿

(1) 초콜릿의 원료

주요 원료	내 용
카카오 매스	카카오 속수분의 페이스트, 비터 초콜릿
카카오 분말	카카오 매스에서 지방 분리 → 코코아 박 → 분말화
카카오 버터	카카오 매스에서 분리한 지방=초콜릿의 풍미를 좌우
우유	밀크 초콜릿의 성분으로 첨가, 탈지분유, 전지분유 등
설탕	가당(스위트)초콜릿의 성분으로 첨가
유화제	레시틴=0.2~0.8%, 친유성 유화제
향	기본적인 향=바닐라 향, 초콜릿 풍미를 증진

(2) 초콜릿의 제조 공정

공정	내 용			
원료 제조	카카오 원두 → 발효 및 건조 → 세척 → 볶기(roasting) → 껍질 제거 → 속 부분을 마쇄+가열=카카오 매스 → 코코아와 카카오 버터			
1. 믹싱(Mixing)	건조재료(설탕, 분유) 혼합+카카오 버터+코코아+레시틴			
2. 정제(refining)	미세하게 분쇄(磨碎) = 다크(25μ이하), 밀크(30μ이하)			
3. 콘칭(Conching)	콘체라는 기계에서 가열 → 이취(異臭) 제거, 잔류수분 감소			
4. 템퍼링(Tempering)	초콜릿 중의 카카오 버터가 안정되게 온도를 조절			
(1) 템퍼링 온도조절	초콜릿을	1차온도(℃)	중간온도(℃)	최종온도(℃)
	가온(加溫)	46~48	34	28~30
(2) 결정입자의 융점(℃)	입자형태	감마(γ) / 알파(α) / 베타프(β')	베타(β)	
	융점(融點)	17 / 21~24 / 27~29	–	
5. 주입(Depositing)과 당의(Enrobing)	• 몰드 바 = 템퍼링 된 초콜릿 → 주입기 → 몰드(mould) • 엔로브 바 = 중앙내용물을 템퍼링 된 초콜릿으로 피복			
6. 냉각(Cooling)	템퍼링 온도=제조온도 = 5℃ = 15℃(냉각 최종온도)			
7. 포장(Packaging)	포장식= 저온, 저습도 · 방습포장재질 사용			
8. 숙성(Aging)	온도: 18℃, 상대습도: 50% 이하 조건: 7~10일간 숙성 → 안정한 형태의 조직, 유통중 블룸 현상 최소화			
블룸 현상	설탕 블룸 Sugar Bloom	습도가 높은 곳에 보관: 초콜릿 중 설탕이 수분 흡수 → 용해 → 재결정 = 흰가루 모양		
	지방 블룸 Fat Bloom	높은 온도, 직사광선에 노출 → 초콜릿 중 지방이 분리 → 다시 굳어지면서 얼룩 형성		

※ β' = 베타 프라임

(3) 배합에 의한 초콜릿 분류

공정	내 용
1.비터 초콜릿 (bitter chocolate) 초콜릿 원액	① 코코아 + 카카오 버터 ==〉초콜릿 제조회사용 ② 전형적 배합율=코코아: 카카오 버터= 5: 3
	③ 연습: 비터 초콜릿 24kg 중 • 코코아 = 24kg×5/8 = 15kg • 카카오 버터 = 24kg×3/8 = 9kg

2. 다크 초콜릿 (dark chocolate)	① 제과용: 가장 많이 사용 ② 설탕 사용량에 따라 스위트, 세미 스위트, 비터 스위트로 분류
	③ 대표적인 배합 예

성분	%	비 고
코코아	40	• 이 초콜릿 3kg을 사용하는 경우 원래
코코아 버터	24	사용하던 유화쇼트닝은 얼마를 감소시
설탕	35	키는가?
레시틴	0.6	① 3kg×0.24=0.72kg
바닐라향	0.4	② 감소량=0.72kg×1/2=0.36kg

3. 밀크 초콜릿 (milk chocolate)	① 비터 초콜릿 + 전지분유 + 설탕 + 유화제 + 향
	② 부드러운 맛의 초콜릿
	③ 대표적인 배합 예

성분	코코아	카.버터	분유	설탕	레시틴	향
함량, %	18	18	20	43	0.6	0.4

4. 화이트 초콜릿 (white chocolate)	① 코코아를 사용하지 않는 초콜릿
	② 대표적인 배합 예

성분	카.버터	분유	설탕	유화제	바닐라
함량, %	35	21	43	0.6	0.4

※대용 초콜릿 Imitation	카카오 버터 대신에 다른 종류의 유지(지방)를 사용한 초콜릿

※ 카.버터=카카오 버터
〈응용〉 = 옐로 레이어를 초콜릿 케이크로 전환
　　　　코코아 함량 40%, 코코아 버터 24%인 다크 초콜릿 30%를 사용

재료	옐로	초콜릿	비 고
밀가루	100	100	① 초콜릿 중 코코아=30%×0.4=12%
설탕	120	120	② 우유=120+30+(12×1.5)-66=102
유화쇼트닝	60	〈56.4〉	③ 초콜릿 중 버터=30%×0.24=7.2%
계란	66	66	④ 카카오 버터 7.2% → 유화쇼트닝 효과=
우유	(75)	(102)	7.2%÷2=3.6%
다크초콜릿	–	30	⑤ 유화쇼트닝 변화: 60-3.6=56.4[%]

11 물리 · 화학적 시험

1. 반죽의 물리적 시험

밀가루의 혼합, 흡수, 발효 및 산화 특성을 기록할 수 있도록 고안된 감도 높은 많은 기계가 개발되면서 반죽의 물리적 성질을 객관적으로 측정하고 있다.

1) 믹소그래프(Mixograph)

① 온 · 습도 조절 장치가 부착된 고속 기록 장치가 있는 믹서
② 반죽의 형성 및 글루텐 발달 정도를 기록
③ 밀가루의 단백질 함량과 흡수의 관계를 기록
④ 혼합 시간, 믹싱의 내구성을 판단할 수 있음

2) 패리노그래프(Farinograph)

① 고속 믹서 내에서 일어나는 물리적 성질을 파동곡선 기록기로 기록하여 해석
② 흡수율, 믹싱 내구성, 믹싱 시간 등을 판단
③ 곡선이 500B.U에 도달하는 시간, 떠나는 시간 등으로 밀가루의 특성을 알 수 있다.

3) 레-오그래프(Rhe-O-graph)

① 반죽이 기계적 발달을 할 때 일어나는 변화를 도표에 그래프로 나타낼 수 있는 기록형 믹서
② 믹싱 시간은 단백질 함량, 글루텐 강도, 반죽에 들어간 여러 가지 재료에 영향을 받는다.
③ 밀가루의 흡수율 계산에 적격

4) 익스텐시그래프(Extensigraph)

① 반죽의 신장성과 신장에 대한 저항을 측정하는 기계
② 신장에 대한 저항은 50mm의 거리에 도달한 곡선의 높이로 보통 E.U(익스텐시그램 단위)로 표시
③ 산화는 저항을 증가시키고 신장을 감소시켜 밀가루에 대한 산화 처리를 알아내는 데도 사용
④ 밀가루의 내구성과 상대적인 발효 시간도 판단

5) 아밀로그래프(Amylograph)

① 밀가루-물의 현탁액에 온도를 균일하게 상승시킬 때 일어나는 점도의 변화를 계속적으로 자동 기록
② 호화가 시작되는 온도를 알 수 있다. ⇒ 완제품의 내상과 관계
③ 곡선의 높이: 400 ~ 600B.U가 적당하다. 곡선이 높으면 완제품의 속이 건조하고 노화가 가속되고, 낮으면 끈적거리고 속이 축축하다.

6) 믹사트론(Mixatron)

① 새로운 밀가루에 대한 정확한 흡수와 혼합 시간을 신속히 측정

② 종류와 등급이 다른 여러 가지 밀가루에 대한 반죽 강도, 흡수의 사전 조정과 혼합 요구 시간 등을 측정

③ 재료 계량 및 혼합 시간의 오판 등 사람의 잘못으로 일어나는 사항과 계량기의 부정확 또는 믹서의 작동 부실 등 기계의 잘못을 계속적으로 확인

① 표준보다 물이 부족: 상대적 강도가 높고 도달이 빠르다.

② 표준보다 밀가루가 부족: 상대적 강도가 낮고 도달이 느리다.

③ 표준보다 소금이 부족: 상대적 강도가 낮고 도달이 다소 빠르다.

2. 성분 특성 시험

1) 밀가루 색상

(1) **페카시험**(Pekar Test): 직사각형 유리판 위에 밀가루를 놓고 매끄럽게 다듬은 후 물에 담그고 젖은 상태 또는 100℃에서 건조시켜 색상을 비교하며 껍질 부위, 표백 정도 등을 상대적으로 판별함

(2) 분광분석기 이용 방법: 10g의 밀가루를 50ml의 물-노르말 부탄올의 포화용액으로 추출하여 그 여과액을 분광분석기(spectrophotometer)로 측정

(3) 여과지 이용법, 색광반사를 직접 읽을 수 있는 광학기구 등으로 밀가루 색상을 시험하고 있다.

2) 수분

(1) 밀가루의 수분

① 과잉 수분: 밀가루의 저장성에 문제

② 저장중 수분을 잃거나 얻는 경우: 가수율 조정이 필요

(2) 건조 오븐법, 진공 오븐법, 알루미늄 판법, 적외선 조사법 등

3) 회분

(1) 회분의 측정은 껍질 부분이 제분에 의해 얼마나 분리되어 있는가를 알 수 있는 지표로 활용

(2) 회화법: 550~590℃의 오븐에서 시료가 회백색의 재로 변할 때까지 가열하고 이 잔류물을 계량하여 %로 표시

(3) 배유 부분(0.28~0.38%), 껍질 부분(5~8%)

(4) 연질소맥을 제분한 박력분의 회분이 0.40%(껍질 1.5%)

4) 조단백질

(1) 켈달(Kjeldahl)법으로 질소를 정량하여 6.25를 곱한 수치를 조단백질로 계산

(2) 밀가루 단백질 중 질소 구성이 17.5%, 그러므로 질소에 5.7을 곱한다.

(3) 일반적으로 젖은 글루텐 ÷ 3 = 건조글루텐 = 조단백질

밀가루의 단백질, 건조글루텐, 젖은 글루텐의 관계

밀가루	단백질(%)	건조 글루텐(%)	젖은 글루텐(%)
가	11.87	11.68	36.3
나	12.56	12.50	39.5
다	12.52	12.31	38.2

5) 팽윤시험(Swelling Test)

(1) 특정한 산이 글루텐의 팽윤 능력을 증가시키는 반응을 이용하여 측정하는 시험

(2) **침강시험**: 유산을 밀가루-물의 현탁액에 넣고 침강된 부분의 높이를 측정

 ① 침강 수치 20mm 이하: 제빵 적성 불량

 ② 침강 수치 55mm 이상: 제빵 적성 양호

6) 가스 생산 측정

(1) 압력계 방법: 밀가루에 물과 이스트를 넣고 반죽한 후 발생되는 가스를 기압계로 측정

(2) 부피 측정 방법: 밀가루에 충분한 물과 이스트를 넣고 혼합한 후 발생되는 가스를 눈금이 있는 가스 측정 장치와 연결하여 필요한 시간 간격으로 부피를 측정

3. 밀가루 수분과 성분의 변화

1) 밀가루 수분 변화에 따른 회분(Ash)의 변화

(1) 밀가루 수분 12.30%일 때 회분이 0.464%라면 수분 14%일 때의 회분은?

회분(%)	고형질(%)	수분(%)	
0.464	87.70	12.30	• $(87.7) \times (A) = (86) \times (0.464)$
A	86.00	14.00	• $A = (86 \times 0.464) \div 87.7 ≒ 0.455[\%]$ • 고형질 감소 → 회분도 감소 • 소수 자리 동수

(2) 수분 13%, 회분 1.800%인 밀을 제분하면 회분이 1/4로 감소한다. 수분 15%로 계산한 밀가루의 회분은?

회분(%)	고형질(%)	수분(%)	
1.800	87	13	• $87 \times A = 85 \times 1.8$, $A = (85 \times 1.8) \div 87 ≒ 1.759[\%]$
A	85	15	• 밀가루 회분 = $1.759 \times 0.25 = 0.43975 \rightarrow 0.440[\%]$ • 제분: 밀의 회분이 25% 수준으로 감소

2) 밀가루 수분 변화에 따른 단백질(Protein)의 변화

(1) 밀가루 수분 12%일 때 단백질이 11%라면 수분 14%에서의 단백질은?

단백질(%)	고형질(%)	수분(%)	
11	88	12	• $88 \times P = 86 \times 11$
P	86	14	• $P = (86 \times 11) \div 88 = 10.75[\%]$ • 고형질↓ =>단백질↓　• 단백질은 소수 2자리

(2) 밀가루 수분 15.10%일 때 단백질이 13.70% → 수분 14%인 경우 단백질은?

단백질(%)	고형질(%)	수분(%)	
13.7	84.9	15.1	• $84.9 \times P = 86 \times 13.7 = 1,178.2$
P	86	14	• $P = 1,178.2 \div 84.9 ≒ 13.878 \rightarrow 13.88[\%]$ • 고형질↑ =>단백질↑

3) 밀가루 수분 변화에 따른 흡수율(Absorption)의 변화

(1) 밀가루 수분 12%일 때 흡수율이 63%였는데 저장 중 수분이 10%로 감소하였다면 새로운 흡수율은? (같은 밀가루)

밀가루	흡수율(%)	수분(%)	고형질(%)	총수분(%)
저장 전	63	12	88	75
저장 후	x	10	90	T.W.

① 총 수분(T.W.) = 흡수율 + 밀가루 수분〈예:저장 전=63+12=75[%]〉
② 저장 후 총 수분: $88 \times T.W. = 75 \times 90$, $T.W. = (75 \times 90) \div 88 ≒ 76.70$
③ 저장 후 새흡수율= 총 수분 – 밀가루 수분 = 76.7 – 10 = 66.7[%]

(2) 다음의 표를 완성

수분(%)	흡수율(%)	회분(%)	단백질(%)	고형질(%)	총수분(%)
12	65.00	0.550	13.00	(1)	(2)
14	(3)	(4)	(5)	(6)	(7)

① 100-12=88　　　　② 12+65=77　　　　⑥ 100-14=86
④ A=(0.55×86)÷88=47.3÷88=0.5375: 소수 3자리=〉0.538[%]
⑤ P=(13×86)÷88=1,118÷88≒12.704: 소수 2자리=〉12.70[%]
⑦ T.W.=(77×86)÷88=6,622÷88=75.25[%]
③ 새로운 흡수율= 75.25 - 14 = 61.25[%]

4) 침강시험에 사용하는 밀가루 무게 계산

밀가루 침강시험(Sedimentation Test)에 수분 14%의 밀가루 4.0000g을 사용한다. 수분 11.50%, 단백질 10.50%, 회분 0.480%인 밀가루는 몇 g을 사용해야 하는가?

무게(g)	고형질(%)	수분(%)	
4	86	14	• 88.5×W=4×86
W	88.5	11.5	• W=(4×86)÷88.5≒3.8870[g] • 단백질과 회분은 문제와 직접 상관이 없음.

5) 패리노그래프 시험(Farinograph Test)에 사용하는 밀가루 무게 계산

패리노그래프용 밀가루는 수분 "14%" 기준으로 300.0g이 필요하다. 수분 15.2%인 밀가루는 몇 g 필요한가?

무게(g)	고형질(%)	수분(%)	
300	86	14	• 84.8×W=86×300
W	84.8	15.2	• W=(86×300)÷84.8≒304.24528[g] • 무게는 소수 4자리까지

6) 믹소그래프 시험(Mixograph Test)에 사용하는 밀가루 무게 계산

믹소그래프에 수분 14% 기준으로 35.0g의 밀가루를 사용한다. 수분 12%인 밀가루는 얼마를 사용해야 하는가?

무게(g)	고형질(%)	수분(%)	
35.0	86	14	• *88×W=86×35
W	88	12	• W=(86x35)÷88=3,010÷88≒34.2045[g] • 소수 4자리

1-2 빵류 반죽 및 반죽 관리

① 빵의 제법

1. 스트레이트법(Straight Dough Method)

직접법이라고도 하며 모든 재료를 믹서에 넣고 한 번에 믹싱을 끝내는 제빵법이다(소금과 유지를 믹싱 중간에 넣는 방법도 포함한다).

1) 공정

(1) 재료 계량: 전 재료를 정확하게 계량한다.

(2) 믹싱

  ① 시간: 믹서 성능과 밀가루 성질에 따라 12~25분

  ② 온도: 25~28℃(통상 27℃)

(3) 제1차 발효

  ① 온도 27℃, 상대습도 75~80%　　　② 처음 부피의 3~3.5배(1~3시간)

(4) 성형

  ① 분할 및 둥글리기　　② 중간 발효 15분 전후　　③ 정형　　④ 팬 넣기

(5) 제2차 발효

  ① 온도 35~43℃, 상대습도 85~90%　　② 상태로 판단

(6) 굽기: 온도와 시간은 반죽 크기에 따라 조정(통상 200℃ 전후)

(7) 냉각

(8) 포장*(냉각과 포장은 공정에서 설명)

★ 펀치(punch)
(1) 처음 반죽 부피의 2.5~3배가 되었을 때 펀치(2~3회도 가능)
(2) 반죽의 가스를 빼주므로
① 이스트 활동에 활력을 주고 ② 산소 공급으로 산화, 숙성을 촉진 ③ 반죽 온도를 균일하게 해준다.

2) 재료 사용 범위

재 료	범 위(%)	통상 사용 범위(%)	
밀 가 루	100	100	단백질 11% 이상
물	56~68	60~64	
이 스 트	1.5~5.0	2~3	생이스트
이스트푸드	0~0.5	0.1~0.2	완충형
소 금	1.5~2.5	2	정제염
설 탕	0~8	4~8	정백당
유 지	0~5	2~4	쇼트닝, 라드
탈지분유	0~8	3~5	
개 량 제	0~0.5	0.2	

3) 장단점(스펀지 도우법 대비)

(1) 장점

① 제조 공정이 단순   ② 제조장, 제조 장비가 간단

③ 노동력과 시간 절감   ④ 발효 손실 감소

(2) 단점

① 발효 내구성이 약함   ② 잘못된 공정을 수정하기 어려움

2. 스펀지 도우법(Sponge/Dough Method)

믹싱 과정을 2번 행하는 방법으로 처음 반죽을 스펀지라 하고 나중 반죽을 도우라 한다.

1) 공정

(1) 재료 계량: 전 재료를 정확하게 계량하고 스펀지용과 도우용을 구분한다.

(2) 스펀지 믹싱

① 시간: 믹서 성능과 밀가루 성질에 따라 4~6분

② 온도: 22~26℃(통상 24℃)

(3) 제1차 발효

① 온도 27℃,　상대습도 75~80%　　② 처음 부피의 3.5~4배 (2~6시간)

(4) 도우 믹싱

① 스펀지에 도우용 재료를 넣고 믹싱(통상 8~12분)
② 온도: 25~29℃ (통상 27℃)

(5) 플로어 타임

① 스펀지 도우 밀가루의 비율을 감안한다.　　② 10~40분

(6) 성형

① 분할 및 둥글리기　　　　　　　　② 중간 발효: 10~15분
③ 정형　　　　　　　　　　　　　　④ 팬 넣기

(7) 제2차 발효

① 온도 35~43℃, 상대습도 85~90%
② 상태로 판단

(8) 굽기: 온도와 시간은 반죽 크기에 따라 조정

(9) 냉각

(10) 포장

2) 재료 사용 범위

스펀지(Sponge)		도우(Dough)	
밀 가 루	60~100	밀 가 루	0~40
물	(스펀지 밀가루의)	물	전체 56~68
	55~60	이 스 트	0~2
이 스 트	1~3	소 금	1.5~2.5
이스트푸드	0~0.5	설 탕	0~8
개 량 제	0~0.5	유 지	0~5
		탈지분유	0~8

• 스펀지의 물: 스펀지 밀가루 80%, 스펀지의 55% 물 사용 시: 80×0.55=44(%)
• 도우의 물: 도우 밀가루 20%, 전체 물 60% 사용 시: 100×0.6=60(%)　전체물
－) 스펀지에 사용한 물＝44(%)
　　　도우에 사용할 물＝16(%)

3) 장단점(스트레이트법 대비)

(1) 장점

① 작업 공정에 대한 융통성 　② 잘못된 공정을 수정할 기회
③ 풍부한 발효향 　④ 제품의 저장성 및 부피 개선

(2) 단점

① 발효 손실 증가 　② 시설, 노동력, 장소 등 경비 증가

4) 스펀지의 밀가루 사용량

　밀가루 품질의 변경, 발효 시간 변경, 품질 개선의 경우에 스펀지에 사용하는 밀가루 양을 조절할 수 있다.

★스펀지에 밀가루 사용량을 증가시키면
① 2차 믹싱(도우)의 반죽 시간을 단축한다.
② 스펀지 발효 시간은 길어지고, 본 반죽 발효 시간은 짧아진다.
③ 반죽의 신장성(스펀지성)이 좋아진다.
④ 성형 공정이 개선된다.
⑤ 품질이 개선(부피 증대, 얇은 세포막, 부드러운 조직 등)된다.
⑥ 풍미가 증가한다.

3. 액체 발효법

　미국 분유 연구소(ADMI)에서 처음 개발된 것으로 일반 스펀지/도우법에서 스펀지 발효에 미치는 여러 가지 결함을 제거하기 위하여 스펀지 대신 액종을 만들어 제조하는 것이다.
　대량 발효가 가능하고 공간과 설비의 감소를 가져오는 한편 단백질 함량이 적어 발효 내구력이 다소 약한 밀가루로 빵을 만드는 데도 권장된다.

1) 재료 사용 범위

(1) 액종

재 료	사용범위(%)
물	30
이스트	2~3
설탕	3~4
이스트푸드	0.1 ~ 0.3
분유	0~4

(2) 본 반죽

재 료	사용범위(%)
액 종	35
밀가루	100
물	25~35(조절)
설 탕	2~5
소 금	1.5~2.5
유 지	3~6

※ 이외에 유산칼슘, 인산칼슘, 취소산 칼륨, 비타민 C 등도 사용

2) 공정

(1) 재료 계량: 전 재료를 정확하게 계량하고 액종용과 본 반죽(도우)용으로 구분한다.

(2) 액종 발효

　① 액종용 재료를 잘 혼합한 후 30℃에서 2~3시간 발효
　② 분유는 발효 중 생기는 유기산에 대한 완충제 역할

(3) 도우 믹싱

　① 액종을 넣은 도우 재료를 믹싱(스펀지/도우보다 25~30% 정도를 더 믹싱)
　② 온도 28~32℃(반죽량이 많으면 낮은 온도)

(4) 플로어 타임: 15분 정도

(5) 성형

　① 분할 및 둥글리기　　　　② 중간 발효

(6) 제2차 발효: 온도 35~43℃, 상대습도 85~95% → 상태로 판단

(7) 굽기: 온도와 시간은 반죽 크기에 따라 조정

(8) 냉각

(9) 포장

4. 연속식 제빵법(Continuous Dough Mixing System)

1) 재료 사용 범위

재 료	전 체 (%)	액종(Broth)(%)
밀가루	100	5~70
물	60~70	60~70
이스트	2.25~3.25	2.25~3.25
탈지분유	1~4	1~4
설 탕	4~10	
이스트푸드	(0~0.5)	(0~0.5)
인산칼슘	0.1~0.5	0.1~0.5
취소산 칼륨	50ppm 이하	50ppm 이하
영양강화제	1정	
쇼트닝	3~4	

2) 공정

(1) 재료 계량: 자동 계량하여 공정별로 투입한다.

(2) 액체 발효 탱크

① 액체 발효용 재료를 넣고 섞는다.　　② 온도 30℃로 조절

(3) 열교환기

① 저장 탱크에서 발효된 액종은 열교환기를 통과　　② 온도 30℃로 조절
③ '예비 혼합기'로 보낸다.

(4) 산화제 용액 탱크

① 취소산 칼슘, 인산칼슘, (이스트푸드) 등을 용해시킨다.　② '예비 혼합기'로 보낸다.

(5) 쇼트닝 조온 기구

① 쇼트닝을 용해하여 (주로 쇼트닝 프레이크)　　② '예비 혼합기'로 보낸다.

(6) 밀가루 급송 장치

① 액체 발효에 들어간 밀가루를 뺀 나머지　　② '예비 혼합기'로 보낸다.

(7) '예비 혼합기': Premixer 또는 Incorporator ① 열교환기 ② 산화제 ③ 쇼트닝 ④ 밀가루를
받아 각 재료를 균일하게 혼합하고 '디벨로퍼'로 보낸다.

(8) '디벨로퍼(Developer)'

① 3~4기압 하에서 고속 회전에 의해 글루텐 형성　　② 분할기로 직접 연결된다.

(9) 분할기: 팬 넣기

(10) 제2차 발효　　　　(11) 굽기　　　　(12) 냉각　　　　(13) 포장

3) 장 점

(1) 설비 감소: ① 믹서(스펀지, 도우) ② 발효실 ③ 분할기 ④ 환목기 ⑤ 중간 발효기
⑥ 성형기 ⑦ 연결 콘베이어가 불필요

(2) 공장 면적의 감소: 일반 공장의 1/3 정도로 충분

(3) 인력 감소: 일반 공정 6~7명, 연속식 공정 1~2명, 청소 1~2명, 보수·윤활 작업 대폭 감소

(4) 발효 손실의 감소: 일반 공정 1.2%, 연속식 공정 0.8%

★단점은 초기 단계의 설비투자가 많은 점이다.

4) 액종에 밀가루 사용량을 증가시키면

(1) 물리적 성질을 개선(스펀지 성질 양호, 슬라이스 용이)

(2) 부피 증가

(3) 발효 내구성을 높인다.

(4) 본 반죽 발전에 요구되는 에너지 절감, 디벨로퍼의 기계적 에너지 절감

(5) 산화제 사용량 감소

(6) 맛과 향의 개선

5) 산화제

(1) 디벨로퍼에서 30~60분간 숙성시키는 동안 공기가 결핍되므로 기계적 교반과 산화제에 의해 발달시킨다.

(2) 브롬산 칼륨과 인산 칼슘이 사용된다.

6) 쇼트닝 프레이크(Flake)

(1) 디벨로퍼의 반죽 배출 시 온도가 평균 41℃이므로 적정 융점의 유지를 사용해야 함

(2) 융점: 44.4~47.8℃의 쇼트닝 프레이크가 바람직

(3) 식물성 쇼트닝에 약 6%의 쇼트닝 프레이크를 첨가

5. 비상 반죽법(Emergency Dough)

1) 비상 반죽법을 사용하는 경우

(1) 기계 고장 등 비상 상황

(2) 계획된 작업에 차질이 생겼을 때

(3) 주문이 늦어서 제조 시간을 단축시킬 때

2) 원리(*표는 필수적인 조치)

(1) 1차 발효시간의 단축 ① 스트레이트 법: *15~30분 발효 ② 스펀지/도우법: *30분 발효

(2) 믹싱 시간 증가 ① 20~25% 증가 ② 기계적 발달

(3) 발효 속도 증가 ①*이스트: 25~50% 증가 ②*믹싱 종료 후 반죽 온도: 30℃ ③ 이스트푸드 증가

(4) 껍질 색 조절: *설탕을 1% 감소하여 사용

(5) 반죽되기, 반죽 발달 조절: *가수량을 1% 증가

(6) 선택적 조치: ① 소금을 1.75%로 감소(발효 속도 증가) ② 분유 감소(완충작용에 의한 발효 속도가 늦어짐을 감안) ③ 이스트푸드 증가 ④ 식초를 0.25~0.75% 사용(pH 하강)

3) 스트레이트법 → 비상 스트레이트법으로 전환(이스트 50% 증가, 믹싱 25% 증가)

재료	스트레이트법		비상 스트레이트법	
	%		%	조치
밀가루	100		100	
물	62	⇨	63	1% 증가 → 62+1=63
이스트	3	⇨	4.5	50% 증가 → 3×1.5=4.5
이스트푸드	0.2		0.2(0.3)	( )는 선택적 조치
설탕	5	⇨	4	1% 감소 → 5-1=4
쇼트닝	4		4	
탈지분유	3		3(2)	
소금	2		2(1.75)	
식초	0		0(0.5)	
믹싱시간	16분	⇨	20분	25% 증가 → 16×1.25=20
반죽온도	27℃	⇨	30℃	30℃로 상승
제1차발효	2시간	⇨	15분 이상	15 ~ 30분

4) 일반 스펀지/도법을 비상 스펀지/도법으로 전환

	일반 스펀지법			비상 스펀지법		
	재료	%		재료	%	조치
스펀지 (sponge)	밀가루	60	⇨	밀가루	80	80%로 증가
	물	35	⇨	물	64	총량 + 1%, 전량 사용
	이스트	2	⇨	이스트	3	50% 증가, 4% 이하
	이스트푸드	0.2		이스트푸드	0.2(0.3)	( )는 선택적 조치
도우 (Dough)	밀가루	40	⇨	밀가루	20	
	물	28	⇨	물	0	스펀지에 전량 사용
	소금	2		소금	2(1.75)	
	설탕	6	⇨	설탕	5	1% 감소
	탈지분유	3		탈지분유	3(2)	
	쇼트닝	4		쇼트닝	4	
	스펀지 온도	24℃	⇨	30℃		29 ~ 30℃로 상승
스펀지 발효	3~4시간	⇨	30분 이상			스펀지 믹싱 = 50% 증가
본반죽 믹싱	16분	⇨	20분			20~25% 증가
플로어타임	30~40분	⇨	최소 10분 이상			
젖산 또는 식초	0		(0.5%)			

5) 스트레이트/도법을 비상 스펀지/도법으로 전환

| 스트레이트/도법 | | 구분 | 비상 스펀지/도법 | | |
재료	%		재료	%	조치
밀가루	100	⇨ 스펀지	밀가루	80	스펀지에 80% 사용
물	63		물	64	변화 없음, 전량 스펀지에
이스트	2		이스트	3	1.5배 → 2×1.5 = 3
m.n.f.	0.2		이스트푸드	0.2(0.3)	( )는 선택적 조치
소금	2	⇨ 도	밀가루	20	
			물	0	
설탕	5		설탕	4	1% 감소→5−1=4
쇼트닝	4		쇼트닝	4	
소금	2		소금	2(1.75)	
			젖산	0(0.5)	
믹싱시간	16분		• 스펀지 믹싱=50% 증가		• 본반죽 믹싱 = 20~25% 증가
		⇨	20분		25% 증가 = 16×1, 25=20
반죽온도	27℃	⇨	30℃		스펀지와 도우 공통
발효시간	2시간	⇨	스펀지=30분 이상		본반죽 믹싱 후 플로어타임

6) 일반 스펀지/도법을 비상 스펀지/도법으로 전환

| 구분 | 일반 스펀지/도법 | | | 비상 스트레이트/도법 | | |
	재료	%		재료	%	조치
스펀지(Sponge)	밀가루	80	⇨	밀가루	100	
	물	44		물	63	1~2% 증가 → 62 + 1 = 63
	이스트	2		이스트	3	1.5배 사용 → 2×1.5 = 3
	이스트푸드	0.1		이스트푸드	0.1(0.3)	( )는 선택적 조치
도우(Dough)	밀가루	20	⇨		–	
	물	18			–	
	소금	2		소금	2(1.75)	
	설탕	5		설탕	5	
	쇼트닝	4		쇼트닝	4	변화 없음
	탈지분유	3		탈지분유	3(2)	
				반죽온도=30℃		
스펀지 온도		24℃		제1차발효=15~30분		
스펀지 발효		3~4시간		20분, 도 반죽시간=20~25% 증가=16×1, 25=20		

6. 재반죽법(Remixed Straight)

스트레이트법의 변형으로 기계 적성, 공정 시간의 단축 등 장점으로 사용하고 있다.

1) 조치

(1) 8~10%의 물은 재반죽에 사용

(2) 반죽 온도: 25.5~28 ℃

(3) 이스트는 2~2.5%, 이스트푸드는 0.5%

(4) 발효 시간: 2~2.5시간 후 나머지 물을 넣고 재반죽

(5) 플로어 타임: 15~30분

(6) 제2차 발효를 15% 정도 증가

2) 장점

(1) 공정상 기계 적성 양호

(2) 스펀지/도우법에 비해 짧은 시간

(3) 균일한 제품으로 식감이 양호

(4) 색상이 양호

3) 제조 예

재 료	%	공정 중 중요사항
밀가루	100	(1) 믹싱 ① 저속: 2분, 고속 : 1분
설 탕	4	② 온도 : 25~26℃
이스트	2.2	(2) 발효실 온도 : 26~27℃
이스트 푸드	0.5	발효 시간 : 2~2.5시 간
소 금	0.5	(3) 재반죽시간 : ① 저속:3분, 고속:6~7분
쇼트닝	2	② 온도: 28~28.5℃
탈지분유	4	(4) 플로어 타임 : 12~16분
물	55	(5) 제2차 발효 : ① 온도: 36~38℃
재반죽용 물	8	② 시간; 32~40분
		(6) 굽기 : 200~205 ℃

7. 노타임 반죽(No Time Dough)

1) 산화제 및 환원제의 사용

(1) **환원제**의 사용으로 밀가루 단백질 사이의 S-S결합을 환원시켜 믹싱 시간을 25% 정도 단축

(2) 발효에 의한 글루텐 숙성을 산화제의 사용으로 대신하여(발효 내구성이 다소 약한 밀가루에 유리하게 적용) 발효 시간을 단축

2) 스트레이트법 → 노타임법으로 전환할 때의 비교

스트레이트법	노타임법
믹 싱 : 12~20분	10~15분(환원제 사용)
반죽 온도 : 26~28℃	27~29℃
발효 시간 : 2~3시간	0~45분
성형 : 20~30분	20~30분
2차 발효 : 50~60분	50~60분
물 : 61~63%	62~66%(1~3% 증가, 산화제 사용)
설탕 : 5%	4%(1% 감소)
이스트 : 2%	2.5~3%(0.5~1% 증가)
산화제 : 0	30~50ppm(KBrO₃)
환원제 : 0	10~70ppm(L-시스테인)
산성염 : 0	사용(인산 칼슘)

3) 산화제와 환원제

(1) 산화제

① 브롬산 칼륨($KBrO_3$): 지효성 작용

② 요오드산 칼륨(KIO_3): 속효성 작용

③ 믹싱 후 공정을 거치는 동안 밀가루 단백질의 -SH 결합을 -SS - 결합으로 산화시켜 글루텐의 탄력성과 신장성을 증대

(2) 환원제

① 프로테아제: 단백질을 분해하는 효소로 믹싱과정 중에 영향이 없고 2차 발효 중 일부 작용

② 엘-시스테인(L-Cystein): S − S 결합을 절단하는 작용이 빨라 믹싱 시간을 25% 정도 단축한다.

노타임법 빵 제품에 10 ~ 70ppm 사용하여 단축한다.

③ 빵 도넛에 솔빈산 10 ~ 30ppm, 연속식 제빵에 비타민 C 등이 사용되고 이상의 제법 외에도 밀가루와 물을 혼합했다가 반죽을 치는 '침지법(Soaker Process)', 고속 믹싱으로 반죽의 기계적인 발달을 유도하는 '찰리우드' 법, 냉동 반죽 등 변형된 방법이 많다.

② 반죽 제조

1. 믹싱 목적

(1) 모든 재료를 균일하게 분산시키고 혼합

(2) 수화(水化)

(3) 글루텐을 발전

2. 믹싱 단계

(1) 픽업 상태(Pick up stage): 재료의 혼합, 수화(데니시 등)

(2) 클린업 상태(Clean up stage): 믹서 볼의 내면이 깨끗해지는 상태(장시간 발효 불란서 빵, 냉장 발효 빵 등)

(3) 발전 상태(Development stage): 반죽이 매끄러운 상태로 되는 단계로 최대의 탄력성을 가지며, 믹서에도 최대의 에너지가 요구됨(불란서 빵, 공정이 많은 빵 등)

(4) 최종 상태(Final stage): 최대의 탄력성과 신장성을 갖는 단계(대부분의 빵류)

(5) 렛다운 상태(Let down stage): 탄력성이 감소하면서 신장성이 큰 상태로 반죽이 약해지 기 시작한다(팬을 사용하는 햄버거 빵, 잉글리시 머핀 등).

(6) 파괴 상태(Break down stage): 탄력성과 신장성이 상실되며 반죽의 생기가 없어지고 찢어지는 반죽이 된다.

3. 흡수에 영향을 주는 요인

(1) 밀가루 단백질의 질과 양, 숙성 정도

(2) 반죽온도: 온도 $\pm 5℃$ 에 흡수율 $\mp 3\%$

(3) 탈지분유: 1% 증가에 흡수율 1% 증가

(4) 물의 종류: 연수는 흡수율이 낮고, 경수는 흡수율이 높다.

(5) 설탕: 설탕 5% 증가시 흡수율 1% 감소

(6) 손상 전분 함량: 손상 전분의 흡수율 〉 전분의 흡수율

(7) 제법

4. 수화 정도의 영향

수화 부족	수화 과다
1. 분할 및 둥글리기 불편 2. 수율 : 낮아진다. 3. 부피 : 작아진다. 4. 외형의 균형 : 불량 5. 제품에 낮은 수분 　노화가 빠르다. 6. 빵 속이 건조	1. 성형이 불편 : 덧가루 사용량 증가 2. 전체 중량만 증가 　단위 무게당 부피 감소 3. 외형의 균형 : 불량 4. 38% 이상의 수분 함량 가능 5. 무겁고 촉촉한 두꺼운 기공 6. 옆면이 들어가기 쉽다.

5. 반죽 속도가 미치는 영향

(1) 흡수율: 고속이 저속보다 흡수율 증가

(2) 반죽 시간: 고속이 글루텐 발전 속도가 빠르다.

(3) 발효 시간: 고속이 약간 짧아진다.

(4) 부피: 발효 시간이 같을 때는 고속 믹싱의 반죽이 부피가 크나 저속 믹싱 반죽도 발효 시간 을 증가시키면 좋은 부피가 된다.

(5) 표피 특성: 저속으로 만든 식빵의 표피는 다소 단단하고 질기다.

(6) 기공과 속결: ① 저속 - 기공이 열리고 속결이 거칠다(상대적).

② 고속 - 이스트푸드를 사용할 때 좋은 기공

(7) 속색: 고속과 저속 모두 이스트푸드를 사용할 때 더 밝아진다.

(8) 향과 맛: 큰 영향이 없다.

(9) 껍질 색: 영향이 별로 없으나 저속인 경우에 줄무늬 가능성

(10) 과도한 고속, 저속은 빵 품질에 나쁜 영향을 준다. 저속에 비해 고속(적정 속도 범위 내) 이 유리

6. 반죽 온도 조절

흡수율, 각종 공정, 제품 품질에 미치는 반죽 온도의 중요성 때문에 물 온도를 조절할 필요가 있다.

1) 마찰계수(Friction Factor)

★마찰계수＝반죽 결과 온도×3−(실내온도+밀가루 온도+사용수 온도)

조 건 (℃)	
실내 온도	20
밀가루 온도	20
사용수 온도	20
반죽결과 온도	29

$F \cdot F = 29 \times 3 - (20 + 20 + 20)$
$\qquad = 87 - 60 = 27(℃)$

∴ 이 믹서의 마찰계수는 27℃로 본다.

2) 스트레이트법의 물 온도 계산

★사용할 물의 온도＝희망 온도×3−(실내온도+밀가루 온도+마찰계수)

조 건 (℃)	
실내 온도	30
밀가루 온도	26
수돗물 온도	20
마찰 계수	24
희망 온도	27

계산된 물의 온도 = $27 \times 3 - (30 + 26 + 24)$
$\qquad = 81 - 80 = 1$

∴ 1℃의 물을 사용하면 희망하는 반죽온도가 27℃로 된다.

3) 스펀지/도우법의 물 온도 계산

★사용할 물 온도＝희망온도×4−(실내온도+밀가루 온도+스펀지 온도+마찰계수)

조 건 (℃)	
실내 온도	30
밀가루 온도	27
수돗물 온도	20
스펀지 온도	26
마찰 계수	25
희망 온도	27

계산된 물의 온도 = $27 \times 4 - (30 + 27 + 26 + 25)$
$\qquad = 108 - 108 = 0$

∴ 본 반죽(도우)에 사용하는 물을 0℃로 하면 27℃의 반죽이 된다.

4) 얼음 사용량 계산

조 건	
물 사용량	1000g
계산된 물의 온도	1℃
수돗물 온도	20℃

★얼음 $= \dfrac{\text{물사용량} \times (\text{수돗물 온도} - \text{계산된 물 온도})}{80 + \text{수돗물 온도}}$

얼음 $= \dfrac{1000 \times (20\text{-}1)}{80 + 20} = \dfrac{1000 \times (19)}{100} = 190(g)$

물 $= 1000 - 190 = 810(g)$

얼음 $= 190(g)$

1-3 과자류 반죽 및 반죽 관리

① 반죽법의 종류

1. 팽창 형태에 따른 빵, 과자 제품의 분류

1) 화학적 팽창

① 주된 팽창작용이 화학 팽창제에 의존
② 레이어 케이크, 반죽형 케이크, 케이크 도넛, 비스킷, 반죽형 쿠키, 케이크 머핀, 와플, 팬케이크, 핫케이크, 파운드 케이크 일부, 과일 케이크 등

2) 이스트 팽창

① 주된 팽창작용이 이스트에 의존하는 발효 제품
② 식빵류, 단과자빵류, 빵도넛, 커피 케이크, 불란서 빵, 데니시 페이스트리, 롤류, 번류, 잉글리시 머핀, 기타 하스브레드 등

3) 공기 팽창

① 주된 팽창작용이 믹싱 중 포집되는 공기에 의존
② 스펀지 케이크, 엔젤푸드 케이크, 시폰 케이크, 머랭, 거품형 쿠키 등

4) 무 팽창

① 반죽 자체에 아무런 팽창작용을 주지 않는 형태
② 파이 껍질 일부

5) 복합형 팽창

① 두 가지 이상의 팽창 형태를 겸하는 제품
② 이스트+공기, 베이킹파우더+이스트, 베이킹파우더+공기

2. 과자 반죽의 분류

1) 반죽형(Batter Type)

① 상당량의 유지가 함유된 반죽으로 화학 팽창제를 사용하여 적정한 부피를 얻는다.
② 각종 레이어 케이크, 파운드 케이크, 과일 케이크, 마드레느, 바움쿠엔 등

2) 거품형(Foam Type)

① 계란 단백질의 신장성과 변성에 의존하는 케이크
② 머랭, 스펀지 케이크, 엔젤푸드 케이크 등

3) 시퐁형(Chiffon Type)

① 계란의 노른자와 흰자를 분리하여 제조하는 반죽
② 반죽형과 거품형의 조합형으로 결과 제품은 거품형의 기공과 조직에 가깝다.

3. 반죽형의 믹싱법

1) 크림법(Creaming Method)

① 유지 + 설탕: 믹싱하여 크림을 만든다.
② 계란을 서서히 투입하면서 부드러운 크림을 만든다.
③ 밀가루를 비롯한 건조 재료를 넣고 혼합한다.
④ 부피가 양호

2) 블렌딩법(Blending Method)

① 유지 + 밀가루: 유지에 의해 밀가루가 가볍게 피복되도록 믹싱한 후
② 다른 건조 재료와 액체 재료 일부를 넣고 혼합, 여기에 나머지 액체 재료를 투입하여 균일한 반죽으로 만든다.
③ 제품의 유연감이 양호

3) 설탕/물법(Sugar/Water Method)

① 설탕: 물 = 2: 1의 액당을 사용
② 계량의 용이성, 포장비 절감, 용해되지 않는 설탕이 없어 양질의 제품이 되지만 저장 탱크, 이송 파이프 및 계량 장치 등 최초 시설비가 높다.
③ 대규모 생산회사가 이용

4) 1단계법(Single Stage Method)

① 모든 재료를 한꺼번에 넣고 믹싱하는 방법　　　② 노동력과 시간이 절약
③ 기계 성능이 좋은 경우에 많이 이용(에어 믹서 등)

l0kg 전후의 반죽에 있어 믹싱속도와 시간 관계

1단(저속)	0.5분	재료들이 수화(水化)
3단(고속)	2분	큰 덩어리가 부서지고 재료가 서로 결합되면서 공기를 빨아들인다.
2단(중속)	2분	증가된 공기를 반죽 내부에 분배
1단(저속)	1분	반죽 내의 큰 기포를 제거하고 공기세포를 미세하게 나눈다.

4. 거품형의 믹싱법

1) 공립법: 전란(흰자+노른자) 믹싱하여 거품을 내는 방법

[믹싱 방법]

① 더운 믹싱법
㉮ 계란 + 설탕 + 소금을 43℃로 예열시킨 후
㉯ 거품을 올린 후 밀가루를 넣고 균일하게 혼합
㉰ 설탕이 모두 녹고, 거품 올리기가 용이

② 찬 믹싱법
㉮ 계란+설탕+소금을 실온에서 거품을 올리고
㉯ 밀가루를 넣고 균일하게 혼합
㉰ 믹서의 기능이 좋은 경우, B.P 사용 배합률에 적용
★반죽 온도: 일반법은 22~24℃

2) 별립법: 흰자와 노른자를 분리하여 설탕을 각각 넣어 거품을 내는 방법

3) 머랭법: 흰자에 설탕을 넣어 거품을 낸 상태

(1) 일반법 머랭

① 흰자 100 + 설탕 200의 비율로 제조
② 실온(18~24℃)에서 거품을 올리면서 설탕을 투입
③ 거품의 안정: 0.3% 소금과 0.5%의 주석산크림 첨가

(2) 스위스 머랭

① 흰자 100에 대하여 설탕 180의 비율로 제조
② 흰자 1/3과 설탕의 2/3를 40℃로 가온하고 거품을 올리면서 레몬즙을 첨가하여 가온 머랭을 만든다.
③ 나머지 흰자와 설탕으로 일반 머랭을 만든 후 혼합한다.
④ 이 머랭을 구웠을 때 표면에 광택이 난다.

(3) 시럽법 머랭

① 이탈리안 머랭이라고 한다.
② 기본 배합

    ㉮ 흰자 100%, 설탕 350%, 물 125%, 레몬즙 1%

    ㉯ 흰자 100%, 설탕 275%, 물 60%, 주석산크림 1%

    ㉰ 흰자 100%, 설탕 145%, 물 36%, 주석산크림 0.4%

③ ㉮ 흰자에 설탕 일부를(30%) 넣어 50% 정도의 머랭을 만든다.

    ㉯ 나머지 설탕과 물을 116~120℃까지 끓여 시럽을 만든다.

    ㉰ 부피가 크고 결이 거친 머랭으로 강한 불에 구워 착색하는 제품, 버터 크림, 커스터드 크림과 혼용하는 데 많이 사용한다.

② 반죽의 결과 온도

1. 반죽 온도 조절

• 낮은 반죽 온도: 기공이 밀착되어 부피가 작고 식감도 불량

• 높은 반죽 온도: 기공이 열리고 큰 공기구멍이 생겨 조직이 거칠고 노화가 가속

조	건		
실내 온도	25℃	수돗물 온도	20℃
밀가루 온도	25℃	결과 온도	26℃
설탕 온도	25℃	마찰계수	(21)
유지 온도	20℃	희망 온도	23℃
계란 온도	20℃	물 사용량	1000g

1) 마찰계수(F.F)

마찰계수 = 결과 온도×6−(실내 온도+밀가루 온도+설탕 온도+유지 온도+계란 온도+수돗물 온도)

         = 26×6−(25+25+25+20+20+20) = 156−135 = 21

★ 반죽 온도와 관련 있는 6개의 인자 중 하나로 21℃에 해당되는 것이지 반죽 자체를 21℃ 올린다는 것은 아니다.

2) 사용 수 온도

사용 수 온도 = 희망 온도×6−(실내 온도+밀가루 온도+설탕 온도+유지 온도+계란 온도+마찰계수)

         = 138−136 = 2 (℃), 즉 2℃의 물 1,000g 사용

3) 얼음 사용량

$$얼음 = \frac{물\ 사용량 \times (수돗물\ 온도 - 사용수\ 온도)}{80 + 수돗물\ 온도} = \frac{1000 \times (20-2)}{80 + 20} = 180(g)$$

★물의 온도 계산에 있어 숫자는 절대치의 차이라는 개념으로 얼음 계산법도 유용

③ 반죽의 비중

1) 비 중

① 비중 = $\dfrac{같은\ 부피의\ 반죽\ 무게}{같은\ 부피의\ 물\ 무게}$

② 비중은 제품 외부 특성인 부피와 관계가 깊을 뿐만 아니라 내부 특성인 기공과 조직에 결정적인 영향

③ 낮은 비중: 공기 함유가 많아서 제품의 기공이 열리고 조직이 거칠다.

　높은 비중: 공기 함유가 적어서 제품의 기공이 조밀하고 무거운 조직이 된다.

【연습문제】비중컵 무게=40g, 비중컵+물=240g, 비중컵+반죽=160g인 경우 비중은?

〈풀이〉 $\dfrac{반죽\ 무게}{물의\ 무게} = \dfrac{160-40}{240-40} = \dfrac{120}{200} = 0.6$

01. 다음 중 단당류가 아닌 것은?

   ㉮ 포도당　　　㉯ 과당　　　　㉰ 갈락토스　　　㉱ 유당

02. 다음 중 환원당이 아닌 것은?

   ㉮ 유당　　　　㉯ 맥아당　　　㉰ 설탕　　　　　㉱ 과당

03. 다음 중 단당류인 것은?

   ㉮ 과당　　　　㉯ 맥아당　　　㉰ 설탕　　　　　㉱ 유당

   ● 해설 : 2당류=설탕(자당), 맥아당, 유당 등

04. 다음 중 포도당이 한 분자도 들어 있지 않는 것은?

   ㉮ 설탕　　　　㉯ 맥아당　　　㉰ 유당　　　　　㉱ 과당

05. 다음 중 상대적 감미도가 가장 큰 당은?

   ㉮ 과당　　　　㉯ 설탕　　　　㉰ 포도당　　　　㉱ 맥아당

06. 다음의 가수분해산물이 잘못 연결된 것은?

   ㉮ 설탕 → 포도당 + 과당　　　㉯ 전분 → 포도당 + 과당
   ㉰ 맥아당 → 포도당 + 포도당　㉱ 유당 → 포도당 + 갈락토스

07. 일반적으로 물엿에 들어 있지 않은 성분은?

   ㉮ 포도당　　　㉯ 설탕　　　　㉰ 맥아당　　　　㉱ 덱스트린

08. 당류의 일반적인 성질과 거리가 먼 것은?

   ㉮ 용해성　　　㉯ 가소성　　　㉰ 캐러멜화반응　㉱ 갈변반응

09. 다음 당 중 재결정이 잘 되는 것은?

   ㉮ 과당　　　　㉯ 자당　　　　㉰ 포도당　　　　㉱ 유당

10. 물 100g에 설탕 200g을 녹이면 당도는 약 얼마인가?

   ㉮ 27%　　　㉯ 47%　　　㉰ 67%　　　㉱ 87%

11. 아밀로펙틴에 대한 설명으로 틀리는 것은?

   ㉮ 요오드 용액에 의하여 적자색 반응
   ㉯ 베타 아밀라제에 의한 소화는 약 52%까지로 제한
   ㉰ 아밀로오스보다 분자량이 크다.　　　㉱ 퇴화의 경향이 크다.

해답　1-㉱　2-㉰　3-㉮　4-㉱　5-㉮　6-㉯　7-㉯　8-㉯　9-㉱　10-㉰　11-㉱

12. 아밀로오스에 대한 설명으로 틀리는 것은?

    ㉮ 요오드 용액에 의하여 적자색 반응

    ㉯ 베타 아밀라제에 의해 거의 맥아당으로 분해

    ㉰ 직쇄구조로 포도당 단위가 알파-1,4 결합으로 되어 있다.

    ㉱ 퇴화의 경향이 빠르다.

13. 아밀로펙틴에 대한 설명으로 틀리는 것은?

    ㉮ 측쇄의 포도당 단위는 알파-1,6결합으로 연결되어 있다.

    ㉯ 알파 아밀라제에 의해 덱스트린으로 바뀐다.

    ㉰ 보통 1,000,000 이상의 분자량을 가졌다.

    ㉱ 보통 곡물에는 17-28%의 아밀로펙틴이 들어 있다.

    ● 해설 : 찹쌀, 찰옥수수는 100% 아밀로펙틴

14. 과당 시럽의 다음 설명 중 틀리는 것은?

    ㉮ 감미도가 크다.   ㉯ 용해도가 크다.

    ㉰ 점도가 크다.   ㉱ 흡습성이 크다.

15. 밀가루 전분의 호화 시작 온도는?

    ㉮ 5℃   ㉯ 27℃   ㉰ 60℃   ㉱ 81℃

16. 일반적인 조건일 때 빵의 노화속도가 가장 빠른 온도는?

    ㉮ -18℃   ㉯ 0℃   ㉰ 27℃   ㉱ 43℃

17. 다음 밀가루의 성분 중 단위 무게당 흡수율이 가장 큰 것은?

    ㉮ 전분   ㉯ 손상된 전분   ㉰ 단백질   ㉱ 펜토산

18. 글리세린에 대한 설명으로 틀리는 것은?

    ㉮ 물에 잘 녹는다.   ㉯ 감미가 있다.

    ㉰ 보습제로 식품에 사용할 수 있다.   ㉱ 물보다 비중이 작다.

19. 포화지방산의 탄소수가 다음과 같을 때 융점이 가장 낮은 지방은?

    ㉮ 4   ㉯ 12   ㉰ 18   ㉱ 24

20. 포화지방산의 탄소수가 다음과 같을 때 융점이 가장 높은 지방은?

    ㉮ 6개(카프로산)   ㉯ 14개(미리스트산)

    ㉰ 18개(스테아르산)   ㉱ 22개(베헤닌산)

12-㉮ 13-㉱ 14-㉰ 15-㉰ 16-㉯ 17-㉱ 18-㉱ 19-㉮ 20-㉱

21. 탄소수 18개인 다음 지방산 중 융점이 가장 낮은 것은?

   ㉮ 스테아르산(이중결합=없음)   ㉯ 올레산(이중결합=1개)

   ㉰ 리놀레산(이중결합=2개)   ㉱ 리놀렌산(이중결합=3개)

22. 글리세린에 대한 설명으로 틀리는 것은?

   ㉮ 향미제의 용매로 쓰인다.   ㉯ 3가의 알코올이므로 휘발성이 크다.

   ㉰ 물-기름 유탁액에 대한 안정기능이 있다.   ㉱ 흡습성이 좋아 보습제로 쓰인다.

23. 다음 유지 중 불포화지방산이 포화지방산보다 많은 것은?

   ㉮ 우유지방   ㉯ 코코넛 유   ㉰ 코코아 버터   ㉱ 면실유

24. 유지의 가수분해 산물이 아닌 것은?

   ㉮ 모노 글리세라이드   ㉯ 디 글리세라이드   ㉰ 과산화물   ㉱ 지방산

    ● 해설 : 산화에 의해 생성되는 물질

25. 튀김기름의 발연점에 가장 관계가 깊은 것은?

   ㉮ 유리 지방산   ㉯ 모노글리세라이드

   ㉰ 글리세린   ㉱ 디글리세라이드

26. 지방의 자가산화를 가속하는 요인이 아닌 것은?

   ㉮ 불포화도가 크다.   ㉯ 금속, 생물학적 촉매, 자외선

   ㉰ 온도의 상승   ㉱ 단일결합이 많다.

27. 파이용 마가린에서 가장 중요한 기능은?

   ㉮ 유화성   ㉯ 가소성   ㉰ 안정성   ㉱ 쇼트닝가

28. 쿠키와 같은 건과자용 유지에서 가장 중요한 기능은?

   ㉮ 유화성   ㉯ 가소성   ㉰ 안정성   ㉱ 기능성

29. 파운드 케이크와 같이 유지와 액체 재료를 많이 사용하는 제품에서의 유지에 가장 중요한 기능은?

   ㉮ 유화성   ㉯ 가소성   ㉰ 안정성   ㉱ 기능성

30. 식빵에 사용하는 유지에서 가장 중요한 기능은?

   ㉮ 유화성   ㉯ 가소성   ㉰ 안정성   ㉱ 쇼트닝가

해답 21-㉱ 22-㉯ 23-㉱ 24-㉰ 25-㉮ 26-㉱ 27-㉯ 28-㉰ 29-㉮ 30-㉱

31. 버터 크림을 제조할 때의 유지에서 가장 중요한 기능은?

㉮ 유화가   ㉯ 쇼트닝가   ㉰ 유리지방산가   ㉱ 색가

32. 다음 중 아미노 그룹은 어느 것인가?

㉮ H   ㉯ $-NH_2$ ㉰ $-COOH$ ㉱ $-R$

33. 다음 중 카복실 그룹은 어느 것인가?

㉮ H   ㉯ $-NH_2$ ㉰ $-COOH$ ㉱ $-R$

34. 다음 중 중성 아미노산은 어느 것인가?

㉮ 1 아미노 – 1 카복실산   ㉯ 1 아미노 – 2 카복실산
㉰ 2 아미노 – 1 카복실산   ㉱ 2 아미노 – 3 카복실산

35. 다음 중 산성 아미노산은 어느 것인가?

㉮ 1 아미노 – 1 카복실산   ㉯ 1 아미노 – 2 카복실산
㉰ 2 아미노 – 1 카복실산   ㉱ 3 아미노 – 1 카복실산

36. 다음 중 염기성 아미노산은 어느 것인가?

㉮ 1 아미노 – 1 카복실산   ㉯ 1 아미노 – 2 카복실산
㉰ 2 아미노 – 1 카복실산   ㉱ 1 아미노 – 3 카복실산

❖ 해설 : ① 아미노그룹과 카복실그룹의 수가 같으면 〈중성〉 ② 아미노 그룹이 카복실그룹보다 많으면 〈염기성〉 ③ 아미노 그룹이 카복실그룹보다 적으면 〈산성〉

37. 다음 아미노산 중 황을 함유한 아미노산이 아닌 것은?

㉮ 시스틴   ㉯ 시스테인   ㉰ 메티오닌   ㉱ 라이신

38. 글루텐 형성 단백질인 글루테닌은 다음 단백질 중 어느 것에 속하는가?

㉮ 알부민   ㉯ 글로불린   ㉰ 글루테린   ㉱ 글리아딘

39. 호흡작용에 관계하는 헤모글로빈은 다음 단백질 중 어느 것에 속하는가?

㉮ 핵단백질   ㉯ 당단백질   ㉰ 인단백질   ㉱ 크로모단백질

40. 밀가루의 산화에 대한 설명으로 틀리는 것은?

㉮ –SH 결합이 –SS 결합으로 된다.   ㉯ –SS 결합이 –SH 결합으로 된다.
㉰ 반죽의 탄력성이 커진다.   ㉱ 반죽의 결합력이 커진다.

31-㉮ 32-㉯ 33-㉰ 34-㉮ 35-㉯ 36-㉰ 37-㉱ 38-㉰ 39-㉱ 40-㉯

41. 젖은 글루텐의 단백질이 26.4%라면 건조글루텐에서는 몇 %가 되는가(건물기준)?

    ㉮ 26.4%   ㉯ 39.6%   ㉰ 52.8%   ㉱ 80%

    ❍ 해설 : 젖은 글루텐의 수분이 67% 정도이므로 수분을 제거한 이론값으로 계산한다.

$$\frac{26.4}{33} \times 100 = 80\%$$ 젖은 글루텐의 고형질=33%   (고형질에 대한 단백질을 %로 계산)

42. 젖은 글루텐의 전분이 3.3%라면 건조 글루텐에서는 몇 %가 되는가(건물기준)?

    ㉮ 1%   ㉯ 3.3%   ㉰ 10%   ㉱ 20%

    ❍ 해설 : $\frac{3.3}{33} \times 100 = 10\%$ 젖은 글루텐의 고형질 = 33%, 고형질에 대한 단백질을 %로 계산

43. 밀가루 50g에서 젖은 글루텐 18g을 얻었다면 젖은 글루텐의 %는?

    ㉮ 9%   ㉯ 18%   ㉰ 36%   ㉱ 72%

    ❍ 해설 : 젖은 단백질(%) = $\frac{\text{젖은 단백질 무게}}{\text{밀가루 무게}} \times 100 = \frac{18}{50} \times 100 = 36\%$

44. 밀가루 50g에서 20g의 젖은 글루텐을 얻었다면 건조 글루텐의 %는?

    ㉮ 13.3%   ㉯ 16.7%   ㉰ 28%   ㉱ 40.0%

    ❍ 해설 : 건조 글루텐(%)=젖은 글루텐(%)÷3 = $\frac{20}{50} \times 100 \div 3 = 13.3\%$

45. 밀가루 25g에서 9g의 젖은 글루텐을 얻었다면 이 밀가루의 단백질은 얼마로 보는가?

    ㉮ 6%   ㉯ 9%   ㉰ 12%   ㉱ 15%

    ❍ 해설 : 밀가루 글루텐(%)=젖은 글루텐(%)÷3 = $\frac{9}{25} \times 100 \div 3 = 12\%$

46. 밀가루 50g에서 다음과 같은 젖은 글루텐을 얻었다면 빵제조용 밀가루로 적당한 것은?

    ㉮ 9g   ㉯ 12g   ㉰ 15g   ㉱ 18g

    ❍ 해설 : 밀가루단백질 ÷ ㉮ = $\frac{9}{50} \times 100 \div 3 = 6\%$ 밀가루단백질 ÷ ㉯ = $\frac{12}{50} \times 100 \div 3 = 8\%$

    밀가루단백질 ÷ ㉰ = $\frac{15}{50} \times 100 \div 3 = 10\%$ 밀가루단백질 ÷ ㉱ = $\frac{18}{50} \times 100 \div 3 = 12\%$

    제빵용 밀가루의 단백질은 10.5% 이상

47. 섬유질을 분해하는 효소는?

    ㉮ 말타제   ㉯ 인버타제   ㉰ 찌마제   ㉱ 셀룰라제

해답   41-㉱ 42-㉰ 43-㉰ 44-㉮ 45-㉰ 46-㉱ 47-㉱

48. 전분을 덱스트린으로 분해하는 효소는?
   ㉮ 알파 아밀라제   ㉯ 베타 아밀라제   ㉰ 말타제   ㉱ 찌마제

49. 전분으로부터 맥아당을 만드는 효소는?
   ㉮ 알파 아밀라제   ㉯ 베타 아밀라제   ㉰ 말타제   ㉱ 찌마제

50. 맥아당을 가수분해하는 효소는?
   ㉮ 찌마제   ㉯ 아밀라제   ㉰ 말타제   ㉱ 인버타제

51. 포도당을 분해하는 효소는?
   ㉮ 찌마제   ㉯ 아밀라제   ㉰ 말타제   ㉱ 인버타제

52. 과당을 분해하는 효소는?
   ㉮ 베타 아밀라제   ㉯ 찌마제   ㉰ 인버타제   ㉱ 락타제

53. 유당을 분해하는 효소는?
   ㉮ 알파 아밀라제   ㉯ 찌마제   ㉰ 말타제   ㉱ 락타제

54. 지방을 분해하는 효소는?
   ㉮ 프로티아제   ㉯ 리파제   ㉰ 펩티다제   ㉱ 옥시다제

55. 단백질 분해효소가 아닌 것은?
   ㉮ 펩신   ㉯ 트립신   ㉰ 스테압신   ㉱ 렌닌
   ● 해설 : 스테압신은 지방분해 효소

56. 다음 효소 중 적정 pH가 가장 낮은 것은?
   ㉮ 펩신   ㉯ 유레아제   ㉰ 맥아 아밀라제   ㉱ 알지나제

57. 알파 아밀라제에 대한 설명으로 틀리는 것은?
   ㉮ 액화효소라 한다.   ㉯ 당화효소라 한다.
   ㉰ 내부 아밀라제라 한다.   ㉱ 전분을 덱스트린으로 만든다.

58. 알파 아밀라제에 대한 설명으로 틀리는 것은?
   ㉮ 액화효소라 한다.   ㉯ 알파-1,6 결합에 작용한다.
   ㉰ 내부 아밀라제라고도 한다.   ㉱ 당화효소라 한다.

59. 다음 알파 아밀라제 중 열에 대한 안정성이 가장 큰 것은?
   ㉮ 곰팡이류   ㉯ 맥아류   ㉰ 박테리아류   ㉱ 소맥류

48-㉮ 49-㉯ 50-㉰ 51-㉮ 52-㉯ 53-㉱ 54-㉯ 55-㉰ 56-㉮ 57-㉯ 58-㉱ 59-㉰

60. 설탕(자당)이 가수분해되어 생성되는 물질은?

　㉮ 포도당 + 과당　　　　　　　㉯ 포도당 + 포도당
　㉰ 포도당 + 갈락토스　　　　　　㉱ 과당 + 과당

61. 맥아당이 가수분해되어 생성되는 물질은?

　㉮ 포도당 + 과당　　　　　　　㉯ 포도당 + 포도당
　㉰ 포도당 + 갈락토스　　　　　　㉱ 과당 + 과당

62. 유당이 가수분해되어 생성되는 물질은?

　㉮ 포도당 + 과당　　　　　　　㉯ 포도당 + 포도당
　㉰ 포도당 + 갈락토스　　　　　　㉱ 과당 + 과당

63. 포도당이 빵 발효에 의해 분해되어 생성되는 물질은?

　㉮ 이산화탄소 + 유산　　　　　　㉯ 이산화탄소 + 산소
　㉰ 알코올 + 유기산　　　　　　　㉱ 이산화탄소 + 알코올

64. 대기 중의 산소에 의해 불포화지방산을 산화시키는 효소는?

　㉮ 인버타제　　　㉯ 말타제　　　㉰ 이눌라제　　　㉱ 리폭시다제

65. 카로틴 계통의 황색색소를 무색으로 산화시키며 대두 등에 들어 있는 효소는?

　㉮ 렌닌　　　㉯ 퍼옥시다제　　　㉰ 아이소머라제　　　㉱ 리가제

　● 해설 : ㉮–단백질분해효소 ㉰ –이성화효소 ㉱–합성효소

66. 발효성 탄수화물을 기준으로 할 때, 설탕 100g은 무수포도당 몇 g과 같은가?

　㉮ 91g　　　　　㉯ 100g　　　　　㉰ 105g　　　　　㉱ 115g

　● 해설 : 2당류가 가수분해될 때 5.26%가 증가

67. 발효성 탄수화물을 기준으로 할 때, 설탕 100g은 함수 포도당(일반 포도당) 몇 g과 같은가?

　㉮ 91g　　　　　㉯ 100g　　　　　㉰ 105g　　　　　㉱ 115g

　● 해설 : 함수포도당의 발효성 고형질은 약 91%이므로

$$\frac{105.6}{91} \times 100 = 115.67$$이므로 115g또는 116g

68. 제빵용 이스트의 일반적인 생식 방법은?

　㉮ 출아법　　　㉯ 포자형성　　　㉰ 이분법　　　㉱ 유성생식

해답　60-㉮　61-㉯　62-㉰　63-㉱　64-㉱　65-㉯　66-㉰　67-㉱　68-㉮

69. 제빵용 이스트의 현실적인 저장온도는?

㉮ −18℃   ㉯ 냉장온도   ㉰ 실내온도   ㉱ 43℃ 이상

70. 활성 건조효모를 수화시킬 때 물의 온도로 적당한 것은?

㉮ 0℃   ㉯ 27℃   ㉰ 43℃   ㉱ 60℃

71. 생이스트 100g 대신 활성 건조효모는 몇 g을 사용하는가?

㉮ 35g   ㉯ 45g   ㉰ 60g   ㉱ 100g

72. 이스트의 생세포는 몇 ℃에서 사멸하는가?

㉮ 27℃   ㉯ 36℃   ㉰ 43℃   ㉱ 63℃

73. 이스트의 포자가 사멸하는 온도는?

㉮ 27℃   ㉯ 43℃   ㉰ 69℃   ㉱ 99℃

74. 제빵 공장의 미생물 감염을 감소시키는 방법으로 틀리는 것은?

㉮ 제품의 산도를 낮춘다(알칼리화).   ㉯ 억제제의 사용
㉰ 살균성 자외선 조사   ㉱ 포장 제품에 초단파 열선 조사

75. 밀의 껍질 부위는 전체 밀알의 몇 %나 되는가?

㉮ 14%   ㉯ 27%   ㉰ 72%   ㉱ 83%

76. 밀의 내배유 부위는 전체 밀알의 몇 %나 되는가?

㉮ 14%   ㉯ 27%   ㉰ 72%   ㉱ 83%

77. 밀의 배아는 전체 밀알의 몇 %나 되는가?

㉮ 3%   ㉯ 7%   ㉰ 9%   ㉱ 14%

➡ 해설 : 밀의 배아(싹이 되는 곳)와 내배유 또는 배유(영양분 저장부위로 대부분 차지)와 혼동하지 말 것

78. 단백질 함량이 13%인 밀로 제분한 1급분의 단백질은?

㉮ 10%   ㉯ 12%   ㉰ 14%   ㉱ 16%

➡ 해설 : 1급분인 경우 밀단백질함량보다 1% 정도 감소

79. 회분 함량이 1.8%인 밀로 제분한 1급분의 회분은?

㉮ 0.2%   ㉯ 0.4%   ㉰ 0.6%   ㉱ 0.8%

➡ 해설 : 1급분인 경우 밀회분함량이 1/4~1/5로 감소

$1.8 \times \dfrac{1}{4} = 0.45(\%)$, $1.8 \times \dfrac{1}{4} = 0.36(\%)$이므로 평균=0.4(%)

69-㉯ 70-㉰ 71-㉯ 72-㉱ 73-㉰ 74-㉮ 75-㉮ 76-㉱ 77-㉮ 78-㉯ 79-㉯

80. 같은 밀로 제분한 밀가루의 회분함량이 다음과 같을 때 껍질 부위가 가장 적게 들어 있는 밀가루는?

㉮ 0.4%　　　㉯ 0.5%　　　㉰ 0.6%　　　㉱ 0.7%

81. 같은 밀로 제분한 밀가루의 회분함량이 다음과 같을 때 등급이 가장 낮은 밀가루는?

㉮ 0.4%　　　㉯ 0.5%　　　㉰ 0.6%　　　㉱ 0.7%

82. 전밀(통밀) 밀가루의 제분율은 얼마로 보는가?

㉮ 72%　　　㉯ 80%　　　㉰ 91%　　　㉱ 100%

83. 제빵용 밀가루에 대한 설명으로 틀리는 것은?

㉮ 단백질 함량이 높다.　　　㉯ 흡수율이 높다.

㉰ 연질소맥으로 제분한 강력분　　　㉱ 믹싱 및 발효 내구성이 크다.

84. 강력분, 박력분 등을 나눌 수 있는 가장 결정적인 요인은?

㉮ 단백질 함량　　㉯ 소맥의 종류　　　㉰ 회분 함량　　　㉱ 섬유질 함량

85. 글루텐 형성 단백질로 반죽의 탄력성을 지배하는 것은?

㉮ 글리아딘　　　㉯ 글루테닌　　　㉰ 알부민　　　㉱ 글로불린

86. 글루텐 형성 단백질로 점성, 유동성을 나타내는 것은?

㉮ 글리아딘　　　㉯ 글루테닌　　　㉰ 알부민　　　㉱ 글로불린

87. 제빵용 밀가루에 손상된 전분은 몇 %가 적당한 양인가?

㉮ 2%　　　㉯ 6%　　　㉰ 10%　　　㉱ 13%

❍ 해설 : 손상된 전분은 4.5~8%가 적정 수준

88. 같은 밀로 제분한 밀가루의 제분율이 75%, 77.5%, 80%, 100%일 때 다음과 같은 회분이 되었다면 제분율 80%에 해당되는 회분은?

㉮ 0.44%　　　㉯ 0.49%　　　㉰ 0.58%　　　㉱ 1.50%

89. 회분함량의 의미에 대한 설명으로 틀리는 것은?

㉮ 정제도 표시　　　㉯ 제분공장의 점검 기준

㉰ 경질소맥이 연질소맥보다 높다.　　　㉱ 제빵적성을 결정한다.

90. 밀가루의 표백과 숙성을 같이 할 수 있는 물질이 아닌 것은?

㉮ 산소　　　㉯ 브롬산 칼륨　　　㉰ 이산화염소　　　㉱ 과산화염소

해답　80-㉮　81-㉱　82-㉱　83-㉰　84-㉯　85-㉯　86-㉮　87-㉯　88-㉰　89-㉱　90-㉯

91. 밀가루의 숙성은 시키지만 표백은 시키지 못하는 것은?

　㉮ 산소　　　　㉯ 비타민 C　　　　㉰ 염소가스　　　　㉱ 이산화염소

92. 밀가루 색에 대한 다음 설명 중 틀리는 것은?

　㉮ 입자가 작을 수록 밝은 색
　㉯ 껍질입자가 많을수록 어두운 색
　㉰ 내배유의 색소물질은 표백제에 의해 탈색된다.
　㉱ 껍질의 색소물질은 표백제에 의해 탈색된다.

93. 포장한 밀가루의 권장 숙성기간은?(실온)

　㉮ 약 1주　　　㉯ 약 2주　　　㉰ 약 3~4주　　　㉱ 약 6주 이상

94. 밀가루가 호흡기간을 지내기 전에 반죽을 하면 어떤 현상이 일어날 수 있는가?

　㉮ 회화현상　　　㉯ 황화현상　　　㉰ 발한현상　　　㉱ 노화현상

95. 같은 호밀로 제분한 호밀가루의 색이 다음과 같을 때 화분 함량이 가장 큰 것은?

　㉮ 흰색　　　　㉯ 여린 색　　　　㉰ 중간색　　　　㉱ 흑색

96. 같은 호밀로 제분한 호밀가루의 색이 다음과 같을 때 단백질 함량이 가장 적은 것은?

　㉮ 흰색　　　　㉯ 여린 색　　　　㉰ 중간색　　　　㉱ 흑색

97. 활성 글루텐의 주성분은 무엇인가?

　㉮ 수분　　　　㉯ 단백질　　　　㉰ 광물질　　　　㉱ 지방

98. 밀 활성글루텐을 분석한 결과 질소가 14%이었다면 단백질 함량은 얼마가 되겠는가?

　㉮ 67%　　　　㉯ 72%　　　　㉰ 80%　　　　㉱ 91%

99. 땅콩가루에서 가장 많은 성분은?

　㉮ 지방　　　　㉯ 단백질　　　　㉰ 섬유질　　　　㉱ 수분

100. 사탕수수가 원료인 감미제는?

　㉮ 설탕(자당)　　㉯ 맥아당　　　㉰ 포도당　　　㉱ 유당

101. 분당은 마쇄한 설탕에 무엇을 첨가하는가?

　㉮ 입상형 당　　㉯ 전분　　　㉰ 포도당　　　㉱ 유당

91-㉯　92-㉱　93-㉰　94-㉰　95-㉱　96-㉮　97-㉯　98-㉰　99-㉯　100-㉮　101-㉯

102. 분당에 전분을 혼합하는 이유는?

 ㉮ 수율 증가 ㉯ 맛의 개선 ㉰ 고화 방지 ㉱ 용해도 증가

103. 전화당에 대한 다음 설명 중 틀리는 것은?

 ㉮ 포도당과 과당이 50%씩 ㉯ 설탕(자당)을 분해해서 만든다.
 ㉰ 포도당과 과당이 혼합된 2당류 ㉱ 수분이 함유된 것을 전화당시럽이라 한다.

104. 식품용 포도당을 대량으로 만드는 주원료는 무엇인가?

 ㉮ 설탕(자당) ㉯ 꿀 ㉰ 돼지감자 ㉱ 전분

105. 일반포도당(함수포도당)의 발효성 고형질 함량은?

 ㉮ 91% ㉯ 100% ㉰ 105% ㉱ 115%

106. 제빵에 맥아를 사용하는 이유로 틀리는 것은?

 ㉮ 가스 생산의 증가 ㉯ 껍질색을 연하게 한다.
 ㉰ 제품 내부의 수분 함유 증가 ㉱ 부가적인 향의 발생

107. 다음의 당밀 중 설탕함량이 가장 높은 것은?

 ㉮ 오픈케틀당밀 ㉯ 1차당밀 ㉰ 2차당밀 ㉱ 등외품당밀

108. 다음과 같은 지방고형질 계수를 가진 유지 중 퍼프 페이스트리 제조에 가장 적당한 것은?

문제＼온도	10℃	20℃	30℃	40℃
㉮	40	26	6	1
㉯	39	25	10	6
㉰	24	21	19	12
㉱	27	24	23	20

109. 유지의 경화란 무엇을 가리키는가?

 ㉮ 가수분해 ㉯ 산화 ㉰ 수소 첨가 ㉱ 검화

110. 유화 쇼트닝에는 모노-디 글리세라이드로 몇 %의 유화제를 혼합하는가?

 ㉮ 2~4% ㉯ 6~8% ㉰ 10~2% ㉱ 14~16%

111. 버터가 일반 마가린과 근본적으로 구별되는 성분은?

 ㉮ 지방 ㉯ 우유 ㉰ 비타민 ㉱ 향료

해답 102-㉰ 103-㉰ 104-㉱ 105-㉮ 106-㉯ 107-㉮ 108-㉱ 109-㉰ 110-㉯ 111-㉮

112. 마가린에는 얼마 이상의 지방이 함유되어야 하는가?

㉮ 10% 이상　　㉯ 50% 이상　　㉰ 80% 이상　　㉱ 100%

113. 쇼트닝에는 얼마의 지방이 함유되어 있는가?

㉮ 10% 이상　　㉯ 50% 이상　　㉰ 80% 이상　　㉱ 100%

114. 라드는 다음 중 어느 지방조직으로부터 분리해서 정제한 지방인가?

㉮ 소　　　　　㉯ 돼지　　　　㉰ 양　　　　　㉱ 어류

115. 튀김기름의 4대 적이 아닌 것은?

㉮ 온도　　　　㉯ 수분　　　　㉰ 공기　　　　㉱ 항산화제

116. 튀김기름의 가수분해속도와 관계가 없는 것은?

㉮ 열　　　　　㉯ 수소　　　　㉰ 산소　　　　㉱ 이물질

117. 튀김기름의 유리지방산 함량이 어느 정도일 때 양질의 도넛을 만들 수 있는가?

㉮ 0%　　　　 ㉯ 0.5%　　　 ㉰ 1.0%　　　 ㉱ 1.5%

118. 계면활성제에 대한 설명으로 틀리는 것은?

　㉮ 친수성과 친유성 그룹을 함께 가지고 있다.
　㉯ 친수성기에는 극성기를 가지고 있다.
　㉰ 친유성기에는 비극성기를 가지고 있다.
　㉱ 친수성-친유성 균형이 11 이상이면 친유성이다.

119. 계면활성제의 친수성 - 친유성 균형이 다음과 같을 때 기름에 녹는 것은?

㉮ 5　　　　　 ㉯ 11　　　　 ㉰ 15　　　　 ㉱ 17

120. 계면활성제의 친수성 - 친유성 균형이 다음과 같을 때 물에 녹는 계면활성제는?

㉮ 2　　　　　 ㉯ 5　　　　　㉰ 3　　　　　㉱ 12

121. 쇼트미터란 유지의 어떤 기능을 측정하는 기구인가?

㉮ 크림화 능력　㉯ 부드러움　　㉰ 안정성　　　㉱ 저장성

122. 일반 시유에는 약 몇 %의 수분이 있는가?

㉮ 12%　　　　㉯ 63%　　　 ㉰ 88%　　　 ㉱ 91%

112-㉰　113-㉱　114-㉯　115-㉱　116-㉯　117-㉯　118-㉱　119-㉮　120-㉱　121-㉯　122-㉰

123. 우유 단백질 성분 중 가장 많은 것은?

　㉮ 카세인　　　㉯ 알부민　　　㉰ 글로불린　　　㉱ 락트알부민

124. 우유 단백질 중 주로 산에 의해 응고되는 성분은?

　㉮ 카세인　　　㉯ 락트알부민　　　㉰ 락토글로불린　　　㉱ 글루테닌

125. 우유지방의 비중은 다음 중 어느 것에 가까운가?

　㉮ 0.85　　　㉯ 0.93　　　㉰ 1.00　　　㉱ 1.15

126. 원유(우유)상태를 건조시킨 유제품은?

　㉮ 탈지분유　　　㉯ 전지분유　　　㉰ 농축우유　　　㉱ 유장

127. 우유로부터 버터를 만들고 건조시킨 유제품은?

　㉮ 탈지분유　　　㉯ 전지분유　　　㉰ 연유　　　㉱ 유장

128. 우유로부터 버터와 치즈를 만들고 건조시킨 유제품은?

　㉮ 탈지분유　　　㉯ 전지분유　　　㉰ 연유　　　㉱ 유장분말

129. 유장의 주성분은 무엇인가?

　㉮ 단백질　　　㉯ 지방　　　㉰ 유당　　　㉱ 광물질

130. 빵 제품에 분유를 사용하면 발효에 어떤 영향을 주는가?

　㉮ 유화제　　　㉯ 항산화제　　　㉰ 고화 방지제　　　㉱ 완충제

131. 버터는 우유 중의 어느 성분을 이용한 제품인가?

　㉮ 수분　　　㉯ 단백질　　　㉰ 지방　　　㉱ 유당

132. 치즈는 우유 중의 어느 성분을 이용한 제품인가?

　㉮ 수분　　　㉯ 카세인　　　㉰ 지방　　　㉱ 유당

133. 유산균 식품은 우유 중의 어느 성분을 이용한 제품인가?

　㉮ 수분　　　㉯ 단백질　　　㉰ 지방　　　㉱ 유당

134. 일반적으로 계란 껍질은 전체 무게의 몇 %를 차지하는가?

　㉮ 11%　　　㉯ 30%　　　㉰ 50%　　　㉱ 60%

135. 일반적으로 계란의 노른자는 전체 무게의 얼마나 되는가?

　㉮ 10%　　　㉯ 30%　　　㉰ 60%　　　㉱ 90%

해답　123-㉮　124-㉮　125-㉯　126-㉯　127-㉮　128-㉱　129-㉰　130-㉱　131-㉰　132-㉯　133-㉱　134-㉮　135-㉯

136. 일반적으로 계란의 흰자는 전체 무게의 얼마나 되는가?

　㉮ 10%　　　　㉯ 30%　　　　㉰ 60%　　　　㉱ 90%

137. 일반적으로 계란의 전란은 전체의 몇 %가 되는가?

　㉮ 약 10%　　　㉯ 약 30%　　　㉰ 약 60%　　　㉱ 약 90%

138. 전란에서 수분의 함량은 얼마나 되는가?

　㉮ 12%　　　　㉯ 25%　　　　㉰ 50%　　　　㉱ 약 75%

139. 노른자에서 수분은 얼마나 되는가?

　㉮ 12%　　　　㉯ 25%　　　　㉰ 50%　　　　㉱ 75%

140. 흰자의 고형질은 얼마나 되는가?

　㉮ 12%　　　　㉯ 25%　　　　㉰ 50%　　　　㉱ 75%

141. 1,000g의 전란이 필요한 경우 껍질 포함 60g짜리 계란은 몇 개를 준비해야 되는가?

　㉮ 17개　　　　㉯ 19개　　　　㉰ 28개　　　　㉱ 56개

　❶ 해설 : 60g 중 전란=60g×0.9=54g 그러므로 1,000÷54=18.5 올리면 19개

142. 1,000g의 흰자가 필요한 경우 껍질 포함 60g짜리 계란은 몇 개를 준비해야 되는가?

　㉮ 17개　　　　㉯ 19개　　　　㉰ 28개　　　　㉱ 56개

　❶ 해설 : 60g 중 전란=60g×0.6=36g 그러므로 1,000÷36=27.8 올리면 28개

143. 1,000g의 노른자가 필요한 경우 껍질을 포함하여 60g짜리 계란은 몇 개를 준비해야 하는가?

　㉮ 17개　　　　㉯ 19개　　　　㉰ 28개　　　　㉱ 56개

　❶ 해설 : 60g 중 전란=60g×0.3=18g 그러므로 1,000÷18=55.6 올리면 56개

144. 현실적으로 제과에 사용하는 신선한 계란 흰자의 pH는 얼마나 되는가?

　㉮ pH 5.0　　　㉯ pH 7.0　　　㉰ pH 9.0　　　㉱ pH 11.0

145. 케이크 제품 제조에 있어 계란은 결합제의 기능을 가지고 있다. 결합제 기능의 예가 되는 것은?

　㉮ 스펀지 케이크　　㉯ 커스터드크림　　㉰ 레이어 케이크　　㉱ 머랭

146. 케이크 제품 제조에 있어 계란이 팽창기능을 가지는 예가 되는 것은?

　㉮ 스펀지 케이크　　㉯ 커스터드 크림　　㉰ 초콜릿 케이크　　㉱ 과자 빵

136-㉰　137-㉱　138-㉱　139-㉰　140-㉮　141-㉯　142-㉰　143-㉱　144-㉰　145-㉯　146-㉮

147. 일반적으로 냉동계란은 출고시까지 몇 ℃에 저장하는가?

㉮ -23~-26℃   ㉯ -18~-21℃   ㉰ -5~-8℃   ㉱ 냉장온도

148. 물의 경도에서 아경수란 다음 중 어느 것인가?

㉮ 0~60ppm 미만   ㉯ 60~120ppm 미만   ㉰ 120~180ppm 미만   ㉱ 180ppm 이상

149. 제빵에 적당한 물의 경도는?

㉮ 0~60ppm 미만   ㉯ 60~120ppm 미만   ㉰ 120~180ppm 미만   ㉱ 180ppm 이상

150. 경수는 발효를 지연시키기 때문에 다음과 같은 조치를 취한다. 틀리는 것은?

㉮ 이스트 사용량 증가   ㉯ 맥아 첨가로 효소 공급   ㉰ 이스트푸드 감소   ㉱ 소금 증가

151. 이스트푸드 성분 중 반죽 조절제 역할을 하는 것이 아닌 것은?

㉮ 산성인산칼슘   ㉯ 황산암모늄   ㉰ 브롬산칼륨   ㉱ 요오드산칼륨

152. 이스트푸드 성분 중 이스트의 영양이 되는 것은?

㉮ 황산칼슘   ㉯ 브롬산 칼륨   ㉰ 염화 암모늄   ㉱ 염화나트륨

153. 이스트푸드 성분 중 물조절제 또는 반죽조절제의 기능을 갖는 것은?

㉮ 칼슘 염   ㉯ 암모늄 염   ㉰ 전분   ㉱ 밀가루

154. 산소가 없는 곳에서는 원래 환원제이지만 일반적인 믹싱과정에서는 산화제로 작용하는 것은?

㉮ 과산화 칼슘   ㉯ 아조디카본아미드
㉰ 인산암모늄   ㉱ 비타민 C

155. 일반적인 초콜릿 원액 중의 코코아는 몇 %나 되는가?

㉮ 15.625%   ㉯ 31.25%   ㉰ 62.5%   ㉱ 78.125%

156. 일반적인 초콜릿 원액 중의 코코아버터 함유율은?

㉮ 37.5%   ㉯ 50.0%   ㉰ 62.5%   ㉱ 75.0%

157. 코코아 버터의 다음 결정형태 중에서 융점이 가장 높은 것은?

㉮ 감마형   ㉯ 알파형   ㉰ 베타프라임형   ㉱ 베타형

158. 일반적인 초콜릿의 템퍼링이란 46℃로 녹인 초콜릿을 몇 ℃로 냉각하는 과정인가?

㉮ 0~5℃   ㉯ 18~20℃   ㉰ 28~30℃   ㉱ 38~40℃

해답   147-㉯ 148-㉰ 149-㉰ 150-㉱ 151-㉯ 152-㉰ 153-㉮ 154-㉱ 155-㉰ 156-㉮
157-㉱ 158-㉰

159. 초콜릿의 설탕 블룸이 일어나는 경우는?

㉮ 공기 중의 수분을 흡수했다가 재결정　　㉯ 높은 온도에 보관

㉰ 직사광선에 노출　　㉱ 미생물에 오염

160. 베이킹 파우더의 다음 성분 중 이산화탄소 가스를 발생시키는 물질은?

㉮ 탄산수소나트륨　　㉯ 인산칼슘　　㉰ 산성피로인산나트륨　　㉱ 전분

161. 다음 산염 중 가스발생속도가 가장 느린 것은?

㉮ 주석산수소칼륨　　　　　　㉯ 인산칼슘

㉰ 인산알루미늄나트륨　　　　㉱ 황산알루미늄나트륨

162. 10g의 베이킹파우더에서는 몇 g의 유효한 이산화탄소 가스가 발생하여야 되는가?

㉮ 0.6g　　　　㉯ 1.2g　　　　㉰ 1.8g　　　　㉱ 2.4g

※[문제 163~165] 50g의 베이킹파우더의 전분이 28%, 중화가가 80일 때 다음 물음에 답하시오.

163. 전분의 양은?

㉮ 7g　　　　㉯ 14g　　　　㉰ 21g　　　　㉱ 28g

◐ 해설 : 50g×0.28=14g

164. 탄산수산나트륨(중조)의 양은?

㉮ 2g　　　　㉯ 4g　　　　㉰ 8g　　　　㉱ 16g

◐ 해설 : 산염을 x라 하면 중조=0.8x, 산염+중조=50-14=36(g)

165. 산작용제(산염)의 양은?

㉮ 8g　　　　㉯ 16g　　　　㉰ 20g　　　　㉱ 24g

◐ 해설 : $x+$ 0.8x=36, 1.8x=36, $x=$ 20, 중조 = 36 - 20 = 16

166. 암모늄 계열의 팽창제에 대한 설명으로 틀리는 것은?

㉮ 물의 존재시 단독으로 작용　　　　　　㉯ 쿠키의 퍼짐에 영향

㉰ 굽기 중 전량이 휘발하여 잔류물이 없다.　　㉱ 제품의 향을 개선

167. 암모늄 염이 분해되어 생성되는 기체가 아닌 것은?

㉮ 이산화탄소 가스　　㉯ 수증기　　㉰ 수소 가스　　㉱ 암모니아 가스

159-㉮　160-㉮　161-㉱　162-㉯　163-㉯　164-㉱　165-㉰　166-㉱　167-㉰

168. 다음 안정제 중 원료가 동물성인 것은?

㉮ 한천 ㉯ 젤라틴 ㉰ 펙틴 ㉱ 아이리쉬 모스

169. 메톡실기가 7% 이상인 경우 상당량의 당과 산이 존재해야 교질이 형성되는 것은?

㉮ 한천 ㉯ 젤라틴 ㉰ 펙틴 ㉱ 카라야 껌

170. 다음 안정제 중 냉수에 녹는 것은?

㉮ 한천 ㉯ 젤라틴 ㉰ 일반 펙틴 ㉱ 씨엠씨

171. 굽기 제품에는 효율이 떨어지는 향료의 형태는?

㉮ 분말향료 ㉯ 알코올성 향료 ㉰ 유제 향료 ㉱ 비알코올성 향료

172. 피자에 거의 필수적으로 사용되는 향신료는?

㉮ 넛메그 ㉯ 계피 ㉰ 오레가노 ㉱ 정향

173. 밀을 제분하여 밀가루로 만들 때 밀보다 많아지는 성분은?

㉮ 수분 ㉯ 단백질 ㉰ 지방 ㉱ 섬유질

174. 밀을 제분하여 밀가루를 만들 때 밀보다 많아지는 성분은?

㉮ 회분 ㉯ 단백질 ㉰ 지방 ㉱ 탄수화물

175. 밀가루를 반죽할 때 직접 넣어 사용하는 효소적 표백제는?

㉮ 염소 가스 ㉯ 브롬산 칼륨 ㉰ 리폭시다제 ㉱ 찌마제

176. 밀가루의 숙성에 대한 설명 중 틀리는 것은?

㉮ 반죽의 기계적 적성을 개선 ㉯ 산화제 사용으로 숙성 기간 연장
㉰ 숙성기간은 온도와 습도 등 조건에 따라 다르다.
㉱ 제빵 적성을 개선

177. 제빵에 있어서 이스트푸드의 제1의 기능은?

㉮ 이스트의 영양 ㉯ 물 흡수율 ㉰ 껍질색 개선 ㉱ 물과 반죽의 조절제

178. 전분의 점도 및 알파 아밀라제의 활성을 측정하는 기구는?

㉮ 아밀로그래프 ㉯ 패리노그래프 ㉰ 익스텐소그래프 ㉱ 믹사트론

179. 패리노그래프에 대한 설명 중 틀리는 것은?

㉮ 흡수율 측정 ㉯ 믹싱시간 측정 ㉰ 믹싱내구성 측정 ㉱ 반죽의 신장성 측정

해답 168-㉯ 169-㉰ 170-㉱ 171-㉯ 172-㉰ 173-㉮ 174-㉱ 175-㉰ 176-㉯ 177-㉱
178-㉮ 179-㉱

180. 양질의 빵속을 만들기 위한 아밀로그래프의 곡선 범위는?

㉮ 0~200B.U   ㉯ 200~400B.U   ㉰ 400~600B.U   ㉱ 600~800B.U

181. 재료의 계량 및 믹싱시간의 오판 등 사람과 기계의 잘못을 계속적으로 확인할 수 있는 기계는?

㉮ 아밀로그래프   ㉯ 패리노그래프   ㉰ 익스텐소그래프   ㉱ 믹사트론

182. S-S 결합과 관계가 깊은 것은?

㉮ 밀가루 단백질   ㉯ 고구마 전분   ㉰ 대두유   ㉱ 감자 전분

183. 일반적으로 밀가루의 적정수분 함량은?

㉮ 0%   ㉯ 10~14%   ㉰ 15~18%   ㉱ 20% 이상

184. 소맥분의 전분 함량은?

㉮ 약 30%   ㉯ 약 50%   ㉰ 약 70%   ㉱ 약 90%

185. 제빵에 있어 연수 사용에 대한 설명으로 틀리는 것은?

㉮ 글루텐이 약하게 되어 가스 보유력이 작다.
㉯ 반죽을 되게 하여 발효가 지연된다.
㉰ 광물성 이스트푸드를 증가하여 사용하는 것이 좋다.
㉱ 소금을 증가시키는 것이 좋다.

186. 밀가루 단백질의 S-S 결합에 대한 설명 중 틀리는 것은?

㉮ -SH가 환원된 것이다.   ㉯ -SH가 산화된 것이다.
㉰ 반죽의 탄력성이 커진다.   ㉱ 브롬 염의 사용도 이 원리이다.

187. 식빵에서의 설탕의 기능이 아닌 것은?

㉮ 이스트의 영양 공급   ㉯ 껍질색 개선
㉰ 수분 보유제로서의 기능   ㉱ 흡수율을 증가시킴.

188. 새로운 감미료 아스파탐의 주성분은?

㉮ 탄수화물   ㉯ 지방   ㉰ 아미노산   ㉱ 비타민

189. 유지 중의 유리지방산과 관계가 적은 것은?

㉮ 유지의 가수분해에 의해 생성   ㉯ 튀김기름은 거품이 잘 생긴다.
㉰ 기름의 발연점이 낮아진다.   ㉱ 유화제로도 사용된다.

180-㉰ 181-㉱ 182-㉮ 183-㉯ 184-㉰ 185-㉯ 186-㉮ 187-㉱ 188-㉰ 189-㉱

190. 케이크 제조시 사용되는 유지제품 중 단위 무게에 대한 흡수율(吸水率)이 가장 큰 것은?

㉮ 라드　　　　㉯ 경화 라드　　　　㉰ 경화 식물성 쇼트닝　　　　㉱ 유화 쇼트닝

191. 유지(지방)란 다음 중 어느 설명이 적당한가?

㉮ 알코올과 글리세린과의 결합　　　　㉯ 글리세린과 지방산의 에스텔

㉰ 글리세린과 포도당이 결합　　　　㉱ 글리세린과 아세톤의 에스텔

192. 레시틴은 식품 가공에서 무엇으로 이용되는가?

㉮ 유화제　　　　㉯ 중화제　　　　㉰ 청등제　　　　㉱ 응고제

193. 유지의 산화를 가속하는 요소가 아닌 것은?

㉮ 산소 및 온도　　　　㉯ 2중결합의 수

㉰ 자외선 및 금속의 존재　　　　㉱ 토코페롤의 존재

194. 유지의 산패 정도를 나타내는 값이 아닌 것은?

㉮ 과산화물가　　㉯ 아세틸가　　㉰ 산가　　㉱ 유화가

195. 튀김 기름의 조건으로 나쁜 것은?

㉮ 거품이 일지 않을 것　　　　㉯ 자극취, 불쾌취가 없을 것

㉰ 발연점이 낮을 것　　　　㉱ 점도 변화가 적을 것

196. 우유 대신 분유를 사용할 때 분유 1에 대하여 물은 얼마나 사용하는가?

㉮ 1　　　　㉯ 3　　　　㉰ 6　　　　㉱ 9

197. 계란 노른자에 들어 있는 유화제는?

㉮ 모노 글리세라이드　　　　㉯ 디 글리세라이드

㉰ 레시틴　　　　㉱ 슈가에스텔

198. 베이킹파우더 무게의 몇 % 이상의 유효가스가 발생되어야 하는가?

㉮ 256%　　㉯ 12%　　㉰ 18%　　㉱ 24%

199. 어떤 베이킹파우더 10kg 중에 전분이 34%이고 중화가가 120인 경우, 산작용제의 무게는?

㉮ 3kg　　　　㉯ 4kg　　　　㉰ 5kg　　　　㉱ 6kg

➡ 해설 : ① 전분=10kg×0.34 =3.4kg ② 산염+중조=l0g×0.66=6.6kg x+1.2x=6.6
2.2x=6.6이므로 3 ③ 산작용제를 x, 중조=1.2x

해답　190-㉱　191-㉯　192-㉮　193-㉱　194-㉱　195-㉰　196-㉱　197-㉰　198-㉯　199-㉮

200. 베이킹파우더에 전분을 사용하는 목적이 아닌 것은?

㉮ 산염과 중조를 격리　　　　　　㉯ 저장중 조기반응을 억제
㉰ 취급과 계량이 용이　　　　　　㉱ 일부가 이산화탄소 가스로 전환

201. 우유의 응고에 관계하는 금속이온은?

㉮ 칼슘(Ca++)　　㉯ 마그네슘(Mg++)　　㉰ 망간(Mn++)　　㉱ 구리(Cu++)

202. 일반적인 압착 생이스트의 고형질 함량은?

㉮ 10%　　　　㉯ 30%　　　　㉰ 50%　　　　㉱ 90%

203. 다음 이스트푸드 원료의 기능이 틀리는 것은?

㉮ 효소 : 반죽을 강하게 함　　　　㉯ 칼슘 염 : 물 조절작용
㉰ 암모늄염 : 이스트의 영양　　　　㉱ 산화제 : 반죽 조절작용

204. 영양강화빵은 일반 빵에 무엇을 강화한 것인가?

㉮ 단백질　　　　㉯ 비타민과 무기질　　　㉰ 지방　　　　㉱ 탄수화물

205. 설탕(자당)에 대한 다음 설명 중 틀리는 것은?

㉮ 설탕은 자연식품이다.　　　　　　㉯ 설탕은 영양식품이다.
㉰ 설탕은 합성식품이다.　　　　　　㉱ 설탕은 식품의 보존성을 가지고 있다.

206. 이스트의 적정한 배양온도는?

㉮ 15~20℃　　㉯ 20~25℃　　　㉰ 28~32℃　　　㉱ 35~40℃

207. 인스턴트 이스트의 설명으로 틀리는 것은?

㉮ 반드시 물에 용해하여 사용한다.　　　　㉯ 발효력이 우수하다.
㉰ 포장지를 개봉하면 2~3일 내에 사용한다.　　㉱ 진공 포장시는 저장성이 좋다.

208. 튀김기름의 일반적인 구비조건으로 틀리는 것은?

㉮ 맛이 담백하고 가열 안정성이 우수한 것이 좋다.
㉯ 유화제를 함유한 쇼트닝이면 더욱 좋다.
㉰ 쇼트닝이나 고체유지를 사용하려면 융점과 함량을 고려한다.
㉱ 연기가 나기 시작하는 온도(발연점)가 높은 것이 좋다.

209. 다음의 당 중 용해도가 가장 낮은 것은?

㉮ 과당　　　　㉯ 설탕(자당)　　　㉰ 포도당　　　㉱ 유당

200-㉱ 201-㉮ 202-㉯ 203-㉮ 204-㉯ 205-㉰ 206-㉰ 207-㉮ 208-㉯ 209-㉱

210. 다음 전분의 형태 중 효소에 의한 소화가 가장 잘 되는 것은?

㉮ 생 전분　　　㉯ 알파 전분　　　㉰ 베타 전분　　　㉱ 노화 전분

211. 물 100g에 설탕 400g을 용해시키면 이 시럽의 당도는?

㉮ 33.3%　　㉯ 66.7%　　㉰ 80.0%　　㉱ 100.0%

212. 지방은 지방산과 글리세린의 에스텔이다. 일반적으로 지방산은 지방의 몇 %인가?

㉮ 5%　　㉯ 45%　　㉰ 75%　　㉱ 95%

213. 튀김용 기름의 산가는 얼마 이하여야 하는가?

㉮ 3　　㉯ 6　　㉰ 9　　㉱ 12

214. 효소를 구성하는 가장 중요한 성분은?

㉮ 탄수화물　　㉯ 단백질　　㉰ 지방질　　㉱ 무기질

215. 활성 건조효모를 찬물에 수화시킬 때 침출되어 제빵성을 악화시키는 물질은?

㉮ 글루테닌　　㉯ 글루타민　　㉰ 글루타티온　　㉱ 글리세린

216. 다음 중 전분의 구조가 아밀로펙틴 100%로 구성된 것은?

㉮ 찹쌀　　㉯ 메옥수수　　㉰ 감자　　㉱ 고구마

217. 맥류가 발아할 때 많이 생기는 효소는?

㉮ 프로티아제　　㉯ 아밀라제　　㉰ 리파제　　㉱ 인버타제

218. 식품의 단백질 측정시 정량하는 원소는?

㉮ 수소　　㉯ 산소　　㉰ 질소　　㉱ 탄소

219. 다음 중 잠열이 높아 용해될 때 열을 가장 많이 흡수하는 당은?

㉮ 설탕(자당)　　㉯ 유당　　㉰ 분당　　㉱ 포도당

220. 버터의 향물질이 아닌 것은?

㉮ 아세트산　　㉯ 뷰티린산　　㉰ 디 아세틸　　㉱ 유산(젖산)

221. 적정온도 내에서 지방의 산화속도는 온도 10℃ 상승에 따라 몇 배로 가속하는가?

㉮ 2배　　㉯ 3배　　㉰ 4배　　㉱ 5배

222. 일반적으로 우유의 지방함량은?

㉮ 2.5%　　㉯ 3.5%　　㉰ 4.5%　　㉱ 5.5%

해답　210-㉯　211-㉰　212-㉱　213-㉮　214-㉯　215-㉰　216-㉮　217-㉯　218-㉰　219-㉱　220-㉮　221-㉮　222-㉯　222-㉯

223. 다음 유제품 중 같은 조건에서 보존성이 가장 짧은 것은?

㉮ 탈지분유　　　㉯ 가당연유　　　㉰ 전지분유　　　㉱ 무당연유

224. 물의 경도를 나타내는 피피엠(ppm)은 g에 대한 얼마인가?

㉮ 1,000분의 1　㉯ 10,000분의 1　㉰ 100,000분의 1　㉱ 1,000,000분의 1

225. 제빵에서의 물의 기능이 아닌 것은?

㉮ 글루텐 발전을 돕는다.　　　　㉯ 반죽 온도를 조절한다.
㉰ 노화를 촉진한다.　　　　　　㉱ 재료를 용해, 분산시킨다.

226. 다음 중 소위 아이싱 슈가라 하는 당은?

㉮ 설탕(입상형)　　㉯ 분당　　　　㉰ 삼온당　　　　㉱ 커피설탕

227. 신선한 우유(시유)의 평균 pH는?

㉮ 4.6　　　　㉯ 5.6　　　　㉰ 6.6　　　　㉱ 7.6

228. 유지가 산화됨에 따라 냄새가 나는 것은 다음 중 어느 성분 때문인가?

㉮ 유리지방산　㉯ 알데히드　　㉰ 과산화수화물　㉱ 글리세린

229. 제빵용 아밀라제가 맥아당을 생성하기에 가장 적정한 pH 범위는?

㉮ 2.5~3.6　　㉯ 4.6~4.9　　㉰ 5.4~5.7　　㉱ 7.3~7.5

230. 우유에 가장 많이 들어 있는 무기질은?

㉮ 칼슘　　　　㉯ 마그네슘　　㉰ 철분　　　　㉱ 구리

231. 제빵에서 감자가루를 첨가할 때의 특성이 아닌 것은?

㉮ 흡수율이 증가한다.　　　　㉯ 부피가 증가한다.
㉰ 기공과 조직을 개선한다.　　㉱ 발효속도를 지연시킨다.

232. 생크림 보존 온도로 가장 적절한 것은?

㉮ −18℃ 이하　㉯ −5~0℃　　㉰ 4~5℃　　㉱ 16~18℃

233. 한천은 다음 중 무엇을 원료로 하여 만드는가?

㉮ 동물의 교질체　㉯ 식물의 뿌리　㉰ 해조류　　　㉱ 과일 껍질

234. 펙틴은 다음 중 어디에 많이 들어 있는가?

㉮ 과일의 껍질　㉯ 동물의 뼈　　㉰ 식물의 뿌리　㉱ 어패류 껍질

223-㉰　224-㉱　225-㉰　226-㉯　227-㉰　228-㉯　229-㉯　230-㉮　231-㉱　232-㉰　233-㉰
234-㉮

235. 마지팬의 원료가 되는 것은?

　　㉮ 호두　　　㉯ 아몬드　　　㉰ 땅콩　　　㉱ 피칸

236. 글루텐의 일반적인 물리적 성질이 아닌 것은?

　　㉮ 탄력성　　㉯ 신장성　　㉰ 응집성　　㉱ 수용성

237. 밀의 제분공정 중 물을 첨가하여 내배유를 부드럽게 하는 공정은?

　　㉮ 자석분리 공정　　　　㉯ 템퍼링 공정
　　㉰ 마쇄 공정　　　　　　㉱ 체질 공정

238. 불포화지방산에 수소를 첨가시켜 경화시킬 때 사용하는 촉매는?

　　㉮ 구리　　　㉯ 니켈　　　㉰ 철　　　㉱ 코발트

239. 유지의 산화를 방지하는 천연 항산화제는?

　　㉮ 토코페롤　　㉯ 비타민 C　　㉰ 리보플라빈　　㉱ 나이아신

240. 전분이 호화된 상태를 다음 중 무엇이라 하는가?

　　㉮ 알파 전분　　㉯ 베타 전분　　㉰ 감마 전분　　㉱ 델타 전분

241. 젤라틴은 다음 중 어떤 원료로 만드는가?

　　㉮ 과일의 껍질　㉯ 우뭇가사리　　㉰ 동물 결체조직　㉱ 식물의 뿌리

242. 초콜릿에 들어 있는 카카오버터의 융점은?

　　㉮ 23~25℃　　㉯ 33~35℃　　㉰ 43~46℃　　㉱ 51~54℃

243. 물이 연수일 때의 처리방법으로 맞는 것은?

　　㉮ 이스트푸드 감소, 소금 감소　　㉯ 이스트푸드 감소, 소금 증가
　　㉰ 이스트푸드 증가, 소금 증가　　㉱ 이스트푸드 증가, 소금 감소

244. 가장 높은 융점을 필요로 하는 마가린의 용도는?

　　㉮ 데니시 페이스트리용　　　　㉯ 제빵용
　　㉰ 퍼프 페이스트리용　　　　　㉱ 쿠키용

245. 밀가루에 천연적으로 들어 있는 주된 색소 물질은?

　　㉮ 카로틴　　㉯ 황색 1호　　㉰ 크산토　　㉱ 엽록소

해답　235-㉯ 236-㉱ 237-㉯ 238-㉯ 239-㉮ 240-㉮ 241-㉰ 242-㉯ 243-㉰ 244-㉰
245-㉮

246. 다음 중 알파 아밀라제가 결핍된 밀가루로 만든 빵의 특성이 아닌 것은?

㉮ 부피가 작다.　　　　　　　　㉯ 기공이 거칠다.
㉰ 빵 속이 건조하다.　　　　　　㉱ 껍질색이 진하다.

247. 고급제과용 밀가루 단백질함량으로 적당한 것은?

㉮ 1~2%　　　㉯ 7~9%　　　㉰ 10~2%　　　㉱ 13% 이상

248. 다음 향료 중 굽기제품에 사용하기가 부적당한 것은?

㉮ 글리세린에 용해시킨 향료　　　㉯ 알코올에 용해시킨 향료
㉰ 수지액에 용해시킨 향료　　　　㉱ 분말 상태로 된 향료

249. 다음 제품 중 최고의 결과를 얻기 위해 반죽의 pH가 가장 높아야 되는 것은?

㉮ 엔젤푸드 케이크　　　　　　　㉯ 파운드 케이크
㉰ 스펀지 케이크　　　　　　　　㉱ 데블스 푸드

250. 다음 설탕 중 상대적 감미도가 가장 낮은 것은?

㉮ 과당　　　　㉯ 포도당　　　　㉰ 설탕(자당)　　　㉱ 유당

251. 베이킹파우더를 구성하는 중요 재료가 아닌 것은?

㉮ 탄산수소나트륨　　　㉯ 산작용제　　　㉰ 소금　　　㉱ 전분

252. 대표적인 제빵용 이스트의 학명은 어느 것인가?

㉮ Torulipsis candida　　　　　　㉯ Candida utilis
㉰ Saccharomyces cerevisiae　　　㉱ Torula utilis

253. 다음 중 설탕의 설명으로 틀리는 것은?

㉮ 설탕은 다른 냄새를 흡수한다.
㉯ 크림 제조시 거품의 안정성을 감소시킨다.
㉰ 설탕을 180℃ 이상 계속 가열하면 캐러멜이 된다.
㉱ 설탕은 식품에 보습성을 부여한다.

254. 버터 향을 내는 물질은?

㉮ 디아세틸(Diacetyl)　　　　　　㉯ 바닐린(Vanillin)
㉰ 신내몬 알데히드(Cinnamon aldehyde)
㉱ 벤즈알데히드(Benzaldehyde)

246-㉱ 247-㉯ 248-㉯ 249-㉱ 250-㉱ 251-㉰ 252-㉰ 253-㉯ 254-㉮

255. 다음의 제빵개량제 성분중 제품의 노화 지연의 역할을 하는 것은?

㉮ 비타민 C   ㉯ 밀가루   ㉰ 유화제   ㉱ 아밀라제

256. 다음의 지방 결정입자 형태 중 융점이 가장 높은 것은?

㉮ 알파(α)   ㉯ 베타(β)   ㉰ 베타 프라임(β')   ㉱ 감마(γ)

257. 일반적으로 초콜릿을 템퍼링할 때 1차로 녹이는 온도로 적당한 것은?

㉮ 21~24℃   ㉯ 27~29℃   ㉰ 34~35℃   ㉱ 46~48℃

258. 초콜릿의 '설탕 블룸(sugar bloom)' 원인에 가장 관계가 깊은 것은?

㉮ 수분   ㉯ 온도   ㉰ 직사광선   ㉱ 압력

259. 설탕 35%, 유화제와 향이 1%인 다크 초콜릿의 나머지는 전통적인 비터 초콜릿의 구성을 가지고 있다면 이 초콜릿 1,000g 중 코코아는?

㉮ 100g   ㉯ 240g   ㉰ 350g   ㉱ 400g

260. 일반적인 화이트 초콜릿을 제조하는 데 없어도 되는 성분은?

㉮ 카카오 버터   ㉯ 코코아   ㉰ 전지분유   ㉱ 설탕

261. 밀가루 수분이 12%일 때 회분이 0.45%라면 수분 14%일 때의 회분은?

㉮ 0.3982%   ㉯ 0.4398%   ㉰ 0.4627%   ㉱ 0.4731%

262. 밀가루 수분 14%일 때 흡수율이 63%였다. 이 밀가루가 저장중 수분이 12%로 감소하였다면 새로운 흡수율은?

㉮ 61%   ㉯ 65%   ㉰ 66.79%   ㉱ 67.12%

263. 밀가루 수분이 12%일때 흡수율이 65%인 밀가루의 수분이 15%로 증가하였다. 이 밀가루의 새로운 흡수율은?

㉮ 59.375%   ㉯ 61.625%   ㉰ 62.000%   ㉱ 63.435%

264. 침강시험에는 수분 14.0%인 밀가루가 4.0000g이 필요하다. 수분 12%인 밀가루는 얼마를 사용해야 하는가?

㉮ 3.8091g   ㉯ 3.9091g   ㉰ 4.0091g   ㉱ 4.1991g

265. 패리노그래프에 수분 14%인 밀가루가 300.0g이 필요하다. 수분 15.5%인 밀가루는 얼마가 필요한가?

㉮ 284.8g   ㉯ 294.8g   ㉰ 298.5g   ㉱ 305.3g

해답   255-㉰   256-㉯   257-㉱   258-㉮   259-㉱   260-㉯   261-㉯   262-㉰   263-㉮   264-㉯
265-㉱

266. 스트레이트법의 단점이 아닌 것은?

㉠ 노화가 빠르다.　　　　　　　㉡ 발효에 대한 내구성이 적다.
㉢ 공정시간이 짧다.　　　　　　㉣ 공정 중 잘못이 있을 때 조정방법이 적다.

267. 스트레이트 반죽의 이상적인 반죽 온도는?

㉠ 23℃　　　　㉡ 27℃　　　　㉢ 30℃　　　　㉣ 36℃

268. 일반적인 식빵을 스트레이트법으로 만들 때 1차 발효실의 습도는?

㉠ 50~60%　　㉡ 60~70%　　㉢ 75~80%　　㉣ 85~95%

269. 스트레이트법의 장점이 아닌 것은?

㉠ 노동력 감소　　　　　　　　㉡ 발효 손실의 감소
㉢ 전력의 감소　　　　　　　　㉣ 굽기 손실의 감소

270. 펀치를 하는 이유가 아닌 것은?

㉠ 반죽 온도를 균일하게 한다.　　㉡ 반죽에 산소 공급
㉢ 정형 작업을 용이하게 한다.　　㉣ 이스트의 작용을 활성화

271. 통상적인 제빵용 밀가루의 단백질 함량은?

㉠ 7~9%　　　㉡ 9~10.4%　　㉢ 11~13%　　㉣ 15% 이상

272. 농산물 규격에 있는 밀가루의 수분 함량은?

㉠ 5% 이하　　㉡ 10% 이하　　㉢ 15% 이하　　㉣ 20% 이하

273. 비상 스트레이트법의 장점이 아닌 것은?

㉠ 저장성이 길어진다.　　　　　㉡ 공정시간이 짧다.
㉢ 노동력이 절약된다.　　　　　㉣ 갑작스런 주문에 응할 수 있다.

274. 빵 반죽의 수화와 직접 관계가 적은 것은?

㉠ 설탕　　　　㉡ 분유　　　　㉢ 물　　　　㉣ 쇼트닝

275. 후염법으로 소금을 투입하는 단계는?

㉠ 픽업단계 이후　㉡ 클린업단계 이후　㉢ 발전단계 이후　㉣ 최종단계 이후

276. 표준 스트레이트를 비상 스트레이트로 고칠 때의 설명으로 틀리는 것은?

㉠ 흡수율 1% 증가　　　　　　㉡ 설탕 사용량 1% 감소
㉢ 흡수율 1% 감소　　　　　　㉣ 반죽 온도를 30℃로 높임

266-㉢　267-㉡　268-㉢　269-㉣　270-㉢　271-㉢　272-㉢　273-㉠　274-㉣　275-㉡　276-㉢

277. 표준 스트레이트를 비상 스트레이트로 고칠 때의 필수적인 조치는?

㉮ 분유 사용량 감소　　　　　　㉯ 소금 사용량 감소

㉰ 믹싱 시간의 증가　　　　　　㉲ 이스트푸드 사용량 증가

278. 제빵에서 비상법을 사용하는 이유가 아닌 것은?

㉮ 제품 저장성 증대　　　　　　㉯ 기계의 고장으로 작업 차질

㉰ 갑작스런 주문　　　　　　　㉲ 제조시간을 단축

279. 다음 중 스트레이트법이 아닌 제법은?

㉮ 비상 스트레이트법　　㉯ 노타임법　　㉰ 액체 발효법　　㉲ 재반죽법

280. 제빵에 가장 알맞는 물의 형태는?

㉮ 연수　　　　㉯ 아연수　　　　㉰ 아경수　　　　㉲ 경수

★ [문제 24-26] 실내온도=25℃, 수돗물 온도=20℃, 반죽결과 온도=30℃, 희망온도=27℃, 물 사용량=1,000g, 밀가루 온도=25℃일 때 다음 물음에 답하시오.

281. 마찰계수는 얼마가 되는가?

㉮ 10℃　　　　㉯ 20℃　　　　㉰ 30℃　　　　㉲ 40℃

➡ 해설 : 마찰계수=결과온도×3−(밀가루온도+실내온도+물온도)=30×3−(25+25+20)=20

282. 희망온도 27℃를 맞추려면 몇 ℃의 물을 사용해야 하는가?

㉮ −3℃　　　　㉯ 0℃　　　　㉰ 11℃　　　　㉲ 23℃

➡ 해설 : 사용수온도=희망온도×3−(실내온도+밀가루온도+마찰계수)=27×3−(25+25+20)=11(℃)

283. 희망온도 27℃를 맞추려 할 때 필요한 얼음의 양은?

㉮ 90g　　　　㉯ 180g　　　　㉰ 270g　　　　㉲ 필요 없다.

➡ 해설 : $\dfrac{물사용량×(수돗물온도−사용수온도)}{80+수돗물온도} = \dfrac{1000×(20−11)}{80+20} = 90$

284. 스트레이트법 중에서 스펀지법과 가장 비슷한 것은?

㉮ 비상 스트레이트법　　㉯ 침지법　　㉰ 노타임 법　　㉲ 재반죽법

285. 스펀지 도우법에서 스펀지에 사용하는 밀가루 비율은?

㉮ 0~20%　　　　㉯ 20~40%　　　　㉰ 50~60%　　　　㉲ 55~100%

해답　277-㉰　278-㉮　279-㉰　280-㉰　281-㉯　282-㉰　283-㉮　284-㉲　285-㉲

286. 일반적으로 스펀지에는 사용하지 않는 재료는?

　　㉮ 밀가루　　　　㉯ 설탕　　　　　㉰ 이스트　　　　　㉱ 물

287. 스펀지 믹싱 후의 온도로 적당한 것은?

　　㉮ 16~18℃　　　㉯ 18~21℃　　　㉰ 23~25℃　　　㉱ 27~30℃

288. 스펀지를 발효하는 동안 반죽 내의 pH 변화는(수치가)?

　　㉮ 떨어진다.　　㉯ 올라간다.　　㉰ 변화가 없다.　　㉱ 떨어지다가 올라간다.

289일반 스펀지에 사용하는 물의 양은?

　　㉮ 스펀지 밀가루의 35~40%　　　㉯ 스펀지 밀가루의 55~60%
　　㉰ 전체 밀가루의 55~60%　　　　㉱ 물 전량을 스펀지에 사용

290. 표준 스펀지 발효실의 일반적인 온도는?

　　㉮ 24℃　　　　㉯ 27℃　　　　　㉰ 30℃　　　　　㉱ 36℃

291. 스펀지 발효의 발효점은 반죽이 처음 부피의 몇 배일 때가 알맞은가?

　　㉮ 1~2배　　　㉯ 2~3배　　　　㉰ 4~5배　　　　㉱ 6~7배

292. 스펀지 발효가 적정할 때의 반죽 상태는?

　　㉮ 탄력성이 강한 직물 구조　　　㉯ 습하고 끈적거리는 직물 구조
　　㉰ 가볍고 부드러운 직물 구조　　　㉱ 탄력성을 잃은 직물 구조

293. 스펀지 발효실의 습도로 알맞는 범위는?

　　㉮ 55~60%　　　㉯ 65~70%　　　㉰ 75~80%　　　㉱ 85~90%

294. 스펀지를 발효하는 동안 반죽의 온도변화는?

　　㉮ 하강한다　　㉯ 상승한다　　　㉰ 변화가 없다.　　㉱ 하강하다 상승한다.

295. 스펀지 도우법에서 도우(본반죽)의 표준 온도는?

　　㉮ 18℃　　　　㉯ 24℃　　　　　㉰ 27℃　　　　　㉱ 36℃

296. 다음 중 조건이 같을 때 부피가 가장 커지는 것은?

　　㉮ 60% 스펀지　　㉯ 80% 스펀지　　㉰ 90% 스펀지　　㉱ 100% 스펀지

297. 스펀지법의 장점이 아닌 것은?

　　㉮ 발효 손실의 감소　　　㉯ 저장성의 증가
　　㉰ 부피의 증가　　　　　㉱ 이스트 사용량 감소

286-㉯　287-㉰　288-㉮　289-㉯　290-㉯　291-㉰　292-㉰　293-㉰　294-㉯　295-㉰　296-㉱　297-㉮

298. 스펀지에 밀가루 사용비율을 높일 때의 현상이 아닌 것은?

　㉮ 스펀지성 증가 　　　　　　　　㉯ 본 발효시간 증가
　㉰ 본 반죽시간 감소 　　　　　　　㉱ 향의 증가

299. 어린 스펀지로 도우(본반죽) 믹싱을 할 때 정상과 비교하여 믹싱시간이 어떻게 변화하는가?

　㉮ 길어진다 　　㉯ 짧아진다. 　　㉰ 변화가 없다. 　　㉱ 짧아지거나 길어진다.

300. 스펀지 발효시 온도와 pH의 변화는?

　㉮ 온도와 pH가 동시에 상승한다. 　　㉯ 온도와 pH가 동시에 하장한다.
　㉰ 온도는 상승하고 pH는 하강한다. 　　㉱ 온도는 하강하고 pH는 상승한다.

301. 스펀지에 사용하는 밀가루가 다음과 같을 때 본반죽(도우)의 믹싱시간이 가장 짧아지는 것은?

　㉮ 60% 　　㉯ 70% 　　㉰ 80% 　　㉱ 100%

302. 스펀지에 사용하는 밀가루가 다음과 같을 때 본 반죽 후의 플로어타임이 가장 길어야 되는 경우는?

　㉮ 60% 　　㉯ 70% 　　㉰ 85% 　　㉱ 100%

★[문제 54~55] 80% 스펀지에서 전체 밀가루 : 1000g, 전체 가수율 : 63%일 때 다음 물음에 답하시오.

303. 스펀지에 440g의 물을 사용했다면 스펀지 밀가루의 몇 %인가?

　㉮ 50% 　　㉯ 55% 　　㉰ 60% 　　㉱ 65%

　❶ 해설 : 스펀지밀가루 800g, 물 440g이므로 $\dfrac{440}{800} \times 100 = 55(g)$

304. 본반죽에 사용할 물량은 얼마가 되겠는가?

　㉮ 190g 　　㉯ 380g 　　㉰ 570g 　　㉱ 630g

　❶ 해설 : : 총물량＝1000×0.63＝630g, 스펀지에 440g을 사용했으므로 630−440＝190(g)

305. 제빵에 있어 믹싱의 주요 목적이 아닌 것은?

　㉮ 글루텐 발달 　　㉯ 재료의 수화 　　㉰ 설탕의 용해 　　㉱ 각 재료의 혼합

306. 제빵에서 믹싱시간에 영향을 주지 않는 것은?

　㉮ 설탕 　　㉯ 쇼트닝 　　㉰ 이스트 　　㉱ 분유

해답　298-㉯　299-㉮　300-㉰　301-㉱　302-㉮　303-㉯　304-㉮　305-㉰　306-㉰

307. 반죽온도가 낮은 경우의 설명으로 맞는 것은?

㉮ 수화도 늦고 믹싱시간도 길다.　　㉯ 수화는 빠르고 믹싱시간은 길다.
㉰ 수화도 빠르고 믹싱시간도 짧다.　　㉱ 수화는 늦고 믹싱시간은 짧다.

308. 믹싱단계에서 최대의 탄력성을 갖는 단계는?

㉮ 픽업 단계　　㉯ 클린업 단계　　㉰ 발전 단계　　㉱ 최종 단계

309. 믹싱단계에서 최대의 신장성을 갖는 단계는?

㉮ 픽업 단계　　㉯ 클린업 단계　　㉰ 발전 단계

310. 믹싱단계에서 반죽이 탄력성을 잃고 찢어지는 단계는?

㉮ 픽업 단계　　㉯ 클린업 단계　　㉰ 최종 단계　　㉱ 브레이크다운단계

311. 통상 픽업단계에서 믹싱을 완료하는 제품은?

㉮ 스트레이트식빵　　㉯ 햄버거 빵
㉰ 스펀지 도우 식빵　　㉱ 데니시 페이스트리

312. 가수율이 부족한 반죽에 대한 설명으로 틀리는 것은?

㉮ 수율이 낮다.　　㉯ 둥굴리기가 어렵다.
㉰ 노화가 지연된다.　　㉱ 부피가 작다.

313. 일반적으로 가장 질은 상태의 반죽인 제품은?

㉮ 불란서 빵　　㉯ 식빵　　㉰ 과자빵　　㉱ 잉글리시 머핀

314. 제빵에서 설탕을 5% 증가시키면 흡수율은 어떻게 되는가?

㉮ 1% 감소　　㉯ 1 % 증가　　㉰ 3% 감소　　㉱ 3% 증가

315. 제빵에서 후염법 사용에 대한 설명으로 틀리는 것은?

㉮ 믹싱시간의 감소　　㉯ 수분 흡수가 빠르다.
㉰ 클린업 단계 이후에 소금 첨가　　㉱ 반죽의 유동성을 증대

316. 노타임 반죽에 사용하는 환원제는?

㉮ 엘-시스테인　　㉯ 브롬산 칼륨　　㉰ 인산 칼슘　　㉱ 과산화 칼슘

317. 다음 제빵법에서 노화가 가장 빠른 것은?

㉮ 스트레이트법　　㉯ 스펀지 법　　㉰ 액체 발효법　　㉱ 속성법

307-㉮　308-㉰　309-㉱　310-㉱　311-㉱　312-㉰　313-㉱　314-㉮　315-㉱　316-㉮　317-㉱

318. 액종(액체 발효)의 필수재료가 아닌 것은?

㉮ 밀가루   ㉯ 이스트   ㉰ 물   ㉱ 발효성 탄수화물

319. 액체발효의 액종에 분유를 넣을 때의 주요 목적은?

㉮ 영양물질   ㉯ 소포작용   ㉰ 완충작용   ㉱ 발효 가속작용

320. 액체발효의 액종에서 발효점을 찾는 가장 좋은 기준은?

㉮ 냄새   ㉯ 거품상태   ㉰ 시간   ㉱ pH

321. 기계적인 방법과 화학적인 방법으로 반죽을 발전시키는 제법은?

㉮ 스트레이트법   ㉯ 스펀지법   ㉰ 노타임법   ㉱ 비상법

322. 연속식 제빵법과 관계가 없는 것은?

㉮ 액체 발효기   ㉯ 예비혼합기   ㉰ 몰더   ㉱ 디벨로퍼

323. 다음 시험기구 중 글루텐의 질, 흡수율, 믹싱시간 등을 판단할 수 있는 것은?

㉮ 믹소그래프   ㉯ 패리노그래프   ㉰ 익스텐시그래프   ㉱ 아밀로그래프

324. 밀가루의 전분분해 효소력을 판단할 수 있는 것은?

㉮ 믹소그래프   ㉯ 패리노그래프   ㉰ 익스텐시그래프   ㉱ 아밀로그래프

325. 스펀지 도우법에서 스펀지에 사용하는 일반적인 재료가 아닌 것은?

㉮ 밀가루   ㉯ 소금   ㉰ 이스트   ㉱ 이스트푸드

326. 스트레이트 법의 장점이 아닌 것은?

㉮ 노동력과 시간 절감   ㉯ 발효 손실 감소
㉰ 발효 내구성이 크다.   ㉱ 제조 공정이 단순

327. 스펀지 도우법의 장점이 아닌 것은?

㉮ 공정에 대한 융통성이 있다.   ㉯ 시설, 노동력 등 경비 증가
㉰ 제품의 저장성이 양호   ㉱ 발효향과 부피가 양호

328. 스펀지에 밀가루 양을 증가할 때의 설명이 아닌 것은?

㉮ 2차 믹싱(본반죽) 시간이 단축   ㉯ 스펀지 발효시간 증가
㉰ 본 반죽 발효시간 증가   ㉱ 스펀지성(해면성)이 증가

해답 318-㉮ 319-㉰ 320-㉱ 321-㉰ 322-㉰ 323-㉯ 324-㉱ 325-㉯ 326-㉰ 327-㉯ 328-㉰

329. 액체 발효법의 액종에 들어가지 않는 재료는?

㉮ 밀가루   ㉯ 물   ㉰ 이스트   ㉱ 설탕

330. 액종용 재료를 혼합한 후의 온도로 표준인 것은?

㉮ 24℃   ㉯ 27℃   ㉰ 30℃   ㉱ 36℃

331. 연속식 제빵법에서 고압·고속 회전에 의해 글루텐을 발달시키는 장치는?

㉮ 예비혼합기   ㉯ 디벨로퍼   ㉰ 분할기   ㉱ 열 교환기

332. 연속식 제빵법에서 산화제로 쓰이지 않는 것은?

㉮ 취소산 칼륨   ㉯ 인산 칼슘   ㉰ 엘-시스테인   ㉱ 이스트푸드

333. 일반 스트레이트법을 비상 스트레이트법으로 전환할 때 스트레이트법의 이스트 2%는 얼마로 되는가? (50% 적용)

㉮ 2%   ㉯ 3%   ㉰ 6%   ㉱ 8%

334. 일반 스트레이트법의 반죽온도가 27℃였다면 비상 스트레이트법의 반죽온도는?

㉮ 24℃   ㉯ 27℃   ㉰ 30℃   ㉱ 33℃

335. 일반 스트레이트법의 믹싱 시간이 18분이었다면 비상 스트레이트법의 믹싱시간으로 알맞는 것은?

㉮ 9분   ㉯ 11분   ㉰ 18분   ㉱ 22분

　◐ 해설 : 믹싱시간을 20~25% 증가

336. 63%의 물을 사용한 스트레이트법의 배합을 비상 스펀지법으로 전환시킬 때 스펀지에 넣어야 할 물은

㉮ 40%   ㉯ 48%   ㉰ 62%   ㉱ 63%

　◐ 해설 : ① 총물량=스트레이트법과 변함 없음 ② 비상 스펀지/도우법에 사용할 총 물량을 스펀지에 사용

337. 63%의 물을 사용한 스트레이트법의 배합을 비상 스펀지법으로 전환시킬 때 도우(본반죽)에 넣어야 할 물은?

㉮ 0%   ㉯ 20%   ㉰ 33%   ㉱ 62%

338. 60/40인 일반 스펀지법을 비상 스펀지법으로 전환시킬 때 비상 스펀지에 들어가는 밀가루의 양은?

㉮ 60%   ㉯ 70%   ㉰ 80%   ㉱ 100%

329-㉮　330-㉰　331-㉯　332-㉰　333-㉯　334-㉰　335-㉱　336-㉱　337-㉮　338-㉰

339. 환원제를 사용하여 믹싱시간을 단축하는 제빵법은?

㉮ 노타임법　　　㉯ 비상 스트레이트법　　　㉰ 비상 스펀지법　　　㉱ 재반죽법

340. 산화제와 환원제 2가지를 다 사용하는 제빵법은?

㉮ 스트레이트법　㉯ 스펀지법　　　　　㉰ 비상 반죽법　　　　㉱ 노타임법

341. 다음 제품 중 일반적으로 가장 빠른 믹싱단계에서 완료하는 것은?

㉮ 데니시 페이스트리　　㉯ 불란서 빵　　　㉰ 식빵　　　㉱ 잉글리시 머핀

342. 스트레이트법 식빵 제조시 물 사용량이 1000g, 수돗물 온도가 20℃, 계산된 사용수 온도가 -5℃일 때 얼음 사용량은?

㉮ 0　　　　　　㉯ 120g　　　　　㉰ 250g　　　　㉱ 만들 수 없다.

▶ 해설 : 얼음 $= \dfrac{\text{물사용량} \times (\text{수돗물온도} - \text{사용수온도})}{80 + \text{수돗물온도}} = \dfrac{1000 \times [20 - (-5)]}{80 + 20} = 250(g)$

343. 다음 제품 중 팽창 형태가 다른 것은?

㉮ 레이어 케이크　㉯ 스펀지 케이크　　㉰ 케이크 머핀　　㉱ 과일 케이크

344. 다음 제품 중 팽창 형태가 다른 것은?

㉮ 잉글리시 머핀　㉯ 과자빵　　　㉰ 커피 케이크　　　㉱ 스펀지 케이크

345. 반죽형 케이크를 제조할 때 유지와 설탕을 먼저 믹싱하는 방법은?

㉮ 크림법　　㉯ 블렌딩법　　　㉰ 설탕/물법　　　㉱ 단단계법

346. 반죽형 케이크를 제조할 때 유지와 밀가루를 먼저 믹싱하는 방법은?

㉮ 크림법　　㉯ 블렌딩법　　　㉰ 시럽법　　　㉱ 1단계법

347. 반죽형 케이크를 제조할 때 전 재료를 일시에 넣고 믹싱하는 방법은?

㉮ 크림법　　㉯ 블렌딩법　　　㉰ 설탕/물법　　　㉱ 1단계법

348. 반죽형 케이크를 제조할 때 부피가 우선한 경우 택하는 믹싱법은?

㉮ 크림법　　㉯ 블렌딩법　　　㉰ 설탕/물법　　　㉱ 다단계법

349. 반죽형 케이크를 제조할 때 시간과 노동력이 가장 절약되는 믹싱법은?

㉮ 크림법　　㉯ 블렌딩법　　　㉰ 설탕/물법　　　㉱ 1단계법

350. 반죽형 케이크를 제조할 때 부피감보다는 유연성을 위해 택하는 믹싱법은?

㉮ 크림법　　㉯ 블렌딩법　　　㉰ 설탕/물법　　　㉱ 다단계법

해답　339-㉮　340-㉱　341-㉮　342-㉰　343-㉯　344-㉱　345-㉮　346-㉯　347-㉱　348-㉮
349-㉱　350-㉯

빵류 제조

2-1-1. 발효 조건 및 상태 관리

① 반죽 발효 관리

1. 발효 일반

1) 발효의 목적

(1) 이산화탄소(CO_2)의 발생 : 팽창작용

$$C_6H_{12}O_6 \rightarrow 2CO_2 + 2C_2H_5OH + 66Cal$$

  100g   46.4g   48.6g   5g

(2) 향의 발달

  ① 유기산과 에스텔   ② 알코올   ③ 알데히드

(3) 반죽의 발전 : 글루텐의 숙성

  ① 가스 포집과 보유 능력 개선

  ② 팽창 시 신장성이 큰 구조 형성

  ③ 이스트에 있는 효소에 의해 반죽의 유연성 증대

2) 발효에 관계하는 효소

효 소	공급원	기 질	생성물
알파 아밀라제	맥아 곰팡이, 박테리아	전분 손상된 전분	수용성 전분 덱스트린
베타 아밀라제	밀가루, 맥아	전분, 덱스트린	맥아당
말타제	이스트	맥아당	포도당+포도당
인버타제	이스트	설탕(자당)	포도당+과당
찌마제	이스트	포도당, 과당	CO_2, 알코올, 유기산

2. 발효에 영향을 주는 요소

1) 이스트의 양

(1) 적정한 조건하에서 이스트의 양이 많으면 가스 발생량이 많아진다. 즉 설탕이 충분할 때 이스트의 양과 발효 시간은 반비례한다.

(2) $\dfrac{\text{정상 이스트 양}(y) \times \text{정상 발효 시간}(t)}{\text{변경할 발효 시간}(n)} = \text{X(변경할 이스트의 양)}$

[예] 이스트 2%로 4시간 발효하여 좋은 결과를 얻었다면 발효 시간을 2.5시간으로 단축하려면

$\dfrac{2 \times 4}{2.5} = \dfrac{8}{2.5} = 3.2$ ∴ 3.2% 사용

2) 온도

(1) 이스트는 7 ℃ 이하에서 휴지(休止) 상태이다. 이보다 높은 온도에서는 38℃까지 활성이 증가되고, 다시 활성이 감소되어 60℃가 되면 완전히 불활성화된다(30℃는 20℃의 3배 활성).

(2) 정상 범위 내에서 반죽 온도는 0.5℃ 상승: 발효 시간 15분 단축

3) pH

(1) 발효 속도는 pH 5 근처에서 최대(알파 아밀라제 : pH 5.2)

(2) 스펀지 믹싱 후 pH 5.5인 반죽이 3~4시간 발효 후에 pH 4.6 근처가 되고, 본 반죽 후 다시 pH 5.4인 반죽이 2차 발효 말기에 pH 4.9~5.0이 된다.

(3) 완제품 빵의 pH는 발효 상태를 표현

① pH 5.0 : 지친 반죽

② pH 5.7 : 정상

③ pH 6.0 이상 : 어린 반죽

4) 삼투압

(1) 발효성 당이 5% 이상의 농도가 되면 이스트의 활성이 저해되기 시작

(2) 소금이 1%를 초과하면 이스트의 활성이 저해되기 시작 2~2.5%에서는 저해작용

 [예] 1.5%에서 929mmHg, 2.5%에서 753mmHg

5) 탄수화물과 효소

(1) 이스트도 생물이므로 탄수화물을 비롯한 각종 영양소를 필요로 한다.

(2) 밀가루의 주성분인 전분(손상된 전분 포함)은 아밀라제에 의해 덱스트린과 맥아당으로 분해

(3) 맥아당은 효소(말타제)에 의해 포도당 + 포도당으로 분해

(4) 설탕은 효소(인버타제)에 의해 포도당 + 과당으로 분해

(5) 포도당과 과당은 효소(찌마제)에 의해 이산화탄소와 알코올로 분해

(6) 굽기 과정 중 이스트의 세포는 사멸되어도 이스트에 들어 있는 효소는 더 오래 동안 작용한다.

6) 이스트푸드

(1) 밀가루의 단백질을 산화하여 탄력성과 신장성을 증가시켜 발생되는 가스를 포집하는 능력이 커진다.

(2) 황산 암모늄과 같은 성분은 이스트 세포에 직접 필요한 '질소'를 공급하여 발효에 관계한다.

3. 발효 관리

1) 발효 관리의 목적

(1) 가스 생산력과 가스 보유력이 최대인 점을 일치시키는 데 있다(가스 발생이 절정일 때 반죽의 가스 보유력이 최적).

(2) 기공, 조직, 껍질 색이 양호하게 되고 부피가 증대

2) 발효 상태

(1) 부피 증가 ① 180# 반죽 부피 : 3.5cu.ft.   ② 2차 발효 최종 상태 : 17.5cu.ft.

★ 반죽 최초 부피의 5배로 증가

(2) 설탕 요구 : 증가된 14cuft의 CO2 가스 발생을 위해 3.5#(밀가루의 3.5%)의 설탕이 요구됨. 나머지 설탕은 '잔류당'으로 남는다.

(3) 직물 구조 상태

① 발효 부족 상태 : 무겁고 조밀하여 저항이 약하다.

② 발효 적정 상태 : 부드럽고 건조하며 유연하고 잘 늘어난다.

③ 발효 과다 상태 : 가스가 많이 차고 탄력이 없이 축축하다.

3) 발효 실제

(1) 스펀지

① 스펀지 온도는 23~26℃(통상 24℃가 표준)

② 반죽 상태에 따라 3~4.5시간 발효(온도 상승이 5.6℃를 초과하지 않도록 한다)

③ 드롭(또는 브레이크) : 스펀지의 부피가 4~5배로 부푼 후 다시 수축되는 현상으로 전체 발효 시간의 75% 수준으로 본다.

(2) 도우(또는 스트레이트 법)

① 반죽 온도는 26~28℃(통상 27℃가 표준)

② 모든 재료를 함유하기 때문에 그중에 소금, 설탕, 분유 등 이스트의 활성을 저해하는 요소가 있으므로 스펀지보다 높은 온도가 요구된다.

(3) 펀치

① 목적 : 전체 온도를 균일하게 해 주어 균일한 발효를 유도, 산소 공급으로 CO_2 가스 과다 축적에 의한 발효 지연 영향을 감소시켜 발효 속도 증가

② 방법 : 반죽의 가장자리 부분을 가운데로 뒤집어 모은다.

- 60%, 90%, 100%(단백질의 질이 좋을 때)
- 66%, 100% (일반적) 부피가 2.5~3배
- 75%, 100% (일반적) 부피가 2.5~3배

③ 펀치를 하지 않는 경우 : 100%(처음 부피의 3.5~4배)

4) 발효 손실

(1) 발효 손실의 원인 : ① 수분 증발 ② 탄수화물의 발효로 CO_2 가스 발생

(2) 손실량 : ① 0.5~3-4% ② 통상 1~2%

(3) 발효 손실에 관계되는 요소 : ① 반죽 온도 ② 발효 시간 ③ 배합률(설탕, 소금이 많으면 손실은 감소) ④ 발효 온도 및 습도

(4) 손실 계산

【연습문제】 분할 무게 600g짜리 식빵 100개를 만들려고 한다. 발효 손실이 1.5%, 전체 배합률이 180%일 때 밀가루의 사용량은?(단, 밀가루의 kg 미만은 올린다)

〈풀이〉 총 분할 무게 : 600g × 100 = 60,000g = 60kg

총 재료 무게 : 60kg ÷ 0.985 = 60.914kg

밀가루 무게 : 60.914kg × 100/180 = 33.84kg ⇒ 34kg

대부분의 경우 밀가루는 '**올림**' 처리한다.

4. 2차 발효

성형 과정을 거치는 동안, 반죽은 거친 취급에 의해 상처를 받은 상태이므로 이를 회복시켜 바람직한 외형과 좋은 식감의 제품을 얻기 위하여 글루텐 숙성과 팽창을 도모하는 과정

1) 온도

(1) 2차 발효실 온도

제품에 따라 33~54℃

① 스펀지: 많은 반죽은 40~46℃, 적은 반죽은 37~43℃

② 스트레이트법 식빵: 37~43℃

③ 데니시 페이스트리: 32~35℃

④ 빵 도넛: 손반죽시 37~43℃, 기계반죽 시 46~54℃

(2) 2차 발효실에 들어가는 반죽 온도와 같거나 높아야 한다.

① 연속식 제빵법의 반죽 온도는 39~43 ℃

② 스펀지법의 반죽 온도는 27~29℃

③ 반죽 온도 29℃가 43℃의 발효실에 들어가면 온도 전달에 시간이 걸리므로 외부와 내부 발효 상태가 다르게 된다.

(3) 발효 온도에 영향을 주는 요인

① 밀가루의 질 ② 배합률   ③ 산화제와 개량제   ④ 유지의 종류와 특성   ⑤ 발효 정도
⑥ 믹싱 상태   ⑦ 성형 방법 ⑧ 제품의 특성

온도와 2차 발효시간

빵	2차 발효실 온도(℃)	2차 발효 시간(분)	파운드당 빵의 부피(ml)
1	13.3	270	2.160
2	21.1	120	2.200
3	30.0	60	2.280
4	35.0	50	2.270
5	**40.1**	**47**	**2.290**
6	46.1	41	2.260
7	57.2	36	2.110

2) 상대습도

(1) 2차 발효실 상대 습도 : 75 ~ 90%

(2) 75% 이하(반죽의 수분보다 낮은 상태)

　① 반죽 표피의 수분 증발 : 반죽 상태에서 껍질 형성

　② 껍질 형성 반죽 : ㉠ 굽기 중 팽창률 저해 → 부피 감소, 터짐

　　　　　　　　　　　　㉡ 껍질 색이 불균일

(3) 높은 습도

　① 반죽 표피에 수분이 응축되어 수포 형성

　② 질긴 껍질을 만들 우려가 있다.

습도의 영향

빵	상대 습도 (%)	2차 발효 시간(분)	2차 발효와 굽기 손실(g)	파운드당 부피(ml)
1	35	57	74	2.230
2	50	52	72	2.220
3	60	54	71	2.230
4	80	49	64	2.250
5	90	46	64	2.270

※ 습도는 부피, 기공에 대한 영향보다는 껍질의 색상과 상태에 큰 영향을 미친다.

3) 시간

(1) 온도, 습도와 함께 발효에 영향을 주는 기본 요소로 식빵인 경우 2차 발효 시간은 55~65분(통상 60분)

★ 발효는 여러 가지의 영향을 받는 요소가 많으므로 시간보다는 상태로 판단하는 것이 좋다.

(2) 연속식 제빵법의 반죽은 온도가 높고 기계적 발전이 많으므로 2차 발효 시간이 짧다(통상 55분 이내).

2차 발효 시간이 미치는 빵의 부피, pH, 굽기 손실

2차 발효 시간(분)	파운드당 빵의 부피(ml)	빵의 pH	굽기 손실(g)
0	1,270	5.49	46
15	1,610	5.46	52
30	1,980	5.41	61
45	2,310	5.40	69
60	2,640	5.34	72
75	2,780	5.31	73
90	3,033	5.26	80
120	3,550	5.16	88
150	4,000	5.13	89

2-2   빵류 제품 반죽 정형

2-2-1. 성형(Make-up)

성형 공정은 1차 발효를 마친 반죽을 적절한 크기로 나누고 희망하는 모양으로 만드는 과정으로 다음과 같이 분류할 수 있다.

① 분할 ② 둥글리기 ③ 중간 발효 ④ 정형 ⑤ 팬 넣기

1 분할

1) 기계 분할

(1) 1차 발효를 끝낸 반죽을 기계로 적정한 무게의 개체 단위로 나누는 것

(2) 분할기(Divider)

① 포켓에 들어가는 반죽의 부피에 의해 분할되므로 빠른 시간 내에 완료해야 무게 편차가 적다.
② 식빵류 : 20분 이내, 과자 빵류 : 30분 이내

(3) 분할 속도

① 통상 12~16회/분(25회도 가능)
② 과도하게 빠르면 기계 마모 증가
③ 과도하게 느리면 반죽의 글루텐이 파괴

(4) 분할 중량 조절

① 분할 시간의 제한 필요(분할기 내에서 발효가 지속되면 부피가 커지므로 무게 감소)
② 가스 빼기 장치로 분할 무게 편차를 감소

(5) 윤활유

① 반죽과 접촉되는 분할기의 각 부분에 윤활유를 공급
② 윤활성이 양호한 광유(mineral oil)도 사용
③ FDA 허용 기준: 1,500ppm(통상 200~1,100ppm) 무색, 무미, 무취, 무형광

2) 손 분할

(1) 주로 소규모 빵집에서 분할하는 공정

(2) 기계 분할에 비해 반죽을 더 부드럽게 다루므로 약한 밀가루로 만든 반죽 분할에 유리

(3) 지나친 덧가루 사용은 빵 속에 줄무늬를 만든다.

② 둥글리기

분할에 의해 상처를 받은 반죽의 표피를 연결된 상태로 만드는 공정으로 환목기(rounder)가 사용된다.

1) 둥글리기의 목적

① 분할로 흐트러진 글루텐의 구조를 정돈
② 반죽의 절단면은 점착성이 있으므로 이들이 안에 들어가도록 반죽 표면에 엷은 표피를 형성시켜 끈적거림을 제거
③ 분할에 의한 형태의 불균일을 일정한 형태로 만들어 다음 공정인 정형을 쉽게 한다.
④ 중간 발효 중에 새로 생성되는 이산화탄소 가스를 보유할 수 있는 표피를 만들어 준다.

2) 반죽이 환목기에 달라붙는 결점을 방지

① 최적 가수량 ② 적정한 덧가루 사용 ③ 반죽에 유화제 사용 ④ 최적 발효 상태 유지 ⑤ 표피 건조

3) 환목기

① 우산형 ② 사발형 ③ 팬-오-멧형 ④ 인티그라형

4) 덧가루가 과다

① 제품에 줄무늬 ② 이음매의 봉합을 방해하여 중간 발효 중 벌어짐

③ 중간 발효

1) 둥글리기 한 반죽을 정형 공정에 들어가기까지 휴식을 갖게 하는 공정

① 벤취 타임(Bench time),
② 중간 발효(Intermediate proof),
③ 오버 헤드 프루프(Over head proof)라고도 한다.

2) 중간 발효의 목적

① 글루텐 조직의 구조를 재정돈
② 가스 발생으로 반죽의 유연성 회복
③ 탄력성, 신장성 회복으로 밀어 펴기 과정 중 찢어지지 않도록 한다.

3) 중간 발효 관리

① 시간 : 2~20분(통상 10~15분)
② 온습도 : 온도는 27~29℃, 상대습도는 75% 전후
③ 낮은 습도 : 껍질이 형성되어 빵 속에 단단한 소용돌이 생성
   높은 습도 : 끈적거리는 표피로 불필요한 덧가루가 필요

4 정형과 팬닝

1) 정 형

중간 발효를 거친 반죽을 일정한 모양으로 만드는 공정

(1) 밀어 펴기

① 밀어 펴는 작업을 통해 가스를 뺀다(기계, 손작업).
② 점차 얇게 민다(0.64cm → 0.38cm → 0.15cm 두께).
③ 롤러 : 2~3개 또는 2~3회(반죽이 눌어붙지 않게 한다)
★ 롤러의 주변 속도＝롤러의 원주×회전수

(2) 말기

① 밀어 편 반죽을 균일하게 미는 과정(기계, 손 작업)
② 기계인 경우 사슬망과 벨트로 된 컨베이어 통과

(3) 봉하기

① 목적 : 거친 공기 세포를 제거, 이음매를 단단하게 봉함
② 기계 : 압착 보드를 통과

★ 정형기를 몰더(moulder)라 하며 ① 롤러가 따로 3개 있는 연속식 ② 왕복 운동의 컨베이어를 롤러의 간격으로 조절하는 리버스 쉬터 ③ 반죽의 진행 방법을 직각으로 바꾸어 기공을 개선하는 크로스 그레인 몰더 등이 사용되고 있다.

2) 팬에 넣기

(1) 팬의 온도 : 32℃가 적당(49℃에서도 무해)

(2) 팬 기름

① 발연점이 높은 기름을 적정량만 사용
② 팬오일은 산패에 강해야 악취를 방지
③ 반죽 무게에 대해 0.1~0.2%
④ 과다 시 밑 껍질이 두껍고 어둡다. 옆면이 약해서 슬라이스 할 때 찌그러진다.
★ 여러 가지 방식으로 자동 기름칠이 된다.

(3) 팬의 코팅

① 실리콘 레진, 테프론 코팅   ② 반 영구적으로 팬 기름 사용량이 크게 감소

(4) 팬의 수

① 오븐에 1세트   ② 2차 발효실에 2세트
③ 팬 넣기, 냉각, 기름칠 공정에 3~5세트 필요

(5) 팬의 크기 : 반죽에 대한 비용적(cc/g)

	미 국	일 본
윗면 개방형(산 모양, 둥근 모양)	3.35~3.47	3.15~3.35
풀만 식빵(샌드위치)	3.47~4.00	3.33~3.89

① 바닥 면적당 ≒ 2.4g/cm²   ② 윗면 면적당 ≒ 2.03g/cm²

【연습문제】 바닥면적이 250cm² 이면 2.4g × 250 = 600g
윗면적이 300cm² 이면 2.0g × 300 = 600g 분할

식빵 팬의 간격(복사열 감안)

1파운드	1.5파운드	3파운드
1.8cm	2.4cm	4cm

2-3   빵류 제품 반죽 익힘

2-3-1. 반죽 익히기

굽기 과정은 제빵에 있어 가장 중요한 단계 중의 하나이다. 왜냐하면, 2차 발효 과정까지 계속된 생화학적 반응이 굽기 후반기에 이르러 정지되고, 단백질과 전분 등이 변성되어 가볍고 소화가 잘되는 제품으로 만들어지기 때문이다.

1 굽기

1. 굽기 중의 변화

1) 오븐 팽창

(1) 처음 크기의 1/3 정도가 급격히 팽창하는 것

(2) 반죽 내 가스가 오븐 열의 영향으로 압력이 증가되어 세포벽의 팽창을 일으킨다.

(3) 반죽 온도가 49℃로 상승되면 CO_2 가스의 용해도가 감소하여 여분이 방출된다.

(4) 비점(끓는 온도)이 낮은 액체가 증발되어 기체로 변화, 알코올 등은 79℃부터 증발 시작

(5) 이스트의 생세포는 63℃에서 사멸하지만 알파 또는 베타 아밀라제는 그 이후에도 활성을 가지고 있으므로 가스 팽창에 영향(79℃까지 진행)

(6) 오븐 스프링에 대해

① 57%는 온도 상승에 따른 가스의 팽창
② 39%는 액체에 녹아 있던 이산화탄소 가스의 방출
③ 4%는 이스트의 활성에 기인

2) 전분의 호화

(1) 굽기 과정 중 전분 입자는 40℃에서 팽윤하기 시작하고 50~65℃에 이르면서 유동성이 크게 떨어진다.

(2) 전분의 팽윤과 호화 과정에서 전분 입자는 반죽 중의 유리수와 단백질과 결합된 물을 흡수

(3) 전분의 호화는 주로 수분과 온도에 달려 있지만 전분에 대한 온도의 지속성에도 영향이 크다(온도 · 시간).

(4) 불란서 빵 : 내부 온도 99℃, 도달 시간이 8분, 이후에 20분

식빵 내부 온도 99℃, 도달 시간이 20분, 이후에 6~10분(호화되지 않는 전분이 남는다)

(5) 빵의 외부층에 있는 전분은 내부의 전분보다 더 높은 온도에서 더 오랜 시간 노출되므로 호화가 많이 진행

3) 단백질 변성

(1) 글루텐 단백질은 반죽 총 흡수율의 약 31%의 물을 흡수한 상태로 전분의 작은 입자를 함유한 세포간질(matrix)을 만들어 반죽의 구조 형성에 관여한다.

(2) 빵 속의 온도가 60~70℃에 이르면 단백질은 열변성을 일으키기 시각하며, 물과의 결합력을 잃어 물이 단백질에서 호화하는 전분으로 이동

(3) 74℃ 이상에서 단백질은 팽윤된 전분과의 상호작용에 의해 반 고형질 구조를 형성하여 공기 방울을 둘러싼다.

(4) 가스 세포가 팽창할 때 세포벽 안에 있는 유연성이 큰 전분 입자가 길게 늘어나서 글루텐막이 더욱 얇게 되도록 한다.

4) 효소 활성

(1) 아밀라제는 적정 온도 범위 내에서 10℃ 상승에 따라 그 활성이 2배가 된다.

(2) ① 맥아 알파 아밀라제의 변성 : 65~95℃

② 가장 빠르게 불활성되는 온도 : 68~83℃ (굽기 시간 : 4분)

③ 곰팡이류 알파 아밀라제 : 50℃에서 최대 활성, 60℃에서 불활성, 박테리아류 알파 아밀라제는 내열성이 강하다.

굽기 온도에 따른 빵 속의 온도 변화

굽는 온도 (℃)	빵 속의 온도가 55℃에서 95℃로 올라가는 데 필요한 시간(분)
179	9.6
196	8.5
213	7.2
229	7.0
246	6.4

5) 세포 구조 형성

(1) 빵속 세포 구조의 특성은 굽기 과정 이전의 공정에 크게 좌우된다. 중간 발효에서 발효 시간이 불충분하면 가스 빼기가 어려워 불규칙한 세포 구조와 큰 구멍의 원인이 된다.

(2) 발효가 부족한 반죽 : 무거운 세포벽, 거친 세포 조직, 불규칙적인 세포 크기와 큰 기공

(3) 발효가 지친 반죽은 세포막이 얇고 부스러지기 쉬우며, 둥글게 열린 세포를 만든다.

(4) 믹싱이 부족한 반죽은 어린 반죽의 세포 구조

(5) 반죽 분할 무게에 대한 팬의 비용적이 작으면 곱고 조밀한 세포가 되고, 팬의 비용적이 크면 2차 발효가 지나친 경우와 같다.

6) 향의 발달

(1) 향은 주로 빵의 껍질 부분에서 발달하여 빵 속으로 침투되고 흡수에 의해 보유된다.

(2) 향의 원천

① 재료
② 이스트와 박테리아에 의한 발효 산물
③ 기계적 · 생화학적 변화
④ 열 반응 산물

(3) 향에 관계하는 물질

① 알코올 : 메탄올, 이소부탄올, 프로판올, 이소아밀 알코올 등
② 산 : 초산, 뷰티린산, 이소뷰티린산, 젖산, 카프린산 등
③ 에스텔 : 에틸 아세테이트, 에틸 락테이트, 에틸 석시네이트 등
④ 알데히드 : 포름 알데히드, 프로피온 알데히드, 푸르푸랄 등

⑤ 케톤 : 아세톤, 디-아세틸, 말톨, 에틸-n-뷰틸 등

7) 껍질색 형성

(1) 캐러멜화

당류가 온도에 의해 색이 변하는 반응, 비환원당이 온도에 의해 색이 변하는 현상

(2) 갈변반응

마이얄(Maillard) 반응으로 환원당이 단백질의 아미노산과 함께 갈색으로 변한다.
캐러멜화와 갈변반응은 껍질 색과 더불어 향의 발달에도 중요한 역할을 한다.

2. 오븐

1) 오븐 구역

(1) 제1구역

① 전체 굽기 시간(26분)의 1/4인 6.5분쯤 소요(최초 단계)
② 분당 4.7℃ 씩 빵 속 온도가 상승하여 60℃ 에 도달
③ 용액 중의 이산화탄소 가스가 방출되어 빵의 부피를 증가
④ 오븐의 유지 온도는 204℃

(2) 제2구역과 제3구역

① 전체 굽기 시간의 1/2인 13분가량 소요
② 분당 5.4℃ 씩 빵 속 온도가 상승하여 98~99℃
③ 증발과 단백질의 변성이 완성되어 빵의 구조가 형성
④ 오븐의 유지 온도는 238℃

(3) 제4구역

① 전체 굽기 시간의 1/4인 6.5분가량 소요(최종 단계)
② 옆면을 굳게 하고 최종 껍질 색을 낸다.
③ 오븐의 유지 온도는 221~238℃

2) 굽기의 일반 원칙

(1) 고율 배합, 무거운 제품은 저온에서 장시간 굽는다.

반죽 450g(18~20분), 반죽 570g(19~21분), 반죽 680g(20~22분), 큰 것은 200℃ 에서 작은 것은
240℃ 에서 굽는다.

(2) 언더 베이킹 : 높은 온도로 단시간에 구운 상태로 제품에 수분이 많고, 설익어 가라앉기
쉽다.

(3) 오버 베이킹 : 낮은 온도로 장시간 구운 상태로 제품에 수분이 적고, 노화가 빠르다.

3) 오븐 조건

(1) 굽기 공정 중의 오븐의 열과 습도는 제품의 종류에 따라 조절되어야 한다(통상적인 온도는 191~232℃).

(2) 굽기 시간은 온도와 제품의 크기에 따라 달라진다(통상 18~35분).

(3) 식빵은 굽기 초기 단계에서 1~2분간 증기를 주입하면서 218~232℃의 온도를 유지하고 반죽 28g당 약 1분의 굽기시간이 필요하다(510g인 경우 약 18분).

(4) ① 하드롤, 호밀빵 등은 높은 온도와 많은 양의 증기를 필요로 한다.

　　② 당함량이 높은 과자빵, 분유가 많이 사용된 빵은 저온에서 굽는다.

(5) 저율 배합의 반죽, 발효가 지나쳐 잔류당이 적은 반죽을 보통 온도로 구우면 적절한 껍질 색을 내기 어렵다.

4) 굽기의 문제점

(1) 불충분한 오븐 열 : 빵의 부피가 크고, 기공이 거칠고 두꺼우며, 굽기 손실이 많이 발생

(2) 과량의 오븐 열 : 빵의 부피가 작고, 껍질이 진하고, 옆면이 약해지기 쉽다.

(3) 과다한 섬광열 : 굽기 초기 단계에 주로 나타나게 되며 껍질 색이 너무 빨리 붙게 되므로 속이 잘 익지 않을 수 있다.

(4) 너무 많은 증기 : 오븐 스프링을 좋게 하며 빵의 부피를 증가시키지만 질긴 껍질과 표피에 수포 형성을 초래한다. 높은 온도에서 많은 증기는 바삭바삭한 껍질을 만든다(하스브레드).

(5) 불충분한 증기 : 표피에 조개껍데기 같은 균열을 형성. 어린 반죽, 강한 밀가루, 건조한 발효의 반죽에도 유사한 상태가 된다.

(6) 높은 압력의 증기 : 빵의 부피를 감소

(7) 부적절한 열의 분배 : 불충분한 바닥 열은 위 껍질이 완성되는 동안 바닥과 옆면은 덜 구워진다. 오븐의 위치에 따라 굽기 상태가 달라지기도 한다.

(8) 팬의 간격 부적절 : 팬의 간격을 너무 가깝게 하면 열 흡수량이 적어진다. 빵 반죽 450g인 경우 2cm, 680g인 경우 2.5cm 정도의 간격이 필요하다.

01. 제빵 공정 중 성형 공정이라 할 수 없는 것은?

㉮ 분할   ㉯ 둥글리기   ㉰ 중간 발효   ㉱ 냉각

02. 2차 발효에 있어 적정범위 내에서 온도와 시간의 관계로 맞는 것은?

㉮ 온도 상승 : 시간 감소   ㉯ 온도 상승 : 시간 증가

㉰ 온도 하강 : 시간 감소   ㉱ 온도와 시간은 무관하다.

03. 제빵에서의 소금 기능이 아닌 것은?

㉮ 발효 조절   ㉯ 맛이 나게 한다.   ㉰ 흡수율 조절   ㉱ 글루텐 강화

04. 제빵용 이스트가 최대의 활성을 갖는 반죽의 pH는?

㉮ pH 3.5   ㉯ pH 4.9   ㉰ pH 5.7   ㉱ pH 6.3

05. 발효에 영향을 주는 재료가 아닌 것은?

㉮ 쇼트닝   ㉯ 이스트   ㉰ 소금   ㉱ 설탕

06. 팬 기름으로 사용하는 유지의 특성 중 다음에서 가장 중요한 것은?

㉮ 가소성   ㉯ 유화성   ㉰ 발연점   ㉱ 크림가

07. 2차 발효관리의 3대 요인이 아닌 것은?

㉮ 온도   ㉯ 습도   ㉰ 시 간   ㉱ 속도

08. 이스트의 활동에 크게 영향을 주는 설탕의 양(%)은?

㉮ 1~2%   ㉯ 2~3%   ㉰ 3~4%   ㉱ 6~8%

09. 제빵용 압착 생이스트의 고형질은?

㉮ 30%   ㉯ 50%   ㉰ 70%   ㉱ 90%

10. 이스트푸드의 기능이 아닌 것은?

㉮ 물 조절제   ㉯ 온도 조절제   ㉰ 반죽 조절제   ㉱ 이스트의 영양

11. 제빵에서 이스트푸드를 특히 사용해야 되는 경우는?

㉮ 연수 사용   ㉯ 아경수   ㉰ 경수   ㉱ 영구 경수

12. 제빵에서 설탕의 기능이 아닌 것은?

㉮ 이스트의 영양   ㉯ 캐러멜화 작용   ㉰ 완충작용   ㉱ 수분 보유

01-㉱ 02-㉮ 03-㉰ 04-㉯ 05-㉮ 06-㉰ 07-㉱ 08-㉱ 09-㉮ 10-㉯ 11-㉮ 12-㉰

13. 제빵에서 다음과 같은 당을 같은 양 사용했을 경우 제품에 가장 많이 잔류하는 당은?

　㉮ 포도당　　　　㉯ 설탕(자당)　　㉰ 맥아당　　　　㉱ 유당

14. 제빵에서 쇼트닝의 역할이 아닌 것은?

　㉮ 반죽의 유동성　　㉯ 글루텐 강화　　㉰ 저장성 증가　　㉱ 윤활 작용

15. 제빵에서의 분유기능 중 pH와 관계되는 것은?

　㉮ 완충작용　　　　㉯ 껍질색　　　　㉰ 영양 강화　　　　㉱ 저장성 증대

16. 일반적인 영양강화빵에 첨가하지 않는 것은?

　㉮ 철분　　　　㉯ 나이아신　　　　㉰ 리보플라빈　　　　㉱ 불소

17. 물 흡수에 영향을 주는 요인이 아닌 것은?

　㉮ 밀가루 단백질의 질과 양　　　　㉯ 반죽온도
　㉰ 설탕 사용량　　　　　　　　　　㉱ pH

18. 흡수에 영향을 주는 요인의 설명으로 틀리는 것은?

　㉮ 반죽온도 5℃ 증가 : 흡수율 3% 감소
　㉯ 탈지분유 1% 증가 : 흡수율 1 % 증가
　㉰ 연수 흡수율이 경수 흡수율보다 높다.
　㉱ 설탕 5% 증가 : 흡수율 1% 감소

19. 제빵에서 탈지분유 1%를 증가시킬 때 흡수율은?

　㉮ 1% 증가　　㉯ 1 % 감소　　　㉰ 5% 증가　　　㉱ 5% 감소

20. 식빵의 수분함량은 다음 중 어느 것에 가까운가?

　㉮ 18%　　　㉯ 28%　　　　㉰ 38%　　　　㉱ 48%

21. 글루텐을 질기게 하는 재료는?

　㉮ 설탕　　　　㉯ 소금　　　　㉰ 쇼트닝　　　　㉱ 유화제

22. 제빵에서 반죽의 삼투압에 영향을 주지 않는 것은?

　㉮ 소금　　　　㉯ 밀가루　　　　㉰ 설탕　　　　㉱ 무기 염류

23. 제빵에서 둥글리기의 목적이 아닌 것은?

　㉮ 매끄러운 표피 형성　　　　㉯ 가스 포집
　㉰ 글루텐 발달　　　　　　　　㉱ 끈적거림 방지

해답　13-㉱　14-㉯　15-㉮　16-㉱　17-㉱　18-㉰　19-㉮　20-㉰　21-㉯　22-㉯　23-㉰

24. 제빵에서 중간 발효의 목적이 아닌 것은?

㉮ 탄력성 회복   ㉯ 가스 발생으로 유연성 회복
㉰ 글루텐 조직의 구조를 재 정돈   ㉱ 거친 공기세포 제거

25. 제빵에서 중간 발효에 알맞는 습도와 온도는?

㉮ 상대습도 70%, 온도 24~26℃   ㉯ 상대습도 75%, 온도 27~29℃
㉰ 상대습도 80%, 온도 30~32℃   ㉱ 상대습도 85%, 온도 33~36℃

26. 정형한 빵반죽을 팬에 넣을 때 이음매의 위치는?

㉮ 좌측   ㉯ 우측   ㉰ 위쪽   ㉱ 아래쪽

27. 제빵에서 팬 기름으로 적당하지 못한 요인은?

㉮ 무색   ㉯ 무미   ㉰ 무취   ㉱ 낮은 발연점

28. 일반적으로 2차발효실의 적정한 온도 범위는?

㉮ 18~25℃   ㉯ 27~29℃   ㉰ 32~43℃   ㉱ 51~62℃

29. 제빵에서 2차발효실의 적정한 상대습도 범위는?

㉮ 90~95%   ㉯ 75~90%   ㉰ 60~75%   ㉱ 60% 이하

30. 다음 중 밀가루에 들어 있는 단백질 종류가 아닌 것은?

㉮ 글루텐   ㉯ 글루테닌   ㉰ 글리아딘   ㉱ 글로불린

❍ 해설 : 밀가루에 들어 있는 단순 단백질 종류가 아니고 물과 믹싱에 의해 새롭게 형성되는 복합물이다.

31. 굽기 중 오븐 팽창이 일어나는 이유가 아닌 것은?

㉮ 가스압 증가   ㉯ 이산화탄소 용해도 감소   ㉰ 캐러멜화   ㉱ 알코올의 증발

32. 이스트의 활동은 빵 속 온도가 몇 ℃가 될 때까지 계속 되는가?

㉮ 30℃   ㉯ 40℃   ㉰ 50℃   ㉱ 60℃

33. 당의 캐러멜화와 관계가 적은 것은?

㉮ 껍질색   ㉯ 알코올 생성   ㉰ 향 발달   ㉱ 껍질 형성

34. 빵 반죽 중의 알파 아밀라제가 변성되는 반죽의 온도는?

㉮ 30~40℃   ㉯ 40~50℃   ㉰ 50~60℃   ㉱ 65℃ 이상

24-㉱ 25-㉯ 26-㉱ 27-㉱ 28-㉰ 29-㉯ 30-㉮ 31-㉰ 32-㉱ 33-㉯ 34-㉱

35. 빵의 냉각온도로 적당한 범위는?

  ㉮ 12~18℃   ㉯ 27~30℃   ㉰ 35~40℃   ㉱ 45~50℃

36. 정상적인 발효조건에서 평균 발효손실은?

  ㉮ 1~2%   ㉯ 3~4%   ㉰ 4~6%   ㉱ 6~8%

37. 이스트 2.4% 사용시 최적 발효시간이 120분이라면, 발효시간을 90분으로 단축할 때의 이스트 사용량은?

  ㉮ 1.8%   ㉯ 2.4%   ㉰ 3.2%   ㉱ 4.8%

  ◐ 해설 : 이스트 사용량과 발효시간은 반비례

38. 제빵 시 밀가루를 체로 치는 이유가 아닌 것은?

  ㉮ 공기 혼합   ㉯ 표백 효과   ㉰ 이물질 제거   ㉱ 덩어리 제거

39. 제빵에 있어 이스트의 기능이 아닌 것은?

  ㉮ 풍미   ㉯ 팽창 효과   ㉰ 전분 호화   ㉱ 발효

40. 제빵에서 이스트푸드가 영향을 주지 않는 것은?

  ㉮ 흡수율   ㉯ 기공   ㉰ 부피   ㉱ 발효

41. 빵 발효과정 중 전분을 맥아당으로 분해하는 효소는?

  ㉮ 아밀라제   ㉯ 찌마제   ㉰ 말타제   ㉱ 인버타제

42. 하스브레드(불란서 빵 등)의 재료로 일반 빵보다 적게 쓰는 재료가 아닌 것은?

  ㉮ 분유   ㉯ 이스트   ㉰ 설탕   ㉱ 쇼트닝

43. 빵의 노화로 보지 않는 현상은?

  ㉮ 빵껍질의 변화   ㉯ 빵 속의 변화   ㉰ 풍미의 변화   ㉱ 곰팡이에 의한 변화

44. 빵의 노화현상과 거리가 먼 것은?

  ㉮ 껍질이 누굴누굴 해진다.   ㉯ 빵 속이 부스러지기 쉽다.
  ㉰ 빵 속의 탄력성이 커진다.   ㉱ 껍질이 질기게 된다.

45. 포장을 완벽하게 해도 빵 제품에 노화가 일어나는 원인은?

  ㉮ 전분의 퇴화   ㉯ 향의 변화   ㉰ 수분의 이동   ㉱ 단백질 변성

해답 35-㉰ 36-㉮ 37-㉰ 38-㉯ 39-㉰ 40-㉮ 41-㉮ 42-㉯ 43-㉱ 44-㉰ 45-㉮

46. 빵의 노화가 가장 빨리 일어나는 온도 범위는?

  ㉮ −7~10℃   ㉯ 15~24℃   ㉰ 25~30℃   ㉱ 32~36℃

47. 연속식 제빵의 장점이 아닌 것은?

  ㉮ 제조면적 감소   ㉯ 설비 감소   ㉰ 인력 감소   ㉱ 재료 감소

48. 제빵에 사용하는 산화제가 아닌 것은?

  ㉮ 과산화칼슘   ㉯ 리폭시다제   ㉰ 브롬산 칼륨   ㉱ 요오드산 칼륨

49. 건포도를 믹싱 초기부터 넣었을 때의 현상이 아닌 것은?

  ㉮ 과즙에 의한 변색   ㉯ 이스트의 활력 저해
  ㉰ 지저분한 껍질색   ㉱ 반죽의 알칼리화

50. 데니시 페이스트리 반죽의 온도로 알맞는 것은?

  ㉮ 12~16℃   ㉯ 18~20℃   ㉰ 24~27℃   ㉱ 29~32℃

51. 호밀빵의 필수재료가 아닌 것은?

  ㉮ 호밀가루   ㉯ 물   ㉰ 당밀   ㉱ 이스트

52. 사우어를 사용하는 효과로 틀리는 것은?

  ㉮ 반죽시간 감소   ㉯ 저장성 증가   ㉰ 발효시간 증가   ㉱ 독특한 향

53. 반죽을 냉동할 때 일어나는 현상이 아닌 것은?

  ㉮ 이스트 세포의 일부 사멸   ㉯ 갈변반응 가속
  ㉰ 구조의 약화   ㉱ 반죽내 얼음 결정 형성

54. 다음 제품 중 가장 되게 반죽해야 하는 것은?

  ㉮ 잉글리시 머핀   ㉯ 식빵   ㉰ 과자빵   ㉱ 불란서 빵

55. 활성 글루텐을 사용한 반죽의 특성이 아닌 것은?

  ㉮ 부피 증가   ㉯ 흡수율 증가   ㉰ 향의 개선   ㉱ 발효 내구성 증가

56. 과일이 많이 들어 있는 빵에 곰팡이가 잘 피지 않는 것은 무엇 때문인가?

  ㉮ 유기산   ㉯ 비타민   ㉰ 무기질   ㉱ 단백질

57. 밀가루 50g에서 젖은 글루텐 18g을 얻었다면 이 밀가루의 단백질은 얼마로 보는가?

  ㉮ 10%   ㉯ 12%   ㉰ 14%   ㉱ 16%

46-㉮ 47-㉱ 48-㉯ 49-㉱ 50-㉯ 51-㉰ 52-㉰ 153-㉯ 54-㉱ 55-㉰ 56-㉮ 57-㉯

58. 데니시 페이스트리의 롤-인 유지에서 가장 중요한 특성은?
   ㉮ 가소성   ㉯ 안정성   ㉰ 유화성   ㉱ 쇼트닝가

59. 피자에 사용하는 거의 필수적인 향신료는?
   ㉮ 계피   ㉯ 오레가노   ㉰ 넷메그   ㉱ 올스파이스

60. 불란서 빵 제조시 2차 발효실의 상대습도는?
   ㉮ 75~80%   ㉯ 80~85%   ㉰ 85~90%   ㉱ 90~95%

61. 일반 스펀지를 비상 스펀지로 변경시킬 때 스펀지에 35%, 도우에 27%를 사용한 물은 얼마
   로 변경되는가?
   ㉮ 57%   ㉯ 61%   ㉰ 63%   ㉱ 65%

62. 빵의 노화 방지에 유효한 첨가물은?
   ㉮ 에스에스엘(SSL)   ㉯ 이스트푸드   ㉰ 중조   ㉱ 황산암모늄

63. 빵의 부피가 크게 되는 경우는?
   ㉮ 오래 된 밀가루   ㉯ 소금량이 다소 부족
   ㉰ 낮은 반죽 온도   ㉱ 소금량이 과다

64. 빵의 껍질색이 여리게 되는 경우는?
   ㉮ 분유 사용량 증가   ㉯ 높은 오븐 온도
   ㉰ 설탕 사용량 감소   ㉱ 어린 반죽

65. 빵 껍질에 물집이 생기는 원인이 아닌 것은?
   ㉮ 믹싱 부적절   ㉯ 진 반죽   ㉰ 정형 부적절   ㉱ 덧가루 과다

66. 빵 속 색상이 어둡게 되는 원인이 아닌 것은?
   ㉮ 높은 오븐 온도   ㉯ 믹싱 과다   ㉰ 지친 발효   ㉱ 이스트푸드 과다 사용

67. 빵 속에 줄무늬가 생기는 원인이 아닌 것은?
   ㉮ 덧가루 과다 사용   ㉯ 부적절한 팬 기름칠
   ㉰ 중간발효시 껍질 형성   ㉱ 설탕 사용 과다

68. 조건이 같을 때 빵의 부드러움이 더 오래 지속되는 경우는?
   ㉮ 당함량 부족   ㉯ 쇼트닝 과다   ㉰ 된 반죽   ㉱ 덧가루 과다 사용

해답 58-㉮ 59-㉯ 60-㉮ 61-㉰ 62-㉮ 63-㉯ 64-㉰ 65-㉱ 66-㉮ 67-㉱ 68-㉯

69. 빵 껍질이 갈라지는 이유가 아닌 것은?

    ㉮ 급격한 냉각   ㉯ 높은 윗불   ㉰ 질은 반죽   ㉱ 저율 배합

70. 식빵을 구워낸 직후 위 껍질의 수분함량은?

    ㉮ 6%   ㉯ 12%   ㉰ 18%   ㉱ 24%

71. 식빵을 구워낸 직후 빵 속의 수분함량은?

    ㉮ 14%   ㉯ 20%   ㉰ 38%   ㉱ 45%

72. 이스트가 휴면상태로 되는 온도는?

    ㉮ 7℃   ㉯ 15℃   ㉰ 18℃   ㉱ 24℃

73. 팬 기름이 팬에 골고루 묻게 하는 작용을 하는 것은?

    ㉮ 항산화제   ㉯ 전분   ㉰ 유화제   ㉱ 영양강화제

74. 고속믹싱으로 기계적 발달을 도모하는 제빵법은?

    ㉮ 스트레이트법   ㉯ 스펀지법   ㉰ 비상법   ㉱ 찰리우드법

75. 일반적으로 2차발효 온도가 가장 낮아도 좋은 제품은?

    ㉮ 식빵   ㉯ 데니시 페이스트리   ㉰ 과자 빵   ㉱ 불란서 빵

76. 굽기 중 특히 스팀을 분사해야 좋은 제품이 되는 것은?

    ㉮ 식빵   ㉯ 옥수수 빵   ㉰ 불란서 빵   ㉱ 단과자 빵

77. 다음 중 빵의 발효산물이라 할 수 없는 것은?

    ㉮ 이산화탄소   ㉯ 알코올   ㉰ 산   ㉱ 질소

78. 다음 중 빵의 발효속도 가속과 관계가 없는 것은?

    ㉮ 충분한 물   ㉯ 적정 pH   ㉰ 활성 글루텐 첨가   ㉱ 온도 상승

79 다음 밀가루의 성분 중 흡수율과 관계가 먼 것은?

    ㉮ 지방질   ㉯ 단백질   ㉰ 손상 전분   ㉱ 펜토산

80. 다음 중 곰팡이의 성장을 억제하는 물질이 아닌 것은?

    ㉮ 건포도 즙   ㉯ 비타민 C   ㉰ 식초   ㉱ 프로피온산염

69-㉰ 70-㉯ 71-㉱ 72-㉮ 73-㉰ 74-㉱ 75-㉯ 76-㉰ 77-㉱ 78-㉰ 79-㉮ 80-㉯

81. 정형기(몰더)를 통과한 빵 반죽이 아령 모양이 되었다면 정형기의 압력은?

㉮ 압력이 강하다. ㉯ 압력이 약하다.
㉰ 가운데와 가장자리의 압력이 다르다. ㉱ 압력과 관계가 없다.

82. 빵의 굽기 손실과 관계가 적은 것은?

㉮ 배합률 ㉯ 굽기 온도 ㉰ 굽기 시간 ㉱ 믹싱 시간

83. 다음 중 춘맥에 대한 설명으로 틀리는 것은?

㉮ 높은 흡수율 ㉯ 높은 믹싱 내구성
㉰ 높은 산화제 요구 ㉱ 좋은 부피

84. 밀가루에 부족한 필수아미노산 중 분유에 많은 것은?

㉮ 트레오닌 ㉯ 라이신 ㉰ 페닐알라닌 ㉱ 트립토판

85. 이스트푸드의 성분 중 이스트의 영양이 되는 것은?

㉮ 황산칼슘 ㉯ 전분 ㉰ 브롬산 칼륨 ㉱ 황산 암모늄

86. 식빵 제조시 설탕이 과다한 경우의 현상이 아닌 것은?

㉮ 부피가 작다. ㉯ 모서리가 예리하다.
㉰ 껍질이 얇고 부드럽다. ㉱ 속결이 거칠다.

87. 생효모 3% 대신 건조효모는 얼마나 사용하는가?

㉮ 1.5% ㉯ 2% ㉰ 3% ㉱ 4%

88. 제빵에서 필수 재료가 아닌 것은?

㉮ 밀가루 ㉯ 설탕 ㉰ 이스트 ㉱ 소금

89. 믹싱과정 중 반죽기에 가장 부하가 많이 걸리는 단계는?

㉮ 픽업 단계 ㉯ 클린업 단계 ㉰ 발전 단계 ㉱ 최종 단계

90. 빵 발효의 목적에 대한 설명으로 틀리는 것은?

㉮ 반죽 글루텐을 숙성시킨다. ㉯ 반죽의 가스 보유력을 증가시킨다.
㉰ 풍미를 발전시킨다. ㉱ 글루텐의 탄력성을 증가시킨다.

91. 최종 발효를 통해 생성되는 물질이 아닌 것은?

㉮ 글루텐 ㉯ 이산화탄소 ㉰ 알코올 ㉱ 유기산

해답 81-㉮ 82-㉱ 83-㉰ 84-㉯ 85-㉱ 86-㉰ 87-㉮ 88-㉯ 89-㉰ 90-㉱ 91-㉮

92. 설탕과 소금은 각각 몇 %부터 발효를 현저히 저해하기 시작하는가?

㉮ 소금 : 0.5%, 설탕 : 1%　　　㉯ 소금 : 1%, 설탕 : 5%

㉰ 소금 : 1.5%, 설탕 : 8%　　　㉱ 소금 : 2%, 설탕 : 10%

93. 제빵용 이스트에 가장 부족한 효소는?

㉮ 찌마제　　　㉯ 말타제　　　㉰ 인버타제　　　㉱ 알파 아밀라제

94. 윗면 개방형 식빵의 비용적이 3.3~3.5cc/g이라면 풀만형 식빵의 비용적으로 알맞는 것은?

㉮ 2.6~3.2　　㉯ 3.5~4.0　　㉰ 4.2~4.6　　㉱ 4.8~5.2

● 해설 : 오븐팽창에 한계가 있으므로 다소 더 큰 비용적

95. 빵의 포장온도로 가장 바람직한 범위는?

㉮ 25~30℃　　㉯ 30~35℃　　㉰ 35~40℃　　㉱ 45~50℃

96. 빵의 노화를 억제하는 방법으로 적합하지 못한 것은?

㉮ 냉장고 보관　　㉯ 적절한 공정　　㉰ 유화제 사용　　㉱ 냉동

97. 건포도 50%를 사용한 건포도 빵반죽은 일반식빵에 비하여 분할무게를 어떻게 조절하는가?

㉮ 10% 감소　　㉯ 10% 증가　　㉰ 25% 감소　　㉱ 25% 증가

98. 일반 식빵의 물 흡수율이 64%이라면, 같은 밀가루로 불란서 빵을 제조할 때의 물 흡수량으로 적당한 것은?

㉮ 60%　　㉯ 64%　　㉰ 68%　　㉱ 71%

99. 불란서 빵에 맥아를 사용하는 이유가 아닌 것은?

㉮ 껍질색 개선　㉯ 가스 생산 증가　㉰ 향　　　㉱ 감미 발달

100. 피자의 재료로 쓰이는 다음의 토마토제품 중 부적합한 것은?

㉮ 토마토 페이스트 퓌레　　　㉯ 토마토 소스

㉰ 토마토 케첩　　　　　　　㉱ 토마토 퓌레

101. 전밀가루는 일반 밀가루보다 저장성이 나쁘다. 어떤 성분 때문인가?

㉮ 탄수화물　　㉯ 지방　　　㉰ 단백질　　　㉱ 무기질

102. 호밀빵 제조시 호밀 함유량이 많을수록 이스트 사용량은?

㉮ 감소시킨다.　㉯ 증가시킨다.　㉰ 같게 한다.　　㉱ 관계가 없다.

92-㉯　93-㉱　94-㉯　95-㉰　96-㉮　97-㉱　98-㉮　99-㉱　100-㉰　101-㉯　102-㉮

103. 같은 양을 생산하는데 공장면적이 가장 작은 제법은?

㉮ 스트레이트법 ㉯ 스펀지법 ㉰ 액체발효법 ㉱ 연속식제빵법

104. 식빵에서 소금이 과다할 때의 현상은?

㉮ 부피가 작다. ㉯ 껍질색이 여리다.
㉰ 껍질이 부서지기 쉽다. ㉱ 속색이 희다.

105. 식빵에서 설탕이 과다할 때의 현상은?

㉮ 발효가 빨라진다. ㉯ 발효가 늦어진다.
㉰ 부피가 커진다. ㉱ 껍질색이 여리다.

106. 식빵에 설탕이 정상보다 많을 때의 대응책은?

㉮ 소금량을 늘린다. ㉯ 이스트량을 늘린다.
㉰ 반죽온도를 낮춘다. ㉱ 분유량을 늘린다.

107. 일반 식빵에 비해 옥수수 식빵을 제조할 때의 조치로 맞는 것은?

㉮ 믹싱시간을 늘린다. ㉯ 발효시간을 늘린다.
㉰ 이스트의 양을 늘린다. ㉱ 활성글루텐의 양을 늘린다.

108. 데니시 페이스트리 제조 공정 중 휴지할 때 냉장고 온도가 너무 낮으면 어떤 현상이 일어나는가?

㉮ 밀어펴기가 용이하다. ㉯ 밀어펴기 중 반죽이 찢어진다.
㉰ 유지가 흘러 나온다. ㉱ 층이 단단하게 붙는다.

109. 불란서 빵 제조시 반죽을 되게 하는 이유는?

㉮ 바삭바삭한 껍질을 만들기 위하여 ㉯ 표피 자르기를 용이하게 하려고
㉰ 반죽의 흐름을 억제하여 모양을 유지하려고
㉱ 제품의 신선도를 오랫 동안 지속시키려고

110. 튀김기름 온도가 낮은 경우의 빵 도넛의 현상이 아닌 것은?

㉮ 과도한 흡유 ㉯ 팽창 부족 ㉰ 껍질색이 연하다. ㉱ 링이 커진다.

111. 피자 제조 시 주로 사용하는 치즈는?

㉮ 크림 치즈 ㉯ 에담 치즈 ㉰ 모자렐라 치즈 ㉱ 커티지 치즈

해답 103-㉱ 104-㉮ 105-㉯ 106-㉯ 107-㉱ 108-㉯ 109-㉰ 110-㉯ 111-㉰

112. 다음 중 두 번 굽기를 하는 제품은?

㉮ 브라운 서브롤 ㉯ 사바린 ㉰ 브리오슈 ㉱ 프렌치 파이

113. 빵 발효중 전분을 수용성 덱스트린으로 만드는 효소는?

㉮ 알파–아밀라제 ㉯ 베타–아밀라제 ㉰ 말타제 ㉱ 락타제

114. 빵 발효중 전분으로부터 맥아당을 만드는 효소는?

㉮ 알파–아밀라제 ㉯ 베타–아밀라제 ㉰ 말타제 ㉱ 찌마제

115. 빵 발효중 맥아당을 포도당으로 만드는 효소는?

㉮ 아밀라제 ㉯ 인버타제 ㉰ 찌마제 ㉱ 말타제

116. 빵 발효중 설탕(자당)을 포도당과 과당으로 만드는 효소는?

㉮ 아밀라제 ㉯ 인버타제 ㉰ 찌마제 ㉱ 락타제

117. 빵 발효중 포도당을 이산화탄소와 알코올로 만드는 효소는?

㉮ 아밀라제 ㉯ 인버타제 ㉰ 찌마제 ㉱ 락타제

118. 빵 발효중 과당을 이산화탄소와 알코올로 만드는 효소는?

㉮ 아밀라제 ㉯ 찌마제 ㉰ 말타제 ㉱ 락타제

119. 제빵용 이스트에 의해 분해되지 않는 당은?

㉮ 유당 ㉯ 포도당 ㉰ 과당 ㉱ 설탕

120. 제빵용 이스트에 들어 있지 않은 효소는?

㉮ 찌마제 ㉯ 인버타제 ㉰ 락타제 ㉱ 말타제

121. 완제품 빵의 pH가 다음과 같을 때 정상적인 발효는?

㉮ 4.7 ㉯ 5.0 ㉰ 5.7 ㉱ 6.2

122. 설탕(자당)의 분해산물로 맞게 짝지어진 것은?

㉮ 포도당 + 과당 ㉯ 포도당 + 포도당
㉰ 포도당 + 맥아당 ㉱ 포도당 + 유당

112-㉮ 113-㉮ 114-㉯ 115-㉱ 116-㉯ 117-㉰ 118-㉯ 119-㉮ 120-㉰ 121-㉰ 122-㉮

123. 발효 손실에 관계하는 요소로 거리가 먼 것은?

　㉮ 반죽 온도　　　　　　　　　㉯ 발효 온도 및 습도
　㉰ 발효 시간　　　　　　　　　㉱ 믹싱 시간

124. 분할기를 사용하여 빵을 분할할 때의 설명이다. 시간이 지체될수록 단위 개체의 변화는?

　㉮ 부피가 커진다.　　　　　　　㉯ 부피가 작아진다.
　㉰ 중량이 증가　　　　　　　　　㉱ 중량이 감소

125. 분할기에 사용하는 윤활유의 조건이 아닌 것은?

　㉮ 무색　　　　㉯ 무미　　　　㉰ 무취　　　　㉱ 형광

126. 일반적인 제빵 공정에서 중간발효는 다음 중 어느 공정 다음인가?

　㉮ 믹싱　　　　㉯ 둥글리기　　　㉰ 정형　　　　㉱ 팬에 넣기

127. 효율적인 공정관리를 위하여 오븐과 가장 가까이 있어야 하는 것은?

　㉮ 믹서　　　㉯ 중간 발효가　　㉰ 2차 발효실　　㉱ 정형기

128. 팬 기름에 대한 설명으로 틀리는 것은?

　㉮ 발연점이 낮아야 한다.　　　　㉯ 산패에 강한 기름이어야 한다.
　㉰ 안정성이 큰 기름이어야 한다.　㉱ 과다 사용하면 밑껍질이 두꺼워진다.

129. 빵 팬의 바닥면적 1cm²당 2.4g의 반죽이 적정하다면 바닥면적 250cm²인 팬에 알맞는 반죽 무게는?

　㉮ 200g　　　㉯ 400g　　　　㉰ 600g　　　　㉱ 800g

　　● 해설 : 2.4g×250＝600g

130. 분할무게 680g의 식빵을 구을 때 팬의 간격을 2.4cm로 유지하여 좋은 결과를 얻었다면 분할무게 1300g짜리는 얼마의 간격을 유지시키는가?

　㉮ 1.2cm　　　㉯ 1.8cm　　　㉰ 2.4cm　　　㉱ 3.8cm

131. 2차발효실에 들어가는 반죽 온도가 30℃일 때 2차발효실의 온도로 가장 적합한 것은?

　㉮ 24℃　　　㉯ 29℃　　　　㉰ 35℃　　　　㉱ 45℃

132. 2차발효실의 습도가 낮을 때의 결과가 아닌 것은?

　㉮ 껍질이 형성된다.　　　　　　㉯ 제품 껍질에 수포가 형성된다.
　㉰ 부피 팽창이 저해된다.　　　　㉱ 껍질색이 불균일해진다.

해답　123-㉱　124-㉱　125-㉱　126-㉯　127-㉰　128-㉮　129-㉰　130-㉱　131-㉰　132-㉯

133. 2차발효실의 습도가 높아질 때의 설명으로 틀리는 것은?
㉮ 제품 부피와 기공에 큰 영향
㉯ 2차 발효시간 단축
㉰ 2차 발효와 굽기 손실 감소
㉱ 질긴 껍질을 만들 우려가 있다.

134. 적정범위 내에서 같은 조건일 때 2차 발효시간을 증가시키는 경우의 설명으로 틀리는 것은?
㉮ 제품의 부피 증가
㉯ 제품의 pH가 낮아진다.
㉰ 굽기 손실이 많아진다.
㉱ 부피와 굽기 손실은 무관하다.

135. 빵 굽기에 있어 반죽온도가 49℃에 도달하면 일어나는 현상은?
㉮ 이산화탄소 가스의 용해도 감소 시작
㉯ 알코올의 증발 시작
㉰ 이스트의 생세포 사멸
㉱ 아밀라제의 활성 중지

136. 빵 굽기에 있어 오븐 팽창에 가장 영향이 큰 것은?
㉮ 액체 중의 이산화탄소 가스 방출
㉯ 온도 상승에 따른 가스의 팽창
㉰ 이스트 자체의 활성
㉱ 전분의 호화

137. 빵 향의 원천이 아닌 것은?
㉮ 사용한 재료 ㉯ 발효산물 ㉰ 열반응산물 ㉱ 저장중의 흡수취

138. 오버 베이킹에 대한 설명으로 틀리는 것은?
㉮ 높은 온도의 오븐에서 굽는다.
㉯ 윗면이 평평해진다.
㉰ 제품의 수분함량이 적다.
㉱ 노화가 빠르게 일어난다.

139. 언더 베이킹에 대한 설명으로 틀리는 것은?
㉮ 낮은 온도의 오븐에서 굽는다.
㉯ 윗면이 올라온다.
㉰ 제품의 수분함량이 많다.
㉱ 설익어 가라앉기 쉽다.

140. 빵의 온도가 높을 때 포장하는 경우의 설명으로 틀리는 것은?
㉮ 썰기가 어렵다.
㉯ 포장지에 수분이 응축된다.
㉰ 곰팡이 발생이 용이하다.
㉱ 노화가 빨라진다.

141. 노화를 지연시키는 방법이 아닌 것은?
㉮ 가급적 많은 물을 사용
㉯ 제품을 냉장고에 보존
㉰ 계면활성제의 사용
㉱ 적정한 공정을 준수

133-㉮ 134-㉱ 135-㉮ 136-㉯ 137-㉱ 138-㉮ 139-㉮ 140-㉱ 141-㉯

142. 식빵의 옆면이 쑥 들어가는 결점의 원인이 아닌 것은?

㉮ 오븐의 열 분배가 불균일   ㉯ 어린 반죽

㉰ 팬 용적에 비해 적은 반죽   ㉰ 지친 2차 발효

143. 식빵의 껍질색이 여리게 되는 원인이 아닌 것은?

㉮ 1차 발효가 과다할 때   ㉯ 오븐 온도가 낮을 때

㉰ 설탕이 적은 배합일 때   ㉰ 2차 발효실의 습도가 높을 때

144. 식빵의 껍질색이 진하게 되는 원인이 아닌 것은?

㉮ 1차 발효 부족   ㉯ 설탕 사용량 과다

㉰ 낮은 오븐 온도   ㉰ 2차 발효실의 습도가 높음

145. 식빵의 껍질 표면에 물집(수포)이 생기는 원인이 아닌 것은?

㉮ 발효부족   ㉯ 된 반죽

㉰ 2차발효실의 습도 과다   ㉰ 오븐에서 거칠게 다룸

146. 빵 속에 줄무늬가 생기는 원인이 아닌 것은?

㉮ 덧가루 과다 사용   ㉯ 반죽 통에 과도한 기름칠

㉰ 발효실 건조로 껍질 형성   ㉰ 분할기의 기름 부족

147. 굽기 손실이 12%인 빵 반죽은 600g 분할한다면 완제품의 무게는?

㉮ 72g   ㉯ 362g   ㉰ 528g   ㉰ 600g

▶ 해설 : 완제품무게 = 분할무게 × (1 - 굽기손실) = 600g × (1 - 0.12) = 600g × 0.88 = 528g

148. 물 포함 1800g의 재료를 믹싱하고 발효시켜 분할할 때까지 2%의 손실이 있었다면 4개로 분할할 때 1개의 분할 무게는?

㉮ 340g   ㉯ 440g   ㉰ 450g   ㉰ 510g

▶ 해설 : ① 분할시 반죽무게 = 총재료 × (1 - 발효손실) = 1800 × (1 - 0.02) = 1800 × 0.98 = 1764(g)

     ② 1개의 분할 무게 = 분할시 반죽무게 ÷ 갯수 = 1764 ÷ 4 = 441(g)

149. 굽기 손실이 12%일 때 600g짜리 완제품을 만들려면 분할 무게는?

㉮ 528g   ㉯ 600g   ㉰ 682g   ㉰ 712g

▶ 해설 : 분할무게 = 완제품무게 ÷ (1 - 굽기손실) = 600 ÷ (1 - 0.12) = 600 ÷ 0.88 = 681.8(g)

해답   142-㉰   143-㉰   144-㉰   145-㉯   146-㉰   147-㉰   148-㉯   149-㉰

150. 총 배합률이 180%인 빵 반죽 10kg 중에는 밀가루가 약 얼마나 들어 있는가?

㉮ 5.56kg　　　　㉯ 6.23kg　　　　㉰ 6.78kg　　　　㉱ 7.34kg

◑ 해설 : 밀가루 무게＝총반죽 무게$\times\dfrac{100}{총배합률}$＝$10\times\dfrac{100}{180}$≒5.56

★[문제 151~154] 발효손실＝2%, 굽기손실＝12%, 총 배합률＝180%일 때 완제품 500g짜리 식빵 1,000개를 만들려고 한다.

151. 완제품의 총 중량은?

㉮ 400kg　　　　㉯ 500kg　　　　㉰ 600kg　　　　㉱ 700g

◑ 해설 : 완제품 중량＝단위중량×수량＝500g×1000＝500,000g＝500kg

152. 분할당시의 반죽무게는?

㉮ 468.18kg　　　㉯ 568.18kg　　　㉰ 668.18kg　　　㉱ 768.18kg

◑ 해설 : 분할 무게＝완제품 무게÷(1－굽기손실)＝500÷(1－0.12)＝500÷0.88＝568.18(kg)

153. 이 반죽에 사용한 총 재료 무게는?

㉮ 410kg　　　　㉯ 460kg　　　　㉰ 520kg　　　　㉱ 580kg

◑ 해설 : 총재료 무게＝분할 무게÷(1－발효손실)≒568.18÷(1－0.02)＝568.18÷0.98≒579.78

154. 이 반죽에 사용한 밀가루의 무게는?

㉮ 123kg　　　　㉯ 223kg　　　　㉰ 323kg　　　　㉱ 423kg

◑ 해설 : 밀가루 무게＝총반죽 무게 $\times\dfrac{100}{총배합률}\times579.78\times\dfrac{100}{180}$ ≒ 322.1(kg)

155. 완제품 600g짜리 식빵 1,000개를 만들 때 20kg짜리 밀가루는 몇 포대를 준비해야 하는가? (단, 발효손실＝1.5%, 굽기손실＝13%, 총배합률＝180%)

㉮ 1.3포대　　　　㉯ 15포대　　　　㉰ 18포대　　　　㉱ 20포대

◑ 해설 : ① 총제품 무게＝600g×1,000＝600,000g＝600kg ② 분할 반죽 무게＝600kg÷(1－0.13)＝600÷0.87≒689.66kg ③ 총 재료 무게＝689.66kg÷(1－0.015)＝689.66÷0.985≒700.16kg ④ 밀가루 무게＝700.16÷1.8≒389 밀가루 포대＝389kg÷20kg≒19. 45 ⇒ 20포대

150—㉮ 151—㉯ 152—㉯ 153—㉱ 154—㉰ 155—㉱

★ [문제 156~165] 완제품 500g짜리 식빵 800개를 주문 받았다. 발효손실＝2%, 굽기손실＝13%이다. 밀가루kg 미만은 올려서 다음 배합표를 완성하여라(단, 다른 재료 소수 두 자리까지).

재 료	(%)	무 게 (kg)
강 력 분	100	문제 156
물	64	문제 157
이 스 트	1.8	문제 158
이스트푸드	0.2	문제 159
소 금	2	문제 160
설 탕	5	문제 161
쇼 트 닝	4	문제 162
탈지분유	3	문제 163
계	문제 164	문제 165

➡ 해설 : ① 제품 총량＝0.5kg×800＝400kg ② 분할중량＝400kg÷(1-0.13)＝400÷0.87≒459.77kg ③ 총 재료 중량＝459.77÷(1-0.02)＝459.77÷0.98≒469.15(kg) ④ 밀가루 무게＝469.15÷1.8≒260.64(kg) ⇒261(kg) ∵ 배합률 합계가 180%이므로 밀가루 260.64는 261kg으로 올림 ⑤ % 합계＝180.0%, 재료합계＝469.80kg

해답 156-(261) 157-(167.04) 158-(4.70) 159-(0.52) 160-(5.22) 161-(13.05) 162-(10.44) 163-(7.83) 164-(180%) 165-(469.80)

과자류 제조

3-1 과자류 제품 반죽 정형

3-1-1. 분할 팬닝 방법

1 분할 방법

과자류 제품은 분할과 동시에 패닝이 이루어진다.

(1) 짜기: 반죽을 페이스트리 백에 넣고 일정한 모양과 크기로 철판에 짜내는 방법

(2) 찍어내기: 반죽을 밀어 펴기 하며 다양한 형태의 틀을 이용해 모양을 찍어내는 방법

(3) 접어밀기: 밀가루 반죽에 유지를 얹어 감싼 뒤 밀어 펴고 접는 과정을 반복하는 방법

(4) 절단하기: 반죽을 원형 또는 사각형으로 만든 후 냉동하여 굳힌 후 적당한 크기로 절단하는 방법

(5) 패닝하기: 다양한 모양을 갖춘 틀에 반죽을 채워 넣고 구워내 형태를 만드는 방법

(6) 냉각하기: 틀에 부은 반죽을 굳히는 제품(무스, 젤리, 바바로와 등)은 자연 냉각시키거나 냉장, 냉동고에 냉각시키는 방법

2 비용적

1) 팬 용적과 반죽량

• 팬에 과다하거나 과소한 반죽량은 구운 제품의 모양이 불량하고 손실이 막대하다.

• 새로운 팬에 맞는 반죽 분할 무게를 조절할 필요가 있다.

① 파운드 케이크 : 반죽 1g당 팬 용적은 2.40cm³

② 레이어 케이크 : 반죽 1g당 팬 용적은 2.96cm³

③ 엔젤푸드 케이크 : 반죽 1g당 팬 용적은 4.71cm³

④ 스펀지 케이크 : 반죽 1g당 팬 용적은 5.08cm³

⑤ 시폰 케이크 : 반죽 1g당 팬 용적은 3.36cm³

⑥ 신형 식빵 : 3.36cm³

★규격에 맞는 팬이어야 한다.

2) 팬 용적 계산 방법

① 사각 팬: 가로×세로×높이

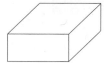

② 경사진 옆면을 가진 사각 팬 : 평균 가로×평균 세로×높이

③ 원형 팬: 반지름×반지름×3.14×높이

④ 경사진 옆면을 가진 원형 팬 평균 반지름×평균 반지름×3.14×높이

⑤ 경사진 옆면과 안쪽에 경사진 관이 있는 원형 팬

• 외부 팬 용적 : 평균 반지름×평균 반지름×3.14×높이

• 내부 팬 용적 : 평균 반지름×평균 반지름×3.14×높이

• 실제 팬 용적 : 외부 팬 용적-내부 팬 용적

⑥ 치수 측정이 어려운 팬

평지(유채)씨를 수평으로 담아 매스실린더로 계량

3-1-2. 성형

Ⅰ. 제품별 성형 방법 및 특징

① 레이어 케이크

1. 옐로 레이어 케이크(Yellow Layer Cake)

반죽형 케이크를 대표하는 제품으로 소위 버터 케이크라 하는 여러 가지 양과자 제품을 만드는 데 기본이 된다.

1) 재료 사용 범위

재　료	사용 범위(%)	【연습문제】*
박력분	100	100
설　탕	110~140	120
유화 쇼트닝	30~70	50
계　란	쇼트닝 × 1.1	(55)
탈지분유	변　화	(9)
물	변　화	(81)
B.P	2~6	4
소　금	1~3	2
향	0.5~1.0	1

2) 배합률 조정

① 계란 : 쇼트닝×1.1

② 우유 : 설탕 + 25 · 계란

③ 우유 : 탈지분유 10%, 물 90%

④ 【연습문제】*

㉮ 계란 : 50×1.1 = 55

∴ 분유는 90×0.1 = 9, 물은 90×0.9 = 81

㉯ 우유 : 120+25-55 = 145-55 = 90이므로

3) 제조 공정

① 믹싱 ㉮ 크림법, 블렌딩법, 1단계법이 이용

㉯ 반죽 온도 : 22~24℃

㉰ 비중 : 0.75~0.85

② 팬에 넣기 : 팬 용적의 60% 정도
③ 굽기 : 180~200℃

2. 화이트 레이어 케이크(White Layer Cake)

우리 나라에서는 별로 알려지지 않은 반죽형 케이크로 전란 대신 계란흰자를 효과적으로 이용하는 제품

1) 재료 사용 범위

재 료	사용 범위(%)	【연습문제】 *
박력분	100	100
설 탕	110~160	120
유화쇼트닝	30~70	56
흰 자	전란×1.3	(80)
탈지분유	변 화	(7)
물	변 화	(63)
B.P	2~6	4
소 금	1~3	2
주석산 크림	0.5	(0.5)
향	0.5~1.0	0.5

2) 배합률 조정

① 계란 : 쇼트닝×1.1(실제로 전란을 쓰지 않는다.)
② 흰자 : 전란×1.3 = 쇼트닝×1.43   ③ 우유 : 설탕 + 30 − 흰자
④ 우유 : 물 90%, 탈지분유 : 10%   ⑤ 주석산 크림 : 0.5%
⑥ 【연습문제】*
   ㉠ 흰자 : 56×1.1×1.3 ≒ 80   ㉡ 우유 : 120 + 30 − 80 = 150 − 80 = 70
    ∴ 분유 : 70×0.1 = 7, 물 : 70×0.9 = 63

3) 제조 공정

① 믹싱 ㉠ 크림법, 블렌딩법, 1단계법이 이용
    ㉡ 반죽 온도 : 22~24℃

     ㉰ 비중 : 0.75~0.85
   ② 팬에 넣기 : 팬 용적의 55~60%
   ③ 굽기 : 160~200℃

3. 데블스 푸드 케이크(Devil' s Food Cake)

 옐로 레이어 케이크에 코코아를 첨가한 형태로 코코아 케이크라고도 하는데 속 색이 갈색을 띤 붉은색 계열이기 때문에 '악마의 음식' 이라는 이름이 붙여졌다고 한다.

1) 재료 사용 범위

재　료	사용 범위(%)	【연습문제】*
박력분	100	100
설　탕	110~180	120
유화쇼트닝	30~70	54.5
전　란	쇼트닝 × 1.1	(60)
탈지분유	변　화	(12)
물	변　화	(108)
소　금	1~3	2
B. P	2~6	5
향	0.5~1.0	0.5
중　조	천연 코코아 × 0.07	-
(더취)코코아	(20)	(20)

2) 배합률 조정

 ① 전란 : 쇼트닝×1.1
 ② 우유 : 설탕 + 30 + (1.5×코코아) −전란
 ③ 우유 : 분유 10%+물 90%
 ④ 중조 : 천연코코아×7%, 더취 코코아 사용 시 중조 불필요
 ⑤ 중조 1의 능력 : B.P 3의 능력
 ★ 중조 사용 시 중조의 3배를 B.P에서 빼야 한다.

⑥ 【연습문제】*
  ㉮ 전란 : $54.5 \times 1.1 ≒ 60$ ㉯ 우유 : $120 + 30 + (1.5 \times 20) - 60 = 180 - 60 = 120$
    ∴ 분유 12%, 물 108%
  ★코코아 사용량에 따라 우유량도 변화

3) 제조 공정

① 믹싱 ㉮ 크림법, 블렌딩법, 1단계법이 이용
      ㉯ 반죽 온도 : 22 ~ 24℃
      ㉰ 비중 : 0.75 ~ 0.85
② 팬에 넣기 : 팬 용적의 55 ~ 60%
③ 굽기 180 ~ 200℃
★ 반죽의 pH가 높아 알칼리 쪽에 있어야 색이 진하고 향이 강하다.

4. 초콜릿 케이크(Chcolate Cake)

  옐로 레이어 케이크에 초콜릿을 첨가한 제품으로 초콜릿의 특유한 맛과 향을 제품 자체에서 느낄 수 있는 것이 코팅에 의한 케이크와 다르다.

1) 재료 사용 범위

재 료	사용 범위(%)	【연습문제】*
박력분	100	100
설 탕	110~180	120
유화쇼트닝	30~70	(60)
전 란	쇼트닝 × 1.1	(66)
탈지분유	변 화	(11.4)
물	변 화	(102.6)
B.P	2~6	5
소 금	1~3	2
향	0.5~1.0	0.5
초콜릿	24~50	(32)

2) 배합률 조정

① 전란 : 쇼트닝×1.1   ② 우유 : 설탕+30+(1.5×코코아)−전란

③ 초콜릿

   ㉮ 62.5%(5/8)가 코코아   ㉯ 37.5%(3/8)이 코코아 버터

④ 초콜릿 중의 코코아

   ㉮ 천연 : 7%의 중조 사용   ㉯ 더취 : 중조를 사용하지 않음

⑤ 베이킹파우더

   ㉮ 더취 : 원래 사용량 사용   ㉯ 천연 : 중조 사용량의 3배를 감소

⑥ 쇼트닝 : 초콜릿 중 유지 함량의 1/2을 감소

⑦【연습문제】*

   ㉮ 전란 : 60×1.1 = 66

   ㉯ 초콜릿 중의 코코아 : 초콜릿×5/8 = 32×5/8 = 20

   ㉰ 초콜릿 중의 코코아버터 : 초콜릿×3/8 = 32×3/8 = 12

   ㉱ 우유 : 120 + 30 + (1.5×20) − 66 = 180 − 66 = 114(%)

      ∴ 분유 11.4%, 물 102.6%

   ㉲ 초콜릿 중의 유지가 갖는 유화 쇼트닝으로서의 효과 : 12 × 1/2 = 6

      조정한 유화 쇼트닝 = 원래 쇼트닝−초콜릿 중의 유지 효과 : 60 − 6 = 54

3) 제조 공정

① 믹싱 ㉮ 크림법, 블렌딩법, 1단계법 이용

               ㉯ 반죽 온도 : 22 ~ 24℃   ㉰ 비중 : 0.8~0.9

② 팬에 넣기 : 팬 용적의 55~60%

③ 굽기 : 180 ~ 200℃

[레이어 케이크의 믹싱]

1) 크림법

① 믹서 볼에 유지, 소금, 설탕, (유화제, *유연하게 한 초콜릿)을 넣고 믹싱하여 크림을 만든다.

② 계란을 소량씩 서서히 투입하면서 부드러운 크림을 만든다(계란이 액체와 유지의 분리가 없도록).

③ 나머지 건조 재료(밀가루, 탈지분유, 베이킹파우더, 향, *코코아 등)를 체질하여 넣고 저속으로 혼합하면서 동시에 물을 첨가시켜 반죽을 마친다.

★ 크림을 잘 만들어 공기 혼입을 많게 하고 건조 재료를 균일하게 혼합하되 밀가루의 글루텐 발달을 최소로 한다.

2) 블렌딩법

① 믹서 볼에 쇼트닝(유화 쇼트닝, 버터, 마가린, 초콜릿 등)을 넣고 비터(beater)로 덩어리를 깨뜨리면서 체질한 밀가루, 베이킹파우더, *코코아를 투입하여 유지에 의해 표면이 피복되도록 믹싱한다.

② 나머지 건조 재료(설탕, 탈지분유, 향, 소금 등)를 넣고 균일하게 혼합되도록 믹싱을 계속하면서 계란과 물 일부를 투입하여 혼합한다.

③ 나머지 물을 넣고 반죽의 되기를 조절한다.

[참고] 고율 배합(High Ratio)과 저율 배합(Low Ratio)

1) 고율 배합

① 설탕 사용량 〉 밀가루 사용량

② 많은 설탕을 녹일 수 있는 많은 물을 사용하게 되므로 제품의 신선도를 오래 지속시키는 특성이 있다.

2) 고율 배합이 가능한 요인

① 상당량의 유지와 다량의 물을 사용해도 분리가 일어나지 않게 하는 유화 쇼트닝(또는 유화제)사용

② 전분의 호화 온도를 낮추어 굽기 과정 중 안정을 빠르게 하여 수축 및 손실을 감소시키는 염소 표백 밀가루의 사용

3) 고율과 저율 배합의 비교

항 목	고율 배합	저율 배합
믹싱 중 공기 혼입	많 다.	적 다
비 중	낮 다.	높 다
화학 팽창제 사용	적 게	많 게
굽는 온도	낮 게	높 게

② 파운드 케이크

1. 재료

1) 재료 사용 범위(%)

밀가루	설 탕	쇼트닝	계 란	향	B.P	유화제
100	75~125	40~100	40~100	0~1.0	0~3.0	0~4

2) 배합률 작성 시 유의사항
① 쇼트닝 사용량 ≦ 계란 사용량
② 계란+우유 ≧ 설탕 또는 밀가루
③ 설탕 : 75~125% 범위에서 자유롭게 선택, 저율 배합인 경우에는 액체 사용량이 감소된다.

3) 밀가루
① 부드러운 파운드 케이크용 : 박력분
② 과일 파운드와 같이 조직감이 강한 경우 : 박력분+강력분
③ 보릿가루(볶은 것), 메옥수수가루 등도 혼합 가능
★ 찰옥수수가루는 케이크 내상을 너무 차지게 하는 경향이 있어 부적당

4) 계란
① 전란 : 옐로 파운드 케이크
② 흰자 : 화이트 파운드 케이크
③ 가급적 신선한 계란

5) 설탕
① 껍질 색, 감미, **수분 보유제 기능**
② 설탕 이외에 포도당, 물엿, 액당, 꿀, 전화당, 이성화당도 사용
③ 과일 파운드에서는 설탕량을 감소 → 원래 과일 맛 회복

6) 유지
① 유화 쇼트닝, 버터, 마가린을 단독 또는 혼합하여 사용
② 유화성이 중요 → 다량의 유지와 액체 재료의 혼합을 위함

7) 충전물

과일 파운드 케이크 제조
① 건과류(乾果類) : 건포도, 서양 대추, 자두, 살구
② 과실류(果實類) : 파인애플, 무화과, 체리, 오렌지 필, 레몬 필
③ 견과류(堅果類) : 아몬드, 호두, 개암, 잣, 피칸, 코코넛 등

[건포도의 전처리]

(1) 건과류를 전처리하는 목적

① 씹을 때의 조직감 개선
② 반죽 내에서 반죽과 건조 과일 간의 수분 이동 방지
③ 건조 과일에 원래 과일의 풍미 회복

(2) 방법

① 건포도의 12%에 해당하는 27℃ 물을 첨가하여 4시간가량 정치
② 건포도가 잠길 만한 물을 부어 10분간 정치했다가 여분의 물을 가볍게 배수

8) 재료의 상호관계

구분 / 제품	소금(%)	B.P(%)	우유(%)	쇼트닝(%)	전란(%)	밀가루와 설탕 각(%)
가	2	1.75~2	60	40	40	100
나	2.25	1~0.5	45	47.5	55	100
다	2.50	0	30	70	75	100
라	2.75	0	16	85	92.5	100
마	3.0	0	0	100	110	100

※ 유지가 증가하면 ① 전란 증가 ② 우유 감소 ③ B.P 감소 ④ 소금 증가

2. 공정

1) 기본 배합률

밀가루	설탕	계란	유지	소금
100%	100%	100%	100%	2%

※ 유화제 사용 시 30% 정도의 물을 추가로 사용한다.

2) 믹싱

① 크림법, 블렌딩법, 1단계법이 모두 이용될 수 있다.
② 크림법　㉮ 버터에 설탕과 소금을 넣고 믹싱하여 크림을 만든다.
　　　　　㉯ 계란을 서서히 투입하면서 부드러운 크림을 만든다.
　　　　　㉰ 밀가루를 넣고 나머지 물을 첨가하여 균일한 반죽을 만든다.
③ 반죽 온도 : 20~24℃　　　④ 비중 : 0.8 전후

3) 팬에 넣기

① 일반 팬의 종류
　㉮ 일반 팬 : 뚜껑이 없는 식빵 팬과 유사
　㉯ 이중 팬 : 옆면과 밑면의 급격한 껍질 형성을 방지
　㉰ 은박 팬
　㉱ 종이 팬 : 팬 채로 제공
② 분할
　㉮ 팬 높이의 70% 정도까지 채운다.
　㉯ 깔판 종이 : 무독성 식품용
　㉰ 반죽량은 1g당 2.4cm³의 용적이 표준

4) 굽기

① 온도
　㉮ 분할량이 큰 제품 : 170~180℃
　㉯ 평철판 제품 : 180~190℃
② 윗면이 터지는 이유
　㉮ 반죽에 수분이 불충분하거나
　㉯ 설탕 입자가 용해되지 않고 남아 있는 경우
　㉰ 팬 넣기 후 오븐에 들어갈 때까지 장시간 방치하여 껍질이 말랐을 때
　㉱ 오븐 온도가 높아 껍질 형성이 빠를 때
③ 장식과 노른자 칠
　㉮ 오븐에서 껍질이 형성될 때 체리, 복숭아, 사과 조림, 호두 등 장식물을 얹고 껍질이 두꺼워지는 것을 막기 위해 다른 팬을 덮고 굽는다.
　㉯ 구운 후 뜨거울 때 노른자(+설탕) 칠을 한다(또는 녹인 버터 칠).

③ 스펀지 케이크

1. 재료

1) 필수 재료

① 밀가루   ② 계란   ③ 설탕   ④ 소금

★ 분유, 물, 우유, 베이킹 파우더 등은 부수적인 재료

2) 밀가루

① 특급 박력분 : 연질소맥으로 제분한 저회분(0.29~0.33%), 저단백질(5.5~7.5%)

② 박력분이 없을 때 : 12% 이하의 전분 사용 가능

3) 설탕

① 설탕(자당) : 가장 보편적, 사탕수수, 사탕무가 원료

② 포도당 : 설탕의 20~25% 이하를 대치할 수 있음

③ 물엿 : 고형질 기준으로 설탕의 20~25% 대치 가능(분산되기 어려운 결점이 있으니 유의)

④ 꿀, 전화당 시럽 : 향 및 수분 보유력이 크다.

4) 계란

① 가급적 신선한 계란 사용(기포성이 좋을 것)

② 노른자에 레시틴이란 유화제 → 유화작용

③ 배합률에서 계란을 감소시킬 필요가 있을 때

　　㉠ 수분 감소를 감안하여 물 추가　　㉡ 양질의 유화제 사용

★ 스펀지 케이크는 계란이 밀가루의 50% 이상이어야 한다.

5) 소금

① 전체적인 맛을 내는데 필수적

② 양이 많지 않도록 유의

2. 공정

1) 기본 배합률

밀가루	100%	① 설탕을 줄이면 수분을 줄여야 한다.
설 탕	166%	② 수분을 줄이려면 계란을 줄인다.
계 란	166%	③ 계란을 줄이면 구조가 약해진다.
소 금	2%	④ 수분과 고형질의 균형을 맞추어야 한다.

2) 믹싱

[믹싱 방법]
① 덥게 하는 방법
  ㉮ 계란 + 설탕 + 소금을 43℃로 예열시킨 후
  ㉯ 거품을 올린 후 밀가루를 넣고 균일하게 혼합
  ㉰ 설탕이 모두 녹고, 거품 올리기가 용이
② 일반 방법
  ㉮ 계란＋설탕＋소금을 실온에서 거품을 올리고
  ㉯ 밀가루를 넣고 균일하게 혼합
  ㉰ 믹서의 기능이 좋은 경우, B.P 사용 배합률에 적용
  ★ 반죽 온도 : 일반법은 22~24℃

3) 팬에 넣기
① 팬
  ㉮ 원형 팬 : 데커레이션 케이크에 적당
  ㉯ 평철판 : 각종 양과자, 젤리 롤 케이크에 적당
② 팬 준비
  ㉮ 기름칠 ㉯ 팬 기름칠(밀가루+쇼트닝) ㉰ 깔개 종이
③ 팬 용적의 50~60%
  ★ 팬에 넣은 후 즉시 오븐에서 구어야 한다.

4) 굽기
① 반죽의 양이 많거나 높이가 높은 경우 : 180~190℃
② 반죽의 양이 적거나 얇은 반죽의 경우 : 204~213℃
③ 오븐에서 꺼내면 즉시 팬에서 쏟아내야 한다. → 수축 방지

5) 기본적인 제조 원리
① 믹서 볼과 사용 용기는 깨끗하고 기름기가 없어야 한다.

② 냉동 계란 사용 시 적절한 해동

③ 거품 올리기 최종 단계는 저속으로 하여 공기를 미세하게 나눈다.

④ 볼의 바닥에 물엿, 설탕이 가라앉았는지 확인

⑤ 밀가루, 베이킹 파우더 등 건조 재료는 체질

    ㉮ 이물질 제거   ㉯ 큰 덩어리 제거   ㉰ 밀가루에 공기 공급

⑥ 밀가루가 전 반죽에 고루 분배되도록 믹싱

3. 젤리 롤

젤리 롤과 초콜릿 롤은 스펀지 케이크의 배합으로 만든다. 롤을 만들기 위한 스펀지 배합은 설탕 100에 대하여 계란을 75%에서 많게는 200%까지 사용한다.

1) 제조법

① 스펀지 케이크와 같이 거품을 올린 후 밀가루 혼합

② 평철판(깔개 종이, 팬 스프레드)을 사용

③ 철판에 넣은 반죽은 두께가 일정하게 펴준다.

④ 204~213℃ 오븐에서 굽는다.

   ★ 오버 베이킹이 되지 않도록 한다.

⑤ 덧가루를 칠한 헝겊 또는 물에 담가 짠 헝겊 위에 뒤집어 놓으면 냉각중 수분 손실을 막는다.

⑥ 크림 사용 시 : 냉각 후에 만다.

   잼이나 젤리 사용 시 : 뜨거울 때 또는 냉각 후 만다.

   ★ 이음매가 되는 끝부분은 밑바닥에 둔다.

⑦ 롤은 잼, 젤리, 코코넛, 과일, 기타 충전물을 이용하거나 분당을 뿌려 마무리하기도 한다.

2) 젤리 롤의 결점

① 젤리 롤을 말 때 표면이 터지는 결점

   표면이 터지면 상품 가치가 크게 떨어지므로 적정한 배합률과 공정을 표준화하며, 다음과 같은 조치도 고려한다.

   ㉮ 설탕(자당)의 일부를 물엿으로 대치

   ㉯ 덱스트린의 점착성 이용

   ㉰ 팽창이 과다한 경우 : 팽창 감소(팽창제, 거품 올리기)

   ㉱ 노른자 비율을 감소시키고 전란을 증가

② 케이크 자체가 축축하여 찐득거리는 조직

   ㉮ 조직이 너무 조밀하고 습기가 많을 때

ⓝ 배합에 수분이 많거나 고온 단시간 굽기를 했을 때
ⓓ 팽창이 부족한 경우
ⓡ 물 사용량 감소, 믹싱 증가, 적절한 굽기로 보완

④ 엔젤 푸드 케이크

엔젤 푸드 케이크는 계란의 거품을 이용한다는 측면에서 스펀지 케이크와 유사한데 단지 계란 흰자를 이용하는 점이 다르다. 기공과 조직도 스펀지 케이크와 대체로 같다.

1. 배합률과 재료

1) 배합률 작성

(1) 재료 사용범위(%)

흰 자	40~50
설 탕	30~42
주석산 크림	0.5~0.625
소 금	0.5~0.375
박력분	15~18
합 계	100

(2) 작성 방법

① 1단계 : 흰자 사용량 결정
② 2단계 : 밀가루 사용량 결정
③ 3단계 : 주석산크림＋소금 = 1%
④ 4단계 : 설탕 = 100 － (흰자＋밀가루+1)
⑤ 5단계 : 설탕×2/3 → 입상형→ 머랭 제조 시 사용
　　　　　설탕×1/3 → 분당 → 최종 단계에서 사용

(3) 작성 연습(%)

흰 자	45
소 금	0.5
주석산 크림	0.5
설탕(입상형)	26
박력분	15
분 당	13

① 기름기 없는 보울에 넣고 거품 올리기 : 거품은 **젖은 피크** 상태
② 설탕 : 100－(45＋15＋1) = 39이므로
　입상형 : 39×2/3 = 26 , 분당 : 39×1/3 = 13
③ 입상형 설탕을 넣으면서 **중간 피크 상태**의 머랭을 만든다.
④ 박력분과 분당을 체질한 후 위의 머랭에 넣고 고루 혼합한다.

2) 재료

(1) 밀가루

① 특급 박력분 : 저회분(0.29~0.33%), 저단백질(5.5~7.5%), 연질소맥
② 표백이 잘된 밀가루
③ 박력분이 없는 경우 전분을 30% 이하 사용 가능

(2) 흰자

① 기름기 또는 노른자가 섞이지 않아야 한다.
② 고형질 함량이 높은 것

(3) 산 작용제 : 주로 주석산크림 [KH$(C_4H_4O_6)$] 사용

① 계란흰자의 알칼리성에 대한 중화 역할
② 산도를 높임(pH 수치를 낮춤)으로 등전점에 가깝도록 하여 흰자를 강하게 한다. ⇒ 머랭도 튼튼해진다.
③ pH가 낮아지면 밝은 흰색이 된다.

★ 당밀, 과일즙과 같은 산성 재료를 사용하면 산염을 감소시키거나 사용하지 않는 경우도 있다.

(4) 설탕

① 감미를 주는 엔젤푸드 케이크의 유일한 연화제
② 1단계 : 머랭을 만들 때 전체 설탕의 약 2/3를 입상형으로 사용
③ 2단계 : 밀가루와 함께 나머지 1/3을 분당으로 사용
④ 머랭 제조 시
　㉮ 설탕이 과량 : 흰자체 형성이 과다, 공기 융합이 불완전
　㉯ 설탕이 소량 : 거품에 힘이 없다.

(5) 소금

① 다른 재료와 어울려 맛과 향이 나게 한다.
② 계란흰자를 강하게 만든다.

(6) 기타

① 오렌지를 껍질째 갈은 것 10% 사용 : 흰자 10% 감소
② 레몬을 껍질째 갈은 것 5% 사용 : 주석산 크림 불필요
③ 당밀 10% : 설탕 6%, 흰자 4% 감소
④ 견과(호두, 개암, 피칸 등) : 반죽 = 1 : 9

2. 공정

1) 믹싱

(1) 산 사전 처리법

① 계란흰자 + 소금 + **주석산 크림** → 젖은 피크의 머랭
② 전체 설탕의 2/3를 투입하면서 **중간 피크의 머랭**
③ 밀가루 + 분당을 체질하여 넣고 고루 혼합
④ 기름기가 없는 **엔젤푸드 팬**에 물칠을 하고 팬에 넣기
★ 튼튼한 제품, 탄력 있는 제품

(2) 산 사후 처리법

① 계란흰자를 믹싱하여 젖은 피크의 머랭
② 전체 설탕의 2/3를 투입하면서 중간 피크의 머랭
③ 밀가루+분당+소금＋**주석산 크림**을 넣고 고루 혼합
④ 기름기가 없는 **엔젤푸드 팬**에 물칠을 하고 팬에 넣기
★ 유연한 제품, 부드러운 기공과 조직

2) 팬에 넣기

(1) 짜는 주머니 또는 주입기 사용

(2) 팬 용적의 60~70%

(3) 팬 내부에 물칠을 한다(기름칠을 해서는 안 된다).

3) 굽기 : 제품 크기에 따라 다름

(1) 오븐 온도 : 204~219℃　　　　　　　　(2) 시간 : 30~35분

(3) 언더 베이킹은 물론 오버 베이킹이 되지 않도록 한다.

(4) 오븐에서 꺼내면 뒤집어 놓은 후 팬채로 냉각

(5) 케이크를 팬에서 꺼낼 때 겉껍질은 팬에 붙고 속만 빠진다. 팬은 즉시 물에 담가 씻는다.

4) 온도의 영향

(1) 반죽 온도 18℃ 이하 : 제품의 기공과 조직이 조밀하고 부피가 작아짐

(2) 반죽 온도 27℃ 이상 : 기공이 열리고 커다란 기포를 형성

(3) 케이크를 부풀게 하는 기작 중 **증기압**이 중요한 작용을 하는데 반죽 온도가 너무 높거나 낮으면 같은 증기압을 발달시키는 데 필요한 굽기 시간이 달라진다.

⑤ 퍼프 페이스트리

퍼프 페이스트리는 반죽과 유지를 성공적으로 말아서 만든 결이 있는 제품으로 프렌치 파이로 알려져 있다.

1. 재료

1) 기본 배합률

강력분	100%	물(냉수)	50%
유 지	100%	소 금	1%

★ 부수적으로 계란 또는 포도 당을 사용하기도 한다.

2) 밀가루

(1) 양질의 제빵용 강력분

(2) 동량의 유지를 지탱, 접기와 밀기, 휴지 공정을 거쳐 반죽과 유지층을 분명히 할 수 있는 특성을 가진 것

3) 유지

(1) 가소성 범위가 넓은 제품 : 파이용 마가린, 퍼프용 마가린

(2) 신장성이 좋은 제품 : 밀어 펴기가 용이

(3) 휴지 또는 밀어 펴기 과정 중 기름이 새어나오지 않아야 한다.

(4) 쇼트닝, 마가린, 버터+고융점 지방(올레오-스테아린)

4) 물

(1) 반죽 온도 조절 : 믹싱 후 휴지에 들어갈 것을 감안

(2) 통상 냉수 사용

5) 소금

(1) 다른 재료의 맛과 향을 나게 한다.   (2) 유지 중 소금의 양을 감안해야 한다.

2. 공정

1) 반죽 제조법

(1) 스코틀랜드식

① 유지를 호두 크기 정도로 자르고 물과 밀가루를 섞어 반죽하는 간편한 방법
② 덧가루가 많이 들고 제품이 단단해 진다.

(2) 일반법

① 불란서식 또는 롤-인(roll · in) 법
② 밀가루+일부 유지+물을 넣어 반죽을 만들고 유지를 싸서 만드는 방법
③ 결을 균일하게 만든다.

2) 접기

(1) 반죽의 2/3에 충전용 유지를 바르고 접는다.

(2) 밀어 펴기 후 최초의 크기로 3겹을 접는다.

(3) 휴지 · 밀어 펴기 · 접기를 반복한다.

★ 장방형의 모서리가 직각이 되도록 한다.

3) 밀어 펴기

(1) 휴지 후 밀어 펴기를 할 때 균일한 두께가 되도록 한다.

(2) 수작업인 경우 밀대를, 기계는 시터(sheeter)를 이용

(3) 밀어 펴기, 접기는 같은 횟수로 보통 3×3, 3×4로 한다.

4) 정형

(1) 예리한 기구로 절단해야 한다(칼, 도르래 칼, 커터).

(2) 파치를 최소로 한다.

(3) 굽기 전에 적정한 휴지를 시키고 계란 물칠을 한다.

(4) 굽는 면적이 넓은 경우 또는 충전물이 있는 경우의 껍질 : 구멍 자국을 낸다.

5) 굽기

(1) 일반적인 온도 : 204~213℃

(2) ① 너무 고온 : 바깥 껍질이 먼저 형성되어 글루텐의 신장성이 결여

　② 너무 저온 : 글루텐이 건조되어 신장성이 감소할 때 증기압 발생

(3) 반죽과 유지의 층에 있는 수분이 수증기로 되면서 층을 밀어 올리고 글루텐 피막이 증기압에 의해 늘어난다(수분을 함유한 유지가 필요).

3. 주요 결점과 원인

1) 수축

(1) 반죽이 너무 단단한 경우　　　　(2) 밀어 펴기를 과도하게 한 경우

(3) 굽기 전 휴지 부족　　　　　　　(4) 너무 높거나 낮은 오븐온도

2) 굽는 동안 지방이 흘러나옴

(1) 밀어 펴기의 부적절　　　　　　(2) 약한 밀가루

(3) 과도한 밀어 펴기　　　　　　　(4) 너무 높거나 낮은 오븐 온도

(5) 오래된 반죽

3) 팽창 부족

(1) 밀어 펴기의 부적절　　　　　　(2) 원반죽 또는 정형한 반죽의 휴지 부족

(3) 부적당한 유지 사용　　　　　　(4) 너무 높거나 낮은 오븐 온도

4) 수포 발생과 결이 떨어짐

(1) 정형한 반죽에 작은 구멍이 없을 때

(2) 가장자리의 칠하기 부적절

5) 과일 또는 충전물이 흐르는 것

(1) 정형한 반죽에 작은 구멍이 없을 때

(2) 가장자리의 봉합이 부적절　　　(3) 낮은 오븐 온도

6) 제품이 단단함

(1) 지나치게 작업한 반죽　　(2) 파치를 많이 넣은 반죽　　(3) 팽창이 부족한 제품

6 파이

파이, 타르트(tart : 과일 이용 파이), 과일 케이크와 같은 제품은 후식용으로 인기가 있는 유명한 제품이다.

1. 파이 껍질

1) 재료

(1) 재료 사용 범위(%)

중력분	쇼트닝	냉 수	소 금	설 탕	탈지분유	계 란
100	40~80	25~50	1~3	0~6	0~4	0~6

※ 파이 껍질의 기본 재료는 밀가루, 유지, 물, 소금이 4가지이고 설탕이나 탈지분유 등은 부수적인 재료이다.

(2) 밀가루

① 페이스트리 용 : 중력분(연질동소맥, 강력분 40%+박력분 60%)
② 고 글루텐 형성 밀가루 : 강력분, 단단한 제품
  저 글루텐 형성 밀가루 : 박력분, 수분 흡수량과 보유력이 약해 끈적거리는 반죽
③ 경제적인 가격이라면 비표백 밀가루

(3) 유지

① 가소성 범위가 넓은 제품 : 파이용 마가린
② 맛과 향을 높이기 위해 버터와 혼합하여 사용

(4) 물

① 일반적으로 냉수 사용 : 유지가 녹지 않도록 한다.
② 과량의 물 사용 : 껍질 반죽이 익는데 긴 시간이 필요하므로 **충전물이 끓어 넘치기 쉽다.**

(5) 소금

① 다른 재료의 맛과 향이 나도록 한다.
② 1.5~3.0% 사용 : 물에 완전히 녹여야 반죽에 고루 분배

(6) 착색제

① 설탕(자당) : 밀가루의 2~4%, 껍질 색을 진하게 한다.

② 포도당 : 밀가루의 3~6%, 수분 흡수로 눅눅해지는 경향

③ 물엿 : 껍질이 축축해지고, 반죽에 고루 분산하기가 어렵다.

④ 탈지분유 : 밀가루의 2~3%, 유당에 의해 껍질 색 개선 효과, 하절기에 곰팡이, 박테리아의 성장 유발

⑤ 탄산수소나트륨 : 0.1% 이하를 물에 풀어 사용, 알칼리에 의해 껍질 색을 진하게 한다.

⑥ 칠하기 : 노른자 칠, 녹인 버터 칠

2) 껍질 특성

(1) 결의 길이

① 긴 결 : 유지 입자가 호두알 크기로 밀가루와 혼합

② 중간 결 : 유지 입자가 강낭콩 크기로 밀가루와 혼합

③ 가루 모양 : 유지 입자가 미세한 상태로 밀가루와 혼합

④ 크래커형 : 쇼트브레드+크래커 반죽을 혼합

(2) 믹싱

① 1단계 : 밀가루와 유지를 먼저 혼합

② 2단계 : 소금, 설탕 등을 녹인 냉수를 투입하여 밀가루가 수분을 흡수하는 정도로 혼합

③ 수분 사용량이 적정해야 **질긴 제품**이 되지 않는다.

④ 표피가 마르지 않도록 조치하여 휴지시킨다.

(3) 껍질의 결점과 원인

① 질기고 단단함
  ㉮ 강한 밀가루　　　㉯ 믹싱이 지나침　　　㉰ 밀어 펴기가 과도함
  ㉱ 많은 파치 혼합　　㉲ 너무 된 반죽

② 수축
  ㉮ 파치 사용　　　　㉯ 과도한 믹싱　　　　㉰ 휴지 불충분

③ 결이 없음
  ㉮ 밀가루와 유지를 너무 많이 비벼댐　　　㉯ 믹싱 과다
  ㉰ 파치를 많이 사용

④ 취급 시 반죽이 잘 떨어져 나감
  ㉮ 유지 함량이 너무 많은 반죽　　　　㉯ 밀가루가 약함
  ㉰ 유지 덩어리가 너무 큰 경우　　　　㉲ 취급 부주의

2. 과일 충전물

1) 과일의 형태

(1) 생과일

① 계절에 따라 흔하게 쓸 수 있는 과일 사용
② 흠이 생겨서 변질이 시작되기 전에 충전물을 만든다.

(2) 통조림

① 과일과 시럽을 분리하고
② 시럽에 전분을 넣고 호화시킨 후 과일과 버무린다.

(3) 냉동 과일

① 해동시킨 과일과 주스를 분리하여 주스에 전분을 넣고 조려서 호화시킨다
② 호화시킨 충전물에 해동시킨 과일을 넣고 버무린다.

(4) 건조 과일

① 사과, 자두, 살구, 건포도 등   ② 수분을 첨가하여 전처리한다.

2) 충전물의 농후화제

(1) 농후화제 사용 목적

① 충전물을 조릴 때 호화를 빠르게 하고 진하게 한다.
② 충전물에 좋은 광택 제공, 과일에 들어 있는 산의 작용을 상쇄
③ 과일의 색과 향 조절
④ 조린 충전물이 냉각되었을 때 적정 농도를 유지
⑤ 과일의 색과 향을 유지

(2) 전분

① 시럽 중의 설탕 100에 대하여 28.5%, 물에 대해 8~11%, 설탕을 함유한 시럽에 대하여 6~10%
② 옥수수 전분 : 타피오카 = 3 : 1로 혼합하면 좋은 충전물
③ 감자 전분 : 교질체 형성 능력이 작으므로 더 많은 양을 사용해야 하며, 부드러운 교질체를 만든다.
★ 식물성 껌류는 옥수수 전분과 함께 사용하여 충전물이 터지거나 스며 나오는 현상을 방지

3) 과일 충전물 제조

(1) 과일 충전물 제조의 2방법

① 과일 시럽에 전분을 젤라틴화하는 법

　㉮ 과일과 과일 시럽을 분리한다(자연적인 배수).

　㉯ 과일 시럽+ 물 + **전분**을 끓여서 호화시킨다.

　㉰ 설탕을 넣고 다시 끓인 후 냉각

　㉱ 과일을 넣고 고루 버무린다.

　　★ 페이스트(죽 상태)가 되직하고 투박하다.

② 과일 시럽에 설탕을 넣고 후에 전분을 젤라틴화하는 법

　㉮ 과일과 과일 시럽을 분리한다.

　㉯ 과일 시럽+ 물 + 설탕을 끓인다.

　㉰ **전분**(소량의 물에 푼)을 넣고 끓여서 호화시키고 냉각

　㉱ 과일을 넣고 고루 버무린다.

　　★ 페이스트가 다소 연하고 투명하다.

(2) 체리 충전물 제조 예

① 자연 배수(체 사용)로 체리와 체리 시럽을 분리, 통조림 30kg 중 체리 20kg, 체리 시럽 10kg

② 체리 시럽 : 10kg　　　　③ 물 : 10kg　　　　④ 설탕 : 6kg

　⇒ ② + ③ + ④ : 26kg의 희석한 시럽을 만든다.

⑤ +4~8%의 전분 : 2.08kg(26×0.08)

⑥ 투명하고 붉은 페이스트가 되도록 끓이고(호화) 냉각

⑦ 미리 분리해 두었던 체리 20kg을 위 페이스트에 넣고 고루 혼합한다.

★커스터드 크림 파이와 크림 파이의 배합률

(1) 커스터드 크림 파이

전 란	20~25%
노른자	0~5
설 탕	15~20
분 유	8~12
소 금	0.125~0.5
향신료	0~0.125
물	합계 100%

① 필수 재료 : 계란
② 계란의 농후제 역할은
　전분의 1/3 정도

(2) 크림 파이

설 탕	18~25%
소 금	0~0.5
분 유	0~8
계 란	0~15
버 터	0~5
전 분	4~5
과일주스	0~10
물	합계 100%

① 농후화제 : 전분
② 계란과 우유는 부수 재료

3. 공정

1) 공정상 유의사항

(1) 파이 껍질은 **차가워야** 취급이 용이, 끈적거림과 유지가 흘러나옴을 방지

(2) 덧가루를 뿌린 면포 : 밀어 펴기 용이, 덧가루 감소

(3) 파이의 2 – 껍질(위 껍질, 밑 껍질)을 정확하게 재단 : **파치를 최소화**

(4) 밀어 편 반죽의 **두께가 균일**해야 한다.

(5) 파이 바닥 껍질의 가장자리 둘레는 충전물을 넣기 전 물칠

(6) 충전물의 양을 같게 하고 굽기 중 팽창을 감안

(7) 장과류와 산이 많은 충전물은 팬의 가장자리까지 채우지 않는다. 굽기 중에 충전물이 새어 나오지 않게 한다.

(8) 위 껍질은 바닥 껍질보다 얇은 게 좋다.

(9) 위 껍질에는 작은 구멍을 뚫어서 굽기 중 **수증기가 빠지도록** 한다.

(10) 밑 껍질이 넓은 경우에도 구멍을 뚫어 뒤틀림을 방지한다.

(11) 파이 껍질의 가장자리 둘레는 적절하게 봉합되어야 한다.

2) 굽기

(1) 굽기 전 위 껍질에 희석한 계란물을 칠한다.

(2) 230℃ 전후의 고온에서 굽는다.

(3) **낮은 온도** → 껍질 색 나는 시간이 오래 걸리고 과일이 끓기 쉽다.

(4) 충전물의 수분이 밑바닥 껍질이 익는 것을 방해 → 바닥 열 필요

(5) 약한 바닥 열 → 파이 밑 껍질이 익지 않거나 축축하게 되는 원인

(6) 수분이 많은 충전물을 넣고 구울 때 바닥에 **케이크크럼**을 깔면 바닥전체가 고루 구워진다.

(7) 바닥 껍질 구운 상태 점검 : 파이가 팬에서 쉽게 움직이면 익은 상태

4. 파이의 결점 및 원인

1) 껍질이 심하게 수축

(1) 부족한 유지 사용   (2) 과량의 물 사용

(3) 너무 강한 밀가루   (4) 과도한 믹싱   (5) 질이 낮은 단백질의 밀가루

2) 결이 없음, 바닥 껍질이 젖음

(1) 반죽 온도가 높다.   (2) 유지가 너무 연하다.

(3) 굽기가 불충분   (4) 유지와 밀가루를 너무 비빈다.

(5) 바닥 열 부족   (6) 낮은 오븐 온도

3) 질긴 껍질

(1) 너무 강한 밀가루   (2) 오버 믹싱

(3) 작업을 너무 많이 한 반죽   (4) 과량의 물

4) 과일이 끓어 넘는다

(1) 배합의 부정확   (2) 충전물 온도가 높다.

(3) 껍질에 수분이 많다.   (4) 바닥 껍질이 너무 얇다,

(5) 낮은 오븐 온도   (6) 과일이 시다.

(7) 설탕이 너무 적다.   (8) 껍질에 구멍이 없다.

(9) 위 껍질과 밑 껍질이 잘 봉해지지 않았다.

5) 머랭에 습기가 생긴다

(1) 흰자 수분이 많다.   (2) 흰자의 질이 불량   (3) 흰자에 기름기

6) 커스터드가 응유

오버 베이킹

7) 파이 껍질에 물집

(1) 껍질에 구멍을 뚫어 놓지 않음   (2) 계란 물칠을 너무 많이 함

[7] 쿠키

쿠기는 조그만 단과자와 같고, 수분 함량이 상대적으로 낮아 장기간 보존할 수 있는 다양한 제품이다.

1. 분류

1) 반죽의 특성에 따른 분류

(1) 반죽형 쿠기

① 드롭 쿠기 : 반죽형 쿠기 중 최대의 수분을 함유한 제품으로 소프트 쿠기라고도 한다(짜는 형태).
② 스냅 쿠기 : 드롭 쿠기보다 적은 액체 재료(계란 등)를 사용하며 굽기 중에 더 많이 건조시킨다. 바삭바삭한 상태로 포장, 저장하며 슈가 쿠기라고도 한다(밀어 펴는 형태).
③ 쇼트브레드 쿠기 : 스냅 쿠기보다 많은 지방 사용(밀어 펴는 형태)

(2) 거품형 쿠기

① 머랭 쿠기 : 계란흰자와 설탕을 믹싱하여 얻는 머랭을 구성체로 하여 만드는 쿠기로 비교적 낮은 온도의 오븐에서 과도한 착색이 일어나지 않게 굽는다.
② 스펀지 쿠기 : 스펀지 케이크 배합률보다 더 높은 밀가루 비율을 가진 쿠기로 짜는 형태

2) 제조 특성에 따른 분류

(1) 밀어 펴서 정형하는 쿠기

스냅과 쇼트브레드 쿠기와 같은 반죽 : 쇼트도우(short dough)
① 반죽 완료 후 밀어 펴기 전에 충분한 휴지
② 덧가루를 뿌린 면포 위에서 밀어 편다.
③ 밀어 펼 때 과도한 덧가루를 사용하지 않는다.
④ 파치는 새 반죽에 소량씩 섞어 사용한다.
⑤ 전면의 두께가 균일하게 밀어펴야 한다.

(2) 짜는 형태의 쿠기

드롭 쿠기와 거품형 쿠기처럼 짜는 주머니 또는 주입기를 이용
① 크기와 모양을 균일하게 짠다.
② 간격을 일정하게 하고 굽기 중 퍼지는 정도를 감안하여 떼어 놓는다.

③ 장식물은 껍질이 형성되기 전에 올려 놓는다.

④ 젤리나 잼은 소량 사용한다.

(3) 아이스 박스 쿠키

쇼트도우 쿠키 형태이지만 냉장(동)고에 넣는 공정을 거친다.

① 서양 장기판 등 여러 가지 모양을 만들기 전에 반죽을 냉장(동)

② 너무 진한 색상을 피하고, 반죽 전체에 고르게 분배시켜야 한다.

③ 쿠키 반죽은 썰기 전에 냉동시키고, 예리한 칼을 사용하여 모양을 만든다.

④ 냉동된 쿠키 반죽은 굽기 전에 공장 온도 근처로 해동한다.

⑤ 쿠키 껍질 색이 얼룩지지 않도록 오븐의 윗불 조정에 유의한다.

★ 마카롱(Macaroons) 쿠키 : 기본은 머랭 쿠키의 일종으로 마카롱 코코넛을 사용한 제품

2. 재료

1) 밀가루

① 계란과 함께 쿠키의 형태를 유지시키는 구성 재료

② 짜는 형태의 쿠키 : 지방 함량에 견딜 수 있고, 구운 후 일정한 형태를 유지하기 위한 밀가루 필요(페이스트리용)

③ 경제적 가격이면 비표백도 양호

2) 설탕

① 감미를 주고, 밀가루 단백질을 연하게 한다.

② 퍼짐(spread)에 중요한 역할

㉮ 쿠키 반죽 중에 녹지 않고 남아 있는 설탕 결정체는 굽기 중 오븐 열에 녹아 쿠키의 표면을 크게 한다.

㉯ 너무 고운 입자의 설탕 : 굽기 중 충분한 퍼짐이 일어나지 않아 조밀하고 밀집된 기공의 쿠키

㉰ 설탕 자체의 입자 크기, 믹싱 정도에 따라 퍼짐률이 변화

③ 향, 수분 보유력 증대, 껍질 색 개선 등 목적으로 설탕 사용

④ 퍼짐률 : (퍼짐률이 클수록 표면의 크기가 증가)(표면 직경/두께)

3) 유지

① 짜는 형태의 쿠키에는 유지가 밀가루 대비 60~70%나 함유

② 맛, 부드러움, 저장성에 중요한 역할

③ 쿠키는 저장 수명이 길기 때문에 유지의 안정성이 아주 중요

4) 계란

① 쿠키의 모양을 유지시키고 구조를 형성
② 스펀지 쿠키와 머랭 쿠키의 주재료
③ 머랭 또는 전란의 거품 일으키기에 온도가 중요
④ 머랭은 **중간 피크** 상태가 되어야 밀가루 등 재료를 혼합할 때 오버 믹싱을 막을 수 있다.

5) 팽창제

① 사용 목적
　㉮ 퍼짐과 크기의 조절　　　㉯ 부피와 부드러움의 조절
　㉰ 제품의 색과 향 조절(산도)
② 베이킹파우더 : 탄산수소나트륨+산염+부형제
　㉮ 중조 과다 : 어두운색, 소다 맛, 비누 맛
　㉯ 산염 과다 : 여린 색, 여린 향, 조밀한 속
③ 암모늄 염 : 탄산수소암모늄, 탄산암모늄
　㉮ 쿠키의 퍼짐에 유용한 작용
　㉯ 작용 후 가스 형태로 증발하여 잔류물이 없다.

3. 공정상 유의사항

(1) 믹싱이 부적절하면 쿠키가 단단해진다. → 글루텐의 발달을 최소화한다.

(2) 한 철판에 구울 것은 일정한 크기와 모양을 가져야 하고 간격도 균일해야 굽기가 고르게 된다.

(3) 철판에 기름칠이 과도 → 퍼짐이 과도

(4) 장식물은 쿠키 표피가 건조되기 전에 올려 놓아야 붙는다.

(5) 쿠키는 단위가 작고 평평한 형태이기 때문에 굽는 시간이 짧다. 196~204℃에서 굽고 위, 아래 껍질 색으로 판단

(6) 오버 베이킹을 하면 금이 가거나 부서지기 쉽다(말기에 부적당).

(7) 쿠키에 마무리 장식하는 것 : 맛을 보강하면서 시각적 효과를 높인다.

4. 반죽형 쿠키의 결점

1) 퍼짐의 결핍*

① 너무 고운 입자의 설탕 사용　　② 한 번에 전체 설탕을 넣고 믹싱

③ 과도한 믹싱　　④ 반죽이 너무 산성

⑤ 높은 온도의 오븐

2) 과도한 퍼짐*

① 과량의 설탕 사용　　② 반죽의 되기가 너무 묽다.

③ 팬에 과도한 기름칠　　④ 낮은 온도의 오븐

⑤ 반죽이 알칼리성　　⑥ 유지가 많거나 부적당한 경우

3) 딱딱한 쿠키

① 유지 부족　　② 글루텐 발달을 많이 시킨 반죽　　③ 너무 강한 밀가루

4) 팬에 눌어붙음

① 너무 약한 밀가루　② 계란 사용량 과다　③ 너무 묽은 반죽

④ 불결한 팬　⑤ 반죽 내의 설탕 반점　⑥ 팬이 부적당한 금속 재질

5) 표피가 갈라짐

① 오버 베이킹　　② 급속 냉각　　③ 수분 보유제의 빈약　　④ 부적당한 저장

8 도넛

제과점 튀김물의 주종을 이루고 있는 도넛은 빵 도넛과 케이크 도넛으로 나눌 수 있고, 외식산업의 상륙과 더불어 충전물, 아이싱을 다르게 하여 종류도 다양해지고 있다.

1. 재료

1) 케이크 도넛 재료 사용 범위

밀가루 (중력분)	100(%)	계 란	30~60(%)
설 탕	20~45	소 금	0.5~2.0
유 지	5~15	향, 향신료	0~2
분 유	4~8	팽창제	3~6

★ 이외에 감자가루, 면실분, 대두분 등을 사용하기도 한다.
★ 도넛에 가장 많이 사용하는 향신료는 넛메그
★ 제품 특성에 맞는 팽창제 사용이 중요(팽창제의 형태와 사용량)

2) 밀가루

① 강력분과 박력분을 혼합한 특성을 가진 중력분
② 프리 믹스에 사용하는 밀가루는 수분 11% 이하

3) 설탕

① 감미제, 수분 보유제, 저장성 증대, 껍질 색 개선, 제품의 부드러움 제고
② 믹싱 시간이 짧기 때문에 용해성이 좋은 설탕 : 입자가 고운 입상형 설탕, 특수처리를 한 설탕
③ 껍질 색 개선 : 소량의 포도당을 사용

4) 계란

① 영양 강화, 풍미, 식욕을 돋우는 색상, 구조 형성 때문에 사용
② 노른자에 함유된 레시틴 : 유화제
③ 단백질 알부민은 열응고 후 도넛을 단단하게 하는 역기능

5) 유지

① 가소성 경화 쇼트닝, 대두유, 옥배유, 채종유, 면실유 등 식용유를 사용
② 밀가루 글루텐에 대한 윤활 효과
③ 유지의 가수분해와 산패를 최소로 하는 안정성이 높은 유지 필요
④ 풍미를 위해 버터를 혼용

6) 분유

① 흡수율을 증대시키며 글루텐과의 보완작용으로 구조를 강화
② 분유 중의 유당 : 껍질 색 개선

7) 팽창제

① 사용량 : 배합률, 밀가루 특성, 설탕 사용량, 도넛 자체의 중량과 크기, 고도(altitude) 등에 따라 결정
② 과도한 중조 : 어두운색, 비누 맛, 거친 속결
③ 과도한 산 : 여린 색, 조밀한 기공, 자극적인 맛
④ 미세한 입자 상태라야 노란 반점 등이 발생하지 않는다.

8) 향 및 향신료

① 구연산 계열(오렌지, 레몬)과 바닐라 향이 주종
② 향신료 넛메그는 빵도넛, 케이크도넛에 공통으로 사용
③ 넛메그를 보완하기 위한 향신료 : 메이스
④ 코코아, 초콜릿 등 재료로써의 향 물질도 사용(제품내 또는 코팅 재료로 사용)

2. 공정상 유의사항

1) 믹싱

① 크림법
　㉮ 유지+설탕을 크림화　㉯ 계란 첨가로 부드러운 크림 제조　㉰ 나머지 재료 혼합
　★프리믹스 도넛 가루인 경우는 1단계법(2~4분)
② 공립법
　㉮ 전란+설탕+소금을 기포　㉯ +녹인 버터를 넣고 혼합
　㉰ +건조 재료(밀가루+분유+B.P+향신료)를 체질하여 넣고 가볍게 혼합
③ 반죽 온도 : 22~24℃

2) 휴지

① 휴지 시간 : 20~30분
② 휴지 중 : ㉮ 이산화탄소 가스의 발생　　㉯ 밀가루 등 재료의 수화
　　　　　　㉰ 껍질 형성(표피가 마르는 현상)을 느리게 한다.
③ 밀어 펴기 등 취급이 용이하게 된다.

3) 정형

① 밀어 펴기 : 장방형으로 전면의 두께가 균일하여야 한다.
② 성형 : 도넛 틀을 사용 또는 충전용 도넛으로 제조
③ 휴지 : 표피가 건조되지 않도록 한다. 먼저 성형한 반죽부터 튀기면 자연스럽게 휴지

4) 튀김

① 온도 : 180~196℃ (제품 크기에 따라 조정)
　㉮ 고온 : 껍질 색이 진해지지만 속은 익지 않는다.
　㉯ 저온 : 퍼짐이 커지고 기름 흡수가 많아진다.
② 주입기와 튀김기름 표면과의 적정 거리

㉮ 낮으면 : 주입기 끝부분 반죽이 익어 제품 모양이 불량
㉯ 높으면 : 낙하하는 동안 모양이 변형되어 제품 모양이 불량
③ 튀김기름 깊이 : 12~15cm (튀김 범위 = 5 ~ 8cm)
★튀김기름의 4대 적 ① 온도 : 열 ② 물 : 수분 ③ 공기 : 산소 ④ 이물질

3. 도넛 설탕과 글레이즈

도넛 자체를 주식(밥)이라 하면 도넛 설탕과 도넛 글레이즈는 부식(반찬)에 해당할 만큼 도넛 제품 전체에 영향이 크다.

1) 종류

(1) 도넛 설탕 : 도넛 위에 하얀 눈처럼 피복하는 설탕

포도당	56~90%
쇼트닝	5~10
소 금	1
전 분	5~30
향	0~1

(2) 계피 설탕 : 계피 향을 가진 갈색의 피복용 설탕

설탕(입상형)	94~97%
계피가루	3~6

(3) 도넛 글레이즈 간편법

분당을 소량의 물에 잘 개어서 펀던트(퐁당)와 같이 만들어 도넛 표면을 피복한다. 채색할 수도 있으나 흰색이 많이 쓰인다.

분 당	80~82%
안정제	0~1
물	18~20
향	0~1

(4) 스위트 초콜릿 코팅

도넛에 씌우는 초콜릿 피복용으로 따뜻할 때 붓거나 도넛을 담가 묻힌다.

초콜릿 원액	20~40%
분 당	20~55
레시틴	약 0.1

(5) 기타

① 일반 글레이즈, 코코아 코팅 등이 있으며
② 초콜릿 코팅 후 코코넛 또는 땅콩가루를 묻힐 수 있으며
③ 도넛 안에 충전하는 잼류, 젤리류, 크림류가 있다.

2) 주요 문제점

(1) 황화(Yellowing), 회화(Graying)

① 도넛의 지방이 도넛 설탕을 적시는 문제
② 튀김기름에 스테아린을 첨가하여 해결
   ㉮ 경화제로써 지방 침투를 방지
   ㉯ 튀김기름의 3~6% 첨가

(2) 발한(Sweating)

① 도넛에 입힌 설탕이나 글레이즈가 수분에 녹아 시럽처럼 변하는 현상으로 물의 문제
② 주어진 설탕에 대해 수분이 많은 경우
③ 설탕에 대한 적정량의 수분 : 온도가 상승하면 발한 현상(20~37℃ 사이에서 온도 5.5℃ 상승마다 포도당 용해도 4% 증가)
④ 포장용 도넛 수분 : 21~25%
⑤ 발한 제거 방법
   ㉮ 도넛에 묻는 설탕의 양을 증가   ㉯ 충분히 냉각
   ㉰ 냉각 중 더 많은 환기   ㉱ 튀김 시간의 증가
   ㉲ 설탕에 적당한 점착력을 주는 튀김기름의 사용

(3) 글레이즈가 부스러지는 현상

① 일반적인 글레이즈의 품온이 49℃ 근처에서 도넛 피복
② 도넛이 냉각되는 동안 9%의 수분 증발 : 글레이즈 표면 건조
③ 도넛 글레이즈의 설탕막이 금이 가거나 부스러지는 현상 발생

④ 부스러지는 현상 제거 방법

  ㉮ 설탕의 일부를 포도당이나 전화당 시럽으로 대치

  ㉯ 안정제(한천, 젤라틴, 펙틴 등)를 사용

  ㉰ 안정제는 설탕에 대하여 0.25~1% 사용

(4) 과도한 흡유

① 반죽의 수분 과다 ② 믹싱 시간이 짧다. ③ 반죽 온도 부적정

④ 많은 팽창제 사용 ⑤ 과도한 설탕 사용 ⑥ 글루텐 부족

⑦ 낮은 튀김 온도 ⑧ 튀김 시간이 길다. ⑨ 반죽 중량이 적다.

3-2 과자류 제품 반죽 익힘

3-2-1. 반죽 익히기

① 굽기

(1) 굽기

① 굽기 방법

  - 고율 배합 반죽과 다량의 반죽일수록 낮은 온도에서 장시간 구워야 한다.

  - 저율 배합 반죽과 소량의 반죽일수록 높은 온도에서 단시간 구워야 한다.

② 언더베이킹(고온 단시간)

  - 높은 온도의 오븐에서 굽는 현상

  - 윗면이 볼록하게 올라오고 터진다.

  - 제품에 수분이 많이 남는다.

  - 속이 익지 않은 경우 가라앉는다.

③ 오버베이킹(저온 장시간)

  - 낮은 온도의 오븐에서 굽는 현상

  - 윗면이 평평하게 된다.

  - 제품에 수분이 적게 남는다.

  - 노화가 빠르다.

(2) 굽기에 영향을 주는 요인

① 가열에 의한 팽창

오븐 온도에서 케이크 반죽의 공기와 이산화탄소가 팽창을 일으키고 액체로부터 수증기가 생성된다. 가열로 인한 이산화탄소 발생과 팽창이 더 일어나고 팽창제로 인한 압력으로 인해 가공이 팽창되고 단백질이 변성 응고, 전분이 호화되는 동안 기공이 늘어나 얇은 상태로 유지하게 해준다.

② 팬의 재질

얇은 팬은 열이 반죽의 중심까지 매우 빠르게 침투한다. 굽는 팬이 어둡고 흐리다면 열 침투가 우수하고, 반짝거리는 재질로 된 팬은 열을 반사하므로 느리게 열을 흡수한다.

③ 오븐 온도

(3) 굽기 중 성분 변화

① 껍질의 갈색 변화

- 캐러멜화 : 비환원당이 온도에 의해 색이 변하는 반응
- 갈변 반응: 마이얄(Maillard) 반응으로 환원당이 단백질의 아미노산과 함께 갈색으로 변한다.
위의 두 반응은 껍질 색과 더불어 향의 발달에도 중요한 역할을 한다.

01. 비중 컵의 무게가 40g, 컵에 물을 담은 후의 무게가 240g, 컵에 반죽을 담은 후의 무게가 170g인 경우, 이 반죽의 비중은?

㉮ 0.4   ㉯ 0.65   ㉰ 0.8   ㉱ 0.95

● 해설 : $\dfrac{170-40}{240-40} = \dfrac{130}{200} = 0.65$

02. 고율배합용 밀가루의 단백질 함량으로 적당한 것은?

㉮ 3%   ㉯ 5%   ㉰ 8%   ㉱ 11%

03. 고율배합용 밀가루의 회분함량으로 적당한 것은?

㉮ 0.4%   ㉯ 0.6% 탕   ㉰ 0.8%   ㉱ 1.0%

04. 밀가루의 단백질 함량이 다음과 같을 때 박력분이라 할 수 있는 것은?

㉮ 7~9%   ㉯ 9.0~0.5%   ㉰ 10.5~11.5%   ㉱ 12~13.5%

05. 제과에 있어 설탕의 기능이 아닌 것은?

㉮ 감미   ㉯ 껍질 색   ㉰ 수분 보유제   ㉱ 이스트의 영양

06. 설탕꽃을 만들기 위한 설탕시럽의 온도로 맞는 것은?

㉮ 105℃   ㉯ 114℃   ㉰ 125℃   ㉱ 155℃

07. 이탈리안 머랭, 일반 펀던트를 만들기 위한 설탕시럽의 온도로 적당한 것은?

㉮ 104~108℃   ㉯ 114~118℃   ㉰ 124~128℃   ㉱ 134~138℃

08. 제과에 있어 유화 쇼트닝은 모노디글리세라이드로 몇%의 유화제를 혼합한 것인가?

㉮ 1~2%   ㉯ 2~4%   ㉰ 6~8%   ㉱ 8~10%

09. 유지를 믹싱할 때 공기를 잡아들이는 성질을 무엇이라 하는가?

㉮ 크림성   ㉯ 쇼트닝성   ㉰ 안정성   ㉱ 가소성

10. 유지가 제품에 부드러움을 주는 성질을 무엇이라 하는가?

㉮ 크림성   ㉯ 쇼트닝성   ㉰ 안정성   ㉱ 신장성

11. 고체지방 성분은 온도에 따라 변화하지만 적정온도 범위에서 고체 모양을 유지하는 성질은?

㉮ 크림성   ㉯ 쇼트닝성   ㉰ 안정성   ㉱ 가소성

12. 유지를 장기간 보존할 때 산패에 견디는 성질은?

㉮ 크림성   ㉯ 쇼트닝성   ㉰ 안정성   ㉱ 가소성

01-㉯   02-㉰   03-㉮   04-㉮   05-㉱   06-㉱   07-㉯   08-㉰   09-㉮   10-㉯   11-㉱   12-㉰

13. 계란은 케이크 제품의 구성 재료 기능이 있다. 다음 중 계란의 어느 성분이 구조 형성에 관여하는가?

   ㉮ 수분   ㉯ 단백질   ㉰ 탄수화물   ㉱ 레시틴

14. 계란이 결합제의 역할을 하는 예는?

   ㉮ 스펀지 케이크   ㉯ 레이어 케이크   ㉰ 커스터드 크림   ㉱ 쿠키

15. 스펀지 케이크 제조시 2,000g의 전란이 필요하다면 껍질 포함 60g짜리 계란은 몇 개가 있어야 하는가?

   ㉮ 18개   ㉯ 27개   ㉰ 37개   ㉱ 42개

   ➎ 해설 : 껍질 포함 60g 중 전란(가식부분)=60g×0.9=54g,   2,000÷54≒37(개)

16. 엔젤푸드 케이크 제조시 500g의 흰자가 필요하다면 껍질 포함 60g짜리 계란은 몇 개가 있어야 하는가?

   ㉮ 7개   ㉯ 14개   ㉰ 21개   ㉱ 28개

   ➎ 해설 : 껍질 포함 60g 중 흰자=60g×0.6=36g,   500÷36≒13.9 ⇒ 14(개)

17. 마요네즈 제조시 500g의 노른자가 필요하다면 껍질 포함 60g짜리 계란은 몇 개가 있어야 하는가?

   ㉮ 7개   ㉯ 14개   ㉰ 21개   ㉱ 28개

   ➎ 해설 : 껍질 포함 60g 중 노른자=60g×0.3=18g,   500÷18≒27.8 ⇒ 28(개)

18. 스펀지 케이크 배합표에서 2,000g의 전란 대신 물과 밀가루를 사용하려고 할 때 적당한 조치는?

   ㉮ 물 1,500g, 밀가루 500g 사용   ㉯ 물 1,000g, 밀가루 1,000g 사용

   ㉰ 물 500g, 밀가루 1,500g 사용   ㉱ 물 2,000g

   ➎ 해설 : 전란의 수분은 75%이고 고형질은 25%이므로 2,000×0.75=1,500(물), 2,000×0.25=500(밀가루)

※[문제 19~22] 시퐁 케이크 제조시 전란을 150% 사용하고, 밀가루 100%가 600g일 경우 다음 물음에 답하시오.

19. 흰자 사용 비율은?

   ㉮ 50%   ㉯ 100%   ㉰ 120%   ㉱ 150%

20. 흰자 사용 무게는?

   ㉮ 200g   ㉯ 400g   ㉰ 600g   ㉱ 800g

해답   13-㉯ 14-㉰ 15-㉰ 16-㉯ 17-㉱ 18-㉮ 19-㉯ 20-㉰

21. 노른자 사용 비율은?

　㉮ 20%　　　㉯ 30%　　　㉰ 40%　　　㉱ 50%

22. 노른자 사용 무게는?

　㉮ 300g　　　㉯ 500g　　　㉰ 700g　　　㉱ 900g

　❍ 해설 : 전란 150%는 흰자 : 노른자= 2 : 1이므로

흰자=$150×\dfrac{2}{3}$=100%, 노른자=$150×\dfrac{1}{3}$=50%, 흰자무게=600g, 노른자 무게=600×0.5=300(g)

23. 우유가 케이크 제품의 껍질 색을 진하게 하는 역할은 다음 중 어느 성분 때문인가?

　㉮ 수분　　　㉯ 단백질　　　㉰ 유당　　　㉱ 회분

24. 우유(시유) 1,000g 대신 분유를 사용하고자 할 때 분유와 물의 비율로 적당한 것은?

　㉮ 분유 : 100g, 물 : 900g　　　㉯ 분유 : 200g, 물 : 800g

　㉰ 분유 : 300g, 물 : 700g　　　㉱ 분유 : 400g, 물 : 600g

25. 다음 우유제품 중 단백질 함량이 가장 많은 것은?

　㉮ 전지분유　　　㉯ 탈지분유　　　㉰ 전지가당연유　　　㉱ 탈지가당연유

26. 옐로 레이어 케이크에 50%의 쇼트닝을 사용할 때 전란 사용량으로 맞는 것은?

　㉮ 45%　　　㉯ 50%　　　㉰ 55%　　　㉱ 60%

※[문제 27~31] 옐로우 레이어 케이크의 배합률이 밀가루=100%, 설탕=120%, 쇼트닝=50%일 경우 다음 물음에 답하시오.

27. 전체 우유 사용량은?

　㉮ 60%　　　㉯ 70%　　　㉰ 80%　　　㉱ 90%

28. 분유와 물을 사용할 때 분유 사용량은?

　㉮ 6%　　　㉯ 9%　　　㉰ 12%　　　㉱ 18%

29. 분유와 물을 사용할 때 물 사용량은?

　㉮ 9%　　　㉯ 27%　　　㉰ 45%　　　㉱ 81%

　❍ 해설 : 우유=설탕+25-전란(단, 전란=쇼트닝×1.1=50×1.1=55)=120+25-55=90 분유=90×0.1=9
물=90×0.9=81

30. 전란 60%를 사용하는 옐로 레이어 케이크를 화이트 레이어 케이크로 바꿀 때 흰자 사용량은?

　㉮ 26%　　　㉯ 52%　　　㉰ 78%　　　㉱ 104%

　❍ 해설 : 흰자=전란×1.3=60×1.3=78(%)

21-㉱　22-㉮　23-㉰　24-㉮　25-㉯　26-㉰　27-㉱　28-㉯　29-㉱　30-㉰

31. 화이트 레이어 케이크에 71.5%의 흰자를 사용했다면 쇼트닝은 얼마가 되는가?

㉮ 25%　　　　　㉯ 50%　　　　　㉰ 75%　　　　　㉱ 100%

● 해설 : 쇼트닝=흰자÷1.43=71.5÷1.43=50(%)

※[문제 32~36] 화이트 레이어 케이크의 배합률이 밀가루=100%, 설탕=120%, 쇼트닝=60% 등으로 되어 있을 경우 다음 물음에 답하시오.

32. 흰자 사용량은 약 얼마인가?

㉮ 28.6%　　　　㉯ 57. 2%　　　　㉰ 85.8%　　　　㉱ 114.4%

● 해설 : 흰자=쇼트닝×1.1×1.3=60×1.1×1.3=85.8(%)

33. 전체 우유 사용량은 약 얼마인가?

㉮ 64%　　　　　㉯ 72 %　　　　　㉰ 80%　　　　　㉱ 85%

● 해설 : 우유=설탕+30-흰자=120+30-85.8=64.2(%)

34. 우유 대신 분유와 물을 사용할 때 분유 사용량은?

㉮ 3.2%　　　　　㉯ 6.4%　　　　　㉰ 9.6%　　　　　㉱ 12.8%

● 해설 : 분유=우유×0.1=64×0.1=6.4(%)

35. 우유 대신 분유와 물을 사용할 때 물 사용량은?

㉮ 28.8%　　　　㉯ 57.8%　　　　㉰ 86.4%　　　　㉱ 128%

● 해설 : 물=64.2×0.9=57.78 또는 64.2-6.4=57.8

36. 화이트 레이어 케이크에서 밀가루 사용량이 100%일 때 주석산크림은 약 얼마를 사용하는가?

㉮ 0.2%　　　　　㉯ 0.5%　　　　　㉰ 0.8 %　　　　㉱ 1.1%

※[문제 37~41] 데블스 푸드의 배합률이 밀가루=100%, 설탕=120%, 쇼트닝=50% 베이킹파우터=5%, 코코아=20%일 경우 다음 물음에 답하시오.

37. 전란 사용량은?

㉮ 50%　　　　　㉯ 55%　　　　　㉰ 60%　　　　　㉱ 65%

● 해설 : 전란=쇼트닝×1.1=50×1.1=55(%)

38. 전체 우유 사용량은?

㉮ 105%　　　　㉯ 115%　　　　㉰ 125%　　　　㉱ 135%

● 해설 : 우유=설탕+30+(1.5×코코아)-전란=120+30+(1.5×20)-55=125(%)

해답　31-㉯　32-㉰　33-㉮　34-㉯　35-㉯　36-㉯　37-㉯　38-㉰

39. 우유 대신 분유를 사용할 경우 분유 사용량은?

㉮ 12.5% ㉯ 14.0% ㉰ 15.5% ㉱ 17.0%

❍ 해설 : 우유가 125%이므로 분유＝125×0.1＝12.5%

40. 사용한 코코아가 천연코코아라면 탄산수소나트륨은 얼마를 쓰는가?

㉮ 0.7% ㉯ 1.4% ㉰ 2.1% ㉱ 2.8%

❍ 해설 : 탄산수소나트륨＝천연코코아×0.07＝20×0.07＝1.4(%)

41. 천연 코코아 사용시 원래의 베이킹파우더는 몇 %로 조정해야 되는가?

㉮ 0.8% ㉯ 2.0% ㉰ 5.0% ㉱ 0%

❍ 해설 : 탄산수소나트륨 1%는 베이킹파우더 3%와 같은 효과이므로 중조 1.4%는 베이킹파우더 {(1.4×3＝4.2(%)}와 같다. 원래 사용하던 베이킹파우더 5%에서 4.2%를 뺀 0.8%가 조정된 사용량이다(5－4.2＝0.8).

※[문제 42~47] 초콜릿 케이크의 배합률이 밀가루＝100%, 설탕＝120%, 유화쇼트닝＝60%, 초콜릿＝32%일 경우 다음 물음에 답하시오.

42. 초콜릿 32% 중 코코아는 몇 % 정도인가?

㉮ 12% ㉯ 16% ㉰ 20% ㉱ 24%

❍ 해설 : 초콜릿은 코코아가 5/8, 카카오버터가 3/8으로 구성되어 있다

43. 초콜릿 32% 중 코코아버터는 몇 % 정도인가?

㉮ 6% ㉯ 12% ㉰ 18% ㉱ 24%

❍ 해설 : 코코아＝32×5/8＝20(%), 카카오버터＝32×3/8＝12(%)

44. 전란 사용량은?

㉮ 54% ㉯ 60% ㉰ 66% ㉱ 72%

❍ 해설 : 전란＝쇼트닝×1.1＝60×1.1＝66

45. 전체 우유 사용량은?

㉮ 70% ㉯ 85% ㉰ 90% ㉱ 114%

❍ 해설 : 우유＝설탕＋30＋(1.5×코코아)－전란(코코아는20%)＝120+30+(1.5×20)－66＝114(%)

46. 우유 대신 분유를 사용할 때 분유 사용량은?

㉮ 7.9% ㉯ 8.5% ㉰ 9% ㉱ 11.4%

❍ 해설 : 분유＝우유×10%＝114×0.1＝11.4(%)

39-㉮ 40-㉯ 41-㉮ 42-㉰ 43-㉯ 44-㉰ 45-㉱ 46-㉱

47. 원래 사용하던 유화 쇼트닝 60%는 얼마로 변경해야 되는가?

㉮ 54% ㉯ 60% ㉰ 66% ㉱ 72%

❶ 해설 : 초콜릿 중의 코코아버터=32×3/8=12(%), 코코아버터는 유화쇼트닝의 1/2 기능을 가지고 있으므로 12×1/2=6(%)의 유화쇼트닝의 기능과 같다. 원래 사용하던 유화쇼트닝 60%에서 6%를 뺀다. 60-6=54(%) 초콜릿 케이크에서 원래 사용하던 유화쇼트닝은 감소한다.

48. 저율배합에 대한 고율배합의 비교로 틀리는 것은?

㉮ 믹싱 중 공기 혼입이 많다. ㉯ 비중이 낮다.
㉰ 화학 팽창제를 많이 쓴다. ㉱ 굽기 온도는 낮다.

49. 고율배합에 대한 설명으로 틀리는 것은?

㉮ 설탕 사용량이 밀가루 사용량보다 많다.
㉯ 많은 양의 액체 재료(물)를 사용하여 신선도가 오래 간다.
㉰ 상당량의 유지와 물을 안정시킬 유화쇼트닝을 사용한다.
㉱ 전분의 호화온도가 높은 밀가루를 사용한다.

50. 일반적으로 다음의 제과재료 중 산성이 아닌 것은?

㉮ 맥아시럽 ㉯ 계란흰자 ㉰ 이스트 ㉱ 젤라틴

51. 일반적으로 다음의 케이크 제품 중 알칼리성이 아닌 것은?

㉮ 과일 케이크 ㉯ 초콜릿 케이크 ㉰ 코코아 케이크 ㉱ 화이트 레이어 케이크

52. 언더 베이킹에 대한 설명으로 틀리는 것은?

㉮ 낮은 온도의 오븐에서 구울 때의 현상 ㉯ 제품의 윗부분 중앙이 올라온다.
㉰ 완제품 중의 수분함량이 높다. ㉱ 주저 앉는 경우도 있다.

53. 오버 베이킹에 대한 설명으로 틀리는 것은?

㉮ 제품의 윗면이 평평하다. ㉯ 제품의 수분이 적다.
㉰ 높은 온도의 오븐에서 굽는다. ㉱ 제품의 노화가 빠르다.

54. 다음 중 코코아를 직접 사용하는 케이크 제품은?

㉮ 옐로 레이어 케이크 ㉯ 화이트 레이어 케이크
㉰ 엔젤 푸드 ㉱ 데블스 푸드

55. 다음 중 흰자를 직접 사용하는 케이크 제품은?

㉮ 옐로 레이어 케이크 ㉯ 엔젤 푸드 케이크
㉰ 데블스 푸드 ㉱ 초콜릿 케이크

해답 47-㉮ 48-㉰ 49-㉱ 50-㉯ 51-㉮ 52-㉮ 53-㉰ 54-㉱ 55-㉯

56. 일반적으로 반죽의 비중이 가장 낮은 제품은?
    ㉮ 옐로 레이어 케이크　　　　　　㉯ 데블스 푸드
    ㉰ 엔젤 푸드　　　　　　　　　　㉱ 화이트 레이어 케이크

57. 파운드 케이크의 재료로 부적당한 것은?
    ㉮ 박력분　　　㉯ 강력분 혼합　　　㉰ 중력분 혼합　　　㉱ 찰옥수수 가루

58. 파운드 케이크(올드 패션)의 기본 배합률로 맞는 것은?
    ㉮ 밀가루＝100%, 설탕＝100%, 유지＝100%, 전란＝100%
    ㉯ 밀가루＝100%, 설탕＝50%, 유지＝100%, 전란＝100%
    ㉰ 밀가루＝100%, 설탕＝50%, 유지＝50%, 전란＝50%
    ㉱ 밀가루＝100%, 설탕＝50%, 유지＝50%, 전란＝100%

59. 일반적으로 파운드 케이크의 비용적은 얼마인가?(1g 당 cm³)
    ㉮ 1.2cm³/g　　　㉯ 2.4cm³/g　　　㉰ 3.6cm³/g　　　㉱ 4.8cm³/g

60. 파운드 케이크의 윗면이 터지는 이유로 틀리는 것은?
    ㉮ 반죽에 수분이 많은 경우　　　　㉯ 설탕입자가 남아 있는 경우
    ㉰ 오븐온도가 너무 높을 때　　　　㉱ 오븐에 넣기 전 껍질이 말랐을 때

61. 파운드 케이크에서 밀가루와 설탕을 고정시키고 유지를 증가했을 때의 설명으로 틀리는 것은?
    ㉮ 계란을 증가　　㉯ 우유를 감소　　㉰ 베이킹파우더 증가　　㉱ 소금을 증가

62. 파운드 케이크에서 밀가루, 설탕을 고정하고 유지를 증가할 때 같이 증가하는 것은?
    ㉮ 계란　　　㉯ 우유　　　㉰ 베이킹파우더　　　㉱ 향료

63. 기본 스펀지 케이크의 필수 재료가 아닌 것은?
    ㉮ 밀가루　　　㉯ 설탕　　　㉰ 분유　　　㉱ 소금

64. 고급 스펀지 케이크용 밀가루의 단백질 함량으로 적당한 것은?
    ㉮ 5.5~7.5%　　㉯ 9.5~10.0%　　㉰ 10.5~13.0%　　㉱ 13.0% 이상

65. 고급 스펀지 케이크용 박력분의 회분 함량으로 적당한 것은?
    ㉮ 0.3%　　　㉯ 0.4%　　　㉰ 0.5%　　　㉱ 0.6%

66. 스펀지 케이크 믹싱에서 덥게 하는 방법을 쓸 때 계란과 설탕을 몇 ℃로 예열하는가?
    ㉮ 18℃　　　㉯ 27℃　　　㉰ 43℃　　　㉱ 53℃

56-㉰　57-㉱　58-㉮　59-㉯　60-㉮　61-㉰　62-㉮　63-㉰　64-㉮　65-㉮　66-㉰

67. 스펀지 케이크 믹싱에 있어 차게 하는 방법에 대한 설명으로 틀리는 것은?

   ㉮ 믹서 성능이 좋을 때   ㉯ 베이킹파우더를 사용하는 배합표

   ㉰ 에어믹서와 같이 1단계법   ㉱ 계란 사용량을 감소시킬 때

68. 젤리 롤 케이크를 말 때 표피가 터지는 경우에 조치할 사항으로 틀리는 것은?

   ㉮ 설탕(자당)의 일부를 물엿으로 대치 ㉯ 덱스트린의 점착성 이용

   ㉰ 팽창을 증가   ㉱ 계란 중의 노른자율 감소

69. 젤리 롤 케이크을 말 때 표피가 터지는 이유로 가장 큰 영향을 주는 것은?

   ㉮ 설탕의 일부를 물엿으로 대치   ㉯ 낮은 온도에서 오래 굽는다.

   ㉰ 덱스트린의 점착성 이용   ㉱ 팽창율 감소

70. 스펀지 케이크의 기본 배합률은?

   ㉮ 밀가루＝100%, 설탕＝100%, 계란＝100%. 소금＝2%

   ㉯ 밀가루＝100%, 설탕＝100%, 계란＝50%, 소금＝2%

   ㉰ 밀가루＝100%, 설탕＝50%, 계란＝50%, 소금＝2%

   ㉱ 밀가루＝100%, 설탕＝166%, 계란＝166%, 소금＝2%

※[문제 71~72]엔젤 푸드 케이크의 배합률이 밀가루＝15%, 주석산 크림＝0.5%, 소금＝0.5%, 계란흰자＝45% 등일 경우 다음 물음에 답하시오.

71. 머랭 제조시 넣는 1단계의 설탕 사용량은?

   ㉮ 6%   ㉯ 13%   ㉰ 19%   ㉱ 26%

   ● 해설 : 총설탕＝100－(밀가루＋흰자＋1)＝100－(15＋45＋1)＝39(%)

             1단계 설탕＝총설탕×2/3＝39×2/3＝26(%)

72. 밀가루와 함께 넣는 2단계의 분당 사용량은?

   ㉮ 6%   ㉯ 13%   ㉰ 19%   ㉱ 26%

   ● 해설 : 2단계 분당＝총설탕×1/3＝39×1/3＝13(%)

73. 엔젤 푸드 케이크 제조시 밀가루, 분당을 넣기 전의 머랭 상태로 바람직한 것은?

   ㉮ 젖은 피크 초기   ㉯ 중간 피크 중기

   ㉰ 건조 피크 초기   ㉱ 건조 피크 후기

74. 엔젤 푸드 케이크 제조시 산 사전 처리법에 대한 설명으로 틀리는 것은?

   ㉮ 흰자에 소금, 산염을 넣고 젖은 피크의 머랭을 만든다.

   ㉯ 설탕을 넣으면서 중간 피크의 머랭을 만든다.

   ㉰ 밀가루, 분당을 넣고 균일하게 혼합한다.

해답 67-㉱ 68-㉰ 69-㉯ 70-㉱ 71-㉱ 72-㉯ 73-㉯ 74-㉱

㉐ 기름칠을 균일하게 한 팬에 넣고 굽는다.

75. 엔젤 푸드 케이크 제조시 주석산 크림을 넣는 이유가 아닌 것은?

㉮ 흰자의 알칼리성을 중화
㉯ pH를 낮추어 머랭을 튼튼하게 한다.
㉰ 머랭의 색을 희게 한다.
㉱ 흡수율을 높여 노화를 지연

76. 엔젤 푸드 케이크의 반죽온도로 적당한 것은?

㉮ 18℃ 이하
㉯ 22~24℃
㉰ 27~29℃
㉱ 41~43℃

77. 엔젤 푸드 케이크를 구운 후 수축이 심한 경우가 아닌 것은?

㉮ 오버 베이킹
㉯ 언더 베이킹
㉰ 흰자의 오버 믹싱
㉱ 흰자 믹싱 과소

78. 일정한 조건하에서 엔젤 푸드 케이크를 219℃에서 25분 구었더니 제품의 수분이 32.3%로 되었다. 제품의 수분이 32.9%가 된 경우의 굽기 온도는?

㉮ 177℃
㉯ 191℃
㉰ 204℃
㉱ 230℃

79. 견과 엔젤 푸드 케이크를 만들 때 일반적으로 견과 1에 대한 반죽의 비율은?

㉮ 3
㉯ 6
㉰ 9
㉱ 12

80. 퍼프 페이스트리용 마가린에서 가장 중요한 성질은?

㉮ 유화성
㉯ 가소성
㉰ 안정성
㉱ 쇼트닝성

81. 퍼프 페이스트리의 기본 배합률은?

㉮ 밀가루=100%, 유지=100%, 물=50%, 소금=1%
㉯ 밀가루=100%, 유지=100%, 물=100%, 소금=1%
㉰ 밀가루=100%, 유지=50%, 물=100%, 소금=1%
㉱ 밀가루=100%, 유지=50%, 물=50%, 소금=1%

82. 퍼프 페이스트리용 밀가루의 단백질 함량으로 적당한 것은?

㉮ 5.5~7.5%
㉯ 7~8%
㉰ 9~10%
㉱ 10.5~13.0%

83. 반죽으로 충전용 유지를 싸서 밀어 펴는 퍼프페이스트리에 대한 설명으로 틀린것은?

㉮ 결이 균일하다.
㉯ 불란서식
㉰ 롤-인법
㉱ 스코틀랜드식

84. 퍼프 페이스트리 제조작업에 대한 설명으로 틀리는 것은?

㉮ 밀어 펴기를 할 때 반죽의 두께가 일정해야 한다.
㉯ 밀어 펴기를 할 때 모서리는 가급적 직각이어야 한다.
㉰ 손가락으로 눌렀을 때 자국이 생기면 휴지가 안 된 상태이다.
㉱ 성형은 예리한 기구로 절단하여야 한다.

85. 퍼프 페이스트리가 수축하는 이유가 아닌 것은?

㉮ 밀어 펴기를 과도하게 함
㉯ 굽기 전 휴지 불충분
㉰ 반죽이 너무 단단함
㉱ 오븐 온도가 낮다.

86. 파이 껍질의 결의 길이가 가장 긴 경우는?

㉮ 유지 입자가 호두알 크기
㉯ 유지 입자가 콩알 크기
㉰ 유지 입자가 미세한 크기
㉱ 크래커형 껍질

87. 파이용 마가린에서 가장 중요한 성질은?

㉮ 안정성
㉯ 유화성
㉰ 가소성
㉱ 기능성

88. 파이 껍질의 다음 착색제 중 사용량이 가장 적은 것은?

㉮ 설탕
㉯ 포도당
㉰ 분유
㉱ 탄산수소나트륨

89. 파이 껍질의 착색제라 할 수 있는 재료는?

㉮ 물엿
㉯ 밀가루
㉰ 유지
㉱ 물

90. 일반적으로 체리 충전물을 만들기 위해 체리 시럽 10kg에 얼마의 물과 설탕을 넣어 증량하는가?

㉮ 물=5kg, 설탕=5kg
㉯ 물=10kg, 설탕=6kg
㉰ 물=15kg, 설탕=5kg
㉱ 물=20kg, 설탕=3kg

91. 일반적으로 충전물 시럽 100에 대하여 전분을 얼마나 넣어 페이스트를 만드는가?

㉮ 6~8%
㉯ 12~14%
㉰ 16~18%
㉱ 20~22%

92. 커스터드 파이의 커스터드 농후화제는?

㉮ 우유
㉯ 계란
㉰ 전분
㉱ 타피오카

93. 참 커스터드 크림의 필수 재료는?

㉮ 우유
㉯ 전분
㉰ 계란
㉱ 설탕

94. 과일 파이에서 과일 충전물이 끓어 넘치는 이유가 아닌 것은?

㉮ 충전물 온도가 높다.
㉯ 충전물의 설탕이 너무 적다.
㉰ 가장자리 봉합상태가 불량하다.
㉱ 밑껍질이 두껍다.

95. 파이 껍질이 질기고 단단한 원인이 아닌 것은?

㉮ 약한 밀가루 사용
㉯ 믹싱이 지나침
㉰ 많은 파치를 혼합
㉱ 밀어 펴기가 과도함

해답 85-㉱ 86-㉮ 87-㉰ 88-㉱ 89-㉮ 90-㉯ 91-㉮ 92-㉯ 93-㉰ 94-㉱ 95-㉮

96. 파이 껍질 반죽을 휴지시키는 이유가 아닌 것은?
   ㉮ 반죽과 유지의 되기 조절   ㉯ 밀어 펴기가 용이
   ㉰ 반죽의 글루텐이 부드러워지고 수화가 완전히 진행
   ㉱ 파치를 감소시킨다.

97. 반죽형 쿠키 중 수분함량이 가장 많은 제품은?
   ㉮ 드롭 쿠키   ㉯ 스냅 쿠키   ㉰ 쇼트브레드 쿠키 ㉱ 스펀지 쿠키

98. 다음 쿠키 중 제품에 수분이 가장 많은 것은?
   ㉮ 드롭 쿠키   ㉯ 스냅 쿠키   ㉰ 쇼트브레드 쿠키 ㉱ 머랭 쿠키

99. 다음 쿠키 중 밀어펴서 성형하는 쿠키는?
   ㉮ 드롭 쿠키   ㉯ 스냅 쿠키   ㉰ 스펀지 쿠키   ㉱ 머랭 쿠키

100. 쿠키에 사용하는 유지에서 가장 중요한 성질은?
   ㉮ 유화성   ㉯ 신장성   ㉰ 안정성   ㉱ 가소성

101. 쿠키에 사용하는 암모늄염 계열의 팽창제에 대한 설명으로 틀리는 것은?
   ㉮ 물만 있으면 단독으로 작용   ㉯ 반응 후 잔류물이 남지 않는다.
   ㉰ 쿠키의 퍼짐을 좋게 한다.   ㉱ 제품의 향을 개선한다.

102. 쿠키의 퍼짐이 작은 원인이 아닌 것은?
   ㉮ 고운 입자의 설탕 사용   ㉯ 과도한 믹싱
   ㉰ 반죽이 알칼리성   ㉱ 너무 높은 온도의 오븐

103. 쿠키의 퍼짐이 과도한 원인이 아닌 것은?
   ㉮ 낮은 오븐온도   ㉯ 과량의 설탕 사용
   ㉰ 팬 기름칠이 과도   ㉱ 반죽이 산성

104. 쿠키의 퍼짐이 과도한 원인은?
   ㉮ 반죽의 되기가 묽다.   ㉯ 반죽이 산성
   ㉰ 설탕을 넣고 믹싱을 많이 함   ㉱ 높은 온도의 오븐

105. 다음 설탕 중 쿠키의 퍼짐이 가장 큰 것은?
   ㉮ 물엿   ㉯ 전화당 시럽   ㉰ 정백당   ㉱ 포도당

106. 스냅쿠키와 유사하지만 유지량이 많은 쿠키는?
   ㉮ 드롭 쿠키   ㉯ 쇼트브레드 쿠키 ㉰ 스펀지 쿠키   ㉱ 머랭 쿠키

96-㉱ 97-㉮ 98-㉱ 99-㉯ 100-㉰ 101-㉱ 102-㉰ 103-㉱ 104-㉮ 105-㉰ 106-㉯

107. 한 철판에 넣어 구울 쿠키의 조건이 아닌 것은?

㉮ 일정한 가격　　㉯ 일정한 크기　　㉰ 일정한 모양　　㉱ 일정한 간격

108. 코코넛 마카롱 쿠키는 다음 중 어느 종류의 쿠키에 속하는가?

㉮ 드롭 쿠키　　㉯ 스냅 쿠키　　㉰ 스펀지 쿠키　　㉱ 머랭 쿠키

109. 케이크 도넛용 밀가루의 단백질 함량으로 알맞은 것은?

㉮ 5.5~6.5%　　㉯ 7~8%　　㉰ 9.5~10%　　㉱ 10.5~13.0%

110. 케이크 도넛 반죽을 휴지시키는 이유로 틀리는 것은?

㉮ 이산화탄소 가스의 발생　　㉯ 전 재료를 수화한다.
㉰ 생재료를 없게 한다.　　㉱ 껍질 형성을 빠르게 한다.

111. 일반적으로 도넛 튀김기름의 튀김 깊이로 적당한 것은?

㉮ 3cm　　㉯ 7cm　　㉰ 12cm　　㉱ 16cm

112. 일반적으로 튀김기름의 튀김 온도로 적당한 범위는?

㉮ 160~180℃　　㉯ 185~194℃　　㉰ 200~210℃　　㉱ 230℃ 이상

113. 기계용 도넛의 주입기와 기름 표면과의 거리로 적당한 것은?

㉮ 1cm　　㉯ 3cm　　㉰ 5cm　　㉱ 7cm

114. 도넛 기름이 설탕을 적시는 현상을 무엇이라 하는가?

㉮ 황화　　㉯ 발한　　㉰ 피복 과다　　㉱ 결정화

115. 도넛 튀김기름에 스테아린 지방을 첨가하는 설명으로 틀리는 것은?

㉮ 경화제　　㉯ 융점을 높인다.
㉰ 기름의 3~6% 첨가　　㉱ 설탕이 붙는 점착력 증가

116. 포장용 도넛의 수분함량으로 적정한 범위는?

㉮ 15~18%　　㉯ 21~25%　　㉰ 27~32%　　㉱ 36~38%

117. 도넛 중의 물이 설탕을 녹이는 현상을 무엇이다 하는가?

㉮ 회화　　㉯ 발한　　㉰ 피복 과소　　㉱ 결정화

118. 도넛 설탕의 발한 현상을 방지하는 방법이 아닌 것은?

㉮ 설탕을 많이 묻힌다.　　㉯ 충분히 냉각한다.
㉰ 냉각 중 더 많은 환기　　㉱ 튀김시간을 줄인다.

119. 도넛 글레이즈의 사용 온도로 적당한 것은?

㉮ 27℃　　㉯ 36℃　　㉰ 49℃　　㉱ 63℃

해답　107-㉮　108-㉱　109-㉰　110-㉱　111-㉯　112-㉯　113-㉯　114-㉮　115-㉱　116-㉯
117-㉯　118-㉱　119-㉰

120. 도넛 제품이 과도한 흡유를 하는 경우가 아닌 것은?

　　㉮ 믹싱시간이 길다.　　　　　　㉯ 설탕이 많다.
　　㉰ 튀김온도가 낮다.　　　　　　㉴ 튀김시간이 길다.

121. 도넛 제품이 과도한 흡유를 하는 원인이 아닌 것은?

　　㉮ 반죽에 수분이 많다.　　　　　㉯ 반죽 중량이 많다.
　　㉰ 튀김시간이 길다.　　　　　　㉴ 믹싱시간이 짧다.

122. 튀김 기름의 4대 적이 아닌 것은?

　　㉮ 공기　　　　㉯ 수분　　　　㉰ 항산화제　　　　㉴ 열

123. 튀김기름의 가수분해와 관계가 적은 것은?

　　㉮ 토코페롤　　　㉯ 공기　　　　㉰ 온도　　　　㉴ 이물질

124. 초콜릿 24% 중에 코코아는 몇 % 정도 함유되는가?

　　㉮ 5%　　　　㉯ 10%　　　　㉰ 15%　　　　㉴ 20%

　　◐ 해설 : 코코아(%)＝초콜릿(%)×5/8＝24×5/8＝15(%)

125. 초콜릿 24% 중의 코코아버터는 유화쇼트닝 몇 %와 같은 효과인가?

　　㉮ 4.5%　　　　㉯ 9.0%　　　　㉰ 13.5%　　　　㉴ 18%

　　◐ 해설 : 코코아버터＝초콜릿×3/8＝24×3/8＝9(%), 유화쇼트닝 효과＝코코아버터×1/2＝9×1/2＝4.5(%)

126. 유화쇼트닝 60%를 사용하던 옐로 레이어 케이크를 초콜릿 24%를 사용하는 초콜릿 케이크로 바꿀 때, 유화쇼트닝은 얼마로 되는가?

　　㉮ 55.5%　　　　㉯ 60%　　　　㉰ 66%　　　　㉴ 70.5%

　　◐ 해설 : 원래의 유화쇼트닝－코코아버터×1/2＝60－9×1/2＝55.5(%)

127. 초콜릿 중의 코코아버터가 안정되게 굳을 수 있도록 온도를 조절하는 과정은?

　　㉮ 믹싱　　　　㉯ 입자 정제　　　　㉰ 템퍼링　　　　㉴ 콘칭

128. 젤리 제조에 사용하는 안정제가 아닌 것은?

　　㉮ 한천　　　　㉯ 젤라틴　　　　㉰ 펙틴　　　　㉴ 글리세린

129. 유지에 의한 팽창제품이 아닌 것은?

　　㉮ 크림법으로 만든 케이크 머핀　　㉯ 퍼프 페이스트리
　　㉰ 데니시 페이스트리　　　　　　㉴ 파이 껍질

130. 화학적인 팽창제품으로 볼 수 없는 것은?

　　㉮ 반죽형 쿠키　　㉯ 핫케이크　　㉰ 엔젤 푸드 케이크　　㉴ 케이크 도넛

120-㉮　121-㉯　122-㉰　123-㉮　124-㉰　125-㉮　126-㉮　127-㉰　128-㉴　129-㉴　130-㉰

131. 다음 중 냉과라 할 수 있는 것은?
㉮ 바바로아 ㉯ 케이크 머핀 ㉰ 팬 케이크 ㉱ 마드레느

132. 노른자 100g 중에는 약 얼마의 수분이 들어 있는가?
㉮ 20g ㉯ 30g ㉰ 50g ㉱ 75g

133. 분유 중에 함유되어 껍질 색에 영향을 주는 당은?
㉮ 설탕(자당) ㉯ 유당 ㉰ 포도당 ㉱ 과당

134. 다음의 재료 중 수분 공급의 효과가 없는 것은?
㉮ 우유(시유) ㉯ 액당 ㉰ 계란 ㉱ 유당

135. 다음 중 거품형 케이크에 속하는 것은?
㉮ 옐로 레이어 케이크 ㉯ 스펀지 케이크
㉰ 데블스 케이크 ㉱ 초콜릿 케이크

136. 반죽형 케이크의 특징이 아닌 것은?
㉮ 일반적으로 밀가루가 계란보다 많이 사용된다.
㉯ 주로 화학팽창제에 의해 부피가 형성된다.
㉰ 상당량의 유지를 사용한다. ㉱ 해면과 같은 조직을 가지고 있다.

137. 다음 중 본래의 거품형 케이크에 대한 설명으로 틀리는 것은?
㉮ 계란 단백질의 공기 포집성과 변성에 의해 만들어진다.
㉯ 계란 노른자가 제품의 부피를 이루는 주 원인이 된다.
㉰ 일반적으로 계란 사용량이 밀가루 사용량보다 많다.
㉱ 일반적으로 유지는 사용하지 않는다.

138. 다음 중 화학적 팽창과 관계가 먼 것은?
㉮ 커피 케이크 ㉯ 반죽형 쿠키 ㉰ 케이크 도넛 ㉱ 레이어 케이크
➲ 해설 : 이스트를 사용한 빵제품이다.

139. 레이어 케이크용 밀가루의 질이 불량한 경우의 조치 사항이 아닌 것은?
㉮ 밀가루 증가 ㉯ 계란 증가 ㉰ 유지 감소 ㉱ 설탕 감소

140. 표백이 불량한 밀가루로 만든 제품의 문제점을 최소로 할 때 증가해야 할 재료는?
㉮ 설탕 ㉯ 쇼트닝 ㉰ 밀가루 ㉱ 계란

[해답] 131-㉮ 132-㉰ 133-㉯ 134-㉱ 135-㉯ 136-㉱ 137-㉯ 138-㉮ 139-㉮ 140-㉱

141. 고율배합에 대한 설명으로 틀리는 것은?

㉮ 설탕 사용량이 밀가루 사용량보다 많다.   ㉯ 믹싱중 공기혼입이 많다.

㉰ 유화제를 사용하여 유지와 액체를 안정시킨다.   ㉱ 굽는 온도를 높인다.

142. 소금의 기능으로 틀리는 것은?

㉮ 맛   ㉯ 캐러멜화 온도를 낮춤

㉰ 증기압 형성   ㉱ 감미도 조절

143. 레이어 케이크에서 쇼트닝과 전란의 관계는?

㉮ 전란=쇼트닝×0.9   ㉯ 전란=쇼트닝×1.1

㉰ 전란=쇼트닝×1.3   ㉱ 전란=쇼트닝×1.43

144. 화이트 레이어 케이크에서 흰자와 쇼트닝과의 관계는?

㉮ 흰자=쇼트닝×0.9   ㉯ 흰자=쇼트닝×1.1

㉰ 흰자=쇼트닝×1.3   ㉱ 흰자=쇼트닝×1.43

     ● 해설 : 전란=쇼트닝×1.1, 흰자=전란×1.3=쇼트닝×1.1×1.3

145. 코코아 케이크에 사용한 천연 코코아에는 몇 %의 탄산수소나트륨(중조)을 사용하는가? (코코아 기준)

㉮ 2%   ㉯ 4%   ㉰ 7%   ㉱ 10%

146. 화이트 레이어 케이크의 흰자 사용량이 71.5%였다면 유화쇼트닝 사용량은?

㉮ 40%   ㉯ 50%   ㉰ 71.5%   ㉱ 79%

     ● 해설 : 71.5÷1.3÷1.1 또는 71.5÷1.43=50

147. 같은 조건일 때 초콜릿의 색상이 가장 진한 경우는?

㉮ pH=5   ㉯ pH=7   ㉰ pH=9   ㉱ pH와 무관

148. 초콜릿 유지의 다음 형태 중 가장 안정한 것은?

㉮ 알파형   ㉯ 감마형   ㉰ 베타 프라임   ㉱ 베타형

149. 초콜릿에서 설탕이나 기름이 표면에 나타내는 현상을 무엇이라 하는가?

㉮ 블룸   ㉯ 브레이크   ㉰ 슈레드   ㉱ 오븐 스프링

150. 파운드 케이크에 사용하는 유지 제품으로 적당하지 못한 것은?

㉮ 버터   ㉯ 유화쇼트닝   ㉰ 마가린   ㉱ 샐러드유

151. 일반 파운드 케이크에 비해 마블 파운드 케이크에 특별히 들어가는 재료는?

㉮ 버터   ㉯ 코코아   ㉰ 탈지분유   ㉱ 베이킹파우더

152. 건포도를 전처리하는 이유가 아닌 것은?

㉮ 먹을 때의 조직감 개선 ㉯ 과일의 풍미 회복
㉰ 제품 속과 건포도 간의 수분 이동 방지 ㉱ 부피 증가

153. 건포도를 전처리할 때의 표준 수온과 양은?

㉮ 건포도의 12% 물, 27℃ ㉯ 건포도의 24% 물, 30℃
㉰ 건포도의 36% 물, 32℃ ㉱ 건포도의 48% 물, 35℃

154. 파운드 케이크 윗면을 글레이즈하는 노른자 칠의 노른자와 설탕의 비율은?

㉮ 노른자 100%에 설탕 30~50% ㉯ 노른자 100%에 설탕 60~90%
㉰ 설탕 100%에 노른자 30~50% ㉱ 설탕 100%에 노른자 60~90%

155. 스펀지 케이크 제조시 박력분이 없을 때 전분은 몇 %까지 사용할 수 있는가?(밀가루 100%에 대하여)

㉮ 6% ㉯ 12% ㉰ 18% ㉱ 24%

156. 엔젤 푸드 케이크 제조시 1단계에 투입하는 설탕량은?

㉮ 전체 설탕의 30~40% ㉯ 전체 설탕의 40~50%
㉰ 전체 설탕의 60~70% ㉱ 전체 설탕의 90~100%

157. 일반적으로 엔젤 푸드 케이크에서 주석산 크림과 소금 사용량의 합계는 얼마인가?(전 배합률을 100%로 볼 때)

㉮ 1% ㉯ 2% ㉰ 3% ㉱ 4%

158. 계란흰자가 안정된 공기포집을 최대로 할 수 있는 온도 범위는?

㉮ 13~16℃ ㉯ 22~26℃ ㉰ 33~36℃ ㉱ 42~45℃

159. 엔젤 푸드 제조시 기구에 기름기가 있으면 어느 재료에 영향이 큰가?

㉮ 노른자 ㉯ 전란 ㉰ 흰자 ㉱ 주석산 크림

160. 엔젤 푸드 케이크의 반죽 온도가 높을 때 일어나는 현상은?

㉮ 기공이 조밀하다. ㉯ 부피가 작아진다.
㉰ 조직이 조밀하다. ㉱ 기공이 거칠어진다.

161. 엔젤 푸드 케이크 제조시 2단계로 사용하는 분당량은?

㉮ 전체 설탕의 30~40% ㉯ 전체 설탕의 50~60%
㉰ 전체 설탕의 70~80% ㉱ 전체 설탕의 90% 이상

해답 152-㉱ 153-㉮ 154-㉮ 155-㉯ 156-㉰ 157-㉮ 158-㉯ 159-㉰ 160-㉱ 161-㉮

162. 계란흰자를 거품 올려 안정성이 높은 머랭을 만드는 데 적당한 믹서의 속도는?
　　㉮ 저속　　　　　㉯ 중속　　　　　㉰ 고속　　　　　㉱ 속도와 관계가 없다.

163. 파이 껍질의 필수 재료가 아닌 것은?
　　㉮ 계란　　　　　㉯ 유지　　　　　㉰ 밀가루　　　　　㉱ 소금

164. 파이 껍질 제조에 가장 부적당한 유지는?
　　㉮ 버터　　　　　㉯ 라드　　　　　㉰ 대두유　　　　　㉱ 마가린

165. 파이 껍질에는 밀가루 100에 대하여 얼마의 물을 사용하는가?
　　㉮ 20　　　　　㉯ 30　　　　　㉰ 50　　　　　㉱ 70

166. 순수한 커스터드 크림에 사용하지 않는 재료는?
　　㉮ 분유　　　　　㉯ 전분　　　　　㉰ 설탕　　　　　㉱ 계 란

167. 파이 반죽을 휴지시키는 이유가 아닌 것은?
　　㉮ 유지를 굳게 한다.　　　　　㉯ 밀가루가 수화한다.
　　㉰ 끈적거림을 방지한다.　　　　　㉱ 껍질의 퍼짐을 좋게 한다.

168. 파이를 높은 온도에서 구울 때 일어날 수 있는 현상은?
　　㉮ 가운데 부분이 익지 않는다.　　　　　㉯ 껍질이 익지 않는다.
　　㉰ 가운데 부분이 먼지 익는다.　　　　　㉱ 전체적으로 빨리 구워진다.

169. 파이 껍질에 결이 형성되지 않는 이유로 틀리는 것은?
　　㉮ 지나치게 많이 접는다.　　　　　㉯ 너무 얇게 밀어 편다.
　　㉰ 오븐 온도가 낮다.　　　　　㉱ 오븐에 증기를 조금 넣는다.

170. 다음 중 파이 껍질의 착색제가 아닌 것은?
　　㉮ 설탕　　　　㉯ 주석산 크림　　　　㉰ 탄산수소나트륨(중조)　　　　㉱ 분유

171. 퍼프 페이스트리의 반죽에 사용하는 유지의 사용 한계는?
　　㉮ 30% 미만　　　㉯ 50% 미만　　　㉰ 70% 미만　　　㉱ 90% 미만

172. 퍼프 페이스트리 제조 작업 중 덧가루가 많이 묻었을 때의 설명으로 틀리는 것은?
　　㉮ 향미가 나빠진다.　　　　　㉯ 결이 단단해진다.
　　㉰ 굽는 시간이 증가된다.　　　　　㉱ 부서지기 쉬운 제품이 된다.

173. 퍼프 페이스트리 반죽에 넣는 유지량을 많게 할 때의 제품 경향이 아닌 것은?
　　㉮ 밀어 펴기가 쉽다.　　　　　㉯ 오븐 팽창이 크다.
　　㉰ 제품이 부드럽다.　　　　　㉱ 결이 분명하지 못하다.

174. 퍼프 페이스트리의 충전용 유지에 대한 설명으로 틀리는 것은?

　㉮ 각 층의 유지 반죽층을 밀어 올린다.

　㉯ 유지가 반죽에 흡수되면서 얇은 조각을 형성한다.

　㉰ 유지가 많을수록 결의 수가 증가한다.

　㉱ 냉각 후 유지공간은 공기로 차고 결을 형성한다.

175. 파이와 퍼프 페이스트리 반죽의 휴지에 대한 설명으로 틀리는 것은?

　㉮ 밀가루 강도가 높으면 길어진다.　　　　㉯ 여름에 길고 겨울엔 짧아진다.

　㉰ 눌렀을 때 자국이 남으면 종료해도 좋다.　　㉱ 냉동온도가 적당하다.

176. 퍼프 페이스트리 반죽에 포도당을 사용하는 설명으로 틀리는 것은?

　㉮ 감미 제공　　　　　　　　　㉯ 껍질 색 개선

　㉰ 밀어 펴기를 돕는다.　　　　　㉱ 사용량은 3~5 %

177. 다음 중 반죽형 쿠키가 아닌 것은?

　㉮ 드롭 쿠키　　㉯ 머랭 쿠키　　㉰ 스냅 쿠키　　㉱ 쇼트브레드 쿠키

178. 쿠키의 퍼짐이 작아지는 원인이 아닌 것은?

　㉮ 믹싱 과다　　㉯ 지나친 크림화　　㉰ 너무 진 반죽　　㉱ 설탕이 완전 용해

179. 쿠키에서 설탕의 기능이 아닌 것은?

　㉮ 퍼짐성 조절　　㉯ 감미　　㉰ 연화작용　　㉱ 구조 형성

180. 쿠키의 크기가 작게 되는 경우는?

　㉮ 팽창제 사용　　　　　　　㉯ 높은 온도의 오븐

　㉰ 입자가 큰 설탕　　　　　　㉱ 알칼리성 반죽

181. 유지 사용량이 가장 많은 쿠키는?

　㉮ 드롭 쿠키　　㉯ 스냅 쿠키　　㉰ 쇼트브레드 쿠키　　㉱ 머랭 쿠키

182. 쿠키 반죽의 믹싱에서 설탕 일부를 최종단계에 투입하는 이유는?

　㉮ 퍼짐의 증가　　　　　　　㉯ 제품의 부드러움

　㉰ 퍼짐의 감소　　　　　　　㉱ 윤활성 제고

183. 도넛의 설탕 사용량이 적은 경우의 설명으로 틀리는 것은?

　㉮ 껍질 색이 여리다.　　　　　㉯ 제품 속이 거칠다.

　㉰ 구조가 약해진다.　　　　　㉱ 기름 흡수가 적다.

해답　174-㉰　175-㉱　176-㉮　177-㉯　178-㉰　179-㉱　180-㉯　181-㉰　182-㉮　183-㉰

184. 도넛에서 계란의 기능으로 볼 수 없는 것은?

㉮ 영양 강화   ㉯ 속색   ㉰ 구조 형성   ㉱ 부드러움

185. 도넛 글레이즈의 안정제로 부적당한 것은?

㉮ 펙틴   ㉯ 구연산   ㉰ 젤라틴   ㉱ 로커스트빈 껌

186. 도넛의 단면 중 튀김기름 흡수가 가장 많은 부위는?

㉮ 껍질 부위   ㉯ 껍질과 속의 중간   ㉰ 속(중앙)   ㉱ 전 부위가 동일

187. 도넛의 두 번째 튀긴 면은 첫 번째 튀긴 면보다 기름 흡수가 얼마나 증가하는가?

㉮ 1%   ㉯ 5%   ㉰ 10%   ㉱ 15%

188. 튀김기름의 유리 지방산 함량이 얼마 이상이어야 연기가 많이 나고 흡유율이 높아지는가?

㉮ 1%   ㉯ 3%   ㉰ 5%   ㉱ 7%

189. 도넛 반죽에 탄산수소나트륨이 녹지 않았을 때의 현상은?

㉮ 검은색 반점   ㉯ 백색 반점   ㉰ 황색 반점   ㉱ 수포 형성

190. 신선한 튀김기름의 발연점은 몇 ℃ 이상이어야 하는가?

㉮ 190℃   ㉯ 200℃   ㉰ 218℃   ㉱ 232℃

191. 다음 중 증기압을 형성하여 팽창에 관계하는 재료는?

㉮ 분유   ㉯ 물   ㉰ 쇼트닝   ㉱ 밀가루

192. 다음의 산 작용제 중 베이킹파우더의 가스 발생속도가 가장 느린 것은?

㉮ 주석산 칼륨   ㉯ 인산 칼슘

㉰ 인산 알루미늄 소다   ㉱ 황산 알루미늄 소다

193. 스펀지 케이크에 녹인 버터를 투입하는 시기는?

㉮ 믹싱 초기 단계   ㉯ 계란 투입 단계

㉰ 밀가루 투입 직전 단계   ㉱ 믹싱 최종 단계

194. 계란의 신선도시험을 위한 소금물은 물 1ℓ에 얼마의 소금을 용해시키는가?

㉮ 30g   ㉯ 60g   ㉰ 90g   ㉱ 120g

195. 제과에 있어 계란의 기능이 아닌 것은?

㉮ 윤활 작용   ㉯ 스펀지 케이크의 팽창제

㉰ 커스터드의 결합제   ㉱ 노른자 레시틴의 유화작용

184-㉱ 185-㉯ 186-㉮ 187-㉯ 188-㉮ 189-㉰ 190-㉰ 191-㉯ 192-㉱ 193-㉱ 194-㉯ 195-㉮

196. 케이크 도넛 배합률에 설탕을 많이 넣었을 때 발생하는 현상이 아닌 것은?

㉮ 껍질 색이 진해진다. ㉯ 도넛 구조가 약해진다.
㉰ 기름 흡수가 감소된다. ㉱ 조직이 부드럽다.

197. 퍼프 페이스트리의 휴지 방법으로 옳은 것은?

㉮ 초기에 한 번 휴지 ㉯ 초기와 말기에 한 번씩 휴지
㉰ 성형 전에 한 번 휴지 ㉱ 매 번 접기 후 밀어 펴기 전에 휴지

198. 건조과일을 물에 침지하는 이유가 아닌 것은?

㉮ 껍질이 부드러워진다. ㉯ 수분 흡수로 풍미가 개선된다.
㉰ 수율이 높아진다. ㉱ 부패를 방지한다.

199. 다음 중 베이킹파우더에 들어 있지 않은 재료는?

㉮ 분당 ㉯ 탄산수소나트륨 ㉰ 산염 ㉱ 전분

200. 다음 제품 중 계란의 흰자만 사용하는 것은?

㉮ 스펀지 케이크 ㉯ 엔젤 푸드 케이크 ㉰ 파운드 케이크 ㉱ 초콜릿 케이크

201. 다음 제품 중 코코아를 사용하는 것은?

㉮ 화이트 레이어 ㉯ 옐로우 레이어 ㉰ 데블스 푸드 ㉱ 일반 파운드

202. 원형 팬의 용적 2.4cm³당 1g의 반죽을 넣으려 한다. 안치수로 팬의 직경이 10cm, 높이가 4cm라면 반죽의 무게는?

㉮ 100g ㉯ 130g ㉰ 160g ㉱ 190g

➲ 해설 : 용적=반지름×반지름×3.14×높이=5×5×3.14×4=314(cm³) 반죽무게=용적÷2.4=314÷2.4=130.8(g)

203. 정상적인 스펀지 케이크 배합률에서 계란을 20% 감소했을 때 올바른 조치사항은?

㉮ 물 15% 증가, 밀가루 5% 증가 ㉯ 물 15% 감소, 밀가루 5% 감소
㉰ 물 15% 증가, 밀가루 5% 감소 ㉱ 물 15% 감소, 밀가루 5% 증가

➲ 해설 : 계란 20% 중 수분=20×0.75=15(%) 고형질=20×0.25=5(%)

204. 엔젤 푸드에 당밀을 10% 사용하면 설탕은 몇 % 감소시키는가?

㉮ 2% ㉯ 6% ㉰ 8% ㉱ 10%

➲ 해설 : 당밀은 약 60%의 설탕과 40%의 액체로 구성되어 있으므로 10%×0.6=6%

해답 196-㉰ 197-㉱ 198-㉱ 199-㉮ 200-㉯ 201-㉰ 202-㉯ 203-㉮ 204-㉯

205. 나가사키 카스테라처럼 반죽량이 많고, 높은 부피를 얻고자 오랫 동안 두어야 하는 제품의 굽기 온도로 적당한 것은?

㉮ 160℃　　　　㉯ 190℃　　　　㉰ 210℃　　　　㉱ 230℃

206. 쿠키에서 설탕의 기능이 아닌 것은?

㉮ 퍼짐성을 좋게 한다.　　　　㉯ 단백질의 연화 효과
㉰ 쿠키의 구조를 강화　　　　㉱ 감미 및 윤활작용

207. 프렌치 파이란 다음 중 어느 것인가?

㉮ 튀김 파이　　㉯ 아메리칸 파이　　㉰ 고기 파이　　㉱ 퍼프 페이스트리

208. 전분 크림 파이와 커스터드 파이 충전물의 가장 큰 차이점은?

㉮ 굽는 방법　　㉯ 껍질의 성질　　㉰ 농후화제　　㉱ 쇼트닝 사용량

209. 쿠키가 팬에 늘어 붙는 이유가 아닌 것은?

㉮ 너무 강한 밀가루 사용　　　　㉯ 너무 묽은 반죽
㉰ 불결한 팬 사용　　　　㉱ 반죽 내의 설탕 반점

210. 과일 케이크 굽기에서 증기를 분사하는 이유가 아닌 것은?

㉮ 제품 표면의 반점을 방지　　　　㉯ 껍질을 두껍게 만든다.
㉰ 향의 손실을 방지　　　　㉱ 수분 손실을 방지

211. 굳어진 설탕 아이싱 크림을 여리게 하는 방법이 아닌 것은?

㉮ 설탕시럽을 더 넣는다.　　　　㉯ 중탕으로 가열한다.
㉰ 전분이나 밀가루를 넣는다.　　　　㉱ 소량의 물을 분무하고 중탕으로 가온한다.

212. 코코아 20%에 해당되는 비터 초콜릿의 양은?

㉮ 8%　　　　㉯ 16%　　　　㉰ 32%　　　　㉱ 40%

　●　해설 : 비터 초콜릿＝코코아×8/5＝20×8/5＝32

213. 쿠키의 퍼짐이 작은 원인이 되지 않는 것은?

㉮ 반죽이 알칼리성　　　　㉯ 과도한 믹싱
㉰ 입자가 고운 설탕 사용　　　　㉱ 높은 오븐 온도

214. 튀김 기름의 특성으로 적당하지 않은 것은?

㉮ 안정성이 커야 한다.　　　　㉯ 발연점이 높아야 한다.
㉰ 크림가가 커야 한다.　　　　㉱ 산패가 느려야 한다.

215. 다음 중 연결이 잘못된 것은?

㉮ 계란 증가 : 베이킹파우더 감소　　　㉯ 강력분 증가 : 베이킹파우더 증가

㉰ 크림가 높은 유지 : 베이킹파우더 감소　　㉲ 분유 증가 : 베이킹파우더 감소

216. 케이크 제품이 너무 산성일 때의 설명이 아닌 것은?

㉮ 기공이 거칠다.　　　　　　　㉯ 껍질 색이 여리다.

㉰ 향이 약하다.　　　　　　　　㉲ 부피가 작다.

217. 도넛 설탕의 발한현상을 방지하는 방법이 아닌 것은?

㉮ 충분히 냉각　　　　　　　　㉯ 튀김시간 감소

㉰ 도넛 설탕 증가　　　　　　　㉲ 점착력이 큰 튀김기름을 사용

218. 머랭을 안정시키기 위해 어떤 재료를 소량 넣을 수 있는가?

㉮ 설탕　　　　㉯ 물엿　　　　㉰ 분당　　　　㉲ 전분

219. 젤라틴의 응고력을 저하시키는 것은?

㉮ 산　　　　㉯ 알칼리　　　　㉰ 이스트　　　　㉲ 설탕

220. 거품류 케이크 믹싱의 일반적인 믹싱 방법은?

㉮ 저속 → 중속 → 고속　　　　　　㉯ 저속 → 고속

㉰ 저속 → 중속 → 고속 → 중속 → 저속　　㉲ 저속 → 고속 → 저속 → 고속

221. 소프트 롤 케이크 제조시 알맞는 반죽의 비중은?

㉮ 0.4~0.45　　㉯ 0.5~0.55　　㉰ 0.6~0.65　　㉲ 0.7~0.75

222. 다음 제품 중 밀가루를 사용하지 않아도 되는 것은?

㉮ 슈　　　　㉯ 시퐁 케이크　　　　㉰ 마드레느　　　　㉲ 마카롱 쿠키

223. 다음 제품 중 설탕을 사용하지 않아도 되는 것은?

㉮ 슈　　　　㉯ 시퐁 케이크　　　　㉰ 스펀지 케이크　　　　㉲ 엔젤 푸드 케이크

224. 다음 제품 중 원칙적으로 유지를 사용하지 않는 것은?

㉮ 마블 파운드　　　　　　　　㉯ 데블스 푸드 케이크

㉰ 엔젤 푸드 케이크　　　　　　　㉲ 반죽형 쿠키

225. 유지보다 설탕량이 많은 쿠키 반죽은 구운 후 어떤 특징이 있는가?

㉮ 딱딱한 제품이 된다.　　　　　　㉯ 말랑말랑한 제품이 된다.

㉰ 질긴 제품이 된다.　　　　　　　㉲ 퍼짐이 없는 제품이 된다.

226. 거품형 케이크를 부피가 크도록 만드는 제법은?

㉮ 공립법　　　　㉯ 별립법　　　　㉰ 크림법　　　　㉲ 단단계법

해답　215-㉲　216-㉮　217-㉯　218-㉲　219-㉮　220-㉰　221-㉮　222-㉲　223-㉮　224-㉰
225-㉮　226-㉯

227. 젤리 롤 케이크의 굽기 설명으로 틀리는 것은?

㉮ 얇은 반죽은 낮은 온도에서 굽는다.
㉯ 두꺼운 반죽은 낮은 온도에서 굽는다.
㉰ 양이 적은 반죽은 높은 온도에서 굽는다.
㉱ 열이 식으면 압력을 가해 수평을 맞춘다.

228. 머랭 제조에 대한 설명으로 틀리는 것은?

㉮ 믹싱에 사용되는 용기는 기름기가 없도록 한다.
㉯ 기포가 작으면 안정성이 커진다.　　㉰ 고속으로 거품을 올린 것이 더 안정하다.
㉱ 중속으로 거품을 올린 것이 더 안정하다.

229. 슈 반죽의 성형이 끝난 후 물을 뿌리는 이유가 아닌 것은?

㉮ 제품의 부피 증가　　　　　　　　㉯ 강한 불에 굽기 때문에
㉰ 설탕이 없는 반죽이기 때문　　　　㉱ 오븐에서 껍질이 마르는 것을 방지

230. 슈 껍질의 굽기에 대한 설명으로 틀리는 것은?

㉮ 처음에는 밑불을 약하게 굽는다.　　㉯ 처음에는 윗불을 약하게 굽는다.
㉰ 부피가 형성되면 전체 불을 줄이고 굽는다.
㉱ 부피가 형성될 때까지 오븐 문을 열지 않고 굽는다.

231. 구운 슈의 내부가 깨끗한 공간이 되지 않는 이유는?

㉮ 반죽이 되고 가스가 빠졌다.　　　　㉯ 반죽이 충분히 호화되지 않았다.
㉰ 반죽이 마르고 믹싱을 많이 하였다.　㉱ 윗불이 강하고 습기가 부족하였다.

232. 생크림의 설탕 첨가량으로 알맞은 것은?

㉮ 10%　　　　㉯ 20~30%　　　　㉰ 40~50%　　　　㉱ 60~70%

233. 반죽에 코코아를 1% 추가할 때, 물은 얼마나 추가하는가?

㉮ 1.5%　　　　㉯ 3%　　　　㉰ 4.5%　　　　㉱ 6%

234. 퍼프 페이스트리 반죽에 사용하지 않아도 좋은 재료는?

㉮ 유지　　　　㉯ 설탕　　　　㉰ 물　　　　㉱ 소금

235. 양과자를 제조할 때 술을 첨가하는 목적이 아닌 것은?

㉮ 건조된 과실에 첨가하면 과실이 부드러워진다.
㉯ 미생물을 살균하고 증식을 억제시킨다.
㉰ 제품의 부피를 좋게 하고 수율을 높인다.
㉱ 여러 가지 향 성분을 조화시킨다.

227-㉮　228-㉰　229-㉰　230-㉮　231-㉯　232-㉮　233-㉮　234-㉯　235-㉰

236. 스펀지 케이크 반죽에 버터를 넣을 때 몇 ℃로 녹여서 넣는가?
㉮ 30℃ ㉯ 40℃ ㉰ 60℃ ㉱ 90℃

237. 푸딩을 제조할 때 경도의 조절은 어떤 재료를 증·감하면 되는가?
㉮ 밀가루 ㉯ 설탕물 ㉰ 계란 ㉱ 소금

238. 화이트 레이어 케이크의 배합표 작성 공식으로 틀리는 것은?
㉮ 흰자=쇼트닝×1.43 ㉯ 흰자+우유=설탕+30
㉰ 우유=설탕+30-흰자 ㉱ 흰자=전란×1.1

239. 데블스 푸드 케이크의 배합표 작성공식으로 틀리는 것은?
㉮ 계란=쇼트닝×1.1 ㉱ 중조=천연코코아×7%
㉯ 우유=설탕+30-(코코아×1.5)-계란 ㉰ 우유=설탕+30+(코코아×1.5)-계란

240. 초콜릿 케이크 배합표 작성 공식에 필요한 사항 중 틀리는 것은?
㉮ 계란=쇼트닝×1.1
㉯ 비터 초콜릿 중의 코코아는 초콜릿의 5/8
㉰ 비터 초콜릿 중의 유지는 초콜릿의 3/8
㉱ 카카오버터는 유화쇼트닝의 1/3 효과

241. 야채 파이 충전물 제조에 전분 소스를 사용하는 이유는?
㉮ 내용물의 결합 ㉯ 부피 증대
㉰ 굽기 시간 단축 ㉱ 표피색 개선

242. 베이킹파우더 사용량이 과도한 제품의 특징이 아닌 것은?
㉮ 세포벽이 열려 속결이 거칠다. ㉯ 오븐 팽창이 커서 찌그러들기 쉽다.
㉰ 조직의 밀도가 크고 부피가 작다. ㉱ 속색이 어둡고 이미가 있다.

243. 마카롱의 설탕이 아몬드에 비해 너무 많아 설탕이 녹아 나올 때 어떤 재료를 사용하면 응고력이 높아지는가?
㉮ 밀가루 ㉯ 흰자 ㉰ 전분 ㉱ 분유

244. 믹싱 재료의 품온이 7~8℃ 이하로 되어야 크림이 잘 되는 것은?
㉮ 커스터드 크림 ㉯ 생크림 ㉰ 버터 크림 ㉱ 펀던트 크림

※[문제 245~248] 완제품 500g짜리 파운드 케이크 1,000개를 만들고자 한다. 믹싱 손실=1%, 굽기 손실=19%, 총 배합률=400%일 때 다음 물음에 답하시오.

해답 236-㉰ 267-㉰ 238-㉱ 239-㉯ 240-㉱ 241-㉮ 242-㉰ 243-㉯ 244-㉯

245 완제품의 총 무게는?

㉮ 400kg ㉯ 500kg ㉰ 550g ㉱ 600g

○ 해설 : 완제품 총 중량＝단위 중량×개수＝0.5kg×1000＝500kg

246. 분할 당시의 반죽 총량은?

㉮ 526.08kg ㉯ 568.18kg ㉰ 617.28kg ㉱ 651.38kg

○ 해설 : 분할 총 중량＝완제품 중량÷(1－굽기 손실)＝500÷(1－0.19)＝500÷0.81≒617.28(kg)

247. 총 재료의 무게는?

㉮ 512.45kg ㉯ 567.82kg ㉰ 617.28kg ㉱ 623.52kg

○ 해설 : 총 재료 무게＝분할 총 중량÷(1－믹싱 손실)＝617.28÷(1－0.01)≒623.52(kg)

248. 사용할 밀가루의 무게는?

㉮ 156kg ㉯ 212kg ㉰ 231kg ㉱ 240kg

○ 해설 : 밀가루 무게＝총 재료 무게×(100/총배합률)＝623.52×(100/400)＝155.88(kg)이므로 156kg(통상 밀가루의 무게는 올림으로 처리한다.)

249. 어떤 케이크를 제조하는 데 밀가루가 110kg 필요하다면 20kg짜리 몇 포대를 준비해야 되는가?

㉮ 5포대 ㉯ 6포대 ㉰ 7포대 ㉱ 8포대

○ 해설 : 110÷20＝5.5 ⇒ 6(포대) 포대단위이므로 올림

※[문제 250~275] 계란을 150% 사용하는 다음의 시퐁 케이크 배합표를 완성하시오.

재 료	(%)	무 게(g)
박 력 분	100	문제 250　(　)
소 금	1	문제 251　(　)
설 탕	80	문제 252　(　)
노 른 자	문제 253　(　)	문제 254　(　)
식 용 유	50	문제 255　(　)
물	55	문제 256　(　)
B. P	4	문제 257　(　)
흰 자	문제 258　(　)	문제 259　(　)
설 탕	45	문제 260　(　)
주석산 크림	0.5	4

※%와 g이 다 밝혀진 주석산크림을 보면 %를 g로 고칠 때는 ×8, g을 %로 고칠 때는 ÷8

245-㉯　246-㉰　247-㉱　248-㉮　249-㉯

250. ▶ 해설 : 10×8=800

251. ▶ 해설 : 1×8=8

252. ▶ 해설 : 80×8=640

253. ▶ 해설 : 노른자 : 흰자=1 : 2이므로 전체 계란 150의 1/3 ⇒ 50

254. ▶ 해설 : 50×8=400

255. ▶ 해설 : 50×8=400

256. ▶ 해설 : 55×8=440

257. ▶ 해설 : 4×8=32

258. ▶ 해설 : 노른자 : 흰자=1 : 2이므로 전체 계란 150×2/3=100

259. ▶ 해설 : 100×8=800

260. ▶ 해설 : 45×8=360

261. 굽기 손실이 18%인 케이크의 완제품 무게 500g을 만들려면 분할 무게는?

    ㉮ 590g   ㉯ 600g   ㉰ 610g   ㉱ 620g

262. 어떤 케이크의 비중이 다음과 같을 때 단위 부피당 공기함유량이 가장 큰 것은?

    ㉮ 0.4   ㉯ 0.6   ㉰ 0.8   ㉱ 1.0

4 과자류, 빵류 마무리
(냉각 및 포장, 저장 및 유통)

4-1   과자류, 빵류 냉각

① 빵의 냉각 온도

① 빵의 온도: 97~99℃ → 35~40℃
② 수분 함량 : 껍질 : 12~15% → 껍질 : 27%
　　　　　　　빵 속 : 40~45% → 빵 속 : 38%

② 과자류의 냉각 온도

① 제품 온도 : 100℃ → 35~40℃ 근처

③ 냉각 목적

① 곰팡이나 그 밖의 균에 피해를 입지 않도록 한다.
② 절단 포장에 용이
③ 저장성 증대

④ 냉각 방법

① 자연 상태로 냉각 : 3~4시간 소요
② 배출 장치가 있는 냉각 방법 : 신선한 공기가 하부에서 상부로 이동하고 온도가 상승된 공기는
　　상부에서 배출, 빵은 상부에서 하부로 이동하면서 냉각(2~2.5시간 소요)

③ 공기 조절 방법 : 22~25.5℃, 85%의 상대습도로 조절된 공기 중에서 냉각(32℃로 냉각되는 데
    90분 소요)
  공기의 속도 : 180~240m/분   43℃까지 52분, 38℃까지 65분
  ★진공 냉각에 의하면 32분에 냉각 완료

4-2 장식 재료의 특성 및 제조 방법

4-2-1. 아이싱

아이싱(Icing)이란 설탕이 주요 재료인 피복물로 빵과자 제품을 덮거나 피복하는 것을 말하며
토핑(Topping)이란 아이싱한 제품 또는 아이싱하지 않은 제품 위에 얹거나 붙여서 맛을 좋게 하
고 시각적 효과를 높이는 것이다.

① 아이싱의 형태와 제조

1) 단순 아이싱

① 분당, 물, 물엿과 향으로 만든다(소량의 지방이 첨가되는 경우도 있음).
② 냉각으로 굳어진 아이싱
  ㉮ 43℃ 정도로 가온(중탕)
  ㉯ 설탕 시럽을 넣어 연하게 한다(물 첨가는 부당).
③ 단순 아이싱에 코코아 또는 초콜릿을 첨가하여 사용하기도 한다.

2) 크림 형태의 아이싱

① 지방, 분당, 분유, 계란, 물, 소금, 향, 안정제 등 재료를 전부 또는 일부를 사용해서 만드는 것으
  로 배합이 다양
② 지방에 설탕을 넣고 크림화 : 버터 크림류
③ 마시멜로우 아이싱 : 흰자를 거품 올리면서 113~114℃로 끓인 설탕 시럽을 투입하면서 만드는
  아이싱

3) 컴비네이션 아이싱

① 단순 아이싱과 크림 형태의 아이싱을 함께 섞는 아이싱
② 흰자와 펀던트를 43℃로 가온하여 진한 거품을 올리고 유지와 분당을 섞어가며 가벼운 크림을
  만든다.
③ 아이싱에 초콜릿을 첨가할 때는 초콜릿이 용액 상태가 되어야 전체에 골고루 섞인다.

② 휘핑 크림

1) 휘핑 크림

① 진한 크림 : 우유지방이 40% 이상
② 연한크림 : 우유지방이 18~20%
③ 휘핑 크림 : 우유지방을 다른 식물성 지방으로 대치하여 기포성과 안정성을 높인 제품

2) 제조

① 생크림은 최소 24시간 이상 숙성된 것 사용 : 기포 형성 양호
② 생크림 자체, 거품을 일으킬 용기와 거품기가 깨끗하고 차야 한다.
③ 서늘한 곳에서 중속으로 거품 올리기를 한다.
④ 크림을 믹싱하여 거품이 일기 시작할 때 10% 전후의 설탕과 소량의 안정제를 첨가하면서 거품을 일으킨다.
⑤ 믹싱 최종 단계에 양질의 향(천연 바닐라)을 넣는다. 중간 피크 초기 단계까지만 거품 올리기를 한다.
⑥ 사용하고 남은 것은 냉장고에 보관(얼려서는 안 된다)

③ 펀던트(퐁당)

1) 제조

① 설탕 100에 대하여 약 30의 물을 넣고 114~118℃로 끓인다.
② 끓이는 과정 중 용기 내벽에 튀어 붙는 시럽을 물로 씻어준다. → 결정 입자가 생기는 것을 방지
③ 38~44℃까지 냉각시키고 격렬하게 휘젓는다. → 설탕이 재결정되면서 유백색의 펀던트가 된다.
④ 교반
　㉮ 고온에서 교반 : 거칠다.　　　　㉯ 저온 : 작업이 불편
⑤ 수분 보유력을 높이기 위해 물엿, 전화당 시럽을 첨가

2) 아이싱의 끈적거림 방지 방법

① 아이싱에 최소의 액체 사용
② 43℃로 가온한 아이싱 크림을 사용
③ 굳은 펀던트를 여리게 할 때 : 설탕 시럽 첨가(설탕 : 물 = 2 : 1)
④ 젤라틴, 식물 껌 등 안정제 사용
⑤ 전분이나 밀가루와 같은 흡수제 사용

4 머랭

1) 일반법 머랭

① 흰자 100 + 설탕 200의 비율로 제조
② 실온(18~24℃)에서 거품을 올리면서 설탕을 투입
③ 거품의 안정 : 0.3% 소금과 0.5%의 주석산 크림 첨가

2) 스위스 머랭

① 흰자 100에 대하여 설탕 180의 비율로 제조
② 흰자 1/3과 설탕의 2/3를 40℃로 가온하고 거품을 올리면서 레몬즙을 첨가하여 가온 머랭을 만든다.
③ 나머지 흰자와 설탕으로 일반 머랭을 만든 후 혼합한다.
④ 이 머랭을 구웠을 때 표면에 광택이 난다.

3) 시럽법 머랭

① 이탈리안 머랭이라고 한다.
② 기본 배합
　㉠ 흰자 100%, 설탕 350%, 물 125%, 레몬즙 1%
　㉡ 흰자 100%, 설탕 275%, 물 60%, 주석산 크림 1%
　㉢ 흰자 100%, 설탕 145%, 물 36%, 주석산 크림 0.4%
③ ㉠ 흰자에 설탕 일부를(30%) 넣어 50% 정도의 머랭을 만든다.
　㉡ 나머지 설탕과 물을 116~120℃까지 끓여 시럽을 만든다.
　㉢ 부피가 크고 결이 거친 머랭으로 강한 불에 구워 착색하는 제품, 버터 크림, 커스터드 크림과 혼용하는 데 많이 사용한다.

5 크림

1) 버터 크림

① 버터에 설탕, 분당, 펀던트, 시럽, 우유 등을 넣어 만든 크림으로 수백 종의 다양한 크림이 있다.
② 유지의 유화성이 중요

2) 이탈리안 크림

① 비교적 많은 양의 리큐르(술)를 사용하는 크림
② 끓는 우유에 설탕과 계란의 거품을 넣고 끓여서 만든다.

3) 커스터드 크림

① 계란이 주 농후화제인 크림
② 계란, 우유, 설탕 등을 끓여서 제조

★아이싱에 사용되는 기타 제품
① 글레이즈 ② 젤리 ③ 각종 충전물 ④ 토핑

4-3 과자류 빵류 포장

① 포장

1) 포장의 목적

① 품질의 보존 : 수분 증발을 억제하고 빵의 노화를 지연시킨다.
② 위생적 보존 : 미생물의 오염을 방지하여 저장성을 향상시킨다.
③ 편리성 제공 : 운반이나 이동 중에 파손을 방지하고 포장 용기의 개봉이 용이해야 하며, 경우에 따라 그대로 가열 조리할 수 있는 편리성이 제공되어야 한다.
④ 상품성 : 상품의 가치를 높여 구매 욕구를 일으키도록 하는 것을 말한다.

2) 포장 재료가 갖추어야 할 구비 조건

① 방수성이 있고, 통기성이 없는 것
② 가격이 저렴하고 포장기의 적성에 적합할 것
③ 제품의 파손을 막을 수 있어야 한다.
④ 위생적이어야 한다.
⑤ 포장 후 제품의 가치를 높일 수 있어야 한다.
⑥ 소비자 입장에서 간편하게 개봉할 수 있도록 해야 한다.

3) 식품 포장 재료로써의 플라스틱

(1) 식품 포장재료가 갖추어야 할 성질

① 위생성 : 무독이어야 하며, 식품 성분과 반응하지 않아야 한다. 노화에 의한 독성을 나타내지 않아야 한다. 독성 첨가제를 함유하지 않아야 한다.

② 보호성 : 물리적 강도, 차단성, 안전성을 구비해야 한다.

③ 작업성 : 포장 작업성, 기계 적응성이 좋아야 한다.

④ 간편성 : 개봉하기 용이하며, 휴대하기 쉽고 가벼워야 한다.

⑤ 상품성 : 포장 재질의 인쇄 적성이 양호하며, 소비자에게 내용과 단위를 쉽게 알릴 수 있어야 한다.

⑥ 경제성 : 중량이 가볍고, 포장 재료의 보관 작업이 용이해야 한다.

(2) 식품 포장에 사용되는 플라스틱의 종류 및 성질

① 셀로판 : 무미, 무취의 투명 재질로 무독성이며, 습도가 높을 경우 기체의 투과성이 대단히 높다.

② 폴리에틸렌 : 플라스틱을 대표하는 것으로 에틸렌을 중합시켜 만든 포장 재료이다.

③ 폴리프로필렌 : 투명도, 내열성, 투습성이 낮으므로 최근 식품 포장용으로 수요가 증가하고 있다.

④ 폴리스티렌 : 강도가 약하고 방습성이 낮기 때문에 생선, 채소 및 축육의 포장에 이용된다.

⑤ 폴리비닐 클로라이드 : 기체 투과성이 투습성이 높으므로 축육, 채소, 어묵 식품 등에 사용하며 간장, 식초, 식용유 등의 액체 식품의 용기로 사용되고 있다.

⑥ 폴리염화비닐리텐 : 장기 저장용 포장 재료로 적합하다.

⑦ 폴리에스트 : 무색, 투명하며 광택이 있다.

4) 종이제 또는 가공지제

① 종이제 : 식품공전에서 펄프를 주원료로 하여 제조한 것

② 가공지제 : 종이제를 주원료로 하여 적절하게 처리한 것

③ 용출 규격 : 비소 (0.1 이하), 중급속(납으로서) (1.0 이하), 형광 증백제 (불검출), 포름알데히즈 (4.0 이하)

5) 금속관

① 금속관 : 몸체, 바닥, 뚜껑의 3부분이거나 몸체와 바닥이 일체로 구성된 금속 용기
   밀봉을 위하여 뚜껑 부분이 금속 이외의 재질로 구성된것도 포함된다.

② 용출 규격 : 식품과 직접 접촉하는 면이 합성수지제로 도장되어 있지 않은 경우에는
   비소(As), 카드뮴(Cd), 납(Pb) 등의 항목만을 적용한다.

4-4   과자류 빵류 저장 및 유통

① 저장관리

1) 저장관리의 의의

저장관리란 식재료의 사용량과 일시가 결정되어 구매 행위를 통해 구입한 식재료를 철저한 검수 과정을 거쳐 출고할 때까지 손실 없이 합리적인 방법으로 보관하는 과정을 말한다.

2) 저장관리의 목적

식재료를 저장하는 근본적인 목적의 내용을 요약하며 보면 적절한 식재료를 구매하여 저장 공간을 통해 도난이나 부패에 의한 최소화하고 적절한 재고량을 유지하면서 필요에 따라 신속하게 공급하는 데 있다.

3) 저장관리의 일반 원칙

① 저장 위치 표시의 원칙 : 다양한 재료와 제품의 저장 위치를 손쉽게 알 수 있도록 물품별 카드에 의거하여 재료와 제품의 위치를 쉽게 파악할 수 있게 한다.
② 분류 저장의 원칙 : 재료의 식별이 어렵지 않게 명칭, 용도 및 기능별로 분류하여 효율적인 저장관리가 이루어질 수 있도록 동종 물품끼리 저장한다.
③ 품질 보존의 원칙 : 재료의 성질과 적절한 온도, 습도 등의 특성을 고려하여 저장함으로써 재료와 제품의 변질을 최소화시키고 사용 가능한 상태로 보존할 수 있다.
④ 선입 선출의 원칙 : 재료의 효율적으로 순환되기 위하여 유효 일자나 입고일을 꼭 기록하고 먼저 구입하거나 생산한 것부터 순차적으로 판매 혹은 제조하는 것으로, 재료의 선도를 최대한 유지하고 낭비의 가능성을 최소화할 수 있다.
⑤ 공간 활용 극대화의 원칙 : 저장 시설에 있어서 충분한 저장 공간의 확보가 중요하며, 재료 자체가 점유하는 공간 외에 이동의 효율성과 운송 공간도 고려되어야 한다.
⑥ 안전성 확보의 원칙 : 저장 물품의 부적절한 유출을 방지하기 위해서는 저장고의 방법 관리와 출입 시간 및 절차를 명확히 준수하여야 한다.

4) 저장 방법

① 실온 저장, 냉장 저장, 냉동 저장으로 분류된다.

② 냉장 저장

- 냉장 저장고의 종류

  1. 물품 창고식 대형 냉장고(Walk-in refrigerator) : 대량의 재료나 제품을 직접 들어가 이동형 선반으로 운반, 보관하도록 설계된 냉장고 안에서 문을 열 수 있는 장치가 설치되어 안전하게 이용할 수 있다.
  2. 편의형 소형 냉장고(reach-in refrigerator) : 소규모 냉장고로 작업실 내 설치하여 전처리 식품이나 당일 사용할 재료를 보관할 수 있다.
  3. 앞뒤 양면에 문이 있는 냉장고(pass-through unit) : 주로 완제품을 보관하는 것으로 안뒤로 문을 열어 판대매와의 연결에서 효율적으로 사용할 수 있다.

③ 냉동 저장 : 장기 보존을 목적으로 사용

- 냉동 방법

  1. 에어블래스트 냉동법(급속 냉동, air blast) : 완제품을 -40℃의 냉풍으로 급속히 냉동시키는 방법. 60분 정도면 완전 경화
  2. 컨덕트 냉동법(급속 냉동, conduct) : 속이 비어 있는 두꺼운 알루미늄 판 속에 암모니아 가스를 넣어 -50℃ 정도로 냉각시키는 방법. 40분 정도면 완전 경화
  3 니트로겐 냉동법(순간 냉동, nitrogen) : 195℃의 액체 질소(니트로겐)를 블르트컨베이어에 올려놓고 순간적으로 냉동시키는 방법. 약 3~5분 정도면 완전 경화

④ 완만 해동 방법

  1. 냉장고 내 해동 : 냉장고 내에서 천천히 해동하는 방법
  2. 상온 해동 : 실내에서 자연히 해동하는 방법. 공기 중의 수분이 재료나 제품에 직접 응결되지 않도록 포장한 채 해동
  3. 액체 중 해동 : 포장하거나 비닐 주머니에 넣어 보통 10℃ 정도의 물 또는 식영수로 해동하는 방법. 고인 물보다 흐르는 물에 빨리 해동된다.

⑤ 급속 해동 방법

  1. 건열 해동 : 대류식 오븐을 이용하는 방법
  2. 전자레인지 해동 : 비교적 단시간에 해동 가능
  3. 기타 : 스팀해동(증기 이용) , 보일 해동(뜨거운 물 속에서 해동), 튀김 해동(고온의 기름 속에서 해동)

② 유통

1) 유통기한

유통기한의 의미는 섭취가 가능한 날짜가 아닌 sell by date, 즉 식품의 제조일로부터 소비자에게 판매가 가능한 기한을 말한다. 또한, 이 기한 내에서 적정하게 보관, 관리한 식품은 일정 수준의 품질과 안전성이 보장됨을 의미한다.

2) 유통기한에 영향을 주는 요인

① 내부적 요인

원재료, 제품의 배합 및 조성, 수분 함량 및 수분 활성도, PH 및 산도, 산소의 이용성 및 산화환원 전위

② 외부적 요인

제조 공정, 위생 수준, 포장 재질 및 포장 방법, 저장, 유통, 진열 조건(온도, 습도, 빛, 취급 등), 소비자 취급

1. 일반 빵의 포장에 있어 포장용 빵의 적정 온도는?

    ㉮ -18℃   ㉯ 0-5℃   ㉰ 35-40℃   ㉱ 50-55℃

2. 가나슈크림에 대한 설명 중 맞는 것은?

    ㉮ 생크림은 절대 끓여서 사용하지 않는다.

    ㉯ 초콜릿과 생크림의 배합비율은 10:1이 원칙이다.

    ㉰ 초콜릿 종류는 달라도 카카오 성분은 같다.

    ㉱ 끓인 생크림에 초콜릿을 더한 크림이다.

3. 흰자를 거품 내면서 뜨겁게 끓인 시럽을 부어 만든 머랭은?

    ㉮ 냉제 머랭   ㉯ 온제 머랭   ㉰ 스위스 머랭   ㉱ 이탈리안 머랭

4. 꽃을 짜거나 조형물을 만들 머랭을 제조하려 할 때 흰자에 대한 설탕의 사용 비율로 가장 알맞은 것은?

    ㉮ 50%   ㉯ 100%   ㉰ 200%   ㉱ 400%

5. 모카 아이싱(Mocha Icing)의 특징이 결정되는 재료는?

    ㉮ 커피   ㉯ 코코아   ㉰ 초콜릿   ㉱ 분당

6. 설탕시럽 제조시 주석산 크림을 사용하는 주된 이유는?

    ㉮ 냉각시 설탕의 재결정을 막아준다.   ㉯ 시럽을 빨리 끓이기 위함이다.

    ㉰ 시럽을 하얗게 만들기 위함이다.   ㉱ 설탕을 빨리 용해시키기 위함이다.

7. 버터 크림을 만들 때 흡수율이 가장 높은 유지는?

    ㉮ 라아드   ㉯ 경화 라아드   ㉰ 경화 식물성 쇼트닝   ㉱ 유화 쇼트닝

8. 식빵의 가장 적합한 포장온도는?

    ㉮ 35℃   ㉯ 25℃   ㉰ 15℃   ㉱ 45℃

9. 아이싱이나 토핑에 사용하는 재료의 설명으로 틀린 것은?

    ㉮ 생우유는 우유의 향을 살릴 수 있어 바람직하다.

    ㉯ 중성쇼트닝은 첨가하는 재료에 따라 향과 맛을 살릴 수 있다.

    ㉰ 분당은 아이싱 제조시 끓이지 않고 사용할 수 있는 장점이 있다.

    ㉱ 안정제는 수분을 흡수하여 끈적거림을 방지한다.

해답   1-㉰ 2-㉱ 3-㉱ 4-㉰ 5-㉮ 6-㉮ 7-㉱ 8-㉮ 9-㉮

10. 다음의 머랭(meringue) 중에서 설탕을 끓여서 시럽으로 만들어 제조하는 것은?

　㉮ 이탈리안 머랭　　　㉯ 스위스 머랭　　　　㉰ 냉제 머랭　　　　㉱ 온제 머랭

11. 아이싱(icing)이란 설탕 제품이 주요 재료인 피복물로 빵, 과자제품을 덮거나 피복하는 것을 말한 다음 중 크림아이싱(creamed icing)이 아닌 것은?

　㉮ 퍼지아이싱(fudge icing)　　　　　㉯ 퐁당아이싱(fondant icing)
　㉰ 단순아이싱(flat icing)　　　　　　㉱ 마아쉬멜로아이싱(marshmallow icing)

12. 다음 중 빵제품이 가장 빨리 노화되는 온도는?

　㉮ −18℃　　　　㉯ 3℃　　　　　㉰ 27℃　　　　　㉱ 40℃

13. 포장전 빵의 온도가 너무 낮을 때 다음의 어떤 현상이 일어나는가?

　㉮ 노화가 빨라진다.　　　　　　　　㉯ 썰기(slice)가 나쁘다.
　㉰ 포장지에 수분이 응축된다.　　　　㉱ 곰팡이, 박테리아의 번식이 용이하다.

14. 커스타드 또는 초콜릿, 과일 퓨레에 생크림, 머랭, 젤라틴을 넣어 굳혀 만든 제품으로 표면의 젤리가 거울처럼 광택이 난다는 데서 붙여진 제품의 이름은?

　㉮ 푸딩(pudding)　　　　　　　　　㉯ 바바루아(bavarois)
　㉰ 무스(mousse)　　　　　　　　　　㉱ 블랑망제(blancmanger)

15. 커스타드 크림에서 계란은 어떤 역할을 하는가?

　㉮ 영양가　　　　㉯ 결합제　　　　㉰ 팽창제　　　　㉱ 저장성

16. 포장을 완벽하게 해도 제과 제품에 노화가 일어나는 이유가 아닌 것은?

　㉮ 전분의 호화　　㉯ 향의 변화　　㉰ 단백질 변성　　㉱ 수분의 이동

17. 포장된 케이크류에서는 곰팡이에 의한 변패가 많은데 변패의 가장 중요한 원인은?

　㉮ 흡습　　　　㉯ 고온　　　　㉰ 저장기간　　　　㉱ 작업자

18. 케이크 제품에 응용하는 아이싱이 끈적거리거나 포장지에 붙는 경향을 감소시키는 방법으로 틀리는 것은?

　㉮ 아이싱에 최대의 액체를 사용한다.
　㉯ 굳은 것은 설탕시럽을 첨가하거나 데워서 사용한다.
　㉰ 아이싱을 다소 덥게 하여(38℃) 사용한다.

10-㉮　11-㉰　12-㉯　13-㉮　14-㉰　15-㉯　16-㉮　17-㉮　18-㉮

㉱ 젤라틴, 한천 등과 같은 안정제를 적절하게 사용한다.

19. 거품을 올린 흰자에 뜨거운 시럽을 첨가하면서 고속으로 믹싱하여 만드는 아이싱은?

㉮ 로얄 아이싱　㉯ 콤비네이션 아이싱
㉰ 초콜릿 아이싱　㉱ 마시멜로 아이싱

20. 빵을 포장하는 프로필렌 포장지에 의하여 방지할 수 없는 현상은?

㉮ 빵의 풍미성분 손실 지연　㉯ 포장 후 미생물 오염 최소화
㉰ 수분증발의 억제로 노화지연　㉱ 빵의 로프균(Baolllus subtilis) 오염 방지

21. 버터 케이크 반죽으로 제조되는 제품은?

㉮ 파운드 케이크　㉯ 스펀지 케이크　㉰ 슈크림　㉱ 파이

22. 빵의 냉각손실에 영향을 미치는 직접적인 요인이 아닌 것은?

㉮ 배합율　㉯ 굽기 온도　㉰ 발효 온도　㉱ 냉각 온도

23. 버터크림을 만드는 공정 중 공기를 포집하는 유지의 기능은?

㉮ 팽창기능　㉯ 윤활기능　㉰ 호화기능　㉱ 인정기능

24. 퐁당에 대한 내용 중 맞는 것은?

㉮ 시럽을 214℃까지 끓인다.
㉯ 20℃ 전후로 식혀서 휘젓는다.
㉰ 물엿, 전화당 시럽을 첨가하면 수분 보유력을 높일 수 있다
㉱ 유화제를 사용하면 부드럽게 할 수 있다.

25. 식빵의 냉각법 중 자연 냉각시 소요되는 시간으로 가장 적당한 것은?

㉮ 30분　㉯ 1시간　㉰ 3시간　㉱ 6시간

26. 데커레이션케이크 재료인 생크림에 대한 설명으로 적당치 않은 것은?

㉮ 크림 100에 대하여 1.0~1.5%의 분설탕을 사용하여 단맛을 낸다.
㉯ 유지방함량 35-45% 정도의 진한 생크림을 휘핑하여 사용한다.
㉰ 휘핑시간이 적정시간보다 짧으면 기포의 안정성이 약해진다.
㉱ 생크림의 보관이나 작업시 제품온도는 3~7℃가 좋다.

[해답] 19-㉱ 20-㉱ 21-㉮ 22-㉰ 23-㉮ 24-㉰ 25-㉰ 26-㉮

27. 아이싱 즉, 당의(Frostings)를 제조하였는데 너무 되게 되었다. 이때의 조치법 중 적당하지 않은 것은?

㉠ 물을 사용한다.
㉡ 설탕시럽(설탕:물=2:1)을 사용한다.
㉢ 가온을 시킨다.
㉣ 젤라틴을 녹여 넣는다.

28. 빵 포장의 목적에 부적합한 것은?

㉠ 빵의 저장성 증대
㉡ 빵의 미생물오염 방지
㉢ 수분증발 촉진과 노화 방지
㉣ 상품의 가치 향상

29. 아이싱에 이용되는 퐁당(fondant)은 설탕의 어떤 성질을 이용하는가?

㉠ 설탕의 보습성
㉡ 설탕의 재결정성
㉢ 설탕의 용해성
㉣ 설탕이 전화당으로 변하는 성질

30. 흰자 100에 대하여 설탕 180의 비율로 만든 머랭으로서 구웠을 때 표면에 광택이 나고 하루쯤 두었다가 사용해도 무방한 머랭은?

㉠ 냉제 머랭(cold merlngue)
㉡ 온제 머랭(hot merlngue)
㉢ 이탈리안 머랭(Italian merlague)
㉣ 스위스 머랭(swiss merlngue)

31. 다음 제품 중 냉과류에 속하는 제품은 ?

㉠ 무스 케이크
㉡ 젤리롤 케이크
㉢ 양갱
㉣ 시퐁 케이크

32. 다음 크림 중 수분함량이 가장 낮은 것은?

㉠ 유지방 35%의 순수 생크림
㉡ 일반 데커레이션 케이크용 버터크림
㉢ 슈크림빵 커스터드 크림
㉣ 시퐁 케이크용 머랭크림

33. 일반적으로 빵의 노화현상에 따른 변화(staling)와 거리가 먼 것은?

㉠ 수분 손실
㉡ 전분의 결정화
㉢ 향의 손실
㉣ 곰팡이 발생

34. 흰자와 같이 믹싱에 의하여 공기를 끌어들이는 재료의 온도는 매우 중요하다. 낮은 온도의 반죽에 대한 설명으로 틀린 항목은?

㉠ 거품을 형성하는 시간이 길어진다.
㉡ 굽기 중 같은 증기압을 형성하는 시간이 짧아진다.
㉢ 제품의 기공과 조직이 조밀하게 된다.
㉣ 제품의 부피가 작게 된다.

27-㉣ 28-㉢ 29-㉡ 30-㉣ 31-㉠ 32-㉡ 33-㉣ 34-㉡

35. 굳어진 설탕 아이싱 크림을 여리게 하는 방법으로 부적당한 것은?

㉮ 설탕 시럽을 더 넣는다.

㉯ 중탕으로 가열한다.

㉰ 전분이나 밀가루를 넣는다.

㉱ 소량의 물을 넣고 중탕으로 가온한다.

36. 갓 구워낸 빵을 식혀 상온으로 낮추는 냉각의 설명이 아닌 것은?

㉮ 빵속의 온도를 35~40℃로 낮추는 것이다.

㉯ 곰팡이 및 기타 균의 피해를 막는다.

㉰ 절단, 포장을 용이하게 한다.

㉱ 수분함량을 25%로 낮추는 것이다.

37. 제과에서 머랭이라고 하는 것은 어떤 것을 의미하는가?

㉮ 계란 흰자를 건조시킨 것

㉯ 계란 흰자를 중탕한 것

㉰ 계란 흰자에 설탕을 넣어 믹싱한 것

㉱ 계란 흰자에 식초를 넣어 믹싱한 것

38. 노화를 지연시키는 방법으로 올바르지 않은 것은?

㉮ 방습 포장재를 사용한다.

㉯ 다량의 설탕을 첨가한다.

㉰ 냉장 보관시킨다.

㉱ 유화제를 사용한다.

39. 쿠키 포장지로서 적당하지 못한 것은?

㉮ 내용물의 색, 향이 변하지 않아야 한다.　㉯ 독성 물질이 생성되지 않아야 한다.

㉰ 통기성이 있어야 한다.　㉱ 방습성이 있어야 한다.

40. 포장전 빵의 온도가 너무 낮을 때는 다음의 어떤 현상이 일어나는가?

㉮ 노화가 빨라진다.　㉯ 썰기(slice)가 나쁘다.

㉰ 포장지에 수분이 응축된다.　㉱ 곰팡이, 박테리아의 번식이 용이하다.

해답　35-㉰　36-㉱　37-㉰　38-㉰　39-㉰　40-㉮

41. 아이싱에 많이 쓰이는 퐁당(fondant)을 만들 때 끓이는 온도로 가장 적당한 것은?

㉮ 106~110℃   ㉯ 114~118℃   ㉰ 120~124℃   ㉱ 130~134℃

42. 아이싱(icing)이란 설탕 제품이 주요 재료인 피복물로 빵/과자 제품을 덮거나 피복하는 것을 말한다. 다음 중 크림아이싱(creamed icing)이 아닌 것은?

㉮ 퍼지아이싱(fudge icing)   ㉯ 퐁당아이싱(fondant icing)
㉰ 단순아이싱(flat icing)   ㉱ 마시멜로아이싱(marshmallow icing)

43. 다음 제빵 냉각법 중 적합하지 않은 것은?

㉮ 급속냉각   ㉯ 자연냉각   ㉰ 터널식 냉각   ㉱ 에어콘디션식 냉각

44. 빵을 포장하려 할 때 가장 적합한 빵의 중심온도와 수분함량은?

㉮ 30℃, 30%   ㉯ 35℃, 38%   ㉰ 42℃, 45%   ㉱ 48℃, 55%

45. 아이싱에 사용하여 수분을 흡수하므로 아이싱이 젖거나 묻어나는 것을 방지하는 흡수제로 부적당한 것은?

㉮ 밀가루   ㉯ 옥수수 전분   ㉰ 설탕   ㉱ 타피오카 전분

46. 다음 중 아이싱에 사용되는 재료 중 조성이 다른 것은?

㉮ 이탈리안 머랭   ㉯ 퐁당   ㉰ 버터크림   ㉱ 스위스 머랭

47. 푸딩을 제조할 때 경도의 조절은 어떤 재료에 의하여 결정되는가?

㉮ 우유   ㉯ 설탕   ㉰ 계란   ㉱ 소금

48. 제빵용 포장지의 구비조건이 아닌 것은?

㉮ 탄력성   ㉯ 작업성   ㉰ 위생성   ㉱ 보호성

49. 머랭 제조에 대한 설명으로 옳은 것은?

㉮ 믹싱 용기에는 기름기가 없어야 한다.   ㉯ 기포가 클수록 좋은 머랭이 된다.
㉰ 믹싱은 고속을 위주로 작동한다.   ㉱ 전란을 사용해도 무방하다.

50. 다음 중 케이크의 아이싱에 주로 사용되는 것은?

㉮ 마지팬   ㉯ 프랄린   ㉰ 글레이즈   ㉱ 휘핑크림

41-㉯ 42-㉰ 43-㉮ 44-㉯ 45-㉰ 46-㉰ 47-㉰ 48-㉮ 49-㉮ 50-㉱

51. 다음 중 오븐에서 나온 빵의 냉각에 관한 내용으로 틀린 것은?

㉮ 냉각동안 평균 8~10%의 무게가 감소한다.

㉯ 냉각실의 이상적인 습도는 75~85% 정도 범위이다.

㉰ 냉각실은 아주 깨끗하게 유지해야 한다.

㉱ 빵의 내부 온도가 35~40.5℃ 정도까지 냉각되었을 때 포장한다.

52. 빵의 냉각손실에 영향을 미치는 직접적인 요인이 아닌 것은?

㉮ 배합율　　　　　㉯ 굽기온도　　　　　㉰ 발효 온도　　　　　㉱ 냉각 온도

53. 냉동반죽법에서 반죽의 냉동온도가 저장온도로 가장 적합한 것은?

㉮ -5℃, 0~4℃

㉯ -20℃, -18~0℃

㉰ -40℃, -25~-18℃

㉱ -80℃, -18℃~0℃

54. 제품의 포장용기에 의한 화학적 식중독에 대한 주의를 특히 요하는 것과 가장 거리가 먼 것은?

㉮ 형광 염료를 사용한 종이 제품

㉯ 착색된 셀로판 제품

㉰ 페놀수지 제품

㉱ 알루미늄박 제품

55. 빵의 포장재에 대한 설명으로 틀린 것은?

㉮ 방수성이 있고 통기성이 있어야 한다.

㉯ 포장을 하였을 때 상품의 가치를 높여야 한다.

㉰ 값이 저렴해야 한다.

㉱ 포장 기계에 쉽게 적용할 수 있어야 한다.

56. 아이싱이나 토핑에 사용하는 재료의 설명으로 틀린 것은?

㉮ 중성 쇼트닝은 첨가하는 재료에 따라 향과 맛을 살릴 수 있다.

㉯ 분당은 아이싱 제조시 끓이지 않고 사용할 수 있는 장점이 있다.

㉰ 생우유는 우유의 향을 살릴 수 있어 바람직하다.

㉱ 안정제는 수분을 흡수하여 끈적거림을 방지한다.

57. 머랭 제조에 대한 설명으로 옳은 것은?

㉮ 기름기나 노른자가 없어야 튼튼한 거품이 나온다.

㉯ 일반적으로 흰자 100에 대하여 설탕 50의 비율로 만든다.

㉰ 고속으로 거품을 올린다.

㉱ 설탕을 믹싱 초기에 첨가하여야 부피가 커진다.

해답　51-㉮　52-㉰　53-㉰　54-㉱　55-㉮　56-㉰　57-㉮

58. 다음 중 버터크림 당액 제조시 설탕에 대한 물 사용량으로 가장 알맞은 것은?

  ㉮ 25%   ㉯ 80%   ㉰ 100%   ㉱ 125%

59. 제품을 포장하는 목적이 아닌 것은?

  ㉮ 미생물에 의한 오염방지   ㉯ 빵의 노화 지연
  ㉰ 수분 증발 촉진   ㉱ 상품 가치 향상

60. 1000ml의 생크림 원료로 거품을 올려 2000ml의 생크림을 만들었다면 증량율(over run)은 얼마인가?

  ㉮ 50%   ㉯ 100%   ㉰ 150%   ㉱ 200%

61. 겨울철 굳어버린 버터크림의 농도를 조절하기 위한 첨가물은?

  ㉮ 분당   ㉯ 초콜릿   ㉰ 식용유   ㉱ 캐러멜색소

62. 오븐에서 구운 빵을 냉각할 때 평균 몇 %의 수분 손실이 추가적으로 발생하는가?

  ㉮ 2%   ㉯ 4%   ㉰ 6%   ㉱ 8%

63. 일반적으로 빵의 노화현상에 따른 변화(staling)와 거리가 먼 것은?

  ㉮ 수분 손실   ㉯ 전분의 경화   ㉰ 향의 손실   ㉱ 곰팡이 발생

64. 빵의 노화를 지연시키는 경우가 아닌 것은?

  ㉮ 저장온도를 −18℃ 이하로 유지한다.   ㉯ 21~35℃에서 보관한다.
  ㉰ 고율배합으로 한다.   ㉱ 냉장고에서 보관한다.

65. 다음 설명 중 틀린 것은?

  ㉮ 높은 온도에서 포장하면 썰기가 어렵다.
  ㉯ 높은 온도에서 포장하면 곰팡이 발생 가능성이 높다.
  ㉰ 낮은 온도에서 포장하면 노화가 지연된다.
  ㉱ 낮은 온도에서 포장된 빵은 껍질이 건조하다.

66. 퐁당 크림을 부드럽게 하고 수분 보유력을 높이기 위해 일반적으로 첨가하는 것은?

  ㉮ 한천, 젤라틴   ㉯ 물, 레몬   ㉰ 소금 , 크림   ㉱ 물엿 , 전화당 시럽

58-㉮ 59-㉰ 60-㉯ 61-㉰ 62-㉮ 63-㉱ 64-㉱ 65-㉰ 66-㉱

67. 퐁당에 대한 내용 중 맞는 것은?

㉮ 시럽을 214℃까지 끓인다.

㉯ 20℃ 전후로 식혀서 휘젓는다.

㉰ 물엿, 전화당 시럽을 첨가하면 수분 보유력을 높일 수 있다.

㉱ 유화제를 사용하면 부드럽게 할 수 있다.

68. 생크림에 대한 설명으로 옳지 않는 것은?

㉮ 생크림은 우유로 제조한다.

㉯ 유사 생크림은 팜, 코코넛유 등, 식물성 기름을 사용하여 만든다.

㉰ 생크림은 냉장온도에서 보관하여야 한다.

㉱ 생크림의 유지 함량은 82% 정도이다.

69. 흰자를 이용한 머랭 제조시 좋은 머랭을 얻기 위한 방법이 아닌 것은?

㉮ 사용 용기 내에 유지가 없어야 한다.　㉯ 머랭의 온도를 따뜻하게 한다.

㉰ 노른자를 첨가한다.　㉱ 주석산 크림을 넣는다.

70. 설탕 공예용 당액 제조시 고농도화된 당의 결정을 막아주는 재료는?

㉮ 중조　㉯ 주석산　㉰ 포도당　㉱ 베이킹파우더

71. 다음 중 코팅용 초콜릿이 갖추어야 하는 성질은?

㉮ 융점이 항상 낮은 것

㉯ 융점이 항상 높은 것

㉰ 융점이 겨울에는 높고, 여름에는 낮은 것

㉱ 융점이 겨울에는 낮고, 여름에는 높은 것

72. 다음 중 빵의 냉각방법으로 가장 적합한 것은?

㉮ 바람이 없는 실내에서 냉각　㉯ 강한 송풍을 이용한 급냉

㉰ 냉동실에서 냉각　㉱ 수분분사 방식

73. 환경 중의 가스를 조절함으로써 채소와 과일의 변질을 억제하는 방법은?

㉮ 변형공기포장　㉯ 무균포장　㉰ 상업적 살균　㉱ 통조림

해답 67-㉰ 68-㉱ 69-㉰ 70-㉯ 71-㉱ 72-㉮ 73-㉮

74. 아이스크림의 증량률(오버런)이 다음과 같을 때, 가장 가볍고 부드러운 것은?
　　㉮ 10%　　　　　　㉯ 30%　　　　　　㉰ 80%　　　　　　㉱ 120%

75. 무스 제품에 필수적으로 들어가는 재료는?
　　㉮ 초콜릿　　　　　㉯ 생크림　　　　　㉰ 커피　　　　　　㉱ 술

76. 펀던트 아이싱 크림 제조시 시럽의 온도는?
　　㉮ 100~104℃　　　㉯ 106~110℃　　　㉰ 114~118℃　　　㉱ 120~123℃

77. 펀던트 아이싱을 사용할 때의 품온으로 적당한 것은?
　　㉮ 25℃　　　　　　㉯ 35℃　　　　　　㉰ 45℃　　　　　　㉱ 60℃

78. 이탈리안 머랭 제조시 설탕 시럽의 온도로 적당한 것은?
　　㉮ 100~104℃　　　㉯ 106~110℃　　　㉰ 116~120℃　　　㉱ 126~130℃

79. 버터 크림 제조시 크림 내에 더 많은 공기를 함유시켜 가벼운 아이싱을 만들기 위해 사용하는 재료가 아닌 것은?
　　㉮ 마지팬　　　　　㉯ 유화제　　　　　㉰ 전란　　　　　　㉱ 흰자

80. 흰자를 거품 올린 머랭을 사용하는 아이싱은?
　　㉮ 펀던트 아이싱　　㉯ 로얄 아이싱　　　㉰ 초콜릿 아이싱　　㉱ 오렌지 아이싱

74-㉱　75-㉯　76-㉰　77-㉰　78-㉰　79-㉮　80-㉯

chapter 5

과자류, 빵류 위생 안전관리

5-1 식품위생 관련 법규 및 규정

5-1-1. 식품위생법 관련 법규

① 식품위생법

1. 식품위생법의 배경

(1) 1962. 1. 20 공포
(2) 전문 13장 102조 부칙

2. 식품위생법의 목적

(1) 식품으로 인한 위생상의 위해 방지
(2) 식품 영양의 질적 향상 도모
(3) 국민 보건 증진에 이바지

3. 식품위생법상 정의

(1) 식품 : 의약품으로 취급하는 것 이외의 모든 음식물
(2) 식품첨가물 : 식품을 제조, 가공, 보존함에 있어 ① 첨가, ② 혼합, ③ 침윤, ④ 기타의 방법으로 사용되는 물질

(3) 화학적 합성품 : 분해 반응 이외의 화학 반응을 일으켜 얻는 물질

(4) 기구 : ① 음식기

② 채취, 제조, 가공, 조리, 저장, 운반, 진열, 수수, 섭취에 사용되는 것

③ 식품 및 첨가물에 직접 접촉되는 기계, 기구, 물건

④ 농수산업에서 식품의 채취에 사용되는 기계, 기구, 물건은 제외

(5) 표시 : 식품 첨가물, 기구, 용기, 포장에 기재하는 ① 문자, ② 숫자, ③ 도형

4. 식품위생의 대상

① 식품   ② 첨가물   ③ 기구   ④ 용기   ⑤ 포장

5. 식품위생 검사 기관 및 대상

(1) 기관

보건복지부 장관, 식품의약품안전처장이 인정하는 국내외 검사기관

① 식품의약품안전청, 지방 식품의약품안전청

② 국립검역소

③ 시 · 도 보건환경연구원

④ 국립수산물연구소(수산물 검사에 한함)

(2) 대상

① 인삼 제품류(인삼 과자류 및 인삼 통 · 병조림 제외)

② 건강보조식품   ③ 식품첨가물 중 tar 색소

④ tar 색소 제재   ⑤ 보존료

⑥ 보존료 제재   ⑦ 보건복지부 장관이 필요하다고 정한 품목

6. 식품위생 관리인을 두어야 할 곳

(1) 식품 제조 · 가공업   (2) 식품첨가물 제조업

(3) 즉석 판매 제조 · 가공업   (4) 통조림 · 병조림, 우유를 주원료로 한 식품

(5) 식육을 주원료로 한 식품   (6) 건강보조식품

(7) 특수 영양식품(유아 등에게 제공할 목적으로 영양소를 가감함)

(8) 인삼류를 제조 · 가공하는 업

7. 식품접객업의 시설 기준

(1) 조리장 : 손님이 내부를 볼 수 있는 구조, 2종 이상 영업 : 조리장 1개도 가능
(2) 조명
    ① 객실, 객석 : 30Lux 이상(유흥주점 영업 : 10Lux 이상)
    ② 조리장 : 50Lux 이상

8. 영업허가를 받아야 할 업종

(1) 식품의약품안전처장의 허가

    ① 식품첨가물 제조업   ② 식품 조사처리업

(2) 식품의약품안전처장에게 신고

    ① 식품제조가공업   ② 즉석 판매제조가공업   ③ 식품운반업
    ③ 식품소분 판매업   ④ 냉동, 냉장업

9. 규정에 의한 영업허가를 할 수 없는 경우 및 제한

(1) 규정에 의한 시설 기준에 적합하지 아니한 때
(2) 영업허가가 취소된 후 6월이 경과되지 아니한 경우 동일 장소에서 같은 영업을 하고자 하는 때
(3) 영업의 허가가 취소된 후 2년이 경과되지 아니한 자가 취소된 영업과 같은 종류의 영업을 하고자 하는 때
(4) 공익상 제한할 필요가 있다고 인정되는 때
(5) 금치산자, 파산의 선고를 받고 복권되지 아니한 자인 때
(6) 이 법을 위반하여 징역형을 선고받고 집행이 종료되지 아니한 때

10. 건강진단 대상자의 범위

(1) 식품 또는 첨가물을 제조 · 가공 · 조리 · 저장 · 운반 또는 판매하는 데 직접 종사하는 자
(2) 다만 완전 포장된 식품 · 식품첨가물의 운반과 판매하는 종사자는 제외

11. 영업에 종사하지 못하는 질병

(1) 소화기계 전염병(1군) : 콜레라, 이질, 장티푸스, 파라티푸스

(2) 제3군 전염병 : 결핵(비전염성인 경우 제외)

(3) 피부병, 기타 화농성 질환자

(4) B형 간염(비활동성 간염 제외)

(5) 후천성 면역결핍증(성병에 관한 건강진단을 받아야 하는 영업에 종사하는 자에 한함)

12. 위생교육의 대상 및 내용

(1) 대상

① 영업의 종사자　　　　　　　　② 식품위생 관리인

③ 영양사와 조리사를 제외한 종업원

(2) 위생교육

① 영업자 : 매년 4시간

② 식품위생 관리인 : 매년 4시간

③ 신규 식품접객업 영업자 : 6시간

④ 식품위생 관리인이 되고자 하는 자 : 12시간

13. 식중독에 관한 조사보고

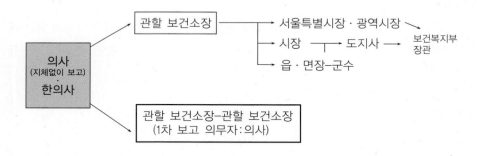

14. 식품소분업의 신고 대상(소분·판매해서는 안 되는 식품 및 첨가물)

(1) 당류(엿류 제외), 유가공품, 식육 제품, 어육 제품, 식용유지, 다류, 건강보조식품, 특수 영양식품, 통·병조림 제품, 레토르트 식품, 전분 등 분말 제품, 장류, 식초, 인삼 제품류

(2) 빙초산, 초산, 효모, 인공감미료, 글루탐산 나트륨, 구연산, 구아검

2 HACCP

1. HACCP 실무

1) HACCP의 개요

HACCP는 Hazard Analysis and Critical Control Point의 약자로 '위해요소 중점관리 제도' 이다. 이 제도는 식품의 제조, 가공 공정의 모든 단계에서 위해를 끼칠 수 있는 요소를 공정별로 분석하고 각 과정에서 이들 위해 물질이 해당 식품에 혼입되거나 오염되는 것을 사전에 방지하기 위하여 이를 중점적으로 관리하는 예방적 위생관리 체계로서, 식품의 안전성을 최대한 확보하기 위하여 개발된 집중적 관리 방식이다.

HACCP 제도는 위해 가능성이 있는 요소를 찾아 분석, 평가하는 위해분석(Hazard Analysis)과 그 위해를 방지 또는 제거하고 안전성을 확보하기 위한 중요 관리 기준(Critical Control Point)의 두 부분으로 나눌 수 있다.

(1) HACCP의 역사

HACCP의 개념은 1960년대 초 미국의 pillsbury사가 우주 계획의 일환으로 우주인용 식품을 개발할 때 처음으로 적용하였다. 우주 비행사가 비행 중 식품으로 인한 질병과 상해를 받지 않도록 보증하기 위하여 필수적 과정인 최종 제품을 광범위하게 검사를 하고 보니 적은 양만이 사용 가능한 것을 알고, 식품 공정의 모든 과정을 체계적으로 관리하는 예방적 제도가 시작되었다

1985년 미국에서 식품 관계 법령의 효과성을 평가할 때 미국과학아카데미(NAS)가 당국과 식품업체에게 HACCP식 접근 방법을 강제 사항으로 도입할 것을 권고하였고, 이에 1989년 식품의 각계에서 참여한 미국 식품미생물기준 자문회의가 설치되어 HACCP의 7가지 원칙을 표준화하였다. 이에 효용성이 알려져 1990년대 초부터 캐나다, 호주 등 일부 국가에서 적용하였으며, 1993년에는 FAO/WHO의 합동 국제식품규격위원회(Codex)가 HACCP 적용을 위한 지침을 제시하여 전 세계적으로 확산하게 되었다.

(2) HACCP 도입의 필요성 및 도입 효과

① 산업체 측면
- 자율적으로 위생관리를 수행할 수 있는 체계적인 위생관리 기법의 확립이 가능하다.
- 예상되는 위해 요인을 과학적으로 규명하고 이를 효과적으로 제어함으로써 위생적이고 안정성이 충분히 확보된 식품의 생산이 가능해진다.
- 위해가 발생될 수 있는 단계를 사전에 선정하여 집중적으로 관리함으로써 위생관리 체계의 효율성을 극대화시킬 수 있다.
- 초기에는 시설, 설비 보완 및 집중적 관리를 위한 많은 인력과 소요 예산 증대가 예상되나 장

기적으로 관리 인원 감축, 관리 요소의 감소 등이 기대
- 제품 불량률과 반품, 폐기량 감소 등으로 궁극적으로 제품 품질 향상 및 생산비용 절감 효과 등으로 이익의 도모가 가능
- HACCP 마크 부착과 적용 품목에 대한 광고를 통하여 소비자에 의한 회사 이미지와 신뢰성 향상

② 소비자 측면
- HACCP에 의해 안전하고 위생적으로 생산된 제품을 소비자들이 안심하고 섭취할 수 있다.
- HACCP 마크 표시를 통하여 소비자가 스스로 판단하여 안전한 식품을 선택할 수 있는 기회를 제공한다.

(3) HACCP의 적용

HACCP 제도는 모든 식품의 원재료 생산에서부터 최종 제품을 소비자가 소비하기까지 이루어지는 산지 생산, 가공 및 제조·판매, 식품 서비스 등 모든 단계에 적용할 수 있다.
HACCP는 7가지 원칙에 따라 해당 사업장에서 자사에 적합한 HACCP 계획을 작성하고 이행하는 것이다. 이것은 HACCP 7가지 원칙이 모든 종류의 식품과 모든 과정에 적용될 수 있는 방법이기 때문이다.

2) HACCP의 7가지 원칙

① 위해 분석(위해 요소의 분석과 위험 평가)
- 위해 요소 분석을 실시하여, 중대한 위해 요소가 발생하는 가공 단계의 목록을 작성하고 예방 조치를 기술한다.
- 위해 분석이란, 원재료 및 제조 공정에서의 잠재적인 위해에 대하여 발생하기 쉬운 위해와 발생한 경우의 위해의 정도 등을 명확히 하며, 나아가 각각의 위해 위해에 대한 제어관리의 방법을 분명히 하는 것을 말한다.

② 중요 관리점(Critical Control Point, CCP)의 설정
- 제조 과정 중 중요 관리점을 명시한다.

③ 관리 기준(Critical Limit, 허용 한계치)의 설정
- 각 중요 관리점과 관련된 예방 조치상에서 허용 한계치를 설정한다.

④ 모니터링(감시관리, Monitoring) 방법의 설정
- 중요 관리점 감시 관리 요건을 설정, 공정 조정과 관리 유지를 위해 모니터링의 결과를 이용할 절차를 마련한다.

⑤ 개선 조치(Corrective Action)의 설정

- 설정된 허용 한계치에 대한 위반 사항을 모니터링을 통해 발견할 경우 취할 개선 조치를 설정한다.

⑥ 기록 유지 및 문서 작성 규정의 설정

- HACCP 제도를 문서화하는 효과적인 기록 유지 절차를 설정한다.
- 특정 제품 로트에 관한 기록, HACCP의 의도나 이론, 계획을 문서화하는 기록

⑦ 검증(Verification) 방법의 설정

- HACCP 시스템이 정확하게 운영되고 있음을 검증할 절차를 확립한다.

3) 위해 요소 및 HACCP 지원 프로그램

(1) 위해 요소

① 생물학적 위해

- 세균, 곰팡이, 바이러스, 효모, 조류, 원충류, 기생충 등이 있으나 이들 중 생물학적 위해를 초래하는 미생물은 대부분이 세균이다,

② 화학적 위해

- 중금속, 잔류 농약, 잔류 수의약품, 호르몬제
- 잔류 용제, 사용금지 또는 기준 설정, Aflatoxin
- 환경 호르몬, 다이옥신, PCB, DOP, 비식용 화학물 등

③ 물리적 위해

- 유해성 이물(유리, 돌, 금속, 나무, 잔가지, 나뭇잎, 해충, 보석 등)

④ 품질 위해

- 소비자의 요구를 충족하지 못하므로 그 제품이 소비자에 의해 나쁜 품질로 간주되게 한다.

(2) HACCP 지원 프로그램

① 청소 및 살균
② 검·교정(Calibration)
③ 방역
④ 교육/훈련
⑤ 예방 정리
⑥ 제품 식별 및 추적성
⑦ 승인된 공급자
⑧ GMP 혹은 일반적인 위생관리 프로그램

⑨ SSOP(위생관리 기준)
- 특정 업체에서 위생을 어떻게 이행하고 모니터링할 것인가를 규명한 표준 절차

4) HACCP 계획의 발전 순서 (CODEX12단계)

• 1단계 : HACCP 팀 구성을 구성
제품에 대하여 전문적인 지식과 기술을 가진 사람으로서 참여하는 팀으로 편성하며 다음의 작업을 총괄한다.

• 2단계 : 제품(원재료 포함)에 관한 기술
제품에 대한 명칭 및 종류, 원재료, 그 특성, 포장 형태 등을 분류한다.
제품의 성분 조성, 제품 규격, 물리적/화학적 특성, 미생물학적 처리

• 3단계 : 용도 확인(사용자에 대한 기술)
최종 사용자 또는 소비자가 기대하는 그 제품의 용도를 근거로 하여야 한다.

• 4단계 : 제조 공정의 흐름도
시설의 도면 및 표준 작업 절차서의 작성을 말한다.

• 5단계 : 공정 흐름도 현장 확인
현장에서 각 제조 공정에서의 조작 및 조작 시간이 공정 흐름도와 일치하는가를 확인이 필요한 경우 공정 흐름도를 부착하는 것이 좋다.

• 6단계(원칙 1) : 위해 분석(HA: hazard analysis)
식품의 원재료 및 고정에 대하여 발생할 가능성이 있는 위해 또는 위해 원인 물질을 리스트화하여 그 발생요인 및 발생을 방지하기 위한 조치를 명확히 하기 위해 각각의 공정별로 실시하여야 한다.

• 7단계(원칙 2) : 중요관리점(CCPs)을 결정한다.
논리적으로 타당한 접근을 제공하는 결정도를 사용하여 설정한다.

매출액 및 종업원 수	적용 시기
해당 식품 유형별 2013년 매출액이 20억 원 이상이고, 종업원 수가 51명 이상인 영업소	2014.12.01부터
해당 식품 유형별 2013년 매출액이 5억 원 이상이고, 종업원 수가 21명 이상인 영업소	2016.12.01부터
해당 식품 유형별 2013년 매출액이 1억 원 이상이고, 종업원 수가 6명 이상인 영업소	2018.12.01.부터
위에 해당하지 않는 영업소	2020.12.01.부터

- 8단계(원칙 3) : 한계 기준(CL)을 결정한다.
  한계기준은 되도록 즉시 결과 판정이 가능한 수간을 사용한다
- 9단계(원칙 4) : CCP에 대한 모니터링 방법을 설정한다.
  모니터링은 관리 상황을 적절히 평가할 수 있고, 필요한 경우 개선 조치를 취할 수 있는 지정된 사람에 의해 수행되어야 한다.
- 10단계(원칙 5) : 모니터링 결과 CCP가 관리 상태의 위반 시 개선 조치(CA)를 설정한다.
  CCP가 한계 기준에서 벗어난 경우 대처하기 위해 각 CCP에 대한 개선 조치가 설정되어야 한다.
- 11단계(원칙 6) : HACCP가 효과적으로 시행되는지를 검증하는 방법을 설정한다.
  HACCP시스템이 계획대로 수행되고 있는지 여부를 평가하기 위해 위해 원인 물질에 대한 검사 등을 포함하는 검증방법을 설정한다.
- 12단계(원칙 7) : 이들 원칙 및 그 적용에 대한한 문서화와 기록 유지 방법을 설정한다.
  HACCP 계획대로의 실천 여부에 대한 기록유지와 문서화 관리

5) 우리나라의 식품 위해 요소 중점관리기준(HACCP)

① HACCP 의무 대상 품목(지정 절차에 따라 HACCP 지정 가능 - 식품의약품안전청 기준)
  - 어육가공품 중 어묵류
  - 냉동 수산식품 중 어류, 연체류, 패류, 갑각류, 조미가공품
  - 냉동식품 중 기타 빵 및 떡류, 피자류, 만두류, 면류
  - 빙과류
  - 집단급식소, 식품접객업소의 조리식품
  - 도시락류
  - 비가열 음료
  - 레토르트 식품
  - 김치 절임식품 중 김치류, 절임류, 젓갈류
  - 특수 영양식품 중 영아용(성장기용) 조제식, 영·유아식 곡류조제식, 기타 영·유아식(주스류)
  - 두부류 또는 묵류
  - 저산성 통·병조림 중 굴통조림
  - 건포류
  - 드레싱
  - 빵 또는 떡류 중 빵, 케이크류
  - 고시식품을 제외한 모든 식품, 집단급식소, 식품접객업소 조리식품
    제조자가 자체적으로 HACCP 기준 마련 후 '비고시 HACCP 적용 기준 심의기구' 의 적절성 심의를 거쳐 지정 가능

③ 제조물 책임법

제조물 책임이란 시장에 유통된 제조물의 결함으로 그 제조물의 이용자나 제3자가 생명, 신체, 재산상의 손해(당해 제조물에 대해서만 발생한 손해는 제외)를 입은 경우, 그 제조물의 제조업자나 판매자가 고의나 과실의 존재 여부를 떠나 손해에 대해 배상책임을 지는 것을 말한다.

이 경우 손해를 입은 자는 제조물이 손해를 유발하였다는 사실과 그 제조물에 결함이 존재한다는 사실만 증명하면 된다.

④ 식품 첨가물 및 방부제

1. 식품의 첨가물

1) 첨가물

식품의 제조, 가공 또는 보존을 함에 있어 식품에 첨가, 혼합, 침윤 기타의 방법에 의하여 사용되는 물질을 말함

2) 식품공학적 기능에 따른 첨가물의 분류

① 보존료(방부제)   ② 영양 강화제   ③ 착색제   ④ 향미료
⑤ 산화방지제   ⑥ 표백제   ⑦ 발색제

3) 식품 첨가물의 사용 목적

① 외관을 좋게 함   ② 향미와 풍미를 좋게 함   ③ 저장성을 높임

4) 판매 금지된 식품 첨가물

① 부패 또는 변패되었거나 미숙한 것
② 유해 또는 유독물질이 함유되었거나 부착된 것
③ 불결하거나 이물이 혼입 또는 첨가된 것
④ 병원미생물에 의해 오염된 것
⑤ 중요 성분 또는 영양 성분의 전부나 일부가 감소되어 고유의 가치를 잃게 된 것

2. 식품의 방부제

1) 방부제

식품의 변질이나 부패를 방지하여 식품의 신선도를 보존하는 물질을 말함

2) 방부제(보존료)의 구비 조건

① 독성이 없거나 적어야 함
② 식품의 변패 미생물에 대한 저지 효과가 커야 함
③ 무미, 무취, 무색으로 식품과 화학 반응을 하지 않아야 함
④ 사용하기가 쉬워야 함
⑤ 산, 알칼리에 안전해야 함
⑥ 미량, 즉 작은 양으로 효과가 있어야 함

3) 방부제의 역할

① 미생물의 발육을 억제하는 정균작용
② 미생물을 살균시키는 살균작용
③ 식품 또는 세균이 생산하는 효소작용을 억제

4) 중요한 방부제 및 사용 가능 식품

① 디히드로 초산(DHA) : 치즈, 버터, 마가린
② 솔빈산염 : 어육 연제품, 식육 제품, 된장, 고추장
③ 안식향산(벤조산, benzoic acid)염 : 간장, 청량음료
④ 프로피온산 칼슘(propionic acid-Ca) : 빵류
⑤ 프로피온산 나트륨(propionic acid-Na) : 과자류

3. 팽창제

1) 팽창제

빵류나 과자류를 만들 때 잘 부풀게 할 목적으로 첨가하는 물질로 천연품은 효모를 이용하고 화학품은 탄산을 함유한 염류를 주로 사용함.

2) 팽창제의 종류

① 명반   ② 소명반   ③ 암모늄명반
④ 탄산수소나트륨(중탄산 나트륨, 중조)   ⑤ 탄산수소 암모늄   ⑥ 탄산 마그네슘

5-1-2. 개인 위생관리

1 개인 위생관리

(1) 자신의 위생 상태를 관리하고 유지하여야 한다.

① 두발은 단정하고 청결하게 하며, 수염은 매일 깎는다.
② 손톱은 짧게 깎고 매니큐어를 바르지 않는다.
③ 위생복 등은 착용 기준에 규정된 것을 착용하며, 항상 청결하게 유지한다.
④ 시계, 반지, 목걸이, 귀걸이 등의 장신구는 하지 않는다.
⑤ 배식대, 주방, 홀 등에서 담배를 피우지 않는다.
⑥ 근무 중에는 얼굴이나 머리를 만지지 않는다.
⑦ 주머니에 물건을 넣어 두지 않는다.
⑧ 반드시 지정된 시간이나 휴식 시간에 음식물을 섭취한다.
⑨ 근무 중에 껌을 씹지 않으며 이쑤시개, 성냥개비 등의 사용을 금한다.

(2) 항상 손을 깨끗이 하고 소독을 하여 위생적으로 유지한다.

① 조리 작업을 시작하기 전
② 화장실을 다녀온 후
③ 배식 전
④ 휴식이나 흡연 및 식사 후
⑤ 오염된 물품 접촉 후(전처리 전의 식재, 특히 육류, 어패류 등)
⑥ 오염 구역에서 비오염 구역으로 이동한 경우

(3) 올바른 손 세척

① 온수로 팔꿈치까지 물을 묻힌 후 비누 거품을 충분히 낸다.
② 손톱 사이는 브러시를 이용하고 손가락과 손톱 주위를 깨끗이 씻는다.
③ 손을 서로 문지르면서 회전하는 동작으로 씻는다(20초 이상)
④ 흐르는 물로 비누 거품을 충분히 헹구어 낸다.
⑤ 종이 타올이나 건조기로 물기를 제거한다.
⑥ 소독 수(70% 알코올 등)를 손에 분무하여 문질러서 건조한다.

(4) 감염 예방

① 영업자 및 종업원에 대한 건강진단을 실시하여야 한다.
② 전염성 상처나 피부병, 염증, 설사 등의 증상을 가진 식품 매개 질병 보균자는 식품을 직접 제조, 가공 또는 취급하는 작업을 금지하여야 한다.
③ 작업장 내의 지정된 장소 이외에서 식수를 포함한 음식물의 섭취 또는 비위생적인 행위를 금지

하여야 한다.

④ 작업 중 오염 가능성이 있는 물품과 접촉하였을 경우 세척 또는 소독 등의 필요한 조취를 취한 후 작업을 실시하여야 한다.

② 식중독

1. 자연독에 의한 식중독

1) 테트로도톡신(tetrodotoxin)

① 복어의 독소
② 치사율이 60%로 동물성 자연독 중 가장 위험
③ 지각 이상, 호흡장애, 운동장애
④ 복어의 난소 부분에 가장 많음
⑤ 중독은 여름보다 겨울에 많음

2) 베네루핀(venelupin)

모시조개, 굴의 독성 성분

3) 삭시톡신(saxitoxin)

섭조개, 대합조개의 독성 성분

4) 솔라닌(solanine)

감자(발아 부분)의 독성분

5) 무스카린(muscarine)

독버섯의 독성분

6) 고시폴(gossypol)

정제가 잘못된 불순한 면실유의 독성분

2. 세균에 의한 식중독

1) 분 류

① 감염형 식중독 : 식중독의 원인이 직접 세균에 의하여 발생 - 살모넬라 식중독, 장염비브리오 식중독, 병원성 대장균 식중독
② 독소형 식중독 : 식중독의 원인이 세균이 분비한 독소에 의해 발생 - 보툴리누스 식중독, 포도상구균 식중독, 웰치 식중독

2) 살모넬라(salmonella) 식중독

① 감염형 식중독

② 육류 및 그 가공품과 어패류 및 그 가공품이 원인 식품임
③ 감염원은 쥐, 개, 고양이 등 애완동물이나 야외 동물
④ 인축 공통으로 발병함
⑤ 발열이 특징이며 급성 위장염 증상이 나타남

3) 장염비브리오 식중독

① 감염형 식중독
② 호염성 세균인 비브리오균이 원인 세균으로 열에 약함
③ 설사와 구토 증상이 특징임
④ 어패류 생식이 주된 원인임
⑤ 여름철에 집중 발생됨
⑥ 방지 방법으로 가열처리, 조리 기구·도마 및 행주의 소독이 필요함

4) 포도상구균에 의한 식중독

① 황색포도상구균에 의해 발생
② 독소형 식중독으로 독소는 엔테로톡신(enterotoxin)이라는 장관독임
③ 독소는 열에 의해 쉽게 파괴되지 않음
④ 화농성 질환을 갖는 조리자가 조리한 식품에서 발생
⑤ 우리나라에서 가장 많이 발생
⑥ 잠복기가 가장 빠른 것이 특징

5) 보툴리누스(botulinus) 식중독

① 독소형 식중독으로 독소는 신경독인 뉴로톡신(neurotoxin)임
② 원인 세균은 열에 아주 강함
③ 통조림 식품과 햄, 소시지에서 발견됨
④ 식중독 중 치사율이 가장 강함
⑤ 신경마비, 시력장애, 동공 확대 등이 대표적인 증상임

3. 화학물질에 의한 식중독

1) 유해 금속으로 문제가 되는 것

비소, 납, 구리, 주석, 수은, 아연, 안티몬, 카드뮴

2) 비소

식품위생법상 허용량 : 고체 식품 - 1.5ppm 이하, 액체 식품 - 0.3ppm 이하

3) 납

① 체내의 축적으로 만성 중독이 대부분

② 오염은 도료, 안료, 농약 및 납관에 의함

4) 수은

① 수은 제제 농약, 유기수은이 폐수로 흘러 오염된 해산물에 의한 중독

② 중독 증상 : 미나마타병

5) 카드뮴

① 식기, 기구, 용기 등에 도금되어 있는 카드뮴이 용출되어 중독됨

② 만성 중독 증상으로 신장장애나 골연화증이 나타남

③ 중독 증상 : 이타이이타이병

6) 농약류에 의한 중독

① 유기 인제제 : 파라치온, 텝(TEPP)

② 유기 염소제 : 디디티(DDT), 비에이치씨(BHC)

7) 유해 첨가물에 의한 중독(사용이 금지되어 있음)

① 표백제 : 롱가리트(rongalite)

② 유해 감미료 : 사이크라메이트(cyclamate), 둘신(dulcin)

③ 유해 보존료 : 붕산, 포르말린

④ 유해 살균료 : 승홍

③ 식품과 전염병

1. 전염병 발생의 조건

(1) 전염원 : 병원체   (2) 전염 경로 : 환경   (3) 숙주의 감수성

2. 법정전염병

(1) 제1군 : 콜레라, 페스트, 장티푸스, 파라티푸스, 세균성 이질, 장출혈성 대장균 감염증 - 6종

제2군 : 디프테리아, 백일해, 파상풍, 홍역, 유행성 이하선염, 풍진, 폴리오, B형간염, 일본뇌염 - 9종

(2) 병원체가 오염된 식품, 손, 물, 곤충, 식기류 등으로부터 입을 통해서 체내로 침입됨

3. 식품과 관계되는 전염병

(1) 경구적으로 감염을 일으키는 소화기계 전염병

(2) 병원체가 오염된 식품, 손, 물, 곤충, 식기류 등으로부터 입을 통하여 체내로 침입함

(3) 콜레라, 장티프스, 파라티프스, 디프테리아, 이질, 성홍열

4. 인축공통전염병

(1) 사람과 동물이 같은 병원체에 의하여 발생되는 질병

(2) 인축공통전염병의 예방법

　① 가축의 건강관리 및 이환 동물의 조기 발견과 예방 접종
　② 이환된 동물의 판매 및 수입 방지
　③ 도살장이나 우유 처리장의 검사 철저

(3) 중요 인축공통전염병과 이환되는 가축

　① 탄저 : 소, 말, 양 등 포유동물
　② 야토병 : 산토끼, 양
　③ 결핵 : 소, 산양
　④ 파상열(브루셀라 증) : 소, 돼지, 산양, 개, 닭
　⑤ 살모넬라증 : 각종 온혈동물
　⑥ 돈 단독 : 돼지
　⑦ Q열 : 쥐, 소, 양

5. 식품과 기생충

(1) 채소류를 통하여 매개되는 기생충

　① 회충 : 우리나라 특히 농촌에서 감염률이 높으며 분변의 회충 수정란에 의해 전염되며 약물에 저항력이 강해 소독제 등으로 쉽게 죽지 않음.
　② 구충(십이지장충) : 주로 피부를 통한 경피감염을 하나 경구감염도 되며 채독벌레라고도 함.
　③ 편충
　④ 요충 : 산란 장소가 항문 주위로 손가락, 침구류 등을 통해 감염되기 쉬움.

(2) 육류를 통하여 감염되는 기생충

　① 무구조충(민촌충) : 쇠고기 등을 가열하지 않고 먹었을 때 감염되는 기생충
　② 유구조충(갈고리 촌충) : 돼지고기로부터 감염되는 기생충

(3) 어패류를 통하여 감염되는 기생충

   ① 간디스토마 - 제1중간 숙주 : 왜우렁이 - 제2중간 숙주 : 민물고기
   ② 폐디스토마 - 제1중간 숙주 : 다슬기 - 제2중간 숙주 : 게, 가재

5-1-3. 환경 위생관리

① 직업 환경 위생관리

1) 직업 환경 위생관리

구분	점검 항목	관리 기준
온·습도	작업장 및 내장의 온·습도 관리	확인
조명	적정 조도 관리 여부	220Lux
바닥, 천정, 벽	오염물질(먼지, 응결수, 거미줄, 페인트) 낙하 여부	무
	파손 및 누수 발생 유무	무
급배수	작업에 필요한 온·냉수의 적정량 공급 여부	확인
	급배수 시설의 고장 등 관리 상태	확인
소독제	출입구에 장화 소족조 및 손 소독기 실시 여부	실시
	소독제의 적정량 사용 여부	별도 관리
이동 경로	이동 통로 오염물질(지방, 스크랩 등) 유무 및 청소 상태	청결
	탈의실 정리 정돈 및 청결 상태	청결
	화장실 청소 및 청결 상태	청결
포장 작업	포장지 내 포장지 오염물질 이상 유무	확인
	부자재 먼지 상태 및 정리 정돈 상태	확인
	쓰레기 발생 시 즉시 처리 여부	확인
	비닐 포장 포장 시 공기 유입 방지 최대 밀착 포장	확인
	박스 포장, 제조 일자 확인	확인

*조도 : Lux [밝기(조명도)의 단위]		
	표준 조도	한계 조도
장식(수작업), 데코레이션, 마무리 작업 등	500Lux	300-700Lux
계량, 반죽, 정형, 조리 작업 등	200Lux	150-300Lux
굽기, 포장, 장식(기계 작업) 등	100Lux	70-150Lux
발효	50Lux	30-70Lux

2) 방충, 방서

제조시설에 해충, 쥐 등의 침입을 방지, 이로 인한 오염을 방지하는 활동
방충, 방서용 금속망은 30메시(Mesh)가 적당하다.
*mesh가 클수록 고운 제품

① 점검 내용

구분	점검 내용
표준 조도	쓰레기통 등에 해충의 흔적이 없는가?
	벽이나 천장의 모서리, 구석진 곳에 해충의 흔적이 없는가?
	기기류, 에어컨 밑의 따뜻한 곳에 해충의 흔적이 없는가?
	음습한 곳에 바퀴벌레 등의 서식 흔적이 없는가?
방서	벽의 아랫부분, 어두운 곳에 쥐의 배설물 등이 발견되는가?
	쥐가 갉아 먹은 원료나 제품이 발견되는가?
	배선 등을 쥐가 갉아 먹은 흔적은 없는가?
	작업장 주변에 쥐가 서식 가능한 구멍이 발견되는가?
	식품과 직접 접촉하는 기계 설비류의 보호는 적절히 관리되고 있는가?

3) 채광

창의 면적은 벽의 면적을 기준으로 할 때 70% 이상, 바닥의 면적을 기준으로 하면 20-30%

② 부패와 미생물

1. 부패

1) 부패(putrefaction)
단백질 식품이 미생물에 의해 분해작용을 받아 악취와 유해 물질을 생성하는 현상

2) 변패(deterioration)
단백질 이외의 성분을 갖는 식품이 변질되는 것

3) 식품의 부패
① 광택과 탄력이 없어지고
② 냄새가 나고
③ 색깔이 변하게 된다.

2. 식품의 부패 과정(혐기적 세균에 의함)

단백질(protein) → 펩톤(peptone) → 폴리펩타이드(polypeptide) → 아미노산(amino acid) → 유화수소가스(H_2S), 암모니아 가스(NH_3), 아민(amine), 메탄(methane) 생성

3. 부패에 영향을 주는 요소

① 온도   ② 수분   ③ 습도   ④ 산소   ⑤ 열

4. 부패 방지 대책

1) 물리적 처리에 의한 방법
① 건조법(drying)
식품의 수분을 감소시켜 세균의 발육 저지 및 사멸하여 식품을 보존하는 방법으로 일반적으로 수분 15% 이하에서는 미생물이 번식하지 못함.
㉮ 일광 건조법 : 농산물이나 해산물
㉯ 고온 건조법 : 90℃ 이상 고온으로 건조시키는 방법으로 산화, 퇴색하는 결점이 있음.

ⓓ 열풍 건조법 : 가열된 공기로 건조시키는 방법 - 육류, 난류
ⓔ 배건법 : 직접 불로 건조시키는 방법 - 보리차
ⓕ 냉동 건조 : 냉동시켜 건조하는 방법 - 한천, 건조 두부, 당면
ⓖ 분무 건조 : 액체를 분무하여 건조하는 방법 - 분유
ⓗ 감압 건조 : 감압 저온으로 건조하는 방법 - 건조 채소 등

② 냉장 냉동법
　미생물은 일반적으로 10℃ 이하에서 번식이 억제되고 -5℃ 이하에서 전혀 번식을 하지 못함.
　㉮ 움저장 : 10℃ 유지 - 감자, 고구마
　㉯ 냉장 : 0~4℃ 범위로 보존하는 방법 - 채소, 과일류
　㉰ 냉동 : -5℃ 이하로 동결시켜 부패를 방지하는 방법

③ 가열 살균법 : 보통 세균은 70℃에서 30분 가열에 의하여 포자형성세균은 120℃에서 20분 정도
　(가압살균) 가열하여야 살균됨.

④ 자외선 및 방사선 이용법
　식품 품질에 영향을 미치지 않는 이점이 있으나 식품 내부까지 살균할 수 없는 단점이 있다.

2) 화학적 처리에 의한 방법

① 염장법
　식품에 소금물을 침투시켜 삼투압을 이용하여 탈수 건조시켜 보존하며 동시에 미생물도 원형
　질 분리를 일으켜 생육을 억제시킴.

② 당장법
　50% 이상의 설탕액에 저장하는 방법으로 삼투압에 의해 일반 세균의 번식 억제로 부패 세균 생
　육을 억제하는 법

③ 산저장법
　식초산이나 젖산을 이용하여 식품을 저장하는 방법으로 유기산이 무기산보다 미생물 번식 억
　제 효과가 크다.

④ 가스저장법
　식품을 탄산가스나 질소가스 속에 보존하는 방법으로 호흡작용을 억제하여 호기성 부패 세균
　의 번식을 저지하는 방법이다.

⑤ 훈연법
　활엽수의 연기 중에 알데히드나 페놀과 같은 살균 물질을 육질에 연기와 함께 침투시켜 저장하
　는 방법으로 소시지, 햄 등이 있다.

5. 미생물

대부분 단세포 또는 균사로 이루어진, 육안으로 식별이 불가능할 정도의 작은 생물을 가리킨다.

(1) 미생물의 종류

① 세균류(bacteria)

- 세균의 형태 : 구균 (공 모양), 간균(막대 모양), 나선균(나사 모양)
- 2분법으로 증식하고, 세균성 식중독, 경구 전염병, 부패의 원인이 된다.

② 진균류(ture fungi)

- 곰팡이, 효소
- 본체가 실처럼 길고 가는 모양의 균사로 되어 있는 사상균을 가르킨다.

③ 바이러스

- 천연두, 인플루엔자, 일본뇌염, 광견병, 소아마비 등이 있다.

(2) 미생물의 번식 조건

① 영양소

② 수분

- 부패 미생물이 번식할 수 있는 최저 수분활성도(AW) : 세균(0.8 이하) 〉 효모(0.75 이하) 〉 곰팡이 (0.7 이하)

③ 온도

- 저온균(0~25℃), 중온균(15~55℃), 고온균 (40~70℃)

④ PH

- 최적PH : 곰팡이, 효모 (pH4.0~6.0), 세균 (pH 6.5~7.5)

⑤ 산소

- 산소 요구에 의한 미생물 분류
1. 편성 호기성균 : 산소가 없으면 증식할 수 없다(곰팡이, 고초균).
2. 편성 혐기성균 : 산소가 있으면 증식할 수 없다(보툴리누스균, 파상풍균).
3. 통성 혐기성균 : 산소 유무에 관계없이 증식(대부분의 세균, 효모)
4. 미호기성균 : 대기압보다 낮은 산소 분압이 증식에 필요(젖산균)

③ 소독과 살균

1) 소독

① 병원균을 대상으로 함.
② 병원미생물을 죽이거나
③ 병원미생물의 병원성을 약화시켜 감염을 없애는 조작
④ 비병원성 미생물은 남아 있어도 무방하다는 개념

2) 살균

① 모든 미생물을 대상으로 함.
② 세균을 완전히 죽여 무균 상태로 한다는 개념

3) 방부

① 음식물에 미생물 번식으로 인한 부패를 방지하는 방법
② 미생물의 증식을 정지시키는 것

4) 소독제로 사용되는 약품의 구비 조건

① 살균력이 있을 것
② 부식성, 표백성이 없을 것
③ 용해성이 높고 안정성이 있을 것
④ 경제적이고 사용 방법이 간단할 것

5) 소독 및 살균 약품

① 승홍 : 단백질과 결합하여 살균작용을 함. – 0.1% 수용액
② 과산화수소 : 3% 용액이 사용됨.
③ 석탄산(페놀) : 3~5% 용액이 사용됨. - 살균력을 보기 위한 표준시약으로 사용됨.
④ 크레졸 : 비누액을 50% 섞어 1~2% 용액을 사용 – 석탄산보다 2배의 소독력이 있음.
⑤ 역성비누 : 원액을 200~400배로 희석해 사용하여 식기 소독 등에 사용함.
⑥ 알코올 : 70% 수용액이 살균력이 가장 강함.
⑦ 포르말린 : 30~40% 용액을 사용함.

01. 다음 당류 중에서 감미도가 가장 높은 당은?

   ㉮ 포도당   ㉯ 자당   ㉰ 과당   ㉱ 맥아당

02. 다음 중에서 단당류가 2개 결합된 2당류에 속하는 것은?

   ㉮ 포도당   ㉯ 맥아당   ㉰ 과당   ㉱ 갈락토오스

03. 다음 당류 중에서 단당류에 속하는 것은?

   ㉮ 포도당   ㉯ 유당   ㉰ 맥아당   ㉱ 자당

04. 글리코겐(glycogen)은 어떤 영양소가 체내에 저장된 것인가?

   ㉮ 단백질   ㉯ 지방질   ㉰ 무기질   ㉱ 탄수화물

05. 탄수화물이 체내에서 주로 하는 작용은?

   ㉮ 혈액 형성   ㉯ 근육 형성   ㉰ 열량 공급   ㉱ 골격 구성

06. 글리코겐 함량이 가장 높은 곳은?

   ㉮ 혈액   ㉯ 신장   ㉰ 근육   ㉱ 간

07. 소화가 되어 포도당만이 생성되는 영양소는 어느 것인가?

   ㉮ 전분   ㉯ 한천   ㉰ 펙틴   ㉱ 자당

08. 혈당으로 혈류 내에 존재하는 당질의 형태는?

   ㉮ 포도당   ㉯ 과당   ㉰ 갈락토오스   ㉱ 만노오스

09. 간이나 근육에 저장되는 당질의 체내 저장 형태는?

   ㉮ 포도당   ㉯ 자당   ㉰ 전분   ㉱ 글리코겐

10. 사람이 섬유소(셀룰로오스)를 소화시키지 못하는 이유는?

   ㉮ 인슐린 부족   ㉯ 아미노산 부족   ㉰ 열량 부족   ㉱ 효소 부족

11. 포도당이 두분자 결합하여 이루어진 2당류는?

   ㉮ 자당   ㉯ 유당   ㉰ 맥아당   ㉱ 포도당

12. 당질의 대사에 관계하는 호르몬으로 혈당치를 저하하는 작용을 하는 것은?

   ㉮ 인슐린   ㉯ 아드레날린   ㉰ 갑상선 호르몬   ㉱ 뇌하수체 전엽 호르몬

13. 혈당(혈액 중에 들어 있는 포도당)의 함량은 통상 어느 정도가 정상인가?

   ㉮ 100mg%   ㉯ 200mg%   ㉰ 500mg%   ㉱ 1000mg%

1-㉰ 2-㉯ 3-㉮ 4-㉱ 5-㉰ 6-㉱ 7-㉮ 8-㉮ 9-㉱ 9-㉱ 10-㉱ 11-㉰ 12-㉮ 13-㉮

14. 다음의 당류 중에서 상대적 감미도 측정의 기준이 되는 당은?

　㉮ 과당　　　　㉯ 포도당　　　　㉰ 자당　　　　㉱ 맥아당

15. 술에 관한 설명 중 틀린 것은?

　㉮ 증류주란 발효시킨 양조주를 증류한 것으로 알코올 농도가 높다.

　㉯ 제과·제빵에서 술을 사용하는 이유 중의 하나는 바람직하지 못한 냄새를 없애주는 것이다.

　㉰ 양조주란 곡물이나 과실을 원료로 하여 효모로 발효시킨 것으로 알코올 농도가 비교적 낮다.

　㉱ 혼성주란 증류주에 정제당을 넣고 과실 등의 추출물로 향미를 내게 한 것으로 알코올 농도가 낮아야한다.

16. 아밀로펙틴에 대하여 잘못 설명한 것은?

　㉮ 아밀로오스보다 분자구조가 크고 복잡하다.

　㉯ 노화가 쉽게 일어나지 않는다.

　㉰ 결합형태가 α-1,4결합과 α-1,6결합으로 되어 있다.

　㉱ 포도당 6개 단위의 나선형 구조로 되어 있다.

17. 다음의 탄수화물 중에서 분자량이 가장 큰 것은?

　㉮ 전분　　　　㉯ 과당　　　　㉰ 맥아당　　　　㉱ 포도당

18. 다음 설명 중 맞는 것은?

　㉮ 전분의 호화는 100℃ 이상에서만 시작된다.

　㉯ 일반적으로 60℃ 이상의 온도에서 노화는 거의 일어나지 않는다.

　㉰ 전분은 상온에서도 물에 완전히 녹는다.

　㉱ 소맥분 중에서 가장 많은 성분은 단백질이다.

19. 포도당의 감미도는?

　㉮ 수용액일 때 감미가 세다.　　　　㉯ 결정일 때 감미가 세다.

　㉰ β-형일 때 감미가 세다.　　　　㉱ 좌선성일 때 감미가 세다.

20. 다음 곡물 전분입자 중 크기가 가장 작은 것은?

　㉮ 쌀전분　　　　㉯ 고구마전분　　　　㉰ 감자전분　　　　㉱ 소맥전분

21. 상대적 감미도가 순서대로 나열된 것은?

　㉮ 전화당 〉 설탕 〉 포도당 〉 과당 〉 맥아당 〉 유당

　㉯ 설탕 〉 과당 〉 전화당 〉 포도당 〉 유당 〉 맥아당

　㉰ 유당 〉 설탕 〉 포도당 〉 맥아당 〉 과당 〉 전화당

　㉱ 과당 〉 전화당 〉 설탕 〉 포도당 〉 맥아당 〉 유당

해답　14-㉰　15-㉱　16-㉱　17-㉮　18-㉯　19-㉯　20-㉮　21-㉱

22. 글리코겐으로 저장되고 남은 탄수화물은 체내에서 어떤 형태로 변하는가?

㉮ 모두 배설된다. ㉯ 계속 당류로 혈액에 존재한다.

㉰ 체지방으로 변하여 저장된다. ㉱ 단백질로 변하여 이용된다.

23. 사과 등에 많이 들어 있는 펙틴(pectin)은 무슨 영양소인가?

㉮ 탄수화물 ㉯ 지방 ㉰ 단백질 ㉱ 아미노산

24. 유당(lactose)의 구성 당은 무엇인가?

㉮ 포도당 + 포도당 ㉯ 포도당 + 과당

㉰ 포도당 + 갈락토오스 ㉱ 포도당 + 만노오스

25. 혈당량이 얼마 이상이면 비정상이 되어 당뇨병이 발생되는가?

㉮ 100mg/dl ㉯ 120mg/dl ㉰ 160mg/dl ㉱ 180mg/dl

26. 다음 탄수화물 중에서 인체에 분해효소가 없어서 소화시킬 수 없는 당류는?

㉮ 맥아당 ㉯ 설탕 ㉰ 유당 ㉱ 섬유소

27. 장 내에서 세균의 발육을 왕성하게 하여 장에 좋은 영향 즉 정장작용을 하는 당류는 어느 것인가?

㉮ 설탕 ㉯ 맥아당 ㉰ 유당 ㉱ 포도당

28. 다음 중 식이섬유소(dietary fiber)가 아닌 것은?

㉮ 셀룰로오스 ㉯ 글리코겐 ㉰ 한천 ㉱ 펙틴

29. 과당(fructose)이 가장 많이 포함되어 있는 것은?

㉮ 포도즙 ㉯ 벌꿀 ㉰ 파인즙 ㉱ 레몬즙

30. 다음 식품 중 전분을 가수분해시켜서 만든 것은?

㉮ 식혜 ㉯ 밤 ㉰ 빵 ㉱ 펙틴

31. 멥쌀과 찹쌀의 차이점 중 틀리는 것은 어느 것인가?

㉮ 멥쌀은 amylose(아밀로오스)와 amylopectin(아밀로펙틴)으로 구성되어 있으며, 찹쌀은 100% amylopectin(아밀로펙틴)으로 되어 있다.

㉯ 멥쌀보다 찹쌀이 amylose(아밀로오스) 함량이 많다.

㉰ 멥쌀보다 찹쌀이 점도가 크다.

㉱ 멥쌀보다 찹쌀이 용해도가 낮다.

32. 전분의 호화와 관계가 가장 적은 것은?

㉮ 전분의 종류 ㉯ 수분 함량 ㉰ 전분의 분자량 ㉱ 염류의 첨가

22-㉰ 23-㉮ 24-㉰ 25-㉱ 26-㉱ 27-㉰ 28-㉯ 29-㉯ 30-㉮ 31-㉯ 32-㉰

33. 수분은 소화기관 중 어디에서 흡수되는가?

㉮ 위　　　　　㉯ 소장의 상부　　　㉰ 소장의 하부　　　㉱ 대장

34. 동물성지방이나 포화지방을 많이 섭취하였을 때 발생할 수 있는 질병은?

㉮ 동맥경화증　㉯ 골다공증　　　㉰ 부종　　　　　㉱ 신장병

35. 다음 중 단순지질이 가장 많이 함유되어 있는 것은?

㉮ 버터　　　　　㉯ 간　　　　　　㉰ 보리　　　　　㉱ 난황

36. 필수 지방산의 흡수를 위하여 어떤 종류의 기름을 섭취하는 것이 좋은가?

㉮ 쇠기름　　　　㉯ 돼지기름　　　㉰ 닭기름　　　　㉱ 콩기름

37. 체내에서 지질의 주된 기능은?

㉮ 조혈작용　　　㉯ 에너지 발생　　㉰ 대사작용 조절　㉱ 골격형성

38. 소화와 흡수 등에 가장 영향을 크게 미치는 요소는?

㉮ 신경 관계　　　㉯ 음식의 온도　　㉰ 운동상태　　　㉱ 단백질 함량

39. 지방은 가수분해하면 무엇과 무엇이 생기나?

㉮ 글리세롤 + 스테롤　　　　㉯ 글리세롤 + 지방산

㉰ 글리세롤 + 왁스　　　　　㉱ 글리세롤 + 아미노산

40. 지방은 어느 경로를 통하여 흡수, 운반되는가?

㉮ 문맥　　　　　㉯ 정맥　　　　　㉰ 동맥　　　　　㉱ 림프관

41. 필수지방산이 아닌 것은?

㉮ 올레산　　　　㉯ 리놀레산　　　㉰ 리놀렌산　　　㉱ 아라키돈산

42. 담낭에서 분비되는 담즙의 기능은?

㉮ 지방의 응고　㉯ 지방의 유화　　㉰ 지방의 흡수　　㉱ 아미노산의 흡수

43. 지방의 기능과 관계가 먼 것은?

㉮ 공복감의 해소 즉, 포만감을 준다.　㉯ 체온의 손실을 방지한다.

㉰ 지용성 비타민의 흡수를 돕는다.　㉱ 일반적으로 고혈압을 저하시킨다.

44. 다음 중에서 인산을 함유하는 인지질은 어느 것인가?

㉮ 레시틴(lecithin)　　　　　㉯ 올레산(oleic acid)

㉰ 스테아르산(stearic acid)　　㉱ 콜레스테롤(cholesterol)

해답　33-㉱　34-㉮　35-㉮　36-㉱　37-㉯　38-㉮　39-㉯　40-㉱　41-㉮　42-㉯　43-㉱
44-㉮

45. 지방의 연소와 합성이 이루어지는 장기는?
　㉮ 소장　　　　　㉯ 췌장　　　　　㉰ 위장　　　　　㉱ 간

46. 사용하고 남은 지방이 저장되는 장소가 아닌 것은?
　㉮ 피하　　　　　㉯ 근육　　　　　㉰ 간　　　　　　㉱ 골수

47. 다음 중 체내에 있는 체지방의 기능이 아닌 것은?
　㉮ 열량원으로 쓰인다.　　　　㉯ 장기를 보호한다.
　㉰ 체온을 유지시킨다.　　　　㉱ 혈액 순환을 돕는다.

48. 콩기름 채유시 부산물로 얻어지는 것 중 유화제로 주로 사용되는 인지질은?
　㉮ 글리세롤　　　　㉯ 레시틴　　　　㉰ 스쿠알렌　　　　㉱ 스테롤

49. 식물성 유지가 동물성 유지보다 산패가 되지 않고 안정한 이유는?
　㉮ 식물성 유지는 불포화지방산이 많아서
　㉯ 동물성 유지는 상온에서 고체이므로
　㉰ 식물성 유지에는 천연 항산화제가 들어 있어서
　㉱ 동물성 유지는 포화지방산 함량이 많아서

50. 다음 중 포화지방산인 것은?
　㉮ 올레산　　　　㉯ 스테아르산　　　　㉰ 리놀레산　　　　㉱ 아라키돈산

51. 불포화 지방산의 설명으로 맞지 않는 것은?
　㉮ 일반적으로 상온에서 액체이다.　　㉯ 융점이 포화지방산보다 낮다.
　㉰ 분자 내에 2중 결합이 없다.　　　㉱ 부족되면 성장이 정지된다.

52. 다음 식품 중에서 유지함량이 가장 많은 것은?
　㉮ 참기름　　　　㉯ 버터　　　　㉰ 치즈　　　　㉱ 우유

53. 여러 종류의 지질 중에서 일반적으로 영양성분으로 흔히 먹는 것은?
　㉮ 콜레스테롤　　㉯ 인지질　　　　㉰ 당지질　　　　㉱ 중성지방

54. 지방을 섭취했을 때 인체에서의 흡수율은?
　㉮ 100%　　　㉯ 98%　　　　㉰ 95%　　　　㉱ 90%

55. 필수 지방산을 가장 많이 함유하고 있는 식품은?
　㉮ 버터　　　　㉯ 마가린　　　　㉰ 쇠기름(우지)　　　　㉱ 콩기름(대두유)

45-㉱　46-㉱　47-㉱　48-㉯　49-㉰　50-㉯　51-㉰　52-㉮　53-㉱　54-㉰　55-㉱

56. 다음 중 불포화 지방산이 아닌 것은?

㉮ 올레산(oleic acid) ㉯ 리놀레산(linoleic acid)

㉰ 리놀렌산(linolenic acid) ㉲ 팔미트산(palmitic acid)

57. 다음 설명 중 옳지 않은 것은?

㉮ 필수지방산 결핍은 성장 정지, 생식기능 장애 등을 일으킨다.

㉯ 지방은 탄소수가 증가하면 물에 녹기 쉽고 융점이 낮아진다.

㉰ 유지를 가수분해하면 글리세롤과 지방산으로 된다.

㉲ 레시틴(lecithin)은 인지질로 복합지질에 속한다.

58. 다음 중 비누화(검화 : 알칼리 가수분해) 될 수 없는 지질은?

㉮ 콜레스테롤 ㉯ 중성지방 ㉰ 인지질 ㉲ 유지

59. 유지의 융점에 대한 설명으로 틀린 것은?

㉮ 저급 지방산이 많은 유지일수록 융점은 낮아진다.

㉯ 포화지방산이 많은 유지일수록 융점은 높아진다.

㉰ 고급 지방산이 많은 유지일수록 융점은 높아진다.

㉲ 불포화지방산이 많은 유지일수록 융점은 높아진다.

60. 유지의 발연점에 영향을 미치는 인자가 아닌 것은?

㉮ 유지의 용해도 ㉯ 유지의 장기간 사용에 의한 혼합 이물질의 존재

㉰ 노출된 유지의 표면적 ㉲ 유지 중의 유리지방산 함량(산가)

61. 다음 중에서 유지의 산패와 직접적인 관계가 없는 것은?

㉮ 산소 ㉯ 전기 ㉰ 수분 ㉲ 열

62. 다음 중 불포화지방산의 설명으로 틀린 것은?

㉮ 동물성 지방보다 식물성 지방에 함량이 많다.

㉯ 포화지방산보다 일반적으로 융점이 높다.

㉰ 필수지방산은 모두 불포화지방산이다.

㉲ 상온에서 일반적으로 액체이다.

63. 지방의 소화와 흡수를 돕는 것은?

㉮ 비타민 D ㉯ 스테로이드 ㉰ 위액 ㉲ 담즙

해답 56-㉲ 57-㉯ 58-㉮ 59-㉲ 60-㉮ 61-㉯ 62-㉯ 63-㉲

64. 지방을 소화시키는 효소는?
　㉮ 리파제　　　㉯ 펩신　　　　　㉰ 아밀라제　　　㉱ 렌닌

65. 콜레스테롤 함량이 가장 많은 식품은?
　㉮ 계란 노른자　㉯ 생선　　　　　㉰ 콩　　　　　　㉱ 우유

66. 스테아르산(stearic acid)은 다음 중 어디에 속하는가?
　㉮ 필수지방산　㉯ 포화지방산　　㉰ 불포화지방산　㉱ 필수아미노산

67. 인지질에 대하여 잘못 설명한 것은 어느 것인가?
　㉮ 복합 지질의 일종이다.　　　　㉯ lecithin(레시틴)은 인지질이다.
　㉰ 주로 에너지의 공급원이다.　　㉱ 뇌, 신경조직의 구성성분이다.

68. 다음 소화액 중에서 소화 효소를 갖고 있지 않은 것은?
　㉮ 췌장액　　　㉯ 타액　　　　　㉰ 위액　　　　　㉱ 담즙

69. 담즙은 어떤 영양소의 소화와 관계가 깊은가?
　㉮ 당질　　　　㉯ 지방질　　　　㉰ 단백질　　　　㉱ 무기질

70. 식용유지로서 갖추어야 할 특성은?
　㉮ 불포화도가 낮을 것　　　　　㉯ 융점이 낮을 것
　㉰ 융점이 높을 것　　　　　　　㉱ 불포화도 및 융점이 모두 높을 것

71. 마요네즈(mayonaise)는 유지의 어떤 성질을 이용한 것인가?
　㉮ 검화　　　　㉯ 유화　　　　　㉰ 산화　　　　　㉱ 환원

72. 단백질은 무엇으로 구성되어 있는가?
　㉮ 글리세롤　　㉯ 포도당　　　　㉰ 지방산　　　　㉱ 아미노산

73. 단백질을 영양학적으로 설명할 때 완전 단백질이란?
　㉮ 소화 흡수가 완전히 이루어질 수 있는 단백질
　㉯ 성장과 생명 유지에 관여하는 단백질
　㉰ 순전히 아미노산만으로 구성되어 있는 단백질
　㉱ 모든 아미노산을 골고루 함유하고 있는 단백질

74. 자연 식품 중에서 단백가가 100인 것은?
　㉮ 우유　　　　㉯ 계란　　　　　㉰ 쇠고기　　　　㉱ 생선

64-㉮　65-㉮　66-㉯　67-㉰　68-㉱　69-㉯　70-㉯　71-㉯　72-㉱　73-㉱　74-㉯

75. 우유 중에 가장 많이 들어 있는 단백질은?
㉮ 카제인(casein)　　　　　　㉯ 콜라겐(collagen)
㉰ 마이요신(myosin)　　　　　㉱ 알부민(albumin)

76. 단백질의 인체내 평균 흡수율은?
㉮ 90%　　㉯ 92%　　㉰ 95%　　㉱ 98%

77. 단백질의 역할이 탄수화물이나 지방과 다른 것은 특별히 어떤 원소를 갖고 있기 때문인가?
㉮ 산소　　㉯ 탄소　　㉰ 수소　　㉱ 질소

78. 체내에서 일단 사용된 단백질은 어떤 경로로 배설되는가?
㉮ 호흡　　㉯ 대변　　㉰ 소변　　㉱ 땀

79. 다음 물질 중 단백질의 대사 배설물은?
㉮ 아세톤　　㉯ 요소　　㉰ 요산　　㉱ 피르브산

80. 두 가지 식품을 섞어서 음식을 만들었을 때 단백질의 상호 보조 효력이 가장 큰 것은 어느 것인가?
㉮ 쌀과 보리　　㉯ 밀가루와 옥수수　　㉰ 우유와 빵　　㉱ 쌀과 옥수수

81. 성인이 필요 이상의 단백질을 섭취하면 어떻게 되는가?
㉮ 연소하여 에너지(열량)을 발생한다.　　㉯ 단백질로 체내에 저장된다.
㉰ 대변으로 배설된다.　　　　　　　　㉱ 지방질로 변환된다.

82. 위에서 분비된 위액에 존재하는 단백질 분해 효소는?
㉮ 펩신　　㉯ 스테압신　　㉰ 트립신　　㉱ 에렙신

83. 다음 중에서 복합 단백질로 인단백질인 것은?
㉮ 카제인　　㉯ 알부민　　㉰ 마이요신　　㉱ 케라틴

84. 다음 아미노산 중에서 맛난 맛을 내어 조미료로 사용되는 아미노산은?
㉮ 라이신(1ysine)　　　　　　㉯ 알지닌(alginine)
㉰ 메티오닌(methionin)　　　　㉱ 글루탐산(glutamic acid)

85. 다음 중 식품과 그에 함유된 단백질이 옳게 연결되지 않은 것은?
㉮ 밀 : 글루테닌(glutenin)　　　㉯ 옥수수 : 제인(zein)
㉰ 근육 : 마이요신(myosin)　　　㉱ 우유 : 알부민(albumin)

해답 75-㉮ 76-㉯ 77-㉱ 78-㉰ 79-㉯ 80-㉰ 81-㉮ 82-㉮ 83-㉮ 84-㉱ 85-㉱

86. 단백질이 응고가 되는 등 변성되어 나타나는 현상 중 틀린 것은?

㉮ 점도가 증가한다.   ㉯ 용해도가 감소한다.
㉰ 응고 또는 침전된다.   ㉱ 거품이 발생하지 않는다.

87. 다음 중에서 단백질 분해 효소가 아닌 것은?

㉮ 파파인(papain)   ㉯ 리파제(lipase)   ㉰ 펩신(pepsin)   ㉱ 브로멜린(bromelin)

88. 단백질이 소화되었을 때 최종적으로 생산되는 것은?

㉮ 지방산   ㉯ 글리세린   ㉰ 포도당   ㉱ 아미노산

89. 밀과 같은 식물성 단백질에서 특히 부족되기 쉬운 아미노산은 어느 것인가?

㉮ 라이신(lysine)   ㉯ 메티오닌(methionine)
㉰ 트립토판(tryptophan)   ㉱ 타이로신(tyrosine)

90. 단백질에 관한 설명이다. 틀리는 것은?

㉮ 단백질은 가수분해되면 아미노산으로 된다.
㉯ 단백질은 질소를 대략 16% 함유하고 있다.
㉰ 카제인은 단순 단백질이다.
㉱ 필수 아미노산을 골고루 함유하면 완전 단백질이다.

91. 단백질이 다른 영양소와 달리 인체 대사과정 중에 유해물질을 많이 생성하는 이유는?

㉮ C를 함유하고 있기 때문에   ㉯ H를 함유하고 있기 때문에
㉰ S을 함유하고 있기 때문에   ㉱ N를 함유하고 있기 때문에

92. 탄수화물, 지방, 단백질이 체내에서 연소하여 각각 4, 9, 4Kcal의 열량을 발생하는데 이것을 무엇이라 하는가?

㉮ 생리적 열량가   ㉯ 인체 열량가   ㉰ 활동 열량가   ㉱ 실제 열량가

93. 다음 중 생명을 유지하기 위한 기초 대사(기초 신진대사, BMR)에 속하지 않는 것은?

㉮ 호흡 작용   ㉯ 소화 작용   ㉰ 순환 작용   ㉱ 배설 작용

94. 옥수수 단백질인 제인에 특히 부족한 아미노산은?

㉮ 트립토판, 메티오닌   ㉯ 트레오닌, 페닐알라닌
㉰ 트립토판, 발린   ㉱ 트레오닌, 로이신

95. 체내에서 단백질의 역할과 가장 거리가 먼 것은?

㉮ 체조직의 구성   ㉯ 체성분의 중성유지
㉰ 항체 형성   ㉱ 대사작용의 조절

86-㉱   87-㉯   88-㉱   89-㉮   90-㉰   91-㉱   92-㉮   93-㉯   94-㉮   95-㉱

96. 다음 중 단백질에 대한 설명으로 틀린 것은?

㉮ 단백질의 주된 구성성분은 탄소, 수소, 질소이고 가장 많은 비율을 차지하는 것이 질소이다.

㉯ 밀 단백질 중의 하나인 글루테닌은 단순 단백질 중 글루텔린에 속한다.

㉰ 우유의 카세인과 계란 노른자의 오브 비텔린은 복합 단백질 중 인 단백질에 속한다.

㉱ 핵 단백질은 동·식물의 세포에 모두 존재한다.

97. 음식물을 통해서만 얻어야 하는 아미노산과 거리가 먼 것은?

㉮ 트립토판(tryptopnan)　　　　㉯ 글루타민(glutamine)

㉰ 리신(lysine)　　　　　　　　㉱ 메티오닌(methionine)

98. s-s 결합으로 이루어진 아미노산은?

㉮ 시스테인　　㉯ 리신　　㉰ 메치오닌　　㉱ 시스틴

99. 다음 단백질의 구조에 대한 설명 중 틀린 것은?

㉮ 1차 구조 – 아미노산과 아미노산이 펩티드 결합으로 연결되어 있다.

㉯ 2차 구조 – 아미노산 사슬이 코일 수조를 가지고 있다.

㉰ 3차 구조 – 2차 구조의 코일이 입체구조를 이루어 굽혀져 있다.

㉱ 4차 구조 – 2차 구조의 코일이 평면 구조를 이루며 굽혀져 있다.

100. 단백질의 구조와 관계없는 것은?

㉮ 이중 결합　　㉯ 펩티드 결합　　㉰ 수소결합　　㉱ S-S 결합

101. 인체 내에서 사용하고 남은 당질 성분은 주로 어떤 물질로 우리 몸에 저장되는가?

㉮ 글리코겐　　㉯ 단백질　　㉰ 체지방　　㉱ 전분

102. 생리적 열량가는?

㉮ 탄수화물 4, 지방 9, 단백질 4　　　㉯ 단백질 4, 지방 4, 탄수화물 9

㉰ 탄수화물 4, 단백질 9, 지방 4　　　㉱ 탄수화물 4, 지방 4, 단백질 4

103. 과한 체중을 줄이려고 할 때 가장 적당한 운동은 무엇인가?

㉮ 걷기(시간당 8.5km)　　㉯ 수영　　㉰ 달리기　　㉱ 자전거 타기

104. 기초 대사량을 바르게 설명한 것은?

㉮ 하루에 소모되는 전체 열량

㉯ 잠잘 때 소모되는 열량

㉰ 안정된 자세로 정신운동을 할 때 필요한 열량

㉱ 혈액순환, 호흡작용 등 무의식적인 생리 현상에 소모되는 열량

해답　96-㉮　97-㉯　98-㉮　99-㉱　100-㉮　101-㉮　102-㉮　103-㉮　104-㉱

105. 노동시 대사에 필수적으로 필요한 무기질은?

    ㉮ 칼슘   ㉯ 인   ㉰ 염분   ㉱ 철분

106. 임신, 출산을 많이 한 부인에게 흔히 볼 수 있는 칼슘 결핍증은?

    ㉮ 구루병   ㉯ 골연화증   ㉰ 괴혈병   ㉱ 골다공증

107. 칼슘을 이용하기 쉽게 많이 함유하고 있는 식품은?

    ㉮ 생선   ㉯ 우유   ㉰ 채소   ㉱ 쇠고기

108. 충치 예방에 효과가 있는 무기질은?

    ㉮ 불소   ㉯ 염소   ㉰ 아연   ㉱ 코발트

109. 우리 체내에서 가장 많이 갖고 있는 무기질은 어느 것인가?

    ㉮ 인(P)   ㉯ 철(Fe)   ㉰ 칼슘(Ca)   ㉱ 나트륨(Na)

110. 칼슘의 흡수 및 침착에 관계가 깊은 비타민은?

    ㉮ 비타민 A   ㉯ 비타민 B_1 ㉰ 비타민 C   ㉱ 비타민 D

111. 다음 중에서 시금치에 들어 있는 성분으로 칼슘 흡수를 방해하는 것은?

    ㉮ 호박산   ㉯ 수산   ㉰ 구연산   ㉱ 젖산

112. 근육의 탄력성 또는 신경자극 전달을 촉진시켜 주는 무기질은?

    ㉮ 나트륨(Na)   ㉯ 칼륨(K)   ㉰ 마그네슘(Mg)   ㉱ 칼슘(Ca)

113. 우유가 동물성 식품인데도 불구하고 알칼리성 식품에 속하는 것은 어떤 원소 때문인가?

    ㉮ 칼슘   ㉯ 탄소   ㉰ 수소   ㉱ 유황

114. 다음 무기질 중에서 혈액응고와 관계가 깊은 무기질은?

    ㉮ 나트륨(Na)   ㉯ 칼슘(Ca)   ㉰ 철(Fe)   ㉱ 마그네슘(Mg)

115. 식품에 들어 있는 원소 중에서 산 생성 원소는 어느 것인가?

    ㉮ 인(P)   ㉯ 칼슘(Ca)   ㉰ 나트륨(Na)   ㉱ 칼륨(K)

116. 체내에 있는 철분이 주로 하는 일은?

    ㉮ 골격 형성   ㉯ 수분 평형   ㉰ 근육 긴장   ㉱ 산소 운반

117.다음 중에서 뼈의 발육과 관계가 없는 것은?

    ㉮ 칼슘   ㉯ 인   ㉰ 비타민 D   ㉱ 철

105-㉰ 106-㉱ 107-㉯ 108-㉮ 109-㉰ 110-㉱ 111-㉯ 112-㉱ 113-㉮ 114-㉯ 115-㉮
116-㉱ 117-㉱

118. 우리의 몸에서 철분을 가장 많이 가지고 있는 부분은?

　㉮ 근육　　　　㉯ 혈액　　　　㉰ 효소　　　　㉱ 세포질

119. 빈혈증의 치료와 관계가 없는 영양소는?

　㉮ 단백질　　　㉯ 지방　　　　㉰ 철　　　　　㉱ 코발트

120. 세포핵의 성분으로 완충제 역할을 할 수 있는 무기질은?

　㉮ 칼슘　　　　㉯ 인　　　　　㉰ 철　　　　　㉱ 마그네슘

121. 인체 내에서 구리의 기능에 대하여 옳게 설명한 것은?

　㉮ 헤모글로빈의 형성과 숙성을 돕는다.　　㉯ 산소를 운반한다.
　㉰ 철분의 운반을 돕는다.　　　　　　　　㉱ 비타민 C의 흡수를 돕는다.

122. 다음 각 무기질을 설명한 것 중 잘못된 것은?

　㉮ Na(나트륨)은 염소와 결합하여 소금이 되어 주로 체액 속에 들어 있고 삼투압 유지에 관여한다.
　㉯ Ca(칼슘)은 인산염과 탄산염으로서 주로 골격과 치아에 들어 있다.
　㉰ S(황)은 당질대사에 중요하며 혈액을 알칼리성으로 하고 혈액의 응고작용을 촉진시킨다.
　㉱ I(요오드)는 갑상선 호르몬인 티록신의 주성분으로 갑상선 속에 요오드가 결핍되면 갑상선종을 일으킨다.

123. 칼슘의 흡수에 관계하는 호르몬은?

　㉮ 부신 호르몬　　　　　　　㉯ 부갑상선 호르몬
　㉰ 갑상선 호르몬　　　　　　㉱ 성 호르몬

124. 식품을 태웠을 때 타고 남은 성분을 무엇이라 하는가?

　㉮ 단백질　　　㉯ 지방질　　　㉰ 유기질　　　㉱ 무기질

125. 우유의 응고에 관여하고 있는 금속이온은?

　㉮ Mn^{2+}(망간)　　㉯ Cu^{2+}(구리)　　㉰ Mg^{2+}(마그네슘)　　㉱ Ca^{2+}(칼슘)

126. 칼슘 흡수를 방해하는 인자는?

　㉮ 옥살산의 섭취 증가　　　　㉯ 위액의 분비 증가
　㉰ 비타민 C의 섭취 증가　　　㉱ 유당의 충분한 섭취

해답　118-㉯　119-㉯　120-㉯　121-㉮　122-㉰　123-㉯　124-㉱　125-㉱　126-㉮

127. 요오드는 체내에서 어떤 작용을 하는가?

㉮ 인슐린을 구성하여 혈당을 조절한다.

㉯ 효소를 형성하여 노화과정 등을 촉진시킨다.

㉰ 티록신(갑상선 호르몬)을 구성하여 기초대사에 관계한다.

㉱ 아드레날린을 형성하여 혈당 조절에 관여한다.

128. 갑상선 호르몬은 체내에서 어떤 작용을 하는가?

㉮ 기초대사를 조절한다.   ㉯ 신경자극을 전달한다.

㉰ 소화액 분비를 촉진시킨다.   ㉱ 생식 기능을 조절한다.

129. 갑상선 비대에 의한 갑상선종은 어느 지역에서 발생하는가?

㉮ 해안을 접하고 있는 지역   ㉯ 토양에 철분함량이 부족한 지역

㉰ 토양에 요오드 함량이 부족한 지역   ㉱ 토양에 칼슘함량이 부족한 지역

130. 조혈에 관계가 있으며 적혈구 내에 존재하는 무기질은?

㉮ 구리   ㉯ 아연   ㉰ 코발트   ㉱ 철

131. 결핍되었을 때 빈혈증세를 나타내는 무기질이 아닌 것은?

㉮ 요오드   ㉯ 철   ㉰ 구리   ㉱ 코발트

132. 클로로필(엽록소)의 구성 성분으로 되는 무기질은?

㉮ 칼슘   ㉯ 마그네슘   ㉰ 망간   ㉱ 구리

133. 췌장 호르몬인 인슐린과 관계가 깊은 무기질은?

㉮ 요오드   ㉯ 망간   ㉰ 아연   ㉱ 구리

134. 다음 중에서 나트륨이 하는 일이 아닌 것은?

㉮ 삼투압을 조절한다.   ㉯ 혈액 순환을 촉진시킨다.

㉰ 산과 알칼리의 평형을 조절한다.   ㉱ 체내의 수분을 조절한다.

135. 다음 무기질 중에서 알칼리 생성원소가 아닌 것은?

㉮ 나트륨   ㉯ 마그네슘   ㉰ 염소   ㉱ 칼슘

136. 다음 무기질 중에서 산 생성원소는 어느 것인가?

㉮ 칼슘   ㉯ 황   ㉰ 칼륨   ㉱ 나트륨

137. 산성식품에 속하는 것은?

㉮ 대두, 채소   ㉯ 버섯, 우유   ㉰ 육류, 해조류   ㉱ 육류, 어패류

127-㉰   128-㉮   129-㉰   130-㉱   131-㉮   132-㉯   133-㉰   134-㉯   135-㉰   136-㉯   137-㉱

138. 다음 무기질 중에서 인체에 불필요한 것은?

㉮ 코발트 ㉯ 납 ㉰ 구리 ㉱ 아연

139. 비타민에서 국제단위(IU)를 제정하여 사용하는 것은?

㉮ 비타민 B_1 ㉯ 비타민 C ㉰ 비타민 D ㉱ 비타민 E

140. 빛에 의하여 가장 손실이 큰 비타민은?

㉮ 비타민 A ㉯ 비타민 B_1 ㉰ 비타민 B_2 ㉱ 비타민 B_{12}

141. 다음 중에서 수용성 비타민인 것은?

㉮ 비타민 A ㉯ 비타민 B_1 ㉰ 비타민 D ㉱ 비타민 K

142. 다음 중에서 지용성 비타민인 것은?

㉮ 비타민 A ㉯ 비타민 B_1 ㉰ 비타민 B_2 ㉱ 비타민 C

143. 비타민 D의 공급원이 될 수 있는 식품은?

㉮ 당근 ㉯ 시금치 ㉰ 버섯 ㉱ 대두

144. 다음과 같은 직업을 갖은 사람들 중 비타민 D 결핍증에 걸리기 쉬운 사람은?

㉮ 광부 ㉯ 농부 ㉰ 목수 ㉱ 사무원

145. 지용성 비타민의 설명으로 옳지 않은 것은?

㉮ 기름과 유기용매에 녹는다.
㉯ 과잉 섭취된 것은 체내에 저장된다.
㉰ 필요량을 매일 먹지 않으면 결핍증이 곧 나타난다.
㉱ 결핍 증세가 아주 서서히 나타난다.

146. 소장에서 흡수될 때 비타민 D와 같은 지용성 비타민은 어떤 영양소와 같은 경로를 통하여 흡수되는가?

㉮ 당질 ㉯ 지방질 ㉰ 단백질 ㉱ 무기질

147. 다음 중에서 비타민 A의 결핍증과 관계가 없는 것은?

㉮ 안구건조증 ㉯ 구루병 ㉰ 야맹증 ㉱ 상피세포 각질화

148. 결핍에 의하여 시홍 형성이 안되어 야맹증을 유발시키는 비타민은?

㉮ 비타민 A ㉯ 비타민 C ㉰ 비타민 E ㉱ 비타민 K

해답 138-㉯ 139-㉰ 140-㉰ 141-㉯ 142-㉮ 143-㉰ 144-㉮ 145-㉰ 146-㉯ 147-㉯ 148-㉮

149. 비타민 D의 주된 기능은?

    ㉮ 철분의 흡수 촉진   ㉯ 칼슘과 인의 흡수 촉진

    ㉰ 적혈구의 형성   ㉱ 비타민 C의 흡수 촉진

150. 다음 연결된 사항 중 잘못된 것은?

    ㉮ 비타민 B_1 : 각기병 – 쌀겨, 돼지고기

    ㉯ 비타민 A : 상피세포 각질화 – 버터, 녹황색 채소

    ㉰ 비타민 C : 괴혈병 – 신선한 과일, 채소

    ㉱ 비타민 D : 발육부진 – 간유

151. 다음 연결 중 맞지 않는 것은?

    ㉮ 비타민 B_1 : 당질의 대사   ㉯ 비타민 B_{12} : Co(코발트) 함유

    ㉰ 비타민 A : 지질의 흡수   ㉱ 비타민 K : 혈액의 응고

152. 비타민 C의 결핍증과 관계가 없는 것은?

    ㉮ 잇몸의 부종 및 출혈   ㉯ 상처 치료의 회복지연

    ㉰ 신경쇠약 및 불면증   ㉱ 치아의 탈락 및 골절

153. 비타민 B_{12}의 주된 생리작용은?

    ㉮ 적혈구의 조성   ㉯ 철분의 산화

    ㉰ 아미노산의 합성   ㉱ 당질의 대사

154. 지용성 비타민과 관계있는 물질은?

    ㉮ L-ascorbic acid   ㉯ Thiamin   ㉰ β-carotene   ㉱ Niacin

155. 비타민 A가 결핍되면 나타나는 주 증상은?

    ㉮ 야맹증, 성장발육 불량   ㉯ 괴혈병, 구순구각염

    ㉰ 악성빈혈, 신경마비   ㉱ 각기병, 불임증

156. 다음 각 비타민과 관련된 결핍 중 공급원에 대한 연결이 틀린 것은?

    ㉮ B_1-각기병-쌀겨, 돼지고기   ㉯ D-발육부진- 간유

    ㉰ C- 괴혈병-과일, 채소   ㉱ A-야맹증-버터, 녹황색 채소

157. 다음 비타민에 관한 설명 중 옳지 않은 것은?

    ㉮ 나이아신의 결핍시에는 빈혈에 걸리며 적혈구 형성과 관계가 깊다.

    ㉯ 비타민 A는 결핍시에 야맹증에 걸리고 주요 급원은 소간, 생선 간유 등이다.

    ㉰ 비타민 C는 결핍시에 괴혈병에 걸리고 주요 급원은 딸기, 감귤류, 토마토, 양배추 등이다.

    ㉱ 비타민 D는 결핍시에 구루병에 걸리며 칼슘과 인의 대사와 관계가 깊다.

149-㉯ 150-㉱ 151-㉰ 152-㉰ 153-㉮ 154-㉰ 155-㉮ 156-㉯ 157-㉮

158. 항산화제 자체는 아니지만 항산화제와 병용하면 항산화 효과가 증대되는 보완제가 아닌 것은?
　　㋑ 구연산　　　　㋓ 비타민 K　　　㋕ 비타민 E　　　　㋗ 주석산

159. 다음 중에서 비타민의 기능이 아닌 것은 어느 것인가?
　　㋑ 대사 촉진　　　　　　　　　㋓ 호르몬의 분비 촉진 및 억제
　　㋕ 조효소의 성분　　　　　　　㋗ 체온 조절

160. 비타민 A의 가장 좋은 급원식품은?
　　㋑ 당근　　　　　㋓ 시금치　　　　㋕ 우유　　　　　　㋗ 쇠간

161. 다음 중 열에 가장 안정한 비타민은?
　　㋑ 비타민 A　　　㋓ 비타민 C　　　㋕ 비타민 E　　　　㋗ 비타민 K

162. 쌀 등에 강화시켜 강화미에 이용할 수 있는 비타민은?
　　㋑ 비타민 A　　　㋓ 비타민 B_1　　　㋕ 비타민 B_2　　　㋗ 비타민 D

163. 비타민 A의 체내 저장량이 가장 많은 것은?
　　㋑ 신장　　　　　㋓ 간　　　　　　㋕ 근육　　　　　　㋗ 혈액

164. 식용유의 산화방지에 사용되는 것은?
　　㋑ 비타민 A　　　㋓ 비타민 E　　　㋕ 비타민 K　　　　㋗ 니코틴산

165. 비타민의 설명으로 적합하지 못한 것은?
　　㋑ 측정단위는 보통 그람(gram)으로 사용한다.
　　㋓ 사람은 비타민을 합성하지 못한다.
　　㋕ 생명 현상에 절대적으로 필요하다.
　　㋗ 지용성 비타민은 비타민 A · D · E · K 등이다.

166. 비타민 중에서 과잉 섭취에 의해 과잉증을 나타낼 수 있는 것은?
　　㋑ 비타민 B_1　　㋓ 비타민 B_2　　㋕ 비타민 C　　　　㋗ 비타민 D

167. 비타민 E가 인체 내에서 주로 하는 작용은?
　　㋑ 근육의 건강 유지　　　　　㋓ 뇌의 정상 유지
　　㋕ 혈액의 형성　　　　　　　㋗ 산화 방지

168. 비타민 C의 생리작용과 관계가 없는 것은?
　　㋑ 결체조직의 재생　　　　　㋓ 질병에 대한 저항력
　　㋕ 당질의 대사　　　　　　　㋗ 모세혈관의 힘 유지

해답　158-㋕　159-㋑　160-㋗　161-㋗　162-㋓　163-㋓　164-㋓　165-㋑　166-㋗　167-㋗
168-㋕

169. 비타민 C가 가장 많이 함유되어 있는 식품은?

    ㉮ 풋고추   ㉯ 사과   ㉰ 미역   ㉱ 양배추

170. 결핍에 의해 각기병을 유발시키는 비타민은?

    ㉮ 비타민 A   ㉯ 비타민 B_1 ㉰ 비타민 B_2 ㉱ 비타민 K

171. 임산부나 노인에게 문제되는 골다공증 예방에 가장 좋은 식품은?

    ㉮ 간   ㉯ 우유   ㉰ 과일   ㉱ 콩

172. 다음 비타민 중에서 1일 권장량이 가장 많은 비타민은?

    ㉮ 비타민 A   ㉯ 비타민 B_1 ㉰ 비타민 C   ㉱ 비타민 K

173. 소화 흡수율이 가장 높은 영양소는?

    ㉮ 당질   ㉯ 지방질   ㉰ 단백질   ㉱ 무기질

174. 다음 소화 흡수에 대한 설명으로 적합하지 못한 것은?

    ㉮ 알코올은 주로 위에서 흡수된다.

    ㉯ 수분은 주로 대장에서 흡수된다.

    ㉰ 소화율이 높은 순위는 단백질, 지방, 당질 순이다.

    ㉱ 지질이 흡수되려면 글리세롤과 지방산으로 분해되어야 한다.

175. 대장의 작용에 대해 잘못 설명된 것은?

    ㉮ 섬유소가 가수분해된다.   ㉯ 수분이 흡수된다.

    ㉰ 음식물의 부패와 발효가 일어난다.   ㉱ 대장에는 장내 세균이 존재한다.

176. 소화란 어떠한 과정인가?

    ㉮ 지방을 생합성하는 과정이다.

    ㉯ 물을 흡수하여 팽윤하는 과정이다.

    ㉰ 여러 영양소를 흡수하기 쉬운 형태로 변화시키는 과정이다.

    ㉱ 열에 의하여 변성되는 과정이다.

177. 전분의 노화가 가장 빠른 온도는?

    ㉮ 30℃   ㉯ 2℃   ㉰ -18℃   ㉱ -40℃

178. 탄수화물이 소장에서 흡수되어 문맥계로 들어갈 때의 형태는 무엇인가?

    ㉮ 단당류   ㉯ 다당류   ㉰ 이당류   ㉱ 이상 모두의 혼합형태

169-㉮ 170-㉯ 171-㉯ 172-㉰ 173-㉮ 174-㉰ 175-㉮ 176-㉰ 177-㉮ 178-㉮

179. 탄수화물 식품은 어디에서부터 소화되기 시작하는가?

⑦ 입 ④ 위 ⓓ 소장 ④ 십이지장

180. 슈크라아제(sucrase)는 무엇을 가수분해 시키는가?

⑦ 설탕 ④ 전분 ⓓ 과당 ④ 맥아당

181. 제빵에서 당의 중요한 기능은?

⑦ 글루텐을 질기게 한다. ④ 완충작용을 한다.
ⓓ 껍질색을 낸다. ④ 유화작용을 한다.

182. 단백질의 소화 흡수는 주로 어디에서 일어나는가?

⑦ 위 ④ 소장의 상부
ⓓ 소장의 중간부위 ④ 소장의 하부

183. 지방의 소화 흡수의 설명으로 적합하지 못한 것은?

⑦ 위에서 정체하는 시간이 길다.
④ 주로 위에서 상당 부분이 분해된다.
ⓓ 담즙에 의해 유화지방으로 되어 소화가 용이하게 된다.
④ 췌액의 리파제에 의해 분해되며 소장에서 95%가 흡수된다.

184. 밀가루에 설탕과 우유를 섞어 빵을 만들어 먹었다면 소장에서 흡수될 수 있는 단당류의 종류는?

⑦ 포도당, 포도당 ④ 과당, 갈락토오스
ⓓ 포도당, 과당 ④ 포도당, 과당, 갈락토오스

185. 다음 중 단백질의 소화효소는?

⑦ 아밀라제 ④ 셀룰라제 ⓓ 리파제 ④ 펩신

186. 단백질의 소화에 대한 설명으로 틀린 것은?

⑦ 위에서는 펩신이 분비되어 단백질을 소화시킨다.
④ 소장에서는 단백질의 가수분해 효소는 전혀 분비되지 않는다.
ⓓ 단백질은 구강 내에서 전혀 소화되지 않는다.
④ 췌장에서 트립신이 분비되어 단백질을 소화시킨다.

187. 단당류의 흡수경로 중 맞는 것은?

⑦ 유미관 → 가슴관 → 대정맥 → 염통 ④ 유미관 → 문맥 → 대정맥 → 염통
ⓓ 모세혈관 → 가슴관 → 대정맥 → 염통 ④ 모세혈관 → 문맥 → 대정맥 → 염통

해답 179-⑦ 180-⑦ 181-ⓓ 182-④ 183-④ 184-④ 185-④ 186-④ 187-④

188. 체내에서 수분의 기능이 아닌 것은?

㉮ 영양소의 운반   ㉯ 체온의 조절
㉰ 신경자극 전달   ㉱ 노폐물의 운반

189. 물은 성인 체중의 몇 %를 차지하는가?

㉮ 약 70%   ㉯ 약 60%   ㉰ 약 50%   ㉱ 약 40%

190. 다음 중에서 연결이 잘못된 것은?

㉮ 아밀라제 : 전분   ㉯ 프티알린 : 단백질
㉰ 리파제 : 지방   ㉱ 파파인 : 단백질

191. 효소의 특징에 대한 설명 중 옳지 않은 것은?

㉮ 효소가 반응하는 데에는 최적 온도가 있다.
㉯ 효소는 기질(반응물질)에 대한 특이성을 갖는다.
㉰ 효소의 반응은 반응 억제물질과 활성물질이 있다.
㉱ 효소는 무기 촉매와 똑같은 특성을 갖는다.

192. 식소다를 넣고 빵을 만들 때 찐 빵이 누런 색으로 변하는 까닭은?

㉮ 효소적 갈변   ㉯ 비효소적 갈변
㉰ 플라본 색소가 알칼리에 의해 변색   ㉱ 가열에 의한 변색

193. 기본적인 맛이 아닌 것은?

㉮ 단맛   ㉯ 신맛   ㉰ 짠맛   ㉱ 매운맛

194. 다음 맛 성분 중 혀의 앞부분에서 가장 강하게 느껴지는 것은?

㉮ 단맛   ㉯ 쓴맛   ㉰ 짠맛   ㉱ 신맛

195. 온도가 낮아질수록 맛의 저하가 심한 것은?

㉮ 단맛   ㉯ 쓴맛   ㉰ 짠맛   ㉱ 신맛

196. 혀에서 미각이 가장 예민한 온도는?

㉮ 10℃   ㉯ 20℃   ㉰ 30℃   ㉱ 40℃

197. 10%의 설탕 용액에 0.1%의 소금 용액을 첨가하였을 때 맛의 변화는?

㉮ 짠맛의 증가   ㉯ 단맛의 증가
㉰ 단맛의 감소   ㉱ 짠맛의 감소

188-㉰ 189-㉯ 190-㉯ 191-㉱ 192-㉯ 193-㉱ 194-㉮ 195-㉯ 196-㉰ 197-㉯

198. 다음 식품 중에서 진 용액인 것은 어느 것인가?

　㉠ 생계란　　　㉡ 우유　　　　㉢ 소금물　　　　㉣ 간장

199. 우유는 무슨 용액으로 형성되어 있는가?

　㉠ 진용액　　　㉡ 교질용액　　　㉢ 소수성 용액　　　㉣ 진용액과 교질용액

200. 표면 장력을 증가시키는 물질은?

　㉠ 전분　　　㉡ 설탕　　　　㉢ 산　　　　㉣ 우유

201. 전분의 입자가 가장 큰 것은?

　㉠ 옥수수　　　㉡ 감자　　　㉢ 밀　　　　㉣ 쌀

202. 다음 중에서 아말로펙틴 함량이 가장 많은 것은?

　㉠ 감자　　　㉡ 옥수수　　　㉢ 찹쌀　　　　㉣ 밀

203. 맥아당이 비교적 많이 함유되어 있는 식품은?

　㉠ 우유　　　㉡ 설탕　　　㉢ 꿀　　　　㉣ 감주

204. 우유로부터 제품이 될 수 없는 것은?

　㉠ 버터　　　㉡ 치즈　　　㉢ 마요네즈　　　㉣ 요구르트

205. 다음 중 조절 영양소는?

　㉠ 탄수화물, 지방　　　　　　㉡ 단백질, 지방
　㉢ 무기질, 비타민　　　　　　㉣ 탄수화물, 비타민

206. 다음 중 맥아당이 가장 많이 들어 있는 식품은?

　㉠ 우유　　　㉡ 물　　　㉢ 감주　　　　㉣ 설탕

207. 이스트에 의해서 발효되기 어려우면서 감미도가 낮은 당은?

　㉠ 유당　　　㉡ 설탕　　　㉢ 맥아당　　　　㉣ 포도당

208. 전분의 호화가 시작되는 온도는?

　㉠ 30℃　　　㉡ 60℃　　　㉢ 80℃　　　　㉣ 100℃

209. 글리코겐은 사람의 어디에 가장 많이 저장되는가?

　㉠ 간장　　　㉡ 뼈　　　㉢ 뇌　　　　㉣ 근육

해답　198-㉢　199-㉣　200-㉡　201-㉡　202-㉢　203-㉣　204-㉢　205-㉢　206-㉢
207-㉠　208-㉡　209-㉣

210. 유당에 대한 설명으로 틀리는 것은?

㉮ 환원당으로 아미노산의 존재 시 갈변반응을 일으킨다.

㉯ 감미도는 설탕100에 대하여 16 정도이다.

㉰ 포도당이나 자당에 비하여 용해도가 높고 결정화가 느리다.

㉱ 우유에 함유된 당으로 입상형, 분말형, 미분말형 들이 있다.

211. 제빵용 효모에 의하여 발효되지 않는 당은?

㉮ 과당　　　　㉯ 유당　　　　㉰ 맥아당　　　　㉱ 포도당

212. 효소의 특성이 아닌 것은?

㉮ 효소농도와 기질농도가 효소작용에 영향을 준다.

㉯ pH 4.5~8.0 범위 내에서 반응하며 효소의 종류에 따라 최적 pH는 달라질 수 있다.

㉰ 30~40℃에서 최대 활성을 갖는다.

㉱ 효소는 그 구성물질이 전분과 지방으로 되어 있다.

213. 탄수화물은 체내에서 무엇으로 이용되는가?

㉮ 항체　　　　㉯ 체내 구성성분　　　㉰ 열량소　　　　㉱ 혈액 구성

215. 과당의 설명으로 잘못된 것은?

㉮ 당 중에서 감미가 가장 높다.　　　㉯ 과일이나 꿀 중에 있는 다당류이다.

㉰ 과포화되기 쉬운 당이다.　　　　㉱ 감미도 170 정도의 단당류이다.

216. 제빵 중 자당(설탕)의 기능이 아닌 것은?

㉮ 껍질의 색깔　　　　　　　　㉯ 이스트의 영양 공급

㉰ 흡수율 증가　　　　　　　　㉱ 향기를 냄

216. 설탕의 감미도를 100이라고 할 때 포도당의 감미도는?

㉮ 36　　　　㉯ 76　　　　㉰ 100　　　　㉱ 170

217. 전분이 체내에 미치는 작용으로 맞는 것은?

㉮ 열량을 발생한다.　　　　　　㉯ 피와 살이 된다.

㉰ 대사를 조절한다.　　　　　　㉱ 뼈를 만든다.

218. 전분의 덱스트린화에 관여하는 효소는?

㉮ 알파 아밀라제　㉯ 베타 아밀라제　㉰ 찌마제　　　㉱ 말타제

210-㉰　211-㉯　212-㉱　213-㉰　214-㉯　215-㉰　216-㉯　217-㉮　218-㉮

284

219. 아밀로펙틴으로만 이루어진 전분은?

　㉮ 고구마 전분　　㉯ 찰옥수수 전분　㉰ 메밀 전분　　　㉱ 멥쌀 전분

220. 아밀로스만으로 이루어진 전분은?

　㉮ 메밀 전분　　　㉯ 찹쌀 전분　　　㉰ 멥쌀 전분　　　㉱ 감자 전분

221. 다음 당류 중에서 비환원당인 것은?

　㉮ 맥아당　　　　㉯ 자당(설탕)　　㉰ 포도당　　　　㉱ 유당

222. 이스트에 의해서 가장 손쉽게 이용되는 당은?

　㉮ 포도당　　　　㉯ 설탕　　　　　㉰ 유당　　　　　㉱ 과당

223. 탄수화물은 소장에서 어디까지 분해되는가?

　㉮ 이당류　　　　㉯ 단당류　　　　㉰ 맥아당　　　　㉱ 덱스트린

224. 포도당과 과당의 혼합물인 전화당을 만드는 당류는?

　㉮ 전분　　　　　㉯ 유당　　　　　㉰ 자당　　　　　㉱ 맥아당

225. 다음 중에서 중합도(분자량)이 가장 큰 것은?

　㉮ 전분　　　　　㉯ 설탕　　　　　㉰ 맥아당　　　　㉱ 덱스트린

226. 다음 중에서 다당류가 아닌 것은?

　㉮ 셀룰로오스　　㉯ 한천　　　　　㉰ 설탕　　　　　㉱ 전분

227. 탄수화물을 많이 섭취하는 우리 나라 사람들에게 가장 부족되기 쉬운 영양소는?

　㉮ 비타민 A　　　㉯ 비타민 B_1　　　㉰ 비타민 B_2　　　㉱ 비타민 C

228. 침 속에 들어 있는 전분 당화 효소는?

　㉮ 리파제　　　　㉯ 아밀롭신　　　㉰ 프티알린　　　㉱ 펩신

229. 혈액 속에 들어 있는 혈당(포도당)의 양은?

　㉮ 0.05%　　　㉯ 0.10%　　　㉰ 0.15%　　　㉱ 0.20%

230. 유당을 잘못 설명한 것은?

　㉮ 이스트가 분해하지 못하는 당　　㉯ 락타제에 의해서 분해된다.
　㉰ 포도당과 과당으로 분해된다.　　㉱ 2당류

해답　219-㉯　220-㉮　221-㉯　222-㉮　223-㉯　224-㉰　225-㉮　226-㉰　227-㉯　228-㉰
229-㉯　230-㉰

231. 빵의 노화현상이 아닌 것은?
　　㉮ 탄력성 상실　　　　　　㉯ 곰팡이 발생
　　㉰ 껍질이 질겨짐　　　　　㉲ 풍미의 변화

232. 빵의 노화를 지연시키는 방법이 아닌 것은?
　　㉮ 냉장 보관　　㉯ 냉동 보관　　㉰ 모노글리세라이드 공급　　㉲ 건조 보관

233. 호화된 전분을 오랫 동안 실온에 놓아두면 규칙성 있는 입자로 변화되는 현상은?
　　㉮ 전분의 노화　　㉯ 전분의 호화　　㉰ 전분의 교질화　　　㉲ 전분의 결정화

234. 노화라고 할 수 없는 것은?
　　㉮ 양의 손실　　㉯ 곰팡이의 발생　　㉰ 전분의 변화　　　　㉲ 수분의 변화

235. 노화를 방지하기 위하여 빵에 사용하는 유화제는?
　　㉮ 설탕　　　　㉯ 지방산　　　　㉰ 모노글리세라이드　　　㉲ 탄산수소나트륨

236. 다음 중에서 노화가 가장 빠른 것은?
　　㉮ 카스테라　　㉯ 단과자 빵　　㉰ 식빵　　　　　　㉲ 건빵

237. 다음의 영양소 중에서 에너지원(열량 공급원)으로 쓰이는 것은?
　　㉮ 탄수화물, 지방, 무기질　　　　㉯ 탄수화물, 지방, 단백질
　　㉰ 지방, 비타민, 무기질　　　　　㉲ 탄수화물, 단백질, 비타민

238. 탄수화물, 지방, 단백질이 최종 분해되어 흡수되는 곳은?
　　㉮ 위장　　　　㉯ 십이지장　　㉰ 소장　　　　㉲ 대장

239. 우유와 설탕을 섞어서 만든 빵이 체내에서 소화될 때, 여기에 들어 있는 단당류는?
　　㉮ 맥아당, 유당, 과당　　　　　㉯ 포도당, 과당, 갈락토오스
　　㉰ 포도당, 유당, 과당　　　　　㉲ 유당, 과당, 덱스트린

240. 지방은 지방산과 무엇으로 되어 있는가?
　　㉮ 스테롤　　　㉯ 왁스　　　　㉰ 아미노산　　　㉲ 글리세롤

241. 수소첨가를 하여 얻은 제품은?
　　㉮ 버터　　　　㉯ 쇼트닝　　　㉰ 라아드　　　　㉲ 양기름

231-㉯　232-㉮　233-㉮　234-㉯　235-㉰　236-㉰　237-㉯　238-㉰　239-㉯　240-㉲　241-㉯

286

242. 지질의 산패를 촉진하는 금속은?

㉮ Fe, Cu   ㉯ Ag, Cd   ㉰ Cu, Ag   ㉱ Mg, Fe

243. 다음은 튀김에 사용되는 기름에서 일어나는 주요 변화이다. 틀린 것은?

㉮ 점도의 증가   ㉯ 변색의 증가   ㉰ 중합의 증가   ㉱ 발열점의 상승

244. 과즙, 향료를 사용하여 만드는 젤리의 응고를 위한 원료 중 맞지 않는 것은?

㉮ 젤라틴   ㉯ 한천   ㉰ 펙틴   ㉱ 레시틴

245. 다음 결핍 증세 중 필수 지방산의 결핍으로 인해 발생하는 것은?

㉮ 피부염   ㉯ 안질   ㉰ 결막염   ㉱ 신경통

246. 유지의 경화란 무엇인가?

㉮ 지방산가를 계산하는 것

㉯ 우유를 분해하는 것

㉰ 불포화지방산에 수소를 첨가하여 고체화시키는 것

㉱ 경유를 정제하는 것

247. 다음 설명 중 옳은 것은?

㉮ 기름의 가수분해는 온도와 별 상관이 없다.

㉯ 기름의 비누화는 수산화나트륨에 의해 낮은 온도에서 진행 속도가 빠르다.

㉰ 기름의 산패는 기름 자체의 이중결합과 무관하다.

㉱ 모노글리세라이드는 글리세롤의 -OH기가 3개 중 하나에만 지방산이 결합된 것이다.

248. 유지의 산화를 가속화하는 요소인 것은?

㉮ 산소와의 접촉을 방지했다.   ㉯ 보관온도가 낮다.

㉰ 자외선에 노출되었다.   ㉱ 이중결합수가 적다.

249. 지방질의 기능을 잘못 설명한 것은?

㉮ 9kcal의 열량   ㉯ 지용성 비타민의 흡수를 도움

㉰ 체세포 합성에 중요한 요소   ㉱ 체온의 보호

250. 유지의 발연점에 관여하지 않는 것은?

㉮ 산가   ㉯ 수소   ㉰ 이물질   ㉱ 수분

251. 필수지방산이 아닌 것은?

㉮ 스테아르산   ㉯ 리놀레산   ㉰ 리놀렌산   ㉱ 아라키돈산

해답 242-㉮ 243-㉱ 244-㉱ 245-㉮ 246-㉰ 247-㉱ 248-㉰ 249-㉰ 250-㉯ 251-㉮

252. 지질의 산패를 촉진하는 금속은?

㉮ 구리, 은, 니켈　　　　　　㉯ 마그네슘, 철, 주석
㉰ 철, 칼슘, 마그네슘　　　　㉱ 철, 구리, 니켈

253. 유지의 산화로 냄새를 내는 물질은?

㉮ 글리세린　　㉯ 유리지방산　　㉰ 과산화물　　㉱ 알데히드

254. 튀김기름의 발연현상과 관계가 깊은 것은?

㉮ (유리지방)산가　　㉯ 검화가　　㉰ 유화가　　㉱ 크림가

255. 유지에 유리지방산 함량이 많을수록 어떠한 현상이 일어나는가?

㉮ 발연점이 높아진다.　　　　㉯ 발연점이 낮아진다.
㉰ 융점이 낮아진다.　　　　　㉱ 융점이 높아진다.

256. 유지의 산패 정도를 나타내는 값이 아닌 것은?

㉮ 산가　　㉯ 과산화물가　　㉰ 비누화가　　㉱ 카보닐가

257. 제과에서 유지의 기능이 아닌 것은?

㉮ 연화기능　　㉯ 공기 포집기능　　㉰ 안정기능　　㉱ 노화촉진기능

258. 다음 중에서 유지의 항산화제로서 작용하는 비타민은?

㉮ 비타민 E　　㉯ 비타민 C　　㉰ 비타민 A　　㉱ 비타민 D

259. 유지의 발연점에 영향을 주는 요인이 아닌 것은?

㉮ 유지의 용해도　　　　　　㉯ 유지의 노출된 표면적
㉰ 유리지방산의 함량　　　　㉱ 외부에서 들어온 미세한 입자들의 물질

260. 콜레스테롤은 무엇과 관계가 있는가?

㉮ 빈혈　　㉯ 충치　　㉰ 동맥경화　　㉱ 부종

261. 계란에 특징적으로 들어 있어 지방의 유화력을 나타내는 성분은?

㉮ 레시틴　　㉯ 스테롤　　㉰ 세파린　　㉱ 글리신

262. 단백질에만 존재하는 원소인 것은?

㉮ 산소(O)　　㉯ 수소(H)　　㉰ 질소(N)　　㉱ 탄소(C)

252-㉱　253-㉱　254-㉮　255-㉯　256-㉰　257-㉱　258-㉮　259-㉮　260-㉰　261-㉮　262-㉰

263. 우유 단백질 중 산에 응고하는 것은?

㉮ 락토 알부민　　㉯ 카제인　　　㉰ 마이오신　　㉱ 글로블린

264. 단순 단백질이 아닌 것은?

㉮ 알부민　　　㉯ 글루테닌　　　㉰ 카제인　　　㉱ 알부미노이드

265. 단순 단백질의 분류 중 알부민의 특성을 바르게 설명한 것은?

㉮ 물과 묽은 염류용액에서는 가용성이고 열에 응고한다.
㉯ 물에 불용성이며 묽은 염류용액에 가용이고 열에 응고한다.
㉰ 중성용매에 불용성이며 묽은 산과 염기에 가용성이다.
㉱ 곡식 낱알에만 존재하고 글루텐이 대표적이다.

266. 단백가가 가장 높은 식품은?

㉮ 쇠고기　　　㉯ 대두　　　　㉰ 우유　　　　㉱ 멸치

267. 트립토판 부족시 발생하는 질병은?

㉮ 각기병　　　㉯ 구루병　　　㉰ 야맹증　　　㉱ 펠라그라

268. 담낭에서 분비되는 담즙산의 설명으로 틀리는 것은?

㉮ 간장에서 합성　　　　　　㉯ 수용성 비타민의 흡수에 관계
㉰ 지방의 유화작용　　　　　㉱ 콜레스테롤(cholesterol)의 최종 대사산물

269. 다음 중 비타민 D와 거리가 먼 것은?

㉮ 어린이는 구루병, 어른은 골연화증　㉯ 칼슘과 인의 흡수
㉰ 임신, 생식에 관여　　　　　　　　㉱ 임산부 골다공증

270. 다음 중 효소를 구성하고 있는 주성분은?

㉮ 단백질　　　㉯ 박테리아　　　㉰ 지방　　　　㉱ 탄수화물

271. 우유의 단백질 중에서 열에 응고되기 쉬운 단백질은?

㉮ 락토 알부민　㉯ 글리아딘　　㉰ 리포프로테인　㉱ 카제인

272. 식물체에 함유된 단백질 분해효소는?

㉮ 레닌(rennin)　　　　　㉯ 트립신(trypsin)
㉰ 펩신(pepsin)　　　　　㉱ 브로멜린(bromelin)

해답　263-㉯　264-㉰　265-㉮　266-㉰　267-㉱　268-㉯　269-㉰　270-㉮　271-㉮　272-㉱

273. 다음 중 부패 진행의 순서로 옳은 것은?
　㉮ 아민 – 펩톤 – 아미노산 – 펩타이드, 황화수소, 암모니아
　㉯ 펩톤 – 펩타이드 – 아미노산 – 아민, 황화수소, 암모니아
　㉰ 아미노산 – 펩타이드 – 펩톤 – 아민, 황화수소, 암모니아
　㉱ 황화수소 – 아미노산 – 아민 – 펩타이드, 펩톤, 암모니아

274. 다음 중 가장 질 좋은 단백질을 얻을 수 있는 것은?
　㉮ 쌀　　　　　㉯ 버섯류　　　　　㉰ 채소류　　　　　㉱ 고기류

275. 효소는 주로 무엇으로 구성되어 있나?
　㉮ 탄수화물　　㉯ 지방　　　　　㉰ 단백질　　　　　㉱ 비타민

276. 다음 중에서 글루텐을 형성하는 단순 단백질은?
　㉮ 알부민, 글리아딘　　　　　㉯ 글리아딘, 글루테닌
　㉰ 글로블린, 글리시닌　　　　　㉱ 글로블린, 알부민

277. 산성 식품에 관계되는 원소인 것은?
　㉮ 염소　　　　　㉯ 칼슘　　　　　㉰ 마그네슘　　　　　㉱ 철

278. 알칼리성 식품에 관계하는 원소인 것은?
　㉮ 인　　　　　㉯ 염소　　　　　㉰ 황　　　　　㉱ 칼슘

279. 무기질의 기능이 아닌 것은?
　㉮ 효소의 활성화　　㉯ 삼투압의 조절　　㉰ 촉매제　　㉱ 체중의 4%

280. 칼슘의 기능이 아닌 것은?
　㉮ 갑상선 비대증의 원인　　　　　㉯ 근육의 수축과 이완
　㉰ 골격 형성　　　　　㉱ 혈액응고

281. 우유를 응고하는 무기질은?
　㉮ Mg　　　　　㉯ Fe　　　　　㉰ Cu　　　　　㉱ Ca

282. 무기질이 체중에서 차지하는 비율은?
　㉮ 4%　　　　　㉯ 10%　　　　　㉰ 15%　　　　　㉱ 20%

283. 알칼리성 식품이 아닌 것은?
　㉮ 야채　　　　　㉯ 과일　　　　　㉰ 미역　　　　　㉱ 계란

273-㉯　274-㉱　275-㉰　276-㉯　277-㉮　278-㉱　279-㉰　280-㉮　281-㉱　282-㉮　283-㉱

284. 우유 속에 가장 많이 들어있는 미네랄(무기질)은?

㉮ Mg   ㉯ Ca   ㉰ Fe   ㉱ S

285. 필수 아미노산이 아닌 것은?

㉮ 트립토판   ㉯ 라이신   ㉰ 알라닌   ㉱ 메티오닌

286. 비타민 A 결핍시 나타나는 현상이 아닌 것은?

㉮ 야맹증   ㉯ 각막 건조   ㉰ 결막염   ㉱ 구각염

287. 다음 중에서 지용성 비타민은?

㉮ 비타민 A   ㉯ 비타민 C   ㉰ 비타민 B군   ㉱ 니코틴산

288. 다음 무기질 중에서 인체에 가장 많이 존재하는 것은?

㉮ Fe   ㉯ Ca   ㉰ Mg   ㉱ Cu

289. 리보플라빈(riboflavin)이라 하며 구순구각염을 일으키는 비타민은?

㉮ 비타민 B_1 ㉯ 비타민 B_2 ㉰ 비타민 B_{12} ㉱ 비타민 C

290. 땀을 흘릴 때 가장 많이 손실되며 과다 섭취시 동맥경화의 원인이 되는 것은?

㉮ 나트륨(Na)   ㉯ 칼슘(Ca)   ㉰ 마그네슘(Mg)   ㉱ 철(Fe)

291. 다음 중 칼슘의 흡수를 방해하는 것은?

㉮ 젖산   ㉯ 탄산   ㉰ 황산   ㉱ 수산

292. 알칼리성 식품이 아닌 것은?

㉮ 야채   ㉯ 과실류   ㉰ 노른자   ㉱ 미역

293. 산성 식품에서 구분 되어지는 것은?

㉮ 인   ㉯ 칼슘   ㉰ 나트륨   ㉱ 유기산

294. 화학적으로 스테로이드 유도체로 태양광선을 쪼이면 생성되는 비타민은?

㉮ 비타민 A   ㉯ 비타민 B   ㉰ 비타민 C   ㉱ 비타민 D

295. 무기질의 기능이 아닌 것은?

㉮ 뼈, 치아 등 경조직 구성   ㉯ 성장 촉진
㉰ pH 및 삼투압 조절   ㉱ 혈색소 및 효소의 구성성분

296. 다음 중 베타 아밀라제가 함유되어 있는 것은?

㉮ 이스트   ㉯ 설탕   ㉰ 엿기름   ㉱ 유화제

해답   284-㉯   285-㉰   286-㉱   287-㉮   288-㉯   289-㉯   290-㉮   291-㉱   292-㉰   293-㉮
294-㉱   295-㉯   296-㉰

297. 다음 중 산 생성식품과 알칼리 생성식품을 구별하는 기준은 무엇인가?

㉮ 식품의 신맛 ㉯ 지방의 종류
㉰ 무기질의 종류 ㉱ 탄수화물의 종류

298. 물의 기능이 아닌 것은?

㉮ 체온의 조절 ㉯ 영양소와 노폐물의 운반
㉰ 신경계의 조절 ㉱ 대사작용의 촉매작용

299. 기초 대사량과 정비례하는 것은?

㉮ 신장 ㉯ 체중 ㉰ 체표면적 ㉱ 흉위

300. 기초 신진대사량은 신체 구성성분 중 무엇과 관계되는가?

㉮ 골격의 양 ㉯ 혈액의 양 ㉰ 근육의 양 ㉱ 피하지방의 양

301. 임신을 하면 기초 대사량이 늘어난다. 그 이유로 맞지 않은 것은?

㉮ 기초대사 증가 ㉯ 태아의 성장
㉰ 운동량의 증가 ㉱ 호르몬의 변화

302. 환원당과 아미노화합물의 축합이 이루어질 때 생기는 갈색 반응은?

㉮ 아스코르브산(ascorbic acid)의 산화에 의한 갈변
㉯ 캐러멜(caramel) 반응
㉰ 마이야드(maillard) 반응
㉱ 효소적 갈변

303. 일반적으로 설탕의 캐러멜화에 필요한 온도는?

㉮ 100℃~150℃ ㉯ 130℃~200℃ ㉰ 160℃~180℃ ㉱ 190℃ 이상

304. 미생물과 작용하여 식품을 흑변시켰다. 다음 중 흑변물질과 가장 관계 깊은 것은?

㉮ 메탄 ㉯ 황화수소 ㉰ 아민 ㉱ 암모니아

305. 당의 캐러멜화(Caramelization)는 어느 조건에서 더 진하게 되는가?

㉮ 알칼리성 ㉯ 산성 ㉰ 중성 ㉱ pH와 무관

306. 현대인의 만성질환이나 영양소 과다섭취 예방 등을 고려하여 제시된 한국인영양섭취 기준 항목이 아닌 것은?

㉮ 평균필요량 ㉯ 권장섭취량 ㉰ 영양권장량 ㉱ 충분섭취량

297-㉰ 298-㉰ 299-㉰ 300-㉰ 301-㉰ 302-㉰ 303-㉰ 304-㉯ 305-㉱ 306-㉰

307. 한국인영양섭취 기준항목 중 인체의 건강유해 영향이 나타나지 않는 최대 영양소 섭취 기준은?

㉮ 평균필요량   ㉯ 권장섭취량   ㉰ 충분섭취량   ㉱ 상한섭취량

308. 인슐린 의존성 당뇨병과 관계가 없는 것은 ?

㉮ 주로 소아에서 발생한다.

㉯ 인슐린 생성부족이 원인이다.

㉰ 다식, 다뇨, 갈증 및 체중감소현상을 보인다.

㉱ 인슐린 치료가 불가능하여 식이요법이 효과적이다.

309. 인슐린 비의존성 당뇨병과 관계가 깊은 것은 ?

㉮ 케톤증 가능   ㉯ 인슐린 생성 부족

㉰ 다식, 다뇨, 갈증 및 체중감소   ㉱ 인슐린 정상

310. 유당 분해효소인 락타제(lactase)의 분비 불충분으로 발생되는 증상은?

㉮ 갈락토오스 혈증   ㉯ 유당불내증.

㉰ 케톤 혈증   ㉱ 산독증

311. 갈락토오스 혈증의 설명으로 맞는 것은?

㉮ 간에서 효소의 과잉으로 혈중에 갈락토오스 농도가 감소되어 발생되는 증상

㉯ 혈액 내에 지방산의 과잉으로 갈락토오스의 농도가 증가하는 증상

㉰ 간에서 효소의 부족으로 혈중에 갈락토오스 농도가 증가하여 발생되는 증상

㉱ 혈액 내에 아미노산의 과잉으로 갈락토오스의 농도가 증가하는 증상

312. 트랜스 지방산의 설명으로 맞지 않는 것은?

㉮ 액체지방의 수소첨가 과정에서 생성되는 지방산

㉯ 다량섭취 시 저밀도지단백이 증가하여 심장병, 동맥경화증의 우려가 있음

㉰ 포화지방산의 일종으로 동물성 지방을 가공할 때 생성

㉱ 식품 중 마가린, 쇼트닝, 팝콘 등에 다량 함유

313. 지방과 동맥경화증의 관계 설명으로 틀린 것은?

㉮ 혈액 내에 저밀도지단백이 많으면 발생

㉯ 오메가-3지방산섭취는 동맥경화증을 감소시킴

㉰ 지방의 과다섭취는 동맥경화증을 유발시킴

㉱ 혈중 콜레스테롤의 양을 300mg/㎗이 이상으로 유지

해답 307-㉱ 308-㉱ 309-㉱ 310-㉯ 311-㉰ 312-㉰ 313-㉱

314. 비만의 원인이 아닌 것은?

㉮ 과식과 편식
㉯ 식물성 불포화 지방섭취
㉰ 청량음료 등 기호에 치우침
㉱ 운동부족

315. 비만의 식이요법 중 옳지 않은 것은?

㉮ 고칼로리 식사
㉯ 고단백 식이
㉰ 고섬유질 식이
㉱ 저지방 식이

316. 고혈압의 식이요법으로 적당하지 않은 것은?

㉮ 녹황색 채소 섭취
㉯ 꾸준한 저염식이
㉰ 포화 지방 섭취
㉱ 칼륨 식이

317. 심장병의 원인과 가장 관계가 먼 것은?

㉮ 염분 과잉섭취
㉯ 열량 과잉섭취
㉰ 콜레스테롤 과잉섭취
㉱ 비타민 과잉섭취

318. 혈청 콜레스테롤치를 낮추는데 적당한 유지는?

㉮ 야자유
㉯ 대두유
㉰ 팜유
㉱ 우지

319. 동맥경화증의 식사요법으로 잘못 설명된 것은?

㉮ 불포화 지방 식이를 한다
㉯ 평소 염분을 적게 섭취한다
㉰ 달걀노른자, 새우등을 충분히 섭취한다
㉱ 표고버섯, 들깨가 좋다

320. 동맥경화증을 예방하는 영양소가 아닌 것은?

㉮ 비타민 C
㉯ 비타민 E
㉰ 섬유소
㉱ 설탕

321. 나트륨 함량이 가장 많은 식품은?

㉮ 우유
㉯ 달걀
㉰ 베이킹파우더
㉱ 쇠고기

322. 식품 알레르기를 가장 적게 일으키는 식품은?

㉮ 우유
㉯ 쌀
㉰ 토마토
㉱ 메밀

323. 비만환자의 식사요법으로 옳은 것은?

㉮ 저열량, 고단백질 식사
㉯ 저열량, 저단백질 식사
㉰ 저당질, 저식이섬유 식사
㉱ 고당질, 저단백질 식사

314-㉯ 315-㉮ 316-㉰ 317-㉱ 318-㉯ 319-㉰ 320-㉱ 321-㉰ 322-㉯ 323-㉮

324. 당뇨병 환자의 혈당치에 가장 영향을 미치는 당은?

    ㉮ 포도당   ㉯ 과당   ㉰ 자당   ㉱ 유당

325. 다음 중 당뇨병 환자에게 사용량을 제한해야 하는 식품은?

    ㉮ 시금치   ㉯ 연근   ㉰ 상추   ㉱ 오이

326. 당뇨병 환자가 섭취해도 무방한 식품은?

    ㉮ 달걀, 케이크   ㉯ 꿀, 과자
    ㉰ 우유, 달걀   ㉱ 건과, 육류

327. 간질환을 위한 식사요법으로 옳은 것은?

    ㉮ 양질의 단백질과 비타민이 풍부한 식이
    ㉯ 지방 축적을 방지하기 위해 당질을 제한
    ㉰ 지방섭취를 권장하여 지방대사 손상을 방지
    ㉱ 향신료 등을 사용하여 식욕을 돋우는 식이

해답   324-㉮ 325-㉯ 326-㉰ 327-㉮

328 다음 소독제 중에서 살균력을 검사할 때 표준으로 사용되는 것은?

㉮ 석탄산　　㉯ 알코올　　㉰ 승홍　　㉱ 요오드

329. 다음 내용 중에서 틀리는 것은?

㉮ 역성비누는 보통 비누와 병용해서는 안된다.

㉯ 승홍은 객담의 소독에는 사용할 수 없다.

㉰ 변기소독에는 크레졸이 적당하다.

㉱ 중성세제는 세정작용 이외에 살균작용도 있다.

330. 포자를 형성하는 병원균의 소독법은?

㉮ 일광소독　　㉯ 증기가열법　　㉰ 간헐살균법　　㉱ 저온살균법

331. 소독의 개념을 잘 설명한 내용은?

㉮ 모든 미생물을 전부 사멸시키는 것

㉯ 물리 또는 화학적인 방법으로 병원균만을 사멸시키는 것

㉰ 미생물의 발육을 저지시켜 부패를 방지시키는 것

㉱ 오염된 물질을 제거하는 것

332. 자외선에 의해서 살균되는 것은?

㉮ 세균　　㉯ 효모　　㉰ 곰팡이　　㉱ 곰팡이와 효모

333. 곰팡이가 번식하기 가장 어려운 곳은?

㉮ 두류식품　　㉯ 곡류식품　　㉰ 토양　　㉱ 물

334. 소독의 정의로 옳은 것은?

㉮ 오염된 물질을 깨끗이 닦아 내는 것

㉯ 물리 또는 화학적 방법으로 병원체를 파괴시키는 것

㉰ 모든 미생물을 전부 사멸시키는 것

㉱ 병원성 미생물을 죽여서 병원성을 약화시켜 감염의 위험성을 제거하는 것

335. 식품을 보관하는 방법 중 위생상 가장 적당하지 않은 것은?

㉮ 식품을 끓여서 살균한 후 상온에 보관한다.

㉯ 균이 자랄 수 없도록 수분을 말려서 보관한다.

㉰ 완전 살균하고 진공 포장하여 보관한다.

㉱ 식품을 냉동 보관한다.

328-㉮　329-㉱　330-㉯　331-㉯　332-㉮　333-㉱　334-㉱　335-㉮

336. 식기의 소독에 가장 적당한 것은?

    ㉮ 역성비누   ㉯ 알코올   ㉰ 석탄산   ㉱ 염소수

337. 식당 종업원의 손 소독제로서 가장 적당한 것은?

    ㉮ 역성비누   ㉯ 승홍수   ㉰ 중성세제   ㉱ 크레졸 비누액

338. 자외선에 대한 설명으로 적당하지 않은 것은?

    ㉮ 자외선 살균 효과는 식품의 표면에 국한된다.

    ㉯ 자외선은 파장이 2600 Å 부근이 살균효과가 좋다.

    ㉰ 자외선 조사에서 곰팡이의 포자는 비교적 저항이 강하다.

    ㉱ 자외선 살균효과는 20℃가 0℃보다 좋다.

339. 병원성 세균의 오염 지표균으로 알려져 있는 균은?

    ㉮ 비브리오균   ㉯ 유산균   ㉰ 대장균   ㉱ 이질균

340. 대장균이 검출되면 비위생적인 식품이라고 하는 이유는?

    ㉮ 대장균은 병원성 세균이기 때문에

    ㉯ 대장균은 항상 비병원성 세균과 공존하지 않기 때문에

    ㉰ 대부분 병원성 세균 오염의 위험성을 내포하기 때문에

    ㉱ 대장균은 항상 병원성균과 공존하므로

341. 세균 번식이 잘 되는 식품이 아닌 것은?

    ㉮ 습기가 있는 식품   ㉯ 온도가 적당한 식품

    ㉰ 영양분이 많은 식품   ㉱ 식염의 양이 많은 것

342. 냉장고의 가장 이상적인 온도는?

    ㉮ 10℃ 이하   ㉯ 10℃ 정도   ㉰ 10℃ 이상   ㉱ 15℃ 이상

343. 일반 세균이 번식하기 쉬운 온도는?

    ㉮ 25~35℃   ㉯ 35~45℃   ㉰ 10~25℃   ㉱ 0~10℃

344. 식품의 부패란 주로 무엇이 변질된 것인가?

    ㉮ 당질   ㉯ 지방   ㉰ 단백질   ㉱ 비타민

345. 식품의 냉장 효과는?

    ㉮ 식품의 생화학 반응의 억제로 질이 변화되지 않는다.

    ㉯ 식품의 보존을 무한히 연장할 수 있다.

    ㉰ 식품의 오염세균은 사멸시킨다.   ㉱ 식품의 동결로 세균을 사멸시킨다.

해답   336-㉮ 337-㉮ 338-㉱ 339-㉰ 340-㉰ 341-㉱ 342-㉮ 343-㉮ 344-㉰ 345-㉮

346. 대장균과 관계가 없는 것은?

㉮ 아포 형성　　㉯ 혐기성　　㉰ 분변 오염　　㉱ 유당 발효

347. 소독용 알코올의 농도로 가장 적합한 것은?

㉮ 25%　　㉯ 50%　　㉰ 70%　　㉱ 10%

348. 다음 열거한 물질 중 소독력이 없는 것은?

㉮ 승홍수　　㉯ 석탄산　　㉰ 역성비누　　㉱ 중성세제

349. 미생물의 생육조건과 관계가 먼 것은?

㉮ 수분　　㉯ 온도　　㉰ 빛　　㉱ 산소

350. 다음 미생물 중에서 가장 크기가 작은 것은?

㉮ 곰팡이　　㉯ 효모　　㉰ 세균　　㉱ 바이러스

351. 음료수 살균에 이용되는 것은?

㉮ 산소　　㉯ 수소　　㉰ 질소　　㉱ 염소

352. 세균, 곰팡이, 효모, 바이러스에 대한 설명 중 옳은 것은?

㉮ 곰팡이는 주로 포자에 의하여 증식하며 빵, 밥 등의 부패에 많이 관여하는 미생물이다.

㉯ 세균은 주로 출아법으로 증식하며 술 제조에 많이 사용한다.

㉰ 효모는 주로 분열법으로 증식하며 식품 부패에 가장 많이 관여하는 미생물이다.

㉱ 바이러스는 주로 출아법으로 증식하며 효모와 유사하게 식품의 부패에 관여하는 미생물이다.

353. 다음중 저온균의 생육 최적온도는?

㉮ 50~60℃　　㉯ 20~37℃　　㉰ 15~20℃　　㉱ 0~5℃

354. 곰팡이에 의한 오염으로 발생하는 질병은 무엇인가 ?

㉮ 진균독증　　㉯ 이질　　㉰ 콜레라　　㉱ 장티푸스

355. 다음 중 아플라톡신과 가장 관계가 있는 것은 ?

㉮ 세균독　　㉯ 감자독　　㉰ 곰팡이독　　㉱ 효모독

356. 일반적으로 여름에 세균성 식중독이 많이 발생하게 되는 중요한 이유는 무엇인가?

㉮ 세균의 생육 pH　　㉯ 세균의 생육 온도

㉰ 세균의 생육 영양원　　㉱ 세균의 생육 습도

346-㉮　347-㉰　348-㉱　349-㉰　350-㉱　351-㉱　352-㉮　353-㉰　354-㉮　355-㉰　356-㉯

357. 대부분의 곰팡이가 생육할 수 있는 식품의 최저 수분 활성도는?

    ㉮ 0.80~0.89   ㉯ 0.60~0.69   ㉰ 0.40~0.49   ㉱ 0.20~0.29

358. 어패류의 비린내를 나게 하는 성분으로 부패 시 그 양이 증가하는 성분은?

    ㉮ 암모니아   ㉯ 요소   ㉰ 탄소   ㉱ 트리메틸아민

359. 일반적인 식품의 냉장고 온도는?

    ㉮ 0~4℃   ㉯ 5~0℃   ㉰ 10~15℃   ㉱ 15~20℃

360. 미생물 발육에 필요한 최저 수분 함량은?

    ㉮ 15%   ㉯ 20%   ㉰ 25%   ㉱ 50%

361. 자외선 살균의 좋은 점이 아닌 것은?

    ㉮ 사용이 간편하다.   ㉯ 살균 효과가 크다.
    ㉰ 균에 내성을 주지 않는다.   ㉱ 투과성이 좋다.

362. 삼투압을 이용하여 식품을 저장하는 방법은?

    ㉮ 염장법   ㉯ 건조법   ㉰ 훈연법   ㉱ 냉장법

363. 식품 중 미생물의 번식으로 인한 부패를 방지하는 방법으로 미생물의 증식을 정지시키는 것은 무엇인가?

    ㉮ 방부(antiseptic)   ㉯ 소독(disinfection)
    ㉰ 멸균(sterilization)   ㉱ 자외선 조사(ultra viloet ray irradiation)

364. 부패(putrefaction)의 설명 중 맞는 것은?

    ㉮ 함질소 유기화합물이 호기성 상태에서 분해되는 상태
    ㉯ 함질소 유기화학물이 혐기성 세균에 의하여 분해되는 상태
    ㉰ 유지의 산화
    ㉱ 유지의 환원

365. 식품 부패시 변하지 않는 것은?

    ㉮ 탄력   ㉯ 색   ㉰ 광택   ㉱ 형태

366. 부패의 물리학적 판정에 이용되지 않는 것은?

    ㉮ 점도   ㉯ 탄성   ㉰ 색 및 전기저항   ㉱ 냄새

367. 다음 중 식품의 부패와 관계 없는 것은?

    ㉮ 습도   ㉯ 열   ㉰ 기압   ㉱ 기온

해답   357-㉮ 358-㉱ 359-㉮ 360-㉮ 361-㉱ 362-㉮ 363-㉮ 364-㉯ 365-㉱ 366-㉱
      367-㉰

368. 식품의 부패방지와 모두 관계가 있는 것은?

㉮ 냉장, 가열, 중량   ㉯ 외관, 탈수, 식염 첨가

㉰ 자외선조사, 보존료 첨가, 냉동   ㉱ 방사선, 조미료 첨가, 농축

369. 산패란 무엇을 의미하는가?

㉮ 단백질의 산화   ㉯ 탄수화물의 변질

㉰ 유지의 산화   ㉱ 단백질의 부패

370. 탄수화물 식품의 고유 성분이 변화되는 것을 무엇이라 하나?

㉮ 변패   ㉯ 산패   ㉰ 부패   ㉱ 변질

371. 식품 변질의 원인이 될 수 없는 것은?

㉮ 금속   ㉯ 산소   ㉰ 효소   ㉱ 압력

372. 소독제가 갖추어야 할 조건이다. 틀린 것은?

㉮ 석탄산 계수가 적어야 한다.   ㉯ 부식성 또는 표백성이 없어야 한다.

㉰ 용해도가 높은 것   ㉱ 방취력이 있을 것

373. 효율적인 화학적 소독법과 관계가 없는 것은?

㉮ 안정성이 높을 것   ㉯ 저렴하고 간편할 것

㉰ 석탄산 계수가 높을 것   ㉱ 기름에 잘 용해될 것

374. 환자의 배설물 소독에 주로 이용되는 소독제는?

㉮ 석탄산   ㉯ 포르말린   ㉰ 역성비누   ㉱ 승홍수

375. 단백질 변성에 의하여 살균작용이 나타나는 것이 아닌 것은?

㉮ 포르말린   ㉯ 승홍   ㉰ 알코올   ㉱ 과산화수소

376. 다음 중 살균력이 가장 낮은 것은?

㉮ 적외선   ㉯ 자외선   ㉰ 방사선   ㉱ 감마선

377. 다음 중 살균액의 농도가 잘못된 것은?

㉮ 90% 알코올   ㉯ 3% 석탄산   ㉰ 0.1% 승홍수   ㉱ 0.1% 포르말린

378. 병원성 대장균의 특성으로 맞지 않는 것은?

㉮ 경구적으로 감염된다.   ㉯ 급성 위장염을 일으킨다.

㉰ 비전염성이다.   ㉱ 분변 오염의 지표가 된다.

368-㉰   369-㉰   370-㉱   371-㉱   372-㉮   373-㉱   374-㉮   375-㉱   376-㉮   377-㉮   378-㉰

379. 장염 비브리오균에 관한 설명으로 잘못된 것은?

⑦ 급성 위장염   ④ 호염성 세균
④ 어패류로부터 감염   ④ 독소형 식중독균

380. 비브리오 균의 형태는?

⑦ 구상   ④ 간상   ④ 콤마상   ④ 나선상

381. 다음 중에서 바이러스의 특성이 아닌 것은?

⑦ 여과성 미생물이다.   ④ 항생제에 대한 감수성이 없다.
④ 숙주에 대한 특이성을 갖는다.   ④ 인공배지에서 생장한다.

382. 파리, 모기의 구제 방법 중 가장 좋은 것은?

⑦ 유충을 구제한다.   ④ 살충제를 뿌린다.
④ 음식물을 잘 보관한다.   ④ 발생지를 제거한다.

383. 식품 중에서 자연적으로 생성되는 천연 유독성분에 대한 설명으로 틀린 것은?

⑦ 천연의 유독성분들은 모두 열에 불안정하여 100℃로 가열하면 독성이 분해되므로 인체에 무해하다.
④ 아몬드, 살구씨, 복숭아씨 등에는 아미그달린이라는 천연의 유독 성분이 존재한다.
④ 유독성분의 생성량은 동·식물체가 생육하는 계절과 환경 등에 따라 영향을 받는다.
④ 천연 유독 성분 중에는 사람에게 발암성, 돌연변이, 기형유발성, 알레르기성, 영양장해 및 급성 중독을 일으키는 것들이 있다

384. 경구전염병의 예방법 중 적당하지 않은 것은?

⑦ 주위환경을 청결히 한다.   ④ 식품을 냉장 보관한다.
④ 보균자의 식품취급을 금한다.   ④ 감염원이나 오염물을 소독한다.

385. 다음 중 세균에 의한 경구 전염병은?

⑦ 콜레라   ④ 유행성 간염   ④ 소아마비   ④ 전염성 설사

386. 경구 전염병 대책은 다음 중 무엇인가?

⑦ 감염원 대책   ④ 감염경로 대책   ④ 숙주 대책   ④ 이상 모두

387. 경구 전염병의 감염원 대책으로 가장 중요한 것은?

⑦ 환자의 조기발견 및 격리   ④ 예방주사 실시
④ 식기 소독   ④ 파리 구제

388. 경구 전염병 환자 발생시 우선적으로 취하지 않아도 될 사항은?

⑦ 환자 격리   ④ 우물 소독   ④ 변소 소독   ④ 예방접종

해답   379-④   380-④   381-④   382-④   383-⑦   384-④   385-⑦   386-④   387-⑦   388-④

389. 다음 중 보균자 색출이 중요한 질병관리 대책이 되는 것은?

㉮ 세균성 이질   ㉯ 장티푸스   ㉰ 탄저병   ㉱ 성홍열

390. 식품을 매개로 이환되는 전염병 중 환자나 보균자의 분변 외에 그 소변으로부터도 전염될 수 있는 것은?

㉮ 장티푸스   ㉯ 콜레라   ㉰ 적리(이질)   ㉱ 디프테리아

391. 장티푸스의 발생을 막기 위한 중요한 조치는?

㉮ 환경위생의 철저   ㉯ 예방접종
㉰ 보건교육   ㉱ 구충

392. 이질에 대해서 틀린 것은?

㉮ 법정전염병이다.   ㉯ 예방으로는 손을 깨끗이 씻는 것이 좋다.
㉰ 이질균은 분변에 배설된다.   ㉱ 예방에는 항생물질을 내복하는 것이 좋다.

393. 수인성 전염병이 아닌 것은?

㉮ 장티푸스   ㉯ 콜레라   ㉰ 페스트   ㉱ 세균성 이질

394. 수인성 전염병의 특징이라고 할 수 없는 것은?

㉮ 잠복기가 짧고 치명률이 높다.   ㉯ 폭발적인 환자 발생
㉰ 성과 연령에 무관   ㉱ 계절과 관련되지 않는 경우가 있다.

395. 수인성 전염병의 특징이라고 할 수 없는 것은?

㉮ 폭발적 발생   ㉯ 2차 감염에 의한 환자 발생이 적다.
㉰ 치명률이 높다.   ㉱ 유행지역이 한정되어 있다.

396. 수인성 전염병의 매체가 아닌 것은?

㉮ 원충(protozoa)   ㉯ 바이러스(virus)   ㉰ 세균(bacteria)   ㉱ 조류(algae)

397. 다음에서 수인성 전염병이 아닌 것은?

㉮ 장티푸스   ㉯ 이질   ㉰ 전염성 간염   ㉱ 결핵

398. 수인성 전염병이 아닌 것은?

㉮ 장티푸스   ㉯ 이질   ㉰ 콜레라   ㉱ 발진티푸스

399. 수인성 질병의 특징이 아닌 것은?

㉮ 발생범위가 오염된 물을 취급한 구역과 같다.
㉯ 연령과 관계없이 발생한다.
㉰ 주 증상이 신경계로 나타난다.
㉱ 원인이 되는 급수를 중지하면 발생률이 감소된다.

389-㉯ 390-㉮ 391-㉮ 392-㉱ 393-㉰ 394-㉮ 395-㉰ 396-㉱ 397-㉱ 398-㉱ 399-㉰

400. 상수도 시설이 잘 되면 발생이 크게 감소할 수 있는 전염병은?

㉮ 디프테리아, 백일해   ㉯ 장티푸스, 이질
㉰ 발진열, 이질   ㉱ 뇌염, 홍역

401. 여름철 발병이 가장 적은 질병은?

㉮ 디프테리아   ㉯ 장티푸스   ㉰ 이질   ㉱ 파라티푸스

402. 감염지수가 가장 낮은 질병은?

㉮ 천연두   ㉯ 성홍열   ㉰ 디프테리아   ㉱ 소아마비

403. 인축 공통 전염병으로 증상은 장티푸스나 야토병과 비슷하나, 주기적으로 반복되어 열이 나므로 파상열이라고 부르는 전염병은?

㉮ 브루셀라병   ㉯ 결핵   ㉰ 돈단독   ㉱ Q열

404. 인축 공통 전염병과 감염원의 연결이 틀린 것은?

㉮ 돈단독– 돼지   ㉯ 결핵– 소
㉰ 탄저병– 양,소, 말   ㉱ 야토병– 쥐

405. virus 병원체와 관계 없는 것은?

㉮ 배양이 잘 안된다.   ㉯ 일본뇌염의 병원체이다.
㉰ 1 : 1,000배 현미경으로도 못 본다.   ㉱ 1 : 2,000배로 볼 수 있다.

406. 리켓치아에 의하여 전염되는 질병은?

㉮ Q열   ㉯ 탄저병   ㉰ 비저   ㉱ 광견병

407. 다음 질병 중 인축공통 전염병은?

㉮ 야토병   ㉯ 콜레라   ㉰ 디프테리아   ㉱ 유행성 이하선염

408. 다음 중 인축공통 전염병(zoonosis)이 아닌 것은?

㉮ 결핵, 탄저병   ㉯ 부르셀라병, 야토병
㉰ 콜레라, 이질   ㉱ 돈단독, 광견병

409. 우유 매개성 전염병이 아닌 것은?

㉮ 결핵   ㉯ 장티푸스   ㉰ 브루셀라병   ㉱ 장염 비브리오

410. 우유에 의한 전염병균의 특징이 아닌 것은?

㉮ 젖소의 병에서 유래한다.   ㉯ 취급 중에 외부에서 오염된다.
㉰ 저온균인 것도 많다.   ㉱ 산패의 원인이 된다.

해답   400–㉯   401–㉮   402–㉱   403–㉮   404–㉱   405–㉱   406–㉮   407–㉮   408–㉰   409–㉱
410–㉱

411. 예방 접종의 의의로 바른 것은?

㉮ 가장 좋은 예방대책이다.

㉯ 예방책으로서는 가치가 없다.

㉰ 전체 예방책의 일환으로 중요한 가치가 있다.

㉱ 급성 전염병에서만 가치가 있다.

412. 경구 전염의 예방법이 아닌 것은?

㉮ 배설물의 소각　　　　　　㉯ 약물 소독

㉰ 감염 경로 차단　　　　　　㉱ 음성 비누로 세척

413. 경구 전염병 중 예방접종이 가능하지 않은 것은?

㉮ 장티푸스　　㉯ 콜레라　　㉰ 천열　　㉱ 급성 회백수염

414. 다음 전염병 중 정기 예방접종을 실시하지 아니하는 것은?

㉮ 백일해　　㉯ 결핵　　㉰ 장티푸스　　㉱ 유행성 뇌염

415. 전염병 유행 시 휴교 조치를 취할 수 없는 조건은?

㉮ 계속적인 교내 접촉이 원인이 되어 전염이 증가할 때

㉯ 휴교로서 전염에 폭로될 가능성이 감소한다는 충분한 이유가 있을 때

㉰ 전염병 예방법에 규정되어 제1종 전염병 환자가 발생할 때

㉱ 모든 전염원인 규명에도 불구하고 계속 환자가 발생할 때

416. 급성 전염병 발생시 병원의 임무가 아닌 것은 어느 것인가?

㉮ 환자의 격리 수용　　　　　㉯ 환자의 신고

㉰ 환자의 치료　　　　　　　㉱ 퇴원환자의 추적 검사

417. 전염병 유행 양상 중 순환변화를 가져오는 질병이 아닌 것은?

㉮ 장티푸스　　㉯ 백일해　　㉰ 식중독　　㉱ 디프테리아

418. 다음 중 전염도가 낮은 질병은?

㉮ 홍역　　㉯ 인플루엔자　　㉰ 나병　　㉱ 성홍열

419. 다음 중 전염병 생성 요소가 아닌 것은?

㉮ 병원　　㉯ 식품　　㉰ 공기　　㉱ 광선

420. 다음 중 병원소가 아닌 것은?

㉮ 토양 및 동물　　㉯ 물 및 식품　　㉰ 건강 보균자　　㉱ 불현성 환자

411-㉰　412-㉱　413-㉰　414-㉱　415-㉰　416-㉱　417-㉰　418-㉰　419-㉱　420-㉯

421. 보균자의 설명 중 옳지 않은 것은?

　㉮ 보균자가 일생 보균자로 되는 질병은 많지 않다.

　㉯ 보균자는 회복기, 잠복기, 건강 보균자 등이 있다.

　㉰ 보균자는 절대로 그 질병에 걸리지 않는다.

　㉱ 증상은 없어도 균을 배출할 때 건강보균자라 한다.

422. 공중 보건상 전염병 관리면에서 제일 어렵고 중요한 것은?

　㉮ 동물 병원소　　㉯ 환자　　　　㉰ 보균자　　　　㉱ 토양

423. 다음 보균자 중 전염병 관리하기에 가장 어려운 사람은 누구인가?

　㉮ 병후 보균자　　　　　　㉯ 잠복기 보균자

　㉰ 건강 보균자　　　　　　㉱ 회복기 보균자

424. 병후 보균자로서 전염력이 있는 것은?

　㉮ 디프테리아 및 세균성 적리　　㉯ 천연두

　㉰ 홍역　　　　　　　　　　　㉱ 소아마비

425. 복어의 독에 대한 설명 중 맞지 않은 것은?

　㉮ 식사 후 30분~6시간 후면 호흡 곤란, 운동장애가 나타난다.

　㉯ 유독 성분이라도 100℃에서 3시간 정도 가열하면 파괴된다

　㉰ 독성분은 주로 테트로도톡신이다.

　㉱ 복어는 난소, 간에 맹독성분이 들어있다.

426. 잠복기질병과 관계 있는 질병은 어느 것인가?

　㉮ 유행성 이하선염　　　　㉯ 급성 회백수염

　㉰ 장티푸스　　　　　　　㉱ 결핵

427. 이환된 환자에 대하여 전염병의 전파를 막는 방법 중 옳지 않은 것은?

　㉮ 격리, 치료　　　　　㉯ 환경적인 요소 개선

　㉰ 예방접종 강행　　　　㉱ 보건교육

428. 다음 전염병 중 간접 전파방법으로 전염되는 것은?

　㉮ 홍역　　　㉯ 장티푸스　　　㉰ 나병　　　　㉱ 인플루엔자

429. 기계적 전파방법으로 질병을 매개하는 곤충은?

　㉮ 모기　　　㉯ 이　　　　㉰ 파리　　　　㉱ 벼룩

해답 421-㉰ 422-㉰ 423-㉰ 424-㉮ 425-㉯ 426-㉮ 427-㉰ 428-㉯ 429-㉰

430. 다음 중 액체 또는 분비물로 균이 배출되는 질병은 어느 것인가?

㉮ 폐렴   ㉯ 유행성 이하선염   ㉰ 장티푸스   ㉱ 나병

431. 식품은 전염병 생성 과정에서 무슨 역할에 속하는가?

㉮ 병원소   ㉯ 비활성 매개체   ㉰ 개달물   ㉱ 병원체

432. 인축 공통 전염병이 아닌 것은?

㉮ 콜레라, 이질   ㉯ 탄저병, 결핵   ㉰ 돈단독, 공수병   ㉱ Q열, 결핵

433. 다음 중에서 서로 관련이 없는 것끼리 연결된 것은?

㉮ 결핵 : 소   ㉯ 탄저 : 소, 말, 돼지 ㉰ 돈단독 : 돼지   ㉱ 야토병 : 소

434. 다음 중 인축 공통 전염병인 것은?

㉮ 콜레라, 결핵   ㉯ 장티푸스, 공수병   ㉰ 이질, 야토병   ㉱ 탄저, 돈단독

435. 사람에게는 열병, 동물에게는 유산을 일으키는 인축 공통 전염병은?

㉮ 탄저   ㉯ 파상열   ㉰ 야토병   ㉱ Q열

436. 다음 중 복어의 중독 원인 물질은?

㉮ 엔테로톡신(enterotoxin)   ㉯ 테트로도톡신(tetrodotoxin)

㉰ 삭시톡신(saxitoxin)   ㉱ 시큐톡신(cicutoxin)

437. 복어의 독성분이 가장 많이 들어 있는 곳은?

㉮ 간   ㉯ 난소, 고환   ㉰ 지느러미   ㉱ 근육

438. 다음 중 섭 조개, 대합 조개의 독성 성분은?

㉮ 콜린(choline)   ㉯ 솔라닌(solanin)

㉰ 삭시톡신(saxitoxin)   ㉱ 무스카린(muscarine)

439. 다음 중에서 독버섯의 독성성분은?

㉮ 에르고톡신(ergotoxin)   ㉯ 솔라닌(solanin)

㉰ 무스카린(muscarine)   ㉱ 베네루핀(venerupin)

440. 다음 중 서로 관계가 없는 항목은?

㉮ 삭시톡신 : 섭조개   ㉯ 솔라닌 : 감자의 싹

㉰ 무스카린 : 버섯   ㉱ 베네루핀 : 복어

430-㉯ 431-㉯ 432-㉮ 433-㉱ 434-㉱ 435-㉯ 436-㉯ 437-㉯ 438-㉰ 439-㉰ 440-㉱

306

441. 식중독 발생시 발생보고 의무자는?

　　㉮ 환자　　　　　㉯ 발견자　　　　　㉰ 보호자　　　　　㉱ 의사

442. 다음 중 감염형 식중독에 속하는 것은?

　　㉮ 포도상구균 식중독　　　　　㉯ 살모넬라 식중독
　　㉰ 보툴리누스 식중독　　　　　㉱ 아리조나 식중독

443. 다음 중에서 독소형 식중독에 속하는 것은?

　　㉮ 보툴리누스 식중독　　　　　㉯ 비브리오 식중독
　　㉰ 살모넬라 식중독　　　　　㉱ 대장균성 식중독

444. 살모넬라 식중독의 중요한 감염원은?

　　㉮ 채소　　　　　㉯ 계란　　　　　㉰ 식육　　　　　㉱ 생선

445. 살모넬라 식중독의 중요한 감염 매체가 아닌 것은?

　　㉮ 쥐　　　　　㉯ 바퀴　　　　　㉰ 진드기　　　　　㉱ 고양이

446. 살모넬라 식중독의 발병은?

　　㉮ 동물에만 발병된다.　　　　　㉯ 유아에게만 발병된다.
　　㉰ 인축 공통으로 발병된다.　　　　　㉱ 인체에만 발병된다.

447. 다음 식중독 중에서 발열이 심하게 나타나는 것은?

　　㉮ 포도상구균 식중독　　　　　㉯ 살모넬라 식중독
　　㉰ 보툴리누스 식중독　　　　　㉱ 비브리오 식중독

448. 다음 중에서 장염 비브리오균의 특징이 아닌 것은?

　　㉮ 그람 음성 무포자 간균이다.　　　　　㉯ 편모를 갖고 있지 않다.
　　㉰ 운동성이 있다.　　　　　㉱ 호염성이다,

449. 우리 나라에서 가장 많이 발생하는 식중독은?

　　㉮ 보툴리누스 식중독　　　　　㉯ 포도상구균 식중독
　　㉰ 살모넬라 식중독　　　　　㉱ 비브리오 식중독

450. 다음 식중독 중 조리사의 곪은 상처와 관계 있는 것은?

　　㉮ 포도상구균 식중독　　　　　㉯ 살모넬라 식중독
　　㉰ 보툴리누스 식중독　　　　　㉱ 비브리오 식중독

451. 식중독 중에서 잠복기가 가장 짧은 것은?

　　㉮ 비브리오 식중독　　　　　㉯ 살모넬라 식중독
　　㉰ 포도상구균 식중독　　　　　㉱ 보툴리누스 식중독

해답　441-㉱　442-㉯　443-㉮　444-㉰　445-㉰　446-㉰　447-㉯　448-㉯　449-㉯　450-㉮
451-㉰

452. 포도상구균 식중독과 관련이 깊은 것은 무엇인가?

㉮ 독소형 식중독   ㉯ 어패류 중독

㉰ 통조림 식품   ㉱ 소의 유방염

453. 다음 중 포도상구균 식중독의 특징이 아닌 것은?

㉮ 엔테로톡신에 의한 독소형이다.

㉯ 잠복기는 1~6시간으로 급격히 발병한다.

㉰ 열이 38℃ 이상으로 발열을 일으킨다.

㉱ 사망률이 비교적 낮다.

454. 조리사의 화농병소와 관련이 있고 우유, 크림빵, 김밥, 도시락, 찹쌀떡이 주원인 식품으로 봄·가을철에 많이 발생하는 독소형 식중독은?

㉮ 장염비브리오 식중독   ㉯ 살모넬라 식중독

㉰ 포도상구균 식중독   ㉱ 보툴리누스 식중독

455. 포도상구균 식중독의 예방법으로 맞지 않는 것은?

㉮ 멸균된 가구를 사용한다.   ㉯ 화농성 질환자의 조리업무를 금지한다.

㉰ 조리장을 깨끗이 한다.   ㉱ 섭취 전에 60℃ 정도로 가열한다.

456. 식중독 세균 중 잠복기가 가장 짧은 것은?

㉮ 포도상구균   ㉯ 살모넬라균   ㉰ 병원성대장균   ㉱ 웰치균

457. 포도상구균과 가장 관계가 깊은 것은?

㉮ 해산물의 식중독   ㉯ 식품취급자의 화농성 질환

㉰ 햄, 소시지 등 육류가공품에 의한 식중독   ㉱ 식품중의 푸른곰팡이

458. 다음 중 세균성 식중독의 발생 원인이 될 수 없는 경우는?

㉮ 보툴리누스균에 오염된 식품을 섭취했을 경우

㉯ 전염병균에 오염된 식품을 섭취했을 경우

㉰ 식품에 세균이나 독소가 들어 있는 경우

㉱ 부패 세균에 오염된 식품을 섭취했을 경우

459. 다음 중 포도상구균 식중독과 관계가 적은 것은?

㉮ 치명률이 낮다.

㉯ 조리인의 화농균이 원인이 된다.

㉰ 잠복기는 보통 3시간이다.

㉱ 균이나 독소는 80℃에서 30분이면 사멸 파괴된다.

452-㉮   453-㉰   454-㉰   455-㉱   456-㉮   457-㉯   458-㉰   459-㉱

460. 다음 중 포도상구균 식중독과 관계가 없는 것은?
㉮ 잠복기가 1~2일이다.
㉯ 사망률이 낮다.
㉰ 균으로부터 발생된 독소가 원인이다,
㉱ 위장 증상을 나타낸다.

461. 보툴리누스 식중독의 원인균에 대한 설명으로 틀린 것은?
㉮ 호기성이다.
㉰ 편성 혐기성 균이다.
㉰ 내열성이다.
㉱ 토양 중에 분포한다.

462. 다음 세균성 식중독 중 치명률이 가장 높은 것은?
㉮ 살모넬라 중독
㉰ 포도상구균 중독
㉰ 보툴리누스 중독
㉱ 장염 비브리오 중독

463. 통조림, 병조림과 같은 밀봉식품의 부패로 올 수 있는 식중독은?
㉮ 살모넬라 중독
㉯ 보툴리누스 중독
㉰ 포도상구균 중독
㉱ 웰치균 중독

464. 다음 중 보툴리누스 식중독의 주요 증상은?
㉮ 위장계 증상
㉯ 신경계 증상, 시각이상, 연하곤란
㉰ 심한 발열
㉱ 구기, 구토, 오한

465. 세균성 식중독의 특징이 아닌 것은?
㉮ 균과 독소의 양에 따라 발생
㉯ 원인식품의 섭취로 인한다.
㉰ 면역성이 없다.
㉱ 푸토마인(ptomine) 중독이라 한다.

466. 세균성 식중독의 특성이 아닌 것은?
㉮ 미량의 균으로 발병되지 않는다.
㉯ 2차 감염이 거의 없다.
㉰ 잠복기간이 경구 전염병에 비하여 길다.
㉱ 균의 증식을 막으면 그 발생을 예방할 수 있다.

467. 세균성 식중독 및 그 원인세균에 관한 다음 글 중 틀린 것은?
㉮ 포도상구균에 의한 식중독은 enterotoxin(엔테로톡신)에 의해서 일어난다.
㉯ 보툴리누스균에 의한 식중독은 독소형 식중독에 대표적인 것이다.
㉰ 살모넬라 식중독은 포도상구균에 의한 식중독이며 일반적으로 잠복기가 짧다.
㉱ 장염 비브리오는 일반적으로 세균에 의하여 식염농도가 높은 환경에서 더욱 발육 증식한다.

해답 460-㉮ 461-㉮ 462-㉰ 463-㉯ 464-㉯ 465-㉱ 466-㉰ 467-㉰

468. 다음 중 내용이 틀린 것은?

㉮ 식품 취급자의 검변을 하는 것은 살모넬라, 이질 등의 보균자를 알아내는 것이다.

㉯ 발열이나 설사가 날 때 항생물질을 먹고 의사에게만 보이는 것이 좋다.

㉰ 손가락에 화농성 질환이 있을 때에는 조리에 종사할 수 없다.

㉱ 달걀도 살모넬라 중독의 원인이 되므로 주의하지 않으면 안된다.

469. 세균성 식중독에 있어 다음의 연결이 잘못된 것은?

㉮ 살모넬라균 : 잠복기는 1~6시간

㉯ 포도상구균 : 엔테로톡신

㉰ 보툴리누스균 : 독소형 식중독

㉱ 장염 비브리오균 : 3% 식염농도 생육 가능

470. 다음 중 세균성 식중독을 예방하는 방법이 아닌 것은?

㉮ 식품의 저온(냉장) 보존　㉯ 신선한 재료의 사용

㉰ 위생 곤충의 구제　㉱ 플라스틱제품의 식기를 사용하지 않는다.

471. 세균성 식중독을 방지하는 방법은 여러 가지가 있다. 다음 중 가장 중요한 것은?

㉮ 신선한 재료를 사용하여 조리한다.　㉯ 위생 곤충을 구제한다.

㉰ 식품을 저온(냉장)으로 보존하다.　㉱ 조리 기구를 깨끗하게 한다.

472. 다음 중에서 원인 식품별로 본 식중독 발생건수가 가장 많은 것은?

㉮ 어패류 및 그 가공품　㉯ 채소류 및 그 가공품

㉰ 난류 및 그 가공품　㉱ 과자류

473. 세균성 식중독이 경구 전염병과 다른 점은?

㉮ 발병 후에 면역이 생긴다.　㉯ 경구 전염병보다 많은 양의 균으로 발병한다.

㉰ 잠복기가 길다.　㉱ 2차 감염이 잘 일어난다.

474. LD(Lethal Dose)50이란?

㉮ 실험 동물의 50%가 사망할 때의 양

㉯ 실험 동물 50마리를 죽이는 양

㉰ 실험 동물 50kg을 죽이는 양

㉱ 수명이 절반으로 줄어드는 양

475. 일본에서 발생한 미나마타병의 원인이 된 금속은?

㉮ 비소　　　㉯ 구리　　　㉰ 카드뮴　　　㉱ 수은

476. 유해금속과 식품용기의 관계 중 잘못 된 것은?

㉮ 구리-놋그릇　㉯ 카드뮴-법랑　㉰ 주석-유리식기　㉱ 납-도자기

477. 다음 중 메틸알코올의 중독 증상이 아닌 것은?

㉮ 실명　　　㉯ 환각　　　㉰ 구토　　　㉱ 두통

478. 다음 중 미나마타병의 유래는?

㉮ 공장폐수 오염　㉯ 화산 오염　㉰ 방사능 오염　㉱ 세균 오염

479. 급성 수은 중독이 제일 중요한 증상은?

㉮ 구내염　　㉯ 청력 장애　㉰ 보행 장애　㉱ 치통

480. 다음 중 카드뮴에 의한 병명은?

㉮ 미나마타병　㉯ 탄저병　　㉰ 브루셀라병　㉱ 이타이이타이병

481. 카드뮴에 대한 설명 중 틀린 것은?

㉮ 아편과 공존하여 용출하면 위험성이 크다.
㉯ 알칼리성 식품에는 사용할 수 없다.
㉰ 알루미늄 용제에 사용한다.
㉱ 내수성이 좋으므로 도금으로 사용한다.

482. 기구 용기 또는 포장 제조용 금속에 함유되어 있으면 안되도록 규정된 유해 금속은?

㉮ 안티몬　　㉯ 아편　　　㉰ 주석　　　㉱ 카드뮴

483. 다음 중 화학적 식중독의 원인이 아닌 것은?

㉮ 오염으로 첨가되는 유해물질　㉯ 대사 과정중 생성되는 독성물질
㉰ 방사능에 의한 오염　　　　㉱ 식품 제조중에 혼입되는 유해물질

485. 다음 중 화학적 식중독에서 나타나지 않는 증상은?

㉮ 고열　　　㉯ 복통　　　㉰ 설사　　　㉱ 구토

486. 식품위생법의 목적은?

㉮ 식품으로 인한 위해 방지

㉯ 감염병의 예방

㉰ 국민 식생활의 개선

㉱ 식품업체의 육성

487. 식품의 기준 및 규격에서 규격에 해당하는 것은?

㉮ 크기　　　　㉯ 형태　　　　㉰ 무게　　　　㉱ 성분

488. 식품위생법상 영업의 종류가 아닌 것은?

㉮ 주류제조업　　　　㉯ 식품제조 · 가공업

㉰ 식품운반업　　　　㉱ 식품첨가물 제조업

489. 식품위생법상 영업허가를 받아야 하는 업종으로 옳은 것은?

㉮ 식품조사 처리업, 유흥주점 영업

㉯ 식품소분업, 식품첨가물 제조업

㉰ 단란주점영업, 식품제조 · 가공업

㉱ 식품소분업, 식품운반업

490. 건강진단 결과 영업에 종사하여도 되는 질병은?

㉮ 콜레라　　　　㉯ 장티푸스　　　　㉰ 피부병　　　　㉱ 비감염성 결핵

491. 식품의 기준 및 규격에서 기준에 해당하는 것은?

㉮ 원료 수급 방법　　　　㉯ 사용 방법

㉰ 영양 표시 방법　　　　㉱ 성분

492. 판매 금지에 해당하지 않는 식품은?

㉮ 병원성 미생물에 오염된 식품

㉯ 썩거나 상한 식품

㉰ 안전성 평가를 받지 않은 농 · 축 · 수산물

㉱ 건강진단을 받지 않은 자가 수입한 완전 포장된 식품

493. 허위표시 또는 과대광고에 해당되지 아니하는 것은?

㉮ 질병 치료 효과 표시　　　　㉯ 단체 추천 식품임을 알리는 광고

㉰ 미풍양속을 해치는 광고　　　　㉱ 체질 개선에 도움이 된다는 표현

486-㉮　487-㉱　488-㉮　489-㉮　490-㉱　491-㉯　492-㉱　493-㉱

494. 식품위생법의 식품위생 대상은?

㉮ 기구　　　㉯ 소비자　　　㉰ 판매자　　　㉱ 제조자

495. 영양표시 대상 성분이 아닌 것은?

㉮ 열량　　　㉯ 단백질　　　㉰ 나트륨　　　㉱ ω-3 지방산

496. 위해식품 등의 판매 등 금지사항 내용과 거리가 먼 것은?

㉮ 유해 물질이 들어 있거나 묻어 있는 것

㉯ 수입이 금지된 것 또는 수입 신고를 하지 않은 것

㉰ 병원미생물에 의하여 오염되었거나 그 염려가 있는 것

㉱ 영업허가 또는 신고 없이 제조 · 가공한 식품 · 식품첨가물

497. 국민건강 증진에 필요한 영양소 섭취기준을 제정하고 정기적으로 개정하는 책임이 있는 사람은?

㉮ 식품의약품안전처장　　　㉯ 한국보건산업진흥원장

㉰ 질병관리본부장　　　㉱ 보건복지부장관

해답　494-㉮　495-㉱　496-㉯　497-㉱

chapter 6

제과 실기 문제

6-1 초코머핀(초코컵케이크) (1시간 50분)

△ 반죽 상태

△ 팬에 넣기

△ 굽기

1. 요구사항

1) 초코머핀(초코컵케이크)을 제조하여 제출하시오.

① 배합표의 각 재료를 계량하여 재료별로 진열하시오.(11분)

- (재료당 1분) → [감독위원 계량 확인] → 작품 제조 및 정리정돈 (전체 시험 시간-재료 계량 시간)
- 재료 계량 시간 내에 계량을 완료하지 못하여 시간이 초과된 경우 및 계량을 잘못한 경우는 추가의 시간 부여 없이 작품 제조 및 정리 정돈 시간을 활용하여 요구사항의 무게대로 계량
- 달걀의 계량은 감독위원이 지정하는 개수로 계량

② 반죽은 크림법으로 제조하시오.
③ 반죽 온도는 24℃를 표준으로 하시오.
④ 초코칩은 제품의 내부에 골고루 분포되게 하시오.
⑤ 반죽 분할은 제공하는 팬에 알맞은 양으로 패닝하시오.
⑥ 반죽은 전량을 사용하여 성형하시오.

재 료	비 율(%)	무 게(g)
박력분	100	500
계란	60	300
설탕	60	300
소금	1	5(4)
버터	60	300
베이킹소다	0.4	2
베이킹파우더	1.6	8
코코아파우더	12	60
물	35	175(174)
탈지분유	6	30
초코칩	36	180
계	372	1860(1858)

2. 수검자 유의사항

세부 항목	항목별 유의사항
1. 재료 계량	※ 재료를 계량하여 따로따로 재료별로 계량대에 진열함 ※ 제한 시간 내에 전 재료 계량을 완료해야 만점(11분) ※ 계량대, 재료대, 통로 등에 흘리는 재료가 없어야 한다. ※ 전 재료가 정확해야 만점, 1개라도 오차가 있으면 감점
2. 반죽 제조	※ 요구사항대로 '크림법'으로 제조
(1) 믹싱법	(1) 믹서 볼에 버터를 넣고 거품기로 부드럽게 만든다. (2) 설탕과 소금을 넣고 믹싱하여 크림 상태로 만든다. (3) 계란을 여러 차례로 소량씩 넣으면서 부드러운 크림으로 만든다. (4) 물을 조금씩 넣어가면서 부드러운 크림 상태로 만든다.

세부 항목	항목별 유의사항
(1) 믹싱법	(5) 나머지 건조 재료인 밀가루, 베이킹소다, 베이킹파우더, 코코아파우더를 체로 친 후 (4)에 혼합하여 균일한 반죽으로 만든다. (6) 초코칩을 넣고 골고루 섞어 반죽을 완료한다.
(2) 반죽 상태	(1) 전 재료가 균일하게 혼합되고 적정한 '되기'가 되도록 한다. (2) 밀가루를 넣은 후 오버 믹싱이 되지 않도록 한다.
(3) 반죽 온도	(1) 24℃를 표준으로 한다(± 1℃ 이내로 맞춘다). (2) 재료의 온도를 감안하여 계산하거나 물리적인 조치를 취해도 좋다.
3. 팬에 넣기 (1) 팬 준비	(1) 머핀팬(컵케이크팬)을 준비한다. (2) 팬 안쪽에 머핀 종이(주름 종이)를 끼운다. 가급적 종이 밑면이 팬 바닥에 잘 닿도록 한다.
(2) 반죽 넣기	(1) 짤주머니에 원형 모양 깍지를 끼운다. (2) 짤주머니에 반죽을 넣고 팬 용적의 70~80%를 짜 넣는다. 　(최종 반죽의 비중에 따라 양을 조절한다) (3) 분할하는 작업을 능숙하게 하고 반죽의 손실을 최소로 한다. (4) 평철판 위에 적정 간격을 유지하며 배열한다.
4. 굽기 (1) 굽기 관리	(1) 오븐 온도를 180/160℃ 전후로 맞추고 굽는다. 오븐의 내부 위치에 따라 온도 차이가 나면 적절한 시간에 위치를 바꾸어준다. (2) 너무 오래 구워도 안 되지만 갈색 제품이므로 속이 익지 않은 부위가 있으면 냉각 중 주저앉는다.
(2) 구운 상태	(1) 속이 완전히 익고, 껍질 색이 균일해야 한다. (2) 너무 오래 구우면 건조한 제품이 되니 유의한다. (3) 위로 올라온 정도가 균일한 것이 바람직하다.
5. 정리 정돈, 청소, 개인위생	(1) 사용한 기구 및 작업대와 주위를 깨끗이 청소하고 정리 정돈을 잘한다. (2) 깨끗한 위생복, 위생모를 착용하고 두발, 손톱 등을 단정하고 청결하게 한다.

6. 부피	(1) 분할한 양에 대한 적정한 부피가 나와야 한다. (2) 반죽 상태, 베이킹파우더와 베이킹소다 사용, 굽는 방법에 따라 부피가 달라진다. (3) 굽는 온도가 너무 높으면 부피가 작아진다. (4) 윗면 가운데가 평평하면 부피가 작아 보인다.
7. 균형	(1) 찌그러짐이 없이 균일한 모양을 지니고 균형이 잘 잡혀야 한다. (2) 윗면 가운데가 다소 높은 상태로 대칭이 되어야 좋다. (3) 너무 평평한 윗면은 감점 요인이 된다.
8. 껍질	(1) 껍질은 너무 두껍지 않고 질기지 않아야 한다. (2) 옆면과 밑면에도 적정한 색이 나야 한다. (3) 타거나 익지 않은 부분이 있어서는 안 된다. (4) 위 껍질 터짐이 자연스러워야 한다.
9. 내상	(1) 기공과 조직이 부위별로 균일해야 한다. (2) 초콜릿 갈색이 균일하고 줄무늬나 계란 덩어리가 없어야 한다. (3) 익지 않은 부위가 없어야 한다(언더베이킹에 유의). (4) 초코칩이 내면에 고루 분포되어 있어야 한다. 밑으로 가라앉거나 한쪽에 몰려 있으면 감점 요인이 된다.
10. 맛과 향	(1) 초코머핀 특유의 맛과 향이 조직감과 조화를 이루어야 한다. (2) 속이 끈적거리거나 탄 냄새, 생 재료 맛 등이 나면 안 된다. (3) 초코칩과 반죽의 향미가 서로 잘 어울려야 한다.

6-2　버터스펀지 케이크(별립법)　(1시간 50분)

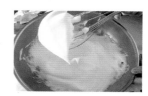

△ 머랭 올리기

△ 머랭 혼합

1. 요구사항

1) 버터스펀지 케이크(별립법)를 제조하여 제출하시오.

① 배합표의 각 재료를 계량하여 재료별로 진열하시오(8분).
- (재료당 1분) → [감독위원 계량 확인] → 작품 제조 및 정리 정돈(전체 시험 시간-재료 계량 시간)
- 재료 계량 시간 내에 계량을 완료하지 못하여 시간이 초과된 경우 및 계량을 잘못한 경우는 추가의 시간 부여 없이 작품 제조 및 정리 정돈 시간을 활용하여 요구사항의 무게대로 계량
- 달걀의 계량은 감독위원이 지정하는 개수로 계량

② 반죽은 별립법으로 제조하시오.
③ 반죽 온도는 23℃를 표준으로 하시오.
④ 반죽의 비중을 측정하시오.
⑤ 제시한 팬에 알맞도록 분할하시오.
⑥ 반죽은 전량을 사용하여 성형하시오.

순서	※※ 재료	비 율(%)	무 게(g)
1	박력분	100	600
2	설탕(A)	60	360
3	설탕(B)	60	360
4	달 걀	150	900
5	소 금	1.5	9(8)
6	베이킹파우더	1	6
7	바닐라 향	0.5	3(2)
8	용해버터	25	150
	계	398	2388

2. 수검자 유의사항

세 부 항 목	항 목 별 유 의 사 항
1. 배합표 작성	※ 제한 시간 내에 전부 맞으면 만점 ※ %→ g = %×6,　　　 g → % = g÷6 　 B.P 1%가 6g이므로 6를 곱하거나 6으로 나눈다. ※ 위에서 순서대로 　 (600)(360)(360)(50)(50)(100)(1.5)(0.5)(25)(398)(2388)
2. 재료 계량 　(1) 계량시간 　(2) 재료손실 　(3) 정확도	※ 재료를 계량하여 따로따로 재료별로 계량대에 진열함 ※ 제한 시간 내에 전 재료 계량을 완료해야 만점 ※ 계량대, 재료대, 통로 등에 흘리는 재료가 없어야 만점 ※ 전 재료가 정확해야 만점, 1개라도 오차가 있으면 감점
3. 반죽 제조 　(1) 믹싱법 　(2) 반죽 상태 　(3) 반죽 온도 　(4) 비중	※ 요구사항대로 "별립법"으로 제조 (1) 계란을 노른자와 흰자로 분리한다. (2) 노른자에 +설탕+소금+유화제를 넣고 믹싱 (3) 흰자에 설탕(B)를 넣으면서 중간 피크의 머랭을 만든다. (4) 머랭 1/3 가량을 노른자 반죽에 넣고 섞은 다음 밀가루를 혼합하고 용해시킨 버터를 섞는다. (5) 나머지 머랭을 첨가하여 반죽을 완료한다. (1) 전 재료가 균일하게 혼합되고 "머랭 거품"이 살아 있어야 한다. (2) 오버 믹싱이 되면 안되므로 유의한다. (3) 버터가 가라앉거나 몰려 있지 않아야 한다. ※ 요구사항 23℃ 전후가 되도록 한다. 　 작업실 온도를 고려하여 계란 온도를 조절하거나 물리적인 조치를 취해도 좋다. ※ 0.55±0.05 전후가 되면 양호 　 머랭 만들기와 최종 반죽에 섞는 작업이 중요하다.
4. 팬 넣기 　(1) 팬 준비 　(2) 팬에 반죽 넣기	(1) 믹싱 시간 등을 활용하여 사전에 팬 준비를 한다. (2) 평철판 또는 원형 팬을 감독위원의 지시에 따라 사용하되 기름칠을 골고루 하거나 팬에 맞도록 종이를 재단하여 깔개 종이로 한다. (1) 제시한 팬에 맞는 양(약 60~70%)을 분할하는 작업을 능숙하게 하고, 반죽의 손실을 최소로 한다. (2) 팬에 넣은 후 반죽 중의 큰 공기 방울을 제거하는 것이 구운 후 기공을 좋게 한다.

세 부 항 목	항 목 별 유 의 사 항
5. 굽기 　(1) 굽기 관리 　(2) 구운 상태	(1) 전체 온도를 180/150℃ 전후로 맞추고 굽는다(평철판을 사용하는 경우는 200℃ 전후). 　　오븐 앞면과 뒷면, 가장자리와 중앙에 따라 온도에 차이가 나면 적절한 시간에 위치를 바꾸어 준다. (2) 너무 오래 굽지 않도록 하고, 너무 빨리 꺼내서 속이 익지 않은 경우가 없어야 한다. (1) 속이 완전히 익고, 껍질 색이 황금 갈색이 되도록 한다. (2) 옆면과 밑면에도 적정한 색이 나야 하고 껍질이 벗겨지지 않도록 주의한다. (3) 윗면이 평평하게 되도록 조치한다.
6. 정리 정돈, 청소, 　개인위생	(1) 사용한 기구 및 작업대와 주위를 깨끗이 청소하고 정리 정돈을 잘한다. (2) 깨끗한 위생복, 위생모를 착용하고 두발, 손톱 등을 단정하고 청결하게 한다.
〈제품 평가〉	※ 각 항목마다 상품 가치가 없다고 판단되면 0점 처리됨.
7. 부피	(1) 분할량에 대해 적정한 부피가 되고, 팬에 넘치거나 너무 부족하면 안 된다. (2) 윗면이 평평하게 되도록 조치하는 것이 좋다.
8. 균형	(1) 찌그러짐이 없이 균일한 모양을 지니고 균형이 잘 잡혀야 한다. (2) 원기둥형 또는 얇은 직육면체 모양(팬에 따라)으로 대칭이 되어야 한다. (3) 어느 부위만 높거나 낮아서는 안 된다.
9. 껍질	(1) 껍질은 너무 두껍지 않고 부드러워야 좋다. (2) 옆면과 밑면에도 적정한 색이 나고 위 껍질은 밝은 황색이 나면 좋다. (3) 찢어지거나 흠집이 생기지 않도록 한다.
10. 내상	(1) 기공과 조직이 부위별로 균일하되 너무 조밀해서는 안 된다. (2) 밝은 황색으로 줄무늬나 계란 덩어리가 없어야 한다. (3) 익지 않은 부위가 있어서는 안 된다.
11. 맛과 향	(1) 식감이 부드럽고 버터 스펀지 케이크 특유의 버터 맛과 향이 조직감과 어울려야 된다. (2) 속이 끈적거리거나 탄 냄새, 생재료 맛 등이 나면 안 된다.

6-3 젤리롤 케이크 (1시간 30분)

△ 평철판에 담기

△ 무늬 만들기

△ 말기(roll) 사전 조치

△ 말기 과정

1. 요구사항

1) 다음 요구사항대로 젤리 롤 케이크를 제조하여 제출하시오.

① 배합표의 각 재료를 계량하여 재료별로 진열하시오(8분).
  • (재료당 1분) → [감독위원 계량 확인] → 작품 제조 및 정리 정돈(전체 시험 시간-재료 계량 시간)
  • 재료 계량 시간 내에 계량을 완료하지 못하여 시간이 초과된 경우 및 계량을 잘못한 경우는 추가의 시간 부여 없이 작품 제조 및 정리 정돈 시간을 활용하여 요구사항의 무게대로 계량
  • 달걀의 계량은 감독위원이 지정하는 개수로 계량

② 반죽은 공립법으로 제조하시오.　　　③ 반죽 온도는 23℃를 표준으로 하시오.
④ 반죽의 비중을 측정하시오.　　　⑤ 제시한 팬에 알맞도록 분할하시오.
⑥ 반죽은 전량을 사용하여 성형하시오.
⑦ 캐러멜 색소를 이용하여 무늬를 완성하시오(무늬를 완성하지 않으면 제품 껍질 평가 0점 처리).

순 서	※※ 재 료	비 율(%)	무 게(g)
1	박력분	100	400
2	설 탕	130	520
3	계 란	170	680
4	소 금	2	8
5	물 엿	8	32
6	베이킹파우더	0.5	2
7	우 유	20	80
8	바닐라 향	1	4
계		431.5	1726

잼	50	200

2. 수검자 유의사항

세 부 항 목	항 목 별 유 의 사 항
1. 배합표 작성	※ 제한 시간 내에 전부 맞으면 만점 ※ % → g = %×4, g → % = g÷4 　소금 2%가 8g이므로 4를 곱하거나 4로 나눈다. ※ 위에서 순서대로 (400) (520) (680) (8) (0.5) (80) (4) (431.5) (1726)
2. 재료 계량 　(1) 계량 시간 　(2) 재료 손실 　(3) 정확도	※ 재료를 계량하여 따로따로 재료별로 계량대에 진열함 ※ 제한 시간 내에 전 재료 계량을 완료해야 만점 ※ 계량대, 재료대, 통로 등에 흘리는 재료가 없어야 만점 ※ 전 재료가 정확해야 만점, 1개라도 오차가 있으면 감점
3. 반죽 제조 　(1) 믹싱법 　(2) 반죽상태 　(3) 반죽온도 　(4) 비중	※ 요구사항대로 **"공립법"**으로 제조 (1) 계란에 +설탕+소금+물엿을 넣고 믹싱하여 반죽이 간격을 유지하면서 천천히 떨어지는 상태로 만든다. (2) 밀가루, B.P를 혼합하여 체로 치고 위 계란에 조금씩 넣으면서 가볍게 혼합한 후 우유를 넣어 되기를 조절한다. (1) 전 재료가 균일하게 혼합되고, 물엿이 밑바닥에 가라앉지 않아야 한다. (2) 적정한 공기가 함유되어 부피를 이루고 「되기」도 유지해야 한다. ※ 요구사항 **23℃** 전후가 되도록 한다. 　작업실 온도를 고려하여 계란 온도를 조절하거나 물리적인 조치를 취해도 좋다. ※ 0.45±0.05 전후가 되면 양호 　계란 거품 올리기와 밀가루 혼합이 비중에 중요한 영향을 준다.
4. 팬 넣기 　(1) 팬 준비 　(2) 팬에 반죽 넣기	(1) 믹싱 시간 등을 활용하여 사전에 팬 준비를 한다. (2) 평철판에 기름칠을 골고루 하거나 팬에 맞도록 종이를 재단하여 깔개 종이로 한다. (1) 제시한 팬에 맞는 양을 담는 작업을 능숙하게 하고 반죽의 손실을 최소로 한다. (2) 팬에 넣은 후 윗면을 고르게 고르고, 반죽 중의 큰 공기 방울을 제거하는 것이 좋다.
5. 무늬 만들기	(1) 노른자 또는 본 반죽의 일부에 캐러멜 색소를 적당량 섞어 착색시킨다. (2) 팬 넣기가 끝난 반죽 표면의 약 2/3에 무늬를 만든다. 1.5~2.0cm 간격으로 가늘게 갈지(之)자 짜기를 한 후 나무 젓가락 등을 이용한다.

세 부 항 목	항 목 별 유 의 사 항
6. 굽기 　(1) 굽기 관리 　(2) 구운 상태	(1) 전체 온도를 170/150℃ 전후로 맞추고 굽는다. 오븐 앞면과 뒷면, 가장자리와 중앙에 따라 온도 차이가 나면 적절한 시간에 위치를 바꾸어 준다. (2) 오버 베이킹 또는 언더 베이킹을 피한다. (1) 속이 완전히 익고, 껍질 색이 황금 갈색으로 무늬가 분명하게 나타나야 한다. (2) **윗면 껍질**이 벗겨지지 않아야 한다.
7. 말기	(1) 무늬가 겉면에 나타나도록 말아야 한다. (2) 마는 작업을 능숙하게 해야 하고 표피가 터지지 않아야 하고 주름도 없어야 한다. (3) 이음매를 아래로 하여 벌어지지 않게 한다.
8. 정리 정돈, 청소, 　　개인위생	(1) 사용한 기구 및 작업대와 주위를 깨끗이 청소하고 정리 정돈을 잘한다. (2) 깨끗한 위생복, 위생모를 착용하고 두발, 손톱 등을 단정하고 청결하게 한다.
〈제품 평가〉	※ 각 항목마다 상품 가치가 없다고 판단되면 0점 처리됨
9. 부피	(1) 팬에 맞는 반죽량으로 적정한 부피가 되어야 한다. (2) 말은(rolled) 제품 부피가 균일해야 한다.
10. 균형	(1) 찌그러짐이 없이 균형잡힌 원기둥 모양이어야 한다. (2) 굵거나 가는 부위가 없이 대칭이어야 한다.
11. 껍질	(1) 터짐, 주름이 없어야 한다. (2) 껍질 색깔이 고르고, 무늬가 아름답게 보여야 한다. (3) 벗겨진 껍질 부위가 없도록 한다.
12. 내상	(1) 기공과 조직이 부위별로 균일하고, 잼의 두께가 알맞고 균일해야 한다. (2) 지나치게 눌려 있거나 허술해서는 안 된다. (3) 줄무늬, 반점, 계란 고형질 등이 없어야 한다.
13. 맛과 향	(1) 식감이 부드럽고 젤리 롤 특유의 맛과 향이 잼 맛과 어울려야 한다. (2) 속이 끈적거리거나 탄 냄새, 생재료 맛 등이 나면 안 된다.

6-4   소프트롤 케이크 (1시간 50분)

△ 별립법의 머랭

△ 무늬 만들기

△ 말기(roll)

1. 요구사항

1) 소프트롤 케이크를 제조하여 제출하시오.

① 배합표의 각 재료를 계량하여 재료별로 진열하시오(10분).
   • (재료당 1분) → [감독위원 계량 확인] → 작품 제조 및 정리 정돈(전체 시험 시간-재료 계량 시간)
   • 재료 계량 시간 내에 계량을 완료하지 못하여 시간이 초과된 경우 및 계량을 잘못한 경우는 추가의 시간 부여 없이 작품 제조 및 정리 정돈 시간을 활용하여 요구사항의 무게대로 계량
   • 달걀의 계량은 감독위원이 지정하는 개수로 계량
② 반죽은 별립법으로 제조하시오.   ③ 반죽 온도는 22℃를 표준으로 하시오.
④ 반죽의 비중을 측정하시오.   ⑤ 제시한 팬에 알맞도록 분할하시오.
⑥ 반죽은 전량을 사용하여 성형하시오.
⑦ 캐러멜 색소를 이용하여 무늬를 완성하시오(무늬를 완성하지 않으면 제품 껍질 평가 0점 처리).

순 서	※※ 재 료	비 율(%)	무 게(g)
1	박력분	100	250
2	설탕(A)	70	175 (176)
3	물 엿	10	25 (26)
4	소 금	1	2 5 (2)
5	물	20	50
6	바닐라 향	1	2.5 (2)
7	설탕(B)	60	150
8	계 란	280	700
9	베이킹파우더	1	2.5 (2)
10	식용유	50	125 (126)
	계	593	1,482.5 (1484)
	잼	80	200

2. 수검자 유의사항

세 부 항 목	항 목 별 유 의 사 항
1. 배합표 작성	※ 제한 시간 내에 전부 맞으면 만점 ※ % → g = %×2.5. g → % = g÷2.5 　　소금 1%가 2.5g이므로 2.5를 곱하거나 나누어 준다. ※ 위에서 순서대로 (250)(70)(10)(50)(0.5)(60)(700)(125)(592.2)(1480.5)
2. 재료 계량 　(1) 계량 시간 　(2) 재료 손실 　(3) 정확도	※ 재료를 계량하여 따로따로 재료별로 계량대에 진열함. ※ 제한 시간 내에 전 재료 계량을 완료해야 만점 ※ 계량대, 재료대, 통로 등에 흘리는 재료가 없어야 만점 ※ 전 재료가 정확해야 만점, 1개라도 오차가 있으면 감점
3. 반죽 제조 　(1) 믹싱법 　(2) 노른자 믹싱 　(3) 흰자 믹싱 　(4) 반죽 혼합 순서 　(5) 반죽 상태 　(6) 반죽 온도 　(7) 비중	※ 요구사항대로 "별립법"으로 제조 (1) 흰자와 노른자를 능숙하게 분리한다. (2) 흰자에 노른자 등이 섞이지 않도록 한다. (1) 노른자에 설탕(A), 물엿, 소금을 넣고 믹싱하여 적정 점도를 유지할 때 향과 물을 넣어 믹싱 (2) 설탕이 완전히 용해되도록 한다. (1) 흰자 거품 올리기를 한다(젖은 피크 60%). (2) 설탕(B)를 넣어 **중간 피크**로 만든다(85~90%)(머랭을 만든다). (1) 노른자 반죽+머랭 1/3+밀가루(+B.P)+식용유+나머지 머랭을 넣고 혼합한다. (2) 오버 믹싱이 되지 않도록 유의한다. (1) 각 재료의 혼합이 균일하되 머랭 거품이 사그러들지 않도록 한다. (2) 상당한 부피를 유지하는 것이 좋다. ※요구사항 **22℃** 전후가 되도록 한다. 　작업실 온도를 고려하여 계란 온도를 조절하거나 물리적인 조치를 취해도 좋다(더운 물, 냉수 받침 등). ※0.40±0.05 전후가 되면 양호 　머랭 만들기와 최종 반죽 혼합 과정이 중요
4. 팬 넣기 　(1) 팬 준비 　(2) 팬에 반죽 넣기	(1) 믹싱 시간 등을 활용하여 사전에 팬 준비를 한다. (2) 평철판에 기름칠을 골고루 하거나 팬에 맞도록 종이를 재단하여 깔개 종이로 한다. (1) 제시한 팬에 맞는 양을 담는 작업을 능숙하게 하고 반죽의 손실을 최소로 한다. (2) 팬에 넣은 후 윗면을 고르게 고르고, 반죽 중의 큰 공기 방울을 제거하는 것이 좋다.

세 부 항 목	항 목 별 유 의 사 항
5. 무늬 만들기	(1) 노른자 또는 본 반죽 일부에 캐러멜 색소를 섞어 착색시킨다. (2) 팬 넣기가 끝난 반죽 표면의 약 2/3에 무늬를 만든다(1.5～2.0cm 간격으로 가늘게 갈지자 짜기를 한 후 나무 젓가락 등을 이용한다).
6. 굽기 　(1) 굽기 관리 　(2) 구운 상태	(1) 전체 온도를 175/150℃ 전후로 맞추고 굽는다. 오븐 앞면과 뒷면, 가장자리와 중앙에 따라 온도 차이가 나면 적절한 시간에 위치를 바꾸어 준다. (2) 너무 오래 굽지 않도록 하고, 속이 익지 않은 경우가 없어야 한다. (1) 속이 완전히 익고, 껍질 색이 황금 갈색으로 무늬가 분명하게 나타나야 한다. (2) 윗면 껍질이 벗겨지지 않아야 한다.
7. 말기	(1) 무늬가 겉면에 나타나도록 말아야 한다. (2) 마는 작업을 능숙하게 해야 하고, 표피가 터지면 안 될 뿐만 아니라 주름도 없어야 한다. (3) 이음매를 아래로 하여 벌어지지 않게 한다.
8. 정리 정돈, 청소, 　개인위생	(1) 사용한 기구 및 작업대와 주위를 깨끗이 청소하고 정리 정돈을 잘한다. (2) 깨끗한 위생복, 위생모를 착용하고 두발, 손톱 등을 단정하고 청결하게 한다.
〈제품 평가〉	※ 각 항목마다 상품 가치가 없다고 판단되면 0점 처리됨.
9. 부피	(1) 팬에 맞는 반죽량으로 적정한 부피가 되어야 한다. (2) 말은 부피가 균일해야 한다.
10. 균형	(1) 찌그러짐이 없이 균형 잡힌 원기둥 모양이어야 한다. (2) 굵거나 가는 부위가 없이 대칭이어야 한다.
11. 껍질	(1) 터짐, 주름이 없어야 한다. (2) 껍질 색깔이 고르고, 무늬가 아름답게 보여야 한다.
12. 내상	(1) 기공과 조직이 부위별로 균일하고, 잼의 두께가 알맞고 균일해야 한다. (2) 지나치게 눌려 있거나 허술해서는 안 된다. (3) 줄무늬, 반점, 계란 덩어리가 보여서는 안 된다.
11. 맛과 향	(1) 식감이 부드럽고 소프트 롤 케이크 특유의 맛과 향이 잼 맛과 어울려야 한다. (2) 속이 끈적거리거나 탄 냄새, 생재료 맛 등이 나면 안 된다.

6-5 버터스펀지 케이크(공립법) (1시간 50분)

△ 밀가루 투입 후 반죽

△ 버터 첨가 후 반죽

1. 요구사항

1) 버터스펀지 케이크(공립법)를 제조하여 제출하시오.

① 배합표의 각 재료를 계량하여 재료별로 진열하시오(6분).
  • (재료당 1분) → [감독위원 계량 확인] → 작품 제조 및 정리 정돈(전체 시험 시간-재료 계량 시간)
  • 재료 계량 시간 내에 계량을 완료하지 못하여 시간이 초과된 경우 및 계량을 잘못한 경우는
    추가의 시간 부여 없이 작품 제조 및 정리 정돈 시간을 활용하여 요구사항의 무게대로 계량
  • 달걀의 계량은 감독위원이 지정하는 개수로 계량
② 반죽은 공립법으로 제조하시오.
③ 반죽 온도는 25℃를 표준으로 하시오.
④ 반죽의 비중을 측정하시오.
⑤ 제시한 팬에 알맞도록 분할하시오.
⑥ 반죽은 전량을 사용하여 성형하시오.

순 서	※※ 재 료	비 율(%)	무 게(g)
1	박력분	100	500
2	설 탕	120	600
3	달 걀	180	900
4	소 금	1	5(4)
5	바닐라 향	0.5	2.5(2)
6	버 터	20	100
	계	421.5	2,107.5 (2106)

2. 수검자 유의사항

세 부 항 목	항 목 별 유 의 사 항
1. 배합표 작성	※ 제한 시간 내에 전부 맞으면 만점 ※ %→g = %×5 　분할 반죽 무게 = 520g×4 = 2080g
	※ 총 재료의 무게 = 2080g÷0.9869 ≒ 2107.61g 　밀가루의 무게 = 2107.61g × 100/421.5 ≒ 500.02g → 500g 　(∵ 총 배합률 = 421.5%, 밀가루 = 100%)
2. 재료 계량 　(1) 계량 시간 　(2) 재료 손실 　(3) 정확도	※ 재료를 계량하여 따로따로 재료별로 계량대에 진열함. ※ 제한 시간 내에 전 재료 계량을 완료해야 만점 ※ 계량대, 재료대, 통로 등에 흘리는 재료가 없어야 만점 ※ 전 재료가 정확해야 만점, 1개라도 오차가 있으면 감점
3. 반죽 제조 　(1) 믹싱법 　(2) 반죽 상태 　(3) 반죽 온도 　(4) 비중	※ 요구사항대로 "**공립법**"으로 제조 (1) 계란을 풀어준 후 설탕, 소금을 넣어 거품을 올린 후 향을 첨가시킨다. (2) 체질한 밀가루를 넣고 가볍게 혼합한다. (3) 버터를 녹여서(40~60℃) 본 반죽에 넣으면서 골고루 혼합한다. (1) 전 재료가 균일하게 혼합되고, 버터가 밑바닥에 가라앉지 않아야 한다. (2) 적정한 공기가 함유되어 부피를 이루고 「되기」도 유지해야 한다. ※ 요구사항 **25℃** 전후가 되도록 한다. 　작업실 온도를 고려하여 계란 온도를 조절하거나 물리적인 조치를 취해도 좋다. ※ 0.55±0.05 전후가 되면 양호 　계란 거품 올리기와 버터 혼합 과정이 비중에 중요한 영향을 준다
4. 팬 넣기 　(1) 팬 준비 　(2) 팬에 반죽 넣기	(1) 믹싱 시간 등을 활용하여 사전에 팬 준비를 한다. (2) 평철판 또는 원형 팬을 감독위원의 지시에 따라 사용하되 기름칠을 골고루 하거나 팬에 맞도록 종이를 재단하여 깔개 종이로 한다. (1) 제시한 팬에 맞는 양(약 60~70%)을 분할하는 작업을 능숙하게 하고 반죽의 손실을 최소로 한다. (2) 팬에 넣은 후 반죽 중의 큰 공기 방울을 제거하는 것이 구운 후 기공을 좋게 한다.

세 부 항 목	항 목 별 유 의 사 항
5. 굽기 　(1) 굽기 관리	(1) 전체 온도를 180/160℃ 전후로 맞추고 굽는다(평철판을 사용하는 경우는 200℃ 전후). 　　오븐 앞면과 뒷면, 가장자리와 중앙에 따라 온도 차이가 생기면 적절한 시간에 위치를 바꾸어 준다. (2) 너무 오래 굽지 않도록 하고, 너무 빨리 꺼내서 속이 익지 않는 경우가 없어야 한다.
(2) 구운 상태	(1) 속이 완전히 익고, 껍질 색이 황금 갈색이 되면 좋다. (2) 옆면과 밑면에도 적정한 색이 나야 하고 껍질이 벗겨지지 않도록 주의한다. (3) 윗면이 평평하게 되도록 조치한다.
6. 정리 정돈, 청소, 　개인위생	(1) 사용한 기구 및 작업대와 주위를 깨끗이 청소하고 정리 정돈을 잘한다. (2) 깨끗한 위생복, 위생모를 착용하고 두발, 손톱 등을 단정하고 청결하게 한다.
〈제품 평가〉	※ 각 항목마다 상품가치가 없다고 판단되면 0점 처리됨.
7. 부피	(1) 분할량에 대해 적정한 부피가 되고, 팬에 넘치거나 너무 부족하면 안 된다. (2) 윗면이 평평하게 되도록 조치하는 것이 좋다.
8. 균형	(1) 찌그러짐이 없이 균일한 모양을 지니고 균형이 잘 잡혀야 한다. (2) 원기둥형 또는 얇은 직육면체 모양(팬에 따라)으로 대칭이 되어야 한다. (3) 어느 부위만 높거나 낮아서는 안 된다.
9. 껍질	(1) 껍질은 너무 두껍지 않고 부드러워야 한다. (2) 옆면과 밑면에도 적정한 색이 나고 위 껍질을 밝은 황색이 나면 좋다.
10. 내상	(1) 기공과 조직이 부위별로 균일하되 너무 조밀해서는 안 된다. (2) 밝은 황색으로 줄무늬나 계란 덩어리가 없어야 한다. (3) 익지 않은 부위가 있어서는 안 된다.
11. 맛과 향	(1) 식감이 부드럽고 버터 스펀지 케이크 특유의 버터 맛과 향이 조직감과 어울려야 한다. (2) 속이 끈적거리거나 탄 냄새, 생재료 맛 등이 나면 안 된다.

6-6 마드레느 (1시간 50분)

△ 반죽 상태

△ 팬 스프레드+패닝

△ 굽기

1. 요구사항

1) 마드레느를 제조하여 제출하시오.

① 배합표의 각 재료를 계량하여 재료별로 진열하시오(7분).
- (재료당 1분) → [감독위원 계량 확인] → 작품 제조 및 정리 정돈(전체 시험 시간-재료 계량 시간)
- 재료 계량 시간 내에 계량을 완료하지 못하여 시간이 초과된 경우 및 계량을 잘못한 경우는 추가의 시간 부여 없이 작품 제조 및 정리 정돈 시간을 활용하여 요구사항의 무게대로 계량
- 달걀의 계량은 감독위원이 지정하는 개수로 계량
② 마드레느는 수작업으로 하시오.
③ 버터를 녹여서 넣는 1단계법(변형) 반죽법을 사용하시오.
④ 반죽 온도는 24℃를 표준으로 하시오.
⑤ 실온에서 휴지를 시키시오.
⑥ 제시된 팬에 알맞은 반죽량을 넣으시오.
⑦ 반죽은 전량을 사용하여 성형하시오.

순 서	※※ 재료	비 율(%)	무 게(g)
1	박력분	100	400
2	베이킹파우더	2	8
3	설탕	100	400
4	계란	100	400
5	레몬 껍질	1	4
6	소금	0.5	2
7	버터	100	400
	계	403.5	1614

2. 유의사항

세 부 사 항	항 목 별 유 의 사 항
1. 배합표 작성	1) 총 배합률 = 403.5% 2) 분할 반죽 무게 = 1,565g 3) 재료 무게 = 1,565÷(1-0.03) = 1,565÷0.97 ≒ 1,613.40[g] 4) 밀가루 무게 = 1,613.4÷4.035 = 399.85 = g 미만은 올림 → 400g 5) 정답 1 = (400×1 = 400), 2 = (400×0.02 = 8), 3 = (400×1 = 400) 4 = (400×1 = 400), 5 = (400×0.01 = 4), 6 = (400×0.005 = 2) 7 = (400×1 = 400) · 계 = (403.5%), (1,614 g)
2. 재료 계량 (1) 계량 시간 (2) 재료 손실 (3) 정확도	※ 재료를 계량하여 재료별로 진열(섞지 말 것) ※ 제한 시간 내에 전 재료를 계량 완료(1재료당 1분) ※ 계량대, 재료대, 통로 등에 흘리는 재료가 없어야 함. ※ 전 재료의 계량이 정확하면 만점(오차 → 감점)
3. 반죽 제조 (1) 믹싱법 (2) 반죽 상태	※ 요구사항대로 1단계법(변형)으로 수작업으로 제조 (1) 용기에 밀가루, 베이킹파우더, 설탕을 넣고 거품기로 섞어준다. (2) 계란을 2~3회로 나누어 넣으면서 혼합 (3) 레몬 껍질과 소금을 넣고 골고루 혼합 ※ (1),(2),(3)을 일시에 할 수 있으나 글루텐의 발달에 의해 제품이 딱딱해지는 현상을 방지하고자 변형 (4) 녹인 버터를 넣고 부드럽게 혼합한다. (1) 전 재료의 혼합이 균일하고 적정 '되기'를 유지 (2) 오버 믹싱 상태가 되지 않도록 유의한다.
4. 휴지	※ 껍질이 마르지 않게 조치하고 실온에서 약 30분간 휴지를 시킨다. (완전한 수화, 설탕의 용해).

5. 팬에 넣기
 (1) 팬 준비
 	
 (2) 짤주머니 준비
 	
 (3) 팬에 짜넣기
	(1) 평철판 위에 조개형 마드레느팬 또는 타트레트팬을 올려놓고 기
	  름칠(팬 스프레드)을 한다.
	(2) 팬 스프레드 : 녹인 버터를 팬에 바르고 밀가루나 전분을 뿌리
	  는 작업으로 대치하는 것이 좋다.
	(1) 짤주머니 내면에 물을 적시고 원형 모양 깍지를 끼운다.
	(2) 작업하기 좋은 양의 반죽을 깔금하게 넣는다.
	(1) 짤주머니로 팬 용적의 80~90%를 넣는다.
	(2) 팬에 넣는 양이 적당하고 균일하며 능숙해야 한다.
	(3) 짤주머니에 남는 양을 최소로 한다(손실 최소화).

세 부 항 목	항 목 별 유 의 사 항
6. 굽기 (1) 굽기 관리 (2) 구운 상태	(1) 오븐 온도를 190/160℃로 맞춘다. (2) 오븐 문의 개폐, 위치에 따른 온도 차이가 있으면 적당한 시간에 자리와 방향을 바꾸어준다. (1) 속이 완전히 익고 사용한 팬의 무늬가 살아있으며 밑면 색상이 황금 갈색으로 먹음직스럽게 구우면 좋다. (2) 오버 베이킹이 되지 않도록 한다.
7. 정리 정돈, 청소, 개인위생	(1) 기구 및 작업대와 주위를 깨끗이 청소하고 정리 정돈을 잘 한다. (2) 깨끗한 위생복과 위생모를 착용하고, 두발, 손톱 등이 단정하고 청결해야 한다.
〈제품 평가〉	※ 각 항목마다 상품 가치가 없다고 판단되면 0점 처리
8. 부피	(1) 사용한 팬에 알맞은 부피로 균일하여야 한다. (2) 넘쳐 흐르거나 팬 밑으로 내려가지 않도록 한다.
9. 균형	(1) 찌그러짐이 줄무늬가 분명해야 한다. (2) 전체 균형이 잘 잡히고 흠집이 없어야 한다.
10. 껍질	(1) 무늬가 있는 면의 껍질 색이 밝은 황금 갈색으로 두껍지 않아야 한다. (2) 끈적거리거나 너무 건조하지 않아야 한다.
11. 내상	(1) 부위별 기공이 균일하고 조직이 부드러워야 한다. (2) 줄무늬, 반점 등이 없어야 한다.
12. 맛과 향	(1) 식감이 부드럽고 버터향과 다른 재료의 향이 조화를 이루어야 한다. (2) 탄 맛, 끈적거리는 촉감이 없어야 한다.

6-7 쇼트브레드 쿠키 (2시간)

△ 반죽의 휴지

△ 정형기로 찍어내기

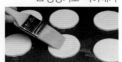
△ 노른자 칠하기

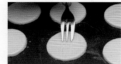
△ 무늬 내기

1. 요구사항

1) 쇼트브레드 쿠키를 제조하여 제출하시오.

① 배합표의 각 재료를 계량하여 재료별로 진열하시오(9분).
- (재료당 1분) → [감독위원 계량 확인] → 작품 제조 및 정리 정돈(전체 시험 시간-재료 계량 시간)
- 재료 계량 시간 내에 계량을 완료하지 못하여 시간이 초과된 경우 및 계량을 잘못한 경우는 추가의 시간 부여 없이 작품 제조 및 정리 정돈 시간을 활용하여 요구사항의 무게대로 계량
- 달걀의 계량은 감독위원이 지정하는 개수로 계량

② 반죽은 수작업으로 하여 크림법으로 제조하시오.　③ 반죽 온도는 20℃를 표준으로 하시오.

④ 제시한 정형기를 사용하여 두께 0.7~0.8cm, 지름 5~6cm(정형기에 따라 가감) 정도로 정형하시오.

⑤ 반죽은 전량을 사용하여 성형하시오.

⑥ 달걀노른자 칠을 하여 무늬를 만드시오.
- 달걀은 총 17개를 사용하며, 달걀 크기에 따라 감독위원이 가감하여 지정할 수 있다.
- 배합표 반죽용 4개(달걀 1개 + 노른자용 달걀 3개)
- 달걀 노른칠용 달걀 3개

순 서	※※ 재 료	비 율(%)	무 게(g)
1	박력분	100	500
2	마가린	33	165
3	쇼트닝	33	165
4	설 탕	35	175
5	소 금	1	5
6	물 엿	5	25
7	계 란	10	50
8	노른자	10	50
9	바닐라 향	0.5	2.5(2)
계		227.5	1,137.5(1,137)

2. 수검자 유의사항

세 부 항 목	항 목 별 유 의 사 항
1. 배합표 작성	※ 제한 시간 내에 전부 맞으면 만점 ※ % → g = %×6, g → % = g÷6 소금 1%가 6g이므로 6을 곱하거나 6으로 나눈다. ※ 위에서 순서대로(500)(33)(33)(175)(25)(50)(50)(0.5)(227.5%)(1137.5g)
2. 재료 계량 (1) 계량 시간 (2) 재료 손실 (3) 정확도	※ 재료를 계량하여 따로따로 재료별로 계량대에 진열함. ※ 제한 시간 내에 전 재료 계량을 완료해야 만점 ※ 계량대, 재료대, 통로 등에 흘리는 재료가 없어야 만점 ※ 전 재료가 정확해야 만점. 1개라도 오차가 있으면 감점
3. 반죽 제조 (1) 믹싱법 (2) 반죽 상태 (3) 반죽 온도	※ 요구사항대로 "크림법"으로 제조 (1) 볼에 마가린과 쇼트닝을 넣고 부드럽게 섞은 다음 설탕+물엿+ 소금을 넣고 믹싱하여 크림을 만든다. (2) 노른자와 계란을 소량씩 넣으면서 믹싱하여 부드럽고 매끈한 크림을 만들고 향을 넣어 혼합한다. (3) 체질한 밀가루를 넣고 가볍게 혼합한다(90% 정도)(국수 반죽 상태). (1) 전 재료가 균일하게 혼합되고 상당히 된 반죽이어야 한다. (2) 밀가루를 섞을 때 오버 믹싱이 되지 않아야 한다. ※ 요구사항 20℃ 전후가 되도록 한다. 실내 온도 및 유지 온도로 조절하는 것이 좋다
4. 휴지	(1) 냉장온도에서 적정 시간(20~30분간) 휴지시킨다. (2) 표피가 마르지 않도록 비닐 등으로 싸서 휴지시킨다. (3) 손가락으로 살짝 눌렀을 때 자국이 그대로 남으면 휴지를 종 료해도 좋다.
5. 밀어 펴기	(1) 한 작업 단위에 알맞는 반죽량을 떼어 만들고자 하는 제품에 맞는 두께로 밀어 편다(0.4~0.8cm). (2) 균일한 두께, 직각 모서리 등에 유의한다.
6. 정형	(1) 제시한 정형기로 파치가 최소가 되도록 능숙하게 작업한다 (직경 또는 한 변의 길이가 3~5cm의 원형 또는 장방형 정형기 사용). (2) 성형한 원래 모양이 변형되지 않도록 한다.
7. 팬 넣기	(1) 팬에 버터나 기름칠을 얇게. 그러나 균일하게 한다. (2) 반죽을 2.5cm 정도의 간격을 유지하여 나열시킨다. (3) 같은 철판에는 같은 크기의 쿠키를 놓는다.

세 부 항 목	항 목 별 유 의 사 항
8. 굽기 　(1) 굽기 관리 　(2) 구운 상태	(1) 전체 온도를 190/145℃ 전후로 맞추고 굽는다. (2) 오븐 위치에 따라 온도 차이가 생기면 적절한 시간에 철판의 위치를 바꾸어 준다. (1) 제품이 완전히 익고 밝은 황색이 고루 나야 한다. (2) 너무 오래 구우면 건조한 제품이 된다. (3) 밑면에도 색깔이 다소 나야 하다.
9. 정리 정돈, 청소, 　개인위생	(1) 사용한 기구 및 작업대와 주위를 깨끗이 청소하고 정리 정돈을 잘한다. (2) 깨끗한 위생복, 위생모를 착용하고 두발, 손톱 등을 단정하고 청결하게 한다.
〈제품 평가〉	※ 각 항목마다 상품 가치가 없다고 판단되면 0점 처리됨.
10. 부피	(1) 정형한 반죽의 양에 대하여 부피가 알맞고 "퍼짐"이 일정해야 한다. (2) 퍼짐이 크면 직경 또는 너비는 넓어져도 위로 올라오는 양이 적어져 부피감이 감소한다.
11. 균형	(1) 찌그러짐 없이 균일한 모양으로 먹음직스러워야 한다. (2) 전면이 대칭을 이루어야 한다. (3) 정형한 상태가 구운 후에도 가급적 그대로 남아야 한다.
12. 껍질	(1) 표피 색상이 황금 갈색으로 먹음직스러워야 한다. (2) 다소 버석거리는 특성을 지녀야 한다.
13. 내상	(1) 거칠지 않아야 한다. (2) 일반 케이크의 내상과는 구별되므로 표피와 연계하여 판단한다.
14. 맛과 향	(1) 식감이 전체적으로 부드럽고 표피와 더불어 버석버석하는 쇼트브레드 쿠키 특유의 맛이 나야 한다. (2) 유지 함량이 높은 쿠키이므로 사용한 유지의 맛과 향이 전체 쿠키 맛과 어울려야 한다. (3) 끈적거림, 탄 냄새, 생재료 맛 등이 없어야 한다.

6-8 슈 (2시간)

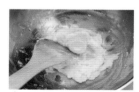
△호화 반죽 만들기

△모양 짜기

1. 요구사항

1) 슈를 제조하여 제출하시오.

① 배합표의 껍질 재료를 계량하여 재료별로 진열하시오(5분).
   • (재료당 1분) → [감독위원 계량 확인] → 작품 제조 및 정리 정돈(전체 시험 시간-재료 계량 시간)
   • 재료 계량 시간 내에 계량을 완료하지 못하여 시간이 초과된 경우 및 계량을 잘못한 경우는 추가의 시간 부여 없이 작품 제조 및 정리 정돈 시간을 활용하여 요구사항의 무게대로 계량
   • 달걀의 계량은 감독위원이 지정하는 개수로 계량
② 껍질 반죽은 수작업으로 하시오.
③ 반죽은 직경 3cm 전후의 원형으로 짜시오.
④ 커스터드 크림을 껍질에 넣어 제품을 완성하시오.
⑤ 반죽은 전량을 사용하여 성형하시오.

△물 분무하기

재 료	비 율(%)	무 게(g)
물	125	250
버터	100	200
소금	1	2
중력분	100	200
계란	200	400
계	526	1,052

충전용 크림	500	1000

2. 수검자 유의사항

세 부 항 목	항 목 별 유 의 사 항
1. 배합표 작성	※ 제한 시간 내에 전부 맞으면 만점 　(1) 껍질 ※ % → g = % × 2.6,　　　　g → % = g÷2.6 　(2) 크림 ※ % → g = % × 9,　　　　g→% = g÷9 ※ 위에서 순서대로 　(1) 껍질 : (260) (1) (260) (225) (0.2) (551.2%) (1433.12g) 　(2) 크림 : (900) (135) (25) (90) (54) (3) (159.6%) (1436.4g)
2. 재료 계량 　(1) 계량 시간 　(2) 재료 손실 　(3) 정확도	※ 재료를 계량하여 따로따로 재료별로 계량대에 진열함 ※ 제한 시간 내에 전 재료 계량을 완료해야 만점 ※ 계량대, 재료대, 통로 등에 흘리는 재료가 없어야 만점 ※ 전 재료가 정확해야 만점, 1개라도 오차가 있으면 감점
3. 반죽 제조 　(1) 믹싱법 　(2) 반죽 상태	※ 요구사항대로 "손작업"으로 제조 (1) 물+유지+소금을 끓이면서 밀가루를 넣어 호화시킨다. (2) 여기에 계란을 소량씩 넣으면서 반죽에 끈기가 생기도록 계속 휘젓는다. → 매끄러운 반죽 상태 (3) 반죽의 건조 방지를 위하여 젖은 보자기를 씌워 두고 너무 섞지 않도록 한다. 　(※ 탄산수소암모늄은 물에 풀어서 사용하는 것이 좋음) (1) 밀가루가 완전히 호화되어야 한다. (2) 반죽이 분리되지 않고 끈기가 있어야 한다.
4. 성 형 　(1) 정형 준비 　(2) 정형 　(3) 물 분무	(1) 평철판에 기름을 아주 얇게 바른 후 (2) 짜는 주머니에 원형 모양깍지를 끼워 반죽을 넣을 준비를 한다. (1) 직경 3cm 전후(요구사항)의 크기로 균일한 모양이 되도록 짠다. (2) 철판 위에 충분한 간격을 유지해야 된다. (1) 반죽 표면이 완전히 젖도록 물을 분무(또는 물에 침지시켰다가 배수)한다. (2) 또는 계란 물 칠을 한다
5. 굽기 　(1) 굽기 관리	(1) 전체 온도를 180/150℃ 전후로 맞추고 굽는다. (2) **초기**에는 **밑불**을 **강하게** 하고 윗불을 약하게 하여 반죽이 잘 부풀어 오르게 한다.

세 부 항 목	항 목 별 유 의 사 항
(2) 구운 상태	(3) 팽창이 잘되고 표면이 거북이 등처럼 되면서 색깔이 나면 밑불을 낮추고 윗불로 굽기를 한다. (※ 이 단계가 되기 전에는 절대로 오븐 문을 열지 않는다.) (1) 완전히 익고, 옆면까지 황금 갈색이 되면 좋다. (2) 껍질은 거북이 등처럼 되고(구열) 속은 비어 있으면서 내부 껍질이 깨끗해야 한다.
6. 크림 충전하기	(1) 주입기로 직접 크림을 넣거나 슈 껍질의 일부를 자른 후 크림을 넣는다. (2) 크림을 넣는 솜씨가 능숙해야 하고 크림의 양도 적당해야 된다. ※ 필요한 경우 초콜릿 등으로 아이싱한다.
7. 정리 정돈, 청소, 개인위생	(1) 사용한 기구 및 작업대와 주위를 깨끗이 청소하고 정리 정돈을 잘한다. (2) 깨끗한 위생복, 위생모를 착용하고 두발, 손톱 등을 단정하고 청결하게 한다.
〈제품 평가〉	※ 각 항목마다 상품 가치가 없다고 판단되면 0점 처리됨.
8. 부피	(1) 분할한 반죽량에 대하여 알맞은 부피가 되고 균일해야 한다. (2) 부풀음이 적으면 비어 있는 속도 생기지 않으므로 치명적인 결점이 된다.
9. 균형	(1) 찌그러짐이 없이 균형 잡힌 모양으로 대칭에 가까워야 한다. (2) 주저앉거나 한쪽이 높고 다른 쪽이 낮아지면 결점이 된다.
10. 껍질	(1) 터짐이 자연스럽고 고른 색깔이 나야 한다. (2) 내부도 잘 익은 상태로 가운데에 공간이 생겨야 한다. (3) 껍질이 물렁물렁해서는 안 된다.
11. 내상	(1) 껍질 크기에 알맞은 양의 크림을 넣어야 한다. (2) 내부 껍질이 잘 익고 깨끗해야 된다.
12. 맛과 향	(1) 바삭바삭한 껍질에 대조적인 커스터드 크림의 양이 적정해서 슈 크림 특유의 맛과 향이 나야 한다. (2) 껍질의 물렁물렁함, 탄 냄새, 크림이 탄 맛 등이 나서는 안 된다.

6-9 브라우니 (1시간 50분)

△ 초콜릿 녹이기

△ 팬에 넣기

△ 호두 토핑

1. 요구사항

1) 브라우니를 제조하여 제출하시오.

① 배합표의 각 재료를 계량하여 재료별로 진열하시오(9분).
  • (재료당 1분) → [감독위원 계량 확인] → 작품 제조 및 정리 정돈(전체 시험 시간-재료 계량 시간)
  • 재료 계량 시간 내에 계량을 완료하지 못하여 시간이 초과된 경우 및 계량을 잘못한 경우는 추가의 시간 부여 없이 작품 제조 및 정리 정돈 시간을 활용하여 요구사항의 무게대로 계량
  • 달걀의 계량은 감독위원이 지정하는 개수로 계량
② 브라우니는 수작업으로 반죽하시오.
③ 버터와 초콜릿을 함께 녹여서 넣는 1단계 변형 반죽법으로 하시오.
④ 반죽 온도는 27℃를 표준으로 하시오.
⑤ 반죽은 전량을 사용하여 성형하시오.
⑥ 3호 원형 팬 2개에 패닝하시오.
⑦ 호두의 반은 반죽에 사용하고 나머지 반은 토핑하며, 반죽 속과 윗면에 골고루 분포되게 하시오.
  (호두는 구워서 사용)

재 료	비 율(%)	무 게(g)
중력분	100	300
계란	120	360
설탕	130	390
소금	2	6
버터	50	150
다크초콜릿	150	450
코코아파우더	10	30
바닐라 향	2	6
호두	50	150
계	614	1,842

2. 수검자 유의사항

세부 항목	항목별 유의사항
1. 재료 계량	※ 재료를 계량하여 따로따로 재료별로 계량대에 진열함 ※ 제한 시간 내에 전 재료 계량을 완료해야 만점 ※ 계량대, 재료대, 통로 등에 흘리는 재료가 없어야 한다. ※ 전 재료가 정확해야 만점, 1개라도 오차가 있으면 감점
2. 반죽 제조	※ 요구사항대로 제조
(1) 믹싱법	(1) 잘게 자른 초콜릿을 중탕으로 용해시킨 후(약 50℃) 버터를 넣어 부드러운 상태로 혼합한다. (2) 계란, 설탕, 소금을 넣고 고르게 혼합한 후 밀가루와 코코아파우더를 체질하여 넣고 균일한 반죽을 만든다(분말 향료는 건조 재료와 함께 사용한다). (3) 전처리를 한 호두의 반을 반죽에 넣고 섞는다(나머지 반은 토핑용). ※ **호두의 전처리** 호두를 굽는 경우에는 색이 나지 않도록 살짝 굽는다. 너무 구우면 본 제품을 고온 장시간 굽는 동안에 색이 진해지거나 쓴맛을 나게 한다.
(2) 반죽 상태	(1) 전 재료가 균일하게 혼합되고 적정한 '되기'가 되도록 한다. (2) 밀가루를 넣은 후 오버 믹싱이 되지 않도록 한다.
(3) 반죽 온도	(1) 27℃를 표준으로 한다(± 1℃ 이내로 맞춘다). (2) 재료의 온도를 감안하여 계산하거나 물리적인 조치를 취해도 좋다.
3. 팬에 넣기 (1) 팬 준비	(1) 3호 원형 팬 2개를 준비한다. (2) 아랫면은 깔개 종이, 옆면은 이형제나 쇼트닝 또는 팬스프레드를 사용한다.
(2) 반죽 넣기	(1) 팬 2개에 동량을 분할하는 작업을 능숙하게 하고 반죽의 손실을 최소로 한다. (2) 가급적 반죽 윗면을 평평하게 고른 후 나머지 호두를 고르게 토핑한다.
4. 굽기 (1) 굽기 관리	(1) 오븐 온도를 200/160℃ 전후로 맞추고 굽는다. 　오븐의 내부 위치에 따라 온도 차이가 나면 적절한 시간에 위치를 바꾸어준다. (2) 너무 오래 굽는 것에 주의하며 속 부분이 촉촉함을 잃지 않게 굽는다. (3) 갈색 제품이므로 너무 빨리 구워내면 속이 익지 않은 부위가 있어 냉각 중 주저앉기 쉽다.

(2) 구운 상태	(1) 속이 건조하지 않고, 브라우니 특유의 껍질 색이 되어야 한다. (2) 너무 오래 구우면 건조한 제품이 되니 유의한다. (3) 윗면이 평평하게 되도록 조치하고 껍질이나 토핑이 떨어지지 않도록 유의한다. ※ 브라우니 특유의 촉촉함이 남아 있어야 한다.
5. 정리 정돈, 청소, 개인위생	(1) 사용한 기구 및 작업대와 주위를 깨끗이 청소하고 정리 정돈을 잘한다. (2) 깨끗한 위생복, 위생모를 착용하고 두발, 손톱 등을 단정하고 청결하게 한다.
6. 부피	(1) 분할량에 대해 적정한 부피가 되고, 팬에 넘치거나 너무 부족하면 안 된다. (2) 윗면이 평평하게 되도록 조치하는 것이 좋다. (3) 두 개의 제품이 같은 부피가 되면 바람직하다.
7. 균형	(1) 찌그러짐이 없이 균일한 모양을 지니고 균형이 잘 잡혀야 한다. (2) 팬에 따라 직육면체 또는 원기둥 모양이 대칭이 되어야 한다. (3) 어느 부위만 높거나 낮아서는 안 된다.
8. 껍질	(1) 껍질은 너무 두껍지 않고 질기지 않아야 한다. (2) 옆면과 밑면에도 적정한 색이 나고, 윗면의 토핑이 균일하게 분포되어 있어야 시각적 효과가 크다. (3) 타거나 익지 않은 부분이 있어서는 안 된다.
9. 내상	(1) 기공과 조직이 부위별로 균일해야 한다. (2) 초콜릿 갈색이 균일하고 줄무늬나 계란 덩어리가 없어야 한다. (3) 익지 않은 부위가 없어야 한다(언더베이킹에 유의). (4) 호두가 내면에 고루 분포되어 있어야 한다. 　밑으로 가라앉거나 한쪽에 몰려 있으면 안 된다.
10. 맛과 향	(1) 브라우니 특유의 맛과 향이 조직감과 조화를 이루어야 한다. (2) 속이 건조하거나 탄 냄새, 생재료 맛이 나면 안 된다. (3) 초콜릿과 호두의 향미가 서로 잘 어울려야 한다.

6-10 과일 케이크 (2시간 30분)

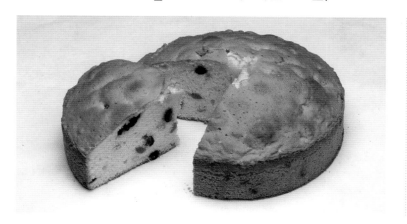

△ 기본 반죽 만들기

△ 과일 첨가

△ 팬에 담기

1. 요구사항

1) 과일 케이크를 제조하여 제출하시오.

① 배합표의 각 재료를 계량하여 재료별로 진열하시오(13분).
  • (재료당 1분) → [감독위원 계량 확인] → 작품 제조 및 정리 정돈(전체 시험 시간-재료 계량 시간)
  • 재료 계량 시간 내에 계량을 완료하지 못하여 시간이 초과된 경우 및 계량을 잘못한 경우는 추가의 시간 부여 없이 작품 제조 및 정리 정돈 시간을 활용하여 요구사항의 무게대로 계량
  • 달걀의 계량은 감독위원이 지정하는 개수로 계량
② 반죽은 별립법으로 제조하시오.
③ 반죽 온도는 23℃를 표준으로 하시오.
④ 제시한 팬에 알맞도록 분할하시오.
⑤ 반죽은 전량을 사용하여 성형하시오.

순 서	※※ 재 료	비 율(%)	무 게(g)
1	박력분	100	500
2	설 탕	90	450
3	마가린	55	275 (276)
4	달 걀	100	500
5	우 유	18	90
6	베이킹파우더	1	5(4)
7	소 금	1.5	7.5(8)
8	건포도	15	75(76)
9	체 리	30	150
10	호 두	20	100

순서	※※ 재 료	비 율(%)	무 게(g)
11	오렌지 필	13	65(66)
12	럼 주	16	80
13	바닐라	0.4	2
	계	459.9	2,299.5(2,300~2,302)

2. 수검자 유의사항

세 부 항 목	항 목 별 유 의 사 항
1. 배합표 작성	※ 제한 시간 내에 전부 맞으면 만점 ※ % → g = %×5, g → % = g÷5 　B.P 1%가 5g이므로 5를 곱하거나 5로 나눈다. ※ 위에서 순서대로 (500)(450)(55)(500)(18)(1.5)(60)(60)(40) 　(180)(80)(0.5)(578)(2890)
2. 재료 계량 　(1) 계량 시간 　(2) 재료 손실 　(3) 정확도	※ 재료를 계량하여 따로따로 재료별로 계량대에 진열함. ※ 제한 시간 내에 전 재료 계량을 완료해야 만점 ※ 계량대, 재료대, 통로 등에 흘리는 재료가 없어야 만점 ※ 전 재료가 정확해야 만점, 1개라도 오차가 있으면 감점
3. 반죽 제조 　(1) 계란 분리 　(2) 크림법 준수 　(3) 충전물 전처리 　(4) 머랭 제조 　(5) 혼합 순서 　(6) 반죽 상태 　(7) 반죽 온도	※ 요구사항대로 "**별립법**"으로 제조 (1) 노른자와 흰자로 분리(흰자에 노른자가 섞이지 않도록) (2) 흰자를 담는 용기는 기름기가 없도록 미리 조치한다. (1) 유지에 설탕 일부(배합표의 90% 중에서 50%), 소금, 노른자 　를 넣으면서 크림을 만든다. (2) 크림 색이 원료 색보다 회게 되고 부피도 늘어야 한다. (1) 과일류에 술을 넣어 잘 버무리고 뚜껑을 덮어 둔다. (2) 믹싱 최종단계에 사용할 수 있도록 재료 계량이 끝나자마자 　전처리하는 것이 좋다. (1) 흰자를 "젖은 피크" 상태로 거품을 올린다(50~60%). (2) 나머지 설탕(약 40%)을 넣으면서 "**중간 피크**" 상태의 머랭을 　만든다(85~90%). (1) 크림에 전처리한 충전물을 넣고 고루 섞은 다음 머랭의 약 1/3 　을 넣고 혼합한다. (2) 밀가루, B.P 등 건조 재료를 넣고 부드럽게 섞은 다음 나머지 　머랭도 혼합한다. (1) 각 재료의 혼합이 균일하고 과일이 밑으로 가라앉지 않도록 한 　다. (2) 머랭의 거품이 사그러지지 않아 부피감도 있어야 한다. ※요구사항 **23℃** 전후가 되도록 한다. 　작업실 온도와 재료 온도를 감안하여 조치한다.

세 부 항 목	항 목 별 유 의 사 항
4. 팬 넣기 　(1) 팬 준비	(1) 믹싱이 완료되기 전에 팬 준비를 해야 편리하다. (2) 통상 원형 팬을 사용하는데 기름칠을 골고루 하거나 깔개 종이를 알맞게 재단하여 사용한다(파운드 팬도 사용).
(2) 팬에 반죽 넣기	(1) 팬에 맞는 양(약 80%)을 분할하는 작업이 능숙하게 하고 반죽의 손실을 최소로 한다. (2) 가급적 반죽 윗면을 평평하게 고르고 큰 공기를 제거하다.
5. 굽기 　(1) 굽기 관리 　(2) 구운 상태	(1) 전체 온도를 170/160℃ 정도로 맞추고 굽는다. (2) 오븐 위치에 따른 온도 차이를 보고 팬 위치를 바꾸어 준다. (1) 내용물이 완전히 익고 껍질 색이 밝은 갈색이 되도록 한다. (2) 너무 오래 구우면 건조한 제품이 되니 유의한다. (3) 과일 일부가 껍질 부위에도 있어 시각적 효과를 높이면 좋다.
6. 정리 정돈, 청소, 　개인위생	(1) 사용한 기구 및 작업대와 주위를 깨끗이 청소하고 정리 정돈을 잘한다. (2) 깨끗한 위생복, 위생모를 착용하고 두발, 손톱 등을 단정하고 청결하게 한다.
〈제품 평가〉	※ 각 항목마다 상품 가치가 없다고 판단되면 0점 처리됨.
7. 부피	(1) 팬 위로 올라온 양이 적정해야 된다. (2) 넘쳐 흐르거나 팬 밑으로 내려가지 않도록 한다. ※ 팬 넣기 시 양과 오븐 팽창이 영향을 미친다.
8. 균형	(1) 찌그러짐이 없어야 한다. (2) 가운데가 다소 높고 양쪽 끝과 옆의 다소 낮은 상태로 가급적 대칭이어야 좋다.
9. 껍질	(1) 껍질이 두껍지 않고 부드러워야 좋다. (2) 위 껍질 색상이 균일하고 옆면과 밑면의 껍질에도 적당한 색이 나야 한다. (3) 어느 부위든 고열(高熱)에 의해 타서는 안 된다.
10. 내상	(1) 기공과 조직이 부위별로 균일해야 한다. (2) 사용한 과일이 한쪽에 몰려 있거나 밑으로 가라앉지 않아야 한다(가급적 전체에 고루 분산). (3) 익지 않은 부위가 있어서는 안 된다(특히 중앙 부분).
11. 맛과 향	(1) 식감이 부드럽고 과일 케이크 특유의 맛과 향이 있어야 한다. (2) 과일의 분산이 가급적 균일해서 케이크와 과일의 맛이 균형을 이루면 좋다. (3) 끈적거림, 탄 냄새, 생재료 맛 등이 나서는 안 된다.

6-11 파운드 케이크 (2시간 30분)

△크림화

△ 팬에 담기

△ 윗면 터뜨리기

1. 요구사항

1) 파운드 케이크를 제조하여 제출하시오.

① 배합표의 각 재료를 계량하여 재료별로 진열하시오(9분).
- (재료당 1분) → [감독위원 계량 확인] → 작품 제조 및 정리
  정돈(전체 시험 시간-재료 계량 시간)
- 재료 계량 시간 내에 계량을 완료하지 못하여 시간이 초과된 경우 및 계량을 잘못한 경우는
  추가의 시간 부여 없이 작품 제조 및 정리 정돈 시간을 활용하여 요구사항의 무게대로 계량
- 계란의 계량은 감독위원이 지정하는 개수로 계량

② 반죽은 크림법으로 제조하시오.
③ 반죽 온도는 23℃를 표준으로 하시오.
④ 반죽의 비중을 측정하시오.
⑤ 윗면을 터뜨리는 제품을 만드시오.
⑥ 반죽은 전량을 사용하여 성형하시오.

순 서	※※ 재 료	비율(%)	무 게(g)
1	박력분	100	800
2	설 탕	80	640
3	버 터	80	640
4	유화제	2	16
5	소 금	1	8
6	탈지분유	2	16
7	바닐라 향	0.5	4
8	베이킹파우더	2	16
9	계 란	80	640
계		347.5	2,780

2. 수검자 유의사항

세 부 항 목	항 목 별 유 의 사 항
1. 배합표 작성	※ 제한 시간 내에 전부 맞으면 만점 ※ % → g = %×8,　　g →% = g÷8 　　비율과 무게 양쪽이 모두 알려진 재료를 기준으로 몇 배수가 　　되는지 계산함. ※ 위에서 순서대로 　　(800) (640) (60) (160) (2) (160) (2) (0.5) (2) (640) (367.5) (2940)
2. 재료 계량 　(1) 계량 시간 　(2) 재료 손실 　(3) 정확도	※ 재료를 계량하여 따로따로 재료별로 계량대에 진열함 ※ 제한 시간 내에 전 재료 계량을 완료해야 만점 ※ 계량대, 재료대, 통로 등에 흘리는 재료가 없어야 만점 ※ 전 재료가 정확해야 만점, 1개라도 오차가 있으면 감점
3. 반죽 제조 　(1) 믹싱법 　(2) 반죽 상태 　(3) 반죽 온도 　(4) 비중	※ 요구사항대로 "크림법"으로 제조 (1) 버터, 쇼트닝을 연하게 하고(비터 또는 거품기로) (2) 소금, 설탕, 유화제를 넣고 크림을 만든다. (3) 계란을 서서히 소량씩 넣으면서 부드러운 크림을 만든다(이 　　과정에서 유지와 계란의 분리가 없도록 유의). (4) 체질한 밀가루와 B.P를 넣고 가볍게 혼합하면서 물을 넣어 　　반죽을 완료한다. (1) 전 재료의 혼합이 균일하고 적정한 「되기」가 되도록 한다. (2) 밀가루를 넣은 후 오버 믹싱 상태가 되지 않아야 한다. ※ 요구사항 23℃ 전후가 되도록 한다. 　　실온 조건에서는 문제가 되지 않으나 시험장이 춥거나 더운 　　경우에는 물 온도, 계란 온도, 유지 온도, 기타 조치를 한다. ※ 0.75～0.80 전후면 양호 　　크림을 잘 만들면 비중이 낮아짐.
4. 팬 넣기 　(1) 팬 준비 　(2) 팬에 반죽 넣기	(1) 팬에 알맞도록 깔개 종이를 재단한다. 팬 위로 나오는 종이 　　가 많거나 팬까지 미치지 못하면 제품 모양이 나빠진다. (2) 팬에 맞는 양을 분할(약 70%)하는 작업을 능숙하게 하고 팬 　　손실을 최소로 한다. 가급적 반죽 윗면을 평평하게 고른다.
5. 굽기 　(1) 굽기 관리	(A) 200/165℃ : 착색 후 145/165℃(B) (1) 전체 온도를 200℃ 전후로 맞추고 처음에는 윗불을 다소 세 　　게 한다. 오븐 앞면과 뒷면, 가장자리와 중앙에 따라 온도에 　　차이가 생기면 적절한 시간에 위치를 바꾸어 준다. 덮는 방법(A) 200/165℃ : 착색 후 170/165℃(B)

세 부 항 목	항 목 별 유 의 사 항
(2) 윗면 터뜨리기	(2) 너무 오래 굽는 것도 문제지만 속이 익지 않은 상태에서 꺼내지 않도록 유의한다. ※ 요구사항이 윗면을 터뜨리는 제품이므로 인위적인 작업으로 보기 좋게 터뜨린다 (1) 윗면에 갈색이 붙기 시작할 때 기름을 묻힌 고무주걱 등으로 반죽 중앙을 길이로 터뜨린다. (2) 껍질 색이 너무 진해지지 않도록 적정 시간 내에 다른 팬 등으로 덮어서 굽는다.
(3) 구운 상태	(1) 속이 완전히 익고 껍질 색이 황금 갈색이 되도록 한다. (2) 너무 오래 구우면 건조한 제품이 되니 유의한다.
6. 노른자 칠하기	※ 노른자에 설탕을 녹인 후 케이크 윗면 전부에 붓으로 칠한다. 터진 부위에는 더 많이 칠한다
7. 정리 정돈, 청소, 개인위생	(1) 사용한 기구 및 작업대와 주위를 깨끗이 청소하고 정리 정돈을 잘한다. (2) 깨끗한 위생복, 위생모를 착용하고 두발, 손톱 등을 단정하고 청결하게 한다.
〈제품 평가〉	※ 각 항목마다 상품 가치가 없다고 판단되면 0점 처리됨.
8. 부피	(1) 팬 위로 올라온 양이 적정해야 된다. (2) 넘쳐 흐르거나 팬 밑으로 내려가지 않도록 한다. ※ 팬 넣기 시 양과 오븐 팽창이 영향을 미친다.
9. 균형	(1) 찌그러짐이 없어야 한다. (2) 가운데가 다소 높고 양쪽 끝이 다소 낮아진 상태로 가급적 대칭이어야 한다.
10. 껍질	(1) 껍질이 두껍지 않고 부드러워야 한다. (2) 특히 위 껍질 색상이 먹음직스러워야 하고 옆면과 밑면의 껍질에도 적당한 색이 나야 한다. (3) 어느 부위든 타서는 안 된다.
11. 내상	(1) 기공과 조직이 부위별로 균일해야 한다. (2) 밝은 황색으로 부드러워야 한다. (3) 익지 않은 부위가 있어서는 안 된다.
12. 맛과 향	(1) 씹는 촉감이 부드럽고 파운드 특유의 맛과 향이 나야 한다. (2) 속이 끈적거리거나 탄 냄새, 생재료 맛 등이 나서는 안 된다.

6-12 다쿠와즈 (1시간 50분)

△ 팬에 담기

△ 윗면 고르기

△ 평철판 짜기

△ 샌드하기

1. 요구사항

1) 다쿠와즈를 제조하여 제출하시오.

① 배합표의 각 재료를 계량하여 재료별로 진열하시오(5분).
  - (재료당 1분) → [감독위원 계량 확인] → 작품 제조 및 정리 정돈(전체 시험 시간-재료 계량 시간)
  - 재료 계량 시간 내에 계량을 완료하지 못하여 시간이 초과된 경우 및 계량을 잘못한 경우는 추가의 시간 부여 없이 작품 제조 및 정리 정돈 시간을 활용하여 요구사항의 무게대로 계량
  - 계란의 계량은 감독위원이 지정하는 개수로 계량
② 머랭을 사용하는 반죽을 만드시오.
③ 표피가 갈라지는 다쿠와즈를 만드시오.
④ 다쿠와즈 2개를 크림으로 샌드하여 1조의 제품으로 완성하시오.
⑤ 반죽은 전량을 사용하여 성형하시오.

순서	※※재료	비율(%)	무게(g)
1	흰자	100	330
2	설탕	30	99(98)
3	아몬드 분말	60	198
4	분당	50	165(164)
5	박력분	16	54
	계	256	846(844)

버터크림(샌드용)	66	218

2. 유의사항

세부 항목	항목별 유의사항
1. 배합표 작성	1) 다쿠와즈 총 배합률=256% 2) 분할 무게=820g 3) 재료 무게=820÷(1-0.029)=820÷0.971≒844.49 4) 흰자 무게=844.49÷2.56≒329.88=g 미만 올림 → 330g 5) 정답 1=(330×1=330), 2=(330×0.3=99), 3=(330×0.6=198) 4=(330×0.5=165), 5=(330×0.16=52.8), 계=(%→256), (g→844.8) · 캐러멜 크림의 무게 계=(190×4=760)
2. 재료 계량 (1) 계량 시간 (2) 재료 손실 (3) 정확도	※ 재료를 계량하여 재료별로 진열하고 확인받는다. ※ 제한 시간 내에 전 재료 계량을 완료(1재료당 1분) ※ 계량대, 작업대, 통로에 재료를 흘리지 않는다. ※ 전 재료를 정확하게 계량한다(오차 → 감점).
3. 반죽 제조 (1) 믹싱법 (2) 반죽 상태	※ 요구사항에 따라 '**머랭**'을 만들어 사용 (1) 믹서 볼에 흰자를 넣고 거품기를 사용하여 60% 정도로 거품을 올린다(흰자와 기구에 **기름기**가 없도록 유의). (2) 설탕을 넣으면서 '100%'의 머랭을 만든다. (3) 아몬드 분말, 분당, 밀가루를 체질한 후 나무주걱을 사용하여 머랭과 균일하게 혼합한다. (1) 머랭 거품이 살아 있으면서 전 재료가 균일하게 혼합되어 있어야 한다. (2) 오버 믹싱으로 머랭이 파괴되지 않아야 한다.
4. 팬에 짜넣기 (1) 팬 준비 (2) 팬에 짜넣기 (3) 윗면 고르기 (4) 분당 뿌리기	(1) 평철판에 실리콘 페이퍼를 깔거나 '팬 스프레드'를 바른다. (2) 그 위에 다쿠와즈 팬을 올려 놓는다. (1) 짤주머니에 원형 모양깍지를 끼우고 작업하기 좋은 양의 반죽을 깔끔하게 떠넣고 마무른다. (2) 다쿠와즈 팬에 능숙하게, 충분히 짜넣는다. (1) 스패튤라(L자 모양)를 사용하여 윗면 전체를 수평으로 고른다. (2) 팬에 묻는 반죽에 의한 손실을 최소로 한다. (1) 팬을 들어올려서 반죽을 남게 한다 (2) 고운 체를 사용하여 윗면에 분당을 뿌린다.
※ 다쿠와즈 팬을 사용하지 않는 경우	(1) 반죽을 짤주머니에 넣고 팬 스프레드를 바른 평철판 위에 직경 5~6cm의 동심원으로 짠다. (2) 윗면에 분당을 뿌린다.

세 부 항 목	항 목 별 유 의 사 항
5. 굽기 (1) 굽기 관리 (2) 구운 상태	(1) 오븐 온도를 180℃/160℃에 맞춘다. (2) 오븐 문의 개폐, 자리 등 여건에 따라 팬의 위치를 바꾸어 주고 시간 관리를 잘한다. (1) 전체가 잘 익고 밝은 황색이 고르게 나야 한다. (2) 요구사항대로 표피가 갈라진 상태가 좋다.
6. 크림 제조	(1) 설탕에 물을 넣고 가열하여 진한색의 캐러멜을 만든다. (2) 뜨거운 캐러멜에 생크림 원료를 넣으면서 나무주걱으로 골고루 섞고 냉각시킨다. (3) 무염 버터를 부드럽게 하여 섞어 캐러멜 크림을 만든다.
7. 크림 샌드	(1) 짤주머니에 크림을 넣는다. (2) 다쿠와즈 밑면에 크림을 짜었고 다른 다쿠와즈 밑면을 포개어 1조의 제품으로 만든다. ※ 분당을 뿌린 면이 겉면이 되도록 한다.
8. 정리 정돈, 청소, 개인위생	(1) 기구 및 작업대 주위를 깨끗하게 청소하고 정리 정돈을 잘한다. (2) 깨끗한 위생복, 위생모를 착용하고 두발, 손톱 등을 단정하고 청결하게 한다.
〈제품 평가〉	※ 각 항목마다 상품 가치가 없다고 판단되면 0점 처리
9. 부피	(1) 팬에 알맞은 균일한 부피가 되어야 한다. (2) 두께(높이)가 균일해야 한다.
10. 균형	(1) 찌그러짐이 없고 균형이 잡혀야 한다. (2) 샌드에는 같은 크기와 모양이 중요하다.
11. 껍질	(1) 껍질 색상이 고르게 밝은 황색이 되면 바람직하다. (2) 갈라짐(터짐)이 균일하고 보기 좋아야 한다.
12. 내상	(1) 기공이 고르고 조직이 부드러워야 한다. (2) 샌드한 크림 적당량이 내면에 고르게 분포
13. 맛과 향	(1) 아몬드-머랭 특유의 식감을 가져야 한다. (2) 샌드한 크림의 향미와 조화를 이루어야 바람직함.

6-13 타르트 (2시간 20분)

△밀어 펴기

△정형

△충전물 넣기

1. 요구사항

1) 타르트를 제조하여 제출하시오.

① 배합표의 반죽용 재료를 계량하여 재료별로 진열하시오(5분).

(토핑 등의 재료는 휴지 시간을 활용하시오)

• (재료당 1분) → [감독위원 계량 확인] → 작품 제조 및 정리 정돈(전체 시험 시간 - 재료 계량 시간)

• 재료 계량 시간 내에 계량을 완료하지 못하여 시간이 초과된 경우 및 계량을 잘못한 경우는 추가의 시간 부여 없이 작품 제조 및 정리 정돈 시간을 활용하여 요구사항의 무게대로 계량

• 계란의 계량은 감독위원이 지정하는 개수로 계량

② 반죽은 크림법으로 제조하시오.

③ 반죽 온도는 20℃를 표준으로 하시오.

④ 반죽은 냉장고에서 20~30분 정도 휴지를 주시오.

⑤ 반죽은 두께 3mm 정도 밀어 펴서 팬에 맞게 성형하시오.

⑥ 아몬드크림을 제조해서 팬(ø 10~12cm) 용적에 60~70% 정도 충전하시오.

⑦ 아몬드 슬라이스를 윗면에 고르게 장식하시오.

⑧ 8개를 성형하시오.

⑨ 광택제로 제품을 완성하시오.

배합표 (반죽)		
재료	비율(%)	무게(g)
박력분	100	400
계란	25	100
설탕	26	104
버터	40	160
소금	0.5	2
계	191.5	766

충전물		
재료	비율(%)	무게(g)
아몬드 분말	100	250
설탕	90	226
버터	100	250
계란	65	162
브랜디	12	30
계	367	918

광택제 및 토핑		
재료	비율(%)	무게(g)
에프리코트 혼당	100	150
물	40	60
계	140	210
아몬드 슬라이스	66.6	100

2. 수검자 유의사항

세부 항목	항목별 유의사항
1. 재료 계량	※ 재료를 계량하여 따로따로 재료별로 계량대에 진열함. ※ 제한 시간 내에 전 재료 계량을 완료해야 만점 ※ 계량대, 재료대, 통로 등에 흘리는 재료가 없어야 한다. ※ 전 재료가 정확해야 만점, 1개라도 오차가 있으면 감점
2. 반죽 제조	※ 요구사항(크림법)대로 제조
(1) 믹싱법	(1) 버터를 부드럽게 풀고 설탕과 소금을 넣어 혼합한다. (2) 계란을 소량씩 넣어가며 믹싱하여 크림 상태로 만든다. (3) 체로 친 밀가루를 넣고 가볍게 섞어 한 덩어리로 뭉친다.
(2) 반죽 상태	(1) 전 재료가 균일하게 혼합되어야 한다. (2) 밀가루를 넣은 후 오버 믹싱이 되지 않아야 한다. ※ '밀어 펴기' 등 공정이 남아 있다.
(3) 반죽 온도	(1) 20℃를 표준으로 한다(± 1℃ 이내로 맞춘다). (2) 재료의 온도를 감안하여 계산하거나 물리적인 조치를 취해도 좋다.
3. 휴지	(1) 표피가 마르지 않도록 비닐 등으로 싸서 냉장 온도에서 20~30분간 휴지시킨다. (2) 손가락으로 살짝 눌렀을 때 자국이 그대로 남으면 휴지를 끝내도 된다 (시간보다 **상태**로 판단하는 것이 좋다).
4. 충전물 준비	(1) 버터를 부드럽게 풀고 설탕을 넣어 크림 상태로 만든다. (2) 계란을 풀어 조금씩 넣으면서 믹싱하여 부드러운 크림 상태를 만든다. (3) 체로 친 아몬드 분말을 넣고 섞은 다음 브랜디를 첨가하고 혼합한다. ※ 아몬드 분말 상태(거치른 정도)에 따라 충전물의 거친 상태가 달라지므로 이를 충분히 감안해야 한다.
5. 성형	
(1) 팬 준비	(1) 타르트 팬을 준비한다. (2) 팬 안쪽에 기름을 얇게 바른다.
(2) 밀어 펴기	(1) 휴지가 끝난 반죽을 작업하기 쉬운 분량으로 떼어낸다. (2) 두께 3m/m로 밀어 펴서 팬에 맞도록 재단하여 간다. (3) 두께가 균일하고 밀어 펴기 작업을 능숙하게 한다.

(3) 충전물 넣기	(1) 아몬드 크림을 짤주머니에 넣는다. (2) 팬의 60~70% 정도로 분할하는 작업을 능숙하게 하고 반죽의 손실을 최소로 한다. (3) 윗면에 아몬드 슬라이스를 고르게 뿌린다.
6. 굽기 (1) 굽기 관리	(1) 오븐 온도를 190/180℃ 전후로 맞추고 굽는다. 오븐의 내부 위치에 따라 온도 차이가 나면 적절한 시간에 위치를 바꾸어 준다. (2) 너무 오래 구워도 안 되지만 갈색 제품이므로 속이 익지 않은 부위가 있으면 냉각 중 주저앉는다.
(2) 구운 상태	(1) 속이 완전히 익고, 껍질 색이 균일해야 한다. (2) 충전물이 끓어 넘치지 않도록 한다. (3) 위 껍질과 밑면에도 밝은 갈색이 되도록 한다. (4) 껍질이나 토핑이 떨어지지 않도록 유의한다. (5) 살구잼과 물을 끓여 타르트 윗면에 고루 발라 제품을 완성한다. **(소량을 끓일 때 타기 쉬우므로 주의한다)**
7. 정리 정돈, 청소, 개인위생	(1) 사용한 기구 및 작업대와 주위를 깨끗이 청소하고 정리 정돈을 잘한다. (2) 깨끗한 위생복, 위생모를 착용하고 두발, 손톱 등을 단정하고 청결하게 한다.
8. 부피	(1) 껍질 직경에 대한 충전물의 양이 알맞게 들어 있어 적정한 부피감이 있어야 한다. (2) 충전물이 적어서 윗면이 움푹 들어가거나 충전물이 많아서 너무 볼록하게 올라오지 않도록 한다.
9. 균형	(1) 찌그러짐이 없이 균일한 모양을 지니고 시각적으로 균형이 잘 잡혀야 한다. (중앙이 낮아서는 안 된다) (2) 원반 모양으로 대칭이 되어야 한다. (3) 어느 부위가 주저앉거나 일그러지면 안 된다.
10. 껍질	(1) 껍질은 너무 두껍지 않고 질기지 않아야 한다. (2) 옆면과 밑면에도 적정한 색이 나고, 윗면의 토핑이 균일하게 분포되어 있어야 시각적 효과가 크다. (3) 타거나 익지 않은 부분이 있어서는 안 된다.
11. 내상	(1) 충전물의 '되기'가 알맞고 밀도가 적당해야 한다. (2) 느슨해서 공간이 많거나 너무 조밀하면 감점의 요인이 된다. (3) 익지 않은 부위가 없어야 한다. (4) 충전물에 덩어리가 없어야 한다.
12. 맛과 향	(1) 껍질과 충전물이 조화를 이루어 타르트 특유의 맛과 향이 좋아야 한다. (2) 속이 끈적거리거나 탄 냄새, 덧가루로 인한 텁텁한 맛, 생재료 맛 등이 나면 안 된다. (3) 아몬드 슬라이스와 광택제가 서로 잘 어울려 향미와 촉감을 좋게 해야 한다.

6-14　흑미 롤 케이크(공립법) (1시간 50분)

△믹싱하기

△팬닝

1. 요구 사항

1) 흑미 롤 케이크(공립법)를 제조하여 제출하시오.

① 배합표의 각 재료를 계량하여 재료별로 진열하시오(7분).
- (재료당 1분) → [감독위원 계량 확인] → 작품 제조 및 정리 정돈
  (전체 시험 시간 - 재료 계량 시간)
- 재료 계량 시간 내에 계량을 완료하지 못하여 시간이 초과된 경우 및 계량을 잘못한 경우는
  추가의 시간 부여 없이 작품 제조 및 정리 정돈 시간을 활용하여 요구사항의 무게대로 계량
- 계란의 계량은 감독위원이 지정하는 개수로 계량

② 반죽은 공립법으로 제조하시오.　　③ 반죽 온도는 25℃를 표준으로 하시오.
④ 반죽의 비중을 측정하시오.　　⑤ 제시한 팬에 알맞도록 분할하시오.
⑥ 반죽은 전량을 사용하여 성형하시오.
　(시트의 밑면이 윗면이 되게 정형하시오)

△생크림 발라 말기

재 료	비 율(%)	무 게(g)
박력 쌀가루	80	240
흑미 쌀가루	20	60
설탕	100	300
달걀	155	465
소금	0.8	2.4(2)
베이킹파우더	0.8	2.4(2)
우유	60	180
계	416.6	1,249.8(1,249)

(※충전용 재료는 계량 시간에서 제외)

재 료	비 율(%)	무 게(g)
생크림	60	150

2. 수검자 유의 사항

세부 항목	항목별 유의 사항
1. 배합표 작성	※ 제한 시간 내에 전부 맞으면 만점 ※ % → g = % × 4, g → % = g ÷ 4 ※ 위에서 순서대로 　(11111)
2. 재료 계량	※ 재료를 계량하여 따로따로 재료별로 계량대에 진열함 ※ 제한 시간 내에 전 재료 계량을 완료해야 만점 ※ 계량대, 재료대, 통로 등에 흘리는 재료가 없어야 만점 ※ 전 재료가 정확해야 만점, 1개라도 오차가 있으면 감점
3. 반죽 제조 　(1) 믹싱법	※ 요구 사항대로 **"공립법"**으로 제조 　(1) 달걀에 + 설탕, 소금을 넣고 믹싱하여 반죽을 아이보리색, 선명한 　　　선이 발생하는 상태로 믹싱을 한다. 　(2) 박력 쌀가루 + 흑미 쌀가루 + 베이킹파우더를 혼합하여 체를 치고, 　　　위 (1)의 반죽에 넣어 가볍게 혼합한다. 　(3) 가루가 보이지 않으면 우유를 넣으면서 반죽의 되기를 조절한다.
(2) 반죽 상태	(1) 전 재료가 균일하게 혼합되도록 한다. 　(2) 적정한 공기가 함유되어 부피를 이루고 되기도 유지해야 한다.
(3) 반죽 온도	(1) 요구 사항 25℃ 전후가 되도록 한다. 　(2) 작업실 온도를 고려하여 달걀 온도를 조절하거나 물리적인 조치를 　　　취해도 좋다.
(4) 비중	(1) 0.5±0.05 전후가 되면 양호 　(2) 달걀 거품 올리기와 밀가루 혼합이 비중에 중요한 　　　영향을 준다.

세부 항목	항목별 유의 사항
4. 팬 넣기 　(1) 팬 준비 　(2) 팬에 반죽 넣기	(1) 믹싱 시간 등을 활용하여 사전에 팬 준비를 한다. (2) 평철판에 팬에 맞도록 종이를 재단하여 깔개 종이로 한다. (1) 제시한 팬에 맞는 양을 담는 작업을 능숙하게 하고 반죽의 손실을 　 최소로 한다. (2) 팬에 넣은 후 평평한 도구를 이용하여 윗면을 고르게 하고, 반죽 중 　 의 큰 공기 방울을 제거하는 것이 좋다.
5. 굽기 　(1) 굽기 관리 　(2) 구운 상태	(1) 전체 온도를 180℃ / 160℃ 전후로 맞추고 굽는다. 오븐 앞면과 뒷 　 면 가장자리와 중앙에 따라 온도 차이가 나면 적절한 시간에 위치를 　 바꾸어 준다. (2) 오버 베이킹이 되지 않도록 주의한다. (1) 속이 완전히 익고, 껍질 색이 진해지지 않도록 구워야 한다. (2) 바닥 색의 껍질이 너무 나지 않도록 구워야 한다.
6. 말기	(1) 제품의 윗면이 롤의 안쪽으로 들어갈 수 있도록 하고, 바닥이 롤이 　 겉면이 될 수 있도록 한다. (롤 제품 말기 시에 껍질에 충전 크림을 　 바를 수 있도록 주의한다.) (2) 마는 작업을 능숙하게 해야 하고, 충전물 크림이 밀리지 않도록 부 　 드럽게 잘 말 수 있도록 한다. (3) 이음매를 아래로 하여 벌어지지 않게 한다.

※충전물 제조하기

생크림을 80~90%까지 믹싱한다.

세부 항목	항목별 유의 사항
〈제품 평가〉	※ 각 항목마다 상품 가치가 없다고 판단되면 0점 처리
7. 부피	(1) 팬에 맞는 반죽량으로 적정한 부피가 되어야 한다. (2) 말은 제품의 부피가 균일해야 한다.
8. 균형	(1) 찌그러짐이 없이 균형 잡힌 원기둥 모양이어야 한다. (2) 굵거나 가는 부위가 없이 대칭이어야 한다
9. 껍질	(1) 터짐, 주름이 없어야 한다. (2) 껍질 색깔이 고르고, 윗면이 얼룩이 없도록 해야 한다. (3) 반죽의 덩어리가 껍질 부분이 나오지 않도록 해야 한다.
10. 내상	(1) 기공과 조직이 부위별로 균일하고, 충전 크림의 두께가 균일해야 한다. (2) 지나치게 눌려 있거나 허술해서는 안 된다. (3) 줄무늬, 반점, 달걀 고형질, 덩어리진 반죽이 없도록 한다.
11. 맛과 향	(1) 식감이 부드럽고 흑미 쌀 롤 케이크 특유의 맛과 향이 충전 크림과 어울려야 한다. (2) 속이 끈적거리거나 탄 냄새, 생 재료 맛 등이 나면 안 된다.

6-15　시퐁 케이크(시퐁형) (1시간 40분)

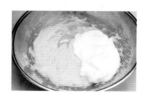
△ 머랭 혼합

△ 팬에 담기

△ 구운 상태

1. 요구사항

1) 시퐁 케이크(시퐁법)를 제조하여 제출하시오.

① 배합표의 각 재료를 계량하여 재료별로 진열하시오(8분).
  • (재료당 1분) → [감독위원 계량 확인] → 작품 제조 및 정리 정돈
    (전체 시험 시간-재료 계량 시간)
  • 재료 계량 시간 내에 계량을 완료하지 못하여 시간이 초과된 경우 및 계량을 잘못한 경우는
    추가의 시간 부여 없이 작품 제조 및 정리 정돈 시간을 활용하여 요구사항의 무게대로 계량
  • 계란의 계량은 감독위원이 지정하는 개수로 계량
② 반죽은 시퐁법으로 제조하고 비중을 측정하시오.
③ 반죽 온도는 23℃를 표준으로 하시오.
④ 시퐁 팬을 사용하여 반죽을 분할하고 굽기하시오.
⑤ 반죽은 전량 사용하여 성형하시오.

순서	재　료	비 율(%)	무 게(g)
1	박력분	100	400
2	설탕(A)	65	260
3	설탕(B)	65	260
4	달　걀	150	600
5	소　금	1.5	6
6	베이킹파우더	2.5	10
7	식용유	40	160

순 서	재 료	비 율(%)	무 게(g)
8	물	30	120
	계	454	1,816

2. 수검자 유의사항

세 부 항 목	항 목 별 유 의 사 항
1. 배합표 작성	※ % → g = % × 4 , g → % = g ÷ 4 ※ 전란=150%일 때 노른자=150%×1/3=50% 흰자=150%×2/3= 100% ※ 위에서 순서대로 (400)(260)(260)(50)(200)(100)(400)(0.5)(160)(120)(2.5)(0.5)(458%)(1832g)
2. 재료 계량	※ 재료를 계량하여 따로따로 계량대에 진열한다. ※ 제한 시간 내에 전 재료의 계량을 완료해야 한다. ※ 계량대, 재료대, 통로 등에 흘리는 재료가 없도록 한다. ※ 전 재료의 무게를 정확하게 계량한다.
3. 반죽 제조 (1) 믹싱법 (2) 반죽 상태 (3) 반죽 온도 (4) 비중	※ 요구사항대로 **시퐁법**으로 만든다. (1) 체로 친 밀가루와 베이킹파우더, 설탕(A), 소금을 고루 섞어 준다. (2) 노른자와 식용유를 혼합하여 위에 넣고 저속으로 혼합하고 물을 조금씩 넣으면서 덩어리가 생기지 않도록 매그러운 상태를 만든 후 향을 첨가한다. (3) 믹서 볼에 흰자와 주석산 크림을 넣고 거품기를 사용하여 60% 정도로 기포한 후 설탕(B)를 2~3회로 나누어 넣으면서 **85%** 정도의 **머랭**을 만든다. (4) 머랭을 (2)의 반죽에 2~3회로 나누어 넣으면서 균일하게 혼합하되 지나치지 않도록 주의한다. ※ 머랭의 부피가 유지되면서 균일한 상태의 반죽이 되어야 한다. 오버믹싱이 되어 거품이 사그러들거나 묽은 반죽이 되지 않아야 한다. ※ 요구사항대로 **22℃** 전후가 되도록 한다. ※ **비중**을 측정한다. 0.45±0.05 근처가 되도록 조치한다.
4. 팬에 넣기	※ 시퐁 팬 또는 엔젤 팬에 **물칠**을 하거나 팬스프레드를 고르게 바른다. 기름칠을 하지 않는다. ※ 제시한 팬에 알맞은 양(70~80%)의 반죽을 능숙하게 넣고 표면을 고르게 한다. 반죽의 손실을 최소로 한다.

세 부 항 목	항 목 별 유 의 사 항

5. 굽기
  (1) 굽기 관리
 	
  (2) 구운 상태
	※ 온도를 160/165℃에 맞추고 팬의 위치에 따라 열의 분배가 고르지 않으면 위치와 방향을 바꾸어 준다.
	※ 제품이 고르게 익고 터지거나 타지 않도록 한다.

6. 팬에서 빼기	※ 오븐에서 꺼낸 후 5~20분이 지난 후 빼는데 밑면이 깨끗하게 떨어지도록 한다.
7. 청소, 정리 정돈, 개인위생	(1) 사용한 기구 및 작업대와 주위를 깨끗이 청소하고 정리 정돈을 잘 한다. (2) 깨끗한 위생복과 위생모를 착용하고 두발, 손톱 등을 단정하고 청결하게 한다.
〈제품 평가〉	※ 각 항목마다 상품 가치가 없다고 판단되면 0점 처리됨.
8. 부피	※ 적정한 분할 무게에 대하여 알맞은 부피가 되어야 하고 각각의 제품의 부피가 균일하여야 한다.
9. 외부 균형	※ 찌그러짐이 없고 대칭을 이룬 제품이어야 한다.
10. 껍질	※ 밑면의 색깔이 엷으며 부위별로 고른 색상을 가지도록 한다. ※ 반점이나 공기방울 자국이 없고 부드러워야 한다. ※ 터지거나 일부 케이크 조각이 떨어지지 않도록 한다.
11. 내상	※ 기공과 조직이 부위별로 고르며 밝은 황색으로 탄력성이 좋으면서 부드러워야 한다. ※ 생재료나 줄무늬가 남아 있지 않아야 한다.
12. 맛과 향	※ 씹는 촉감이 부드러우면서 **탄력성**이 좋고 맛과 향이 조화를 이루어야 한다. ※ 끈적거림, 탄 냄새, 생재료 맛이 없어야 한다.

6-16 마데라(컵) 케이크 (2시간)

△ 포도주 첨가

△ 팬에 담기

△ 포도주 시럽 칠하기

1. 요구사항

1) 마데라(컵) 케이크를 제조하여 제출하시오.

① 배합표의 각 재료를 계량하여 재료별로 진열하시오(9분).
 • (재료당 1분) → [감독위원 계량 확인] → 작품 제조 및 정리 정돈
 (전체 시험 시간-재료 계량 시간)
 • 재료 계량 시간 내에 계량을 완료하지 못하여 시간이 초과된 경우 및 계량을 잘못한 경우는
 추가의 시간 부여 없이 작품 제조 및 정리 정돈 시간을 활용하여 요구사항의 무게대로 계량
 • 계란의 계량은 감독위원이 지정하는 개수로 계량
② 반죽은 크림법으로 제조하시오.
③ 반죽 온도는 24℃를 표준으로 하시오. ④ 반죽 분할은 주어진 팬에 알맞은 양을 패닝하시오.
⑤ 적포도주 퐁당을 1회 바르시오.   ⑥ 반죽은 전량을 사용하여 성형하시오.

순 서	※※ 재 료	비 율(%)	무 게(g)
1	박력분	100	400
2	버터	85	340
3	설탕	80	320
4	소금	1	4
5	계란	85	340
6	베이킹파우더	2.5	10
7	건포도	25	100
8	호두	10	40
9	적포도주	30	120
	계	418.5	1674
	분당	20	80
	적포도주	5	20

2. 수검자 유의사항

세 부 항 목	항 목 별 유 의 사 항
1. 배합표 작성	1) 총 배합률＝418.5% 2) 분할 무게＝80g×20＝1,600g 3) 재료 무게＝1,600÷(1-0.044)＝1,600÷0.956≒1,673.64[g] 4) 밀가루 무게＝1,673.64÷4.185≒399.91＝g 미만은 올림 → 400g 5) 정답 　1＝(400×0.85＝340), 2＝(400×0.8＝320), 3＝(400×0.01＝4) 　4＝(400×0.85＝340), 5＝(400×0.25＝100), 6＝(400×0.1＝40) 　7＝(400×1＝400), 8＝(400×0.025＝10), 9＝(400x0.3＝120) 　계＝418.5[%] → 1,674[g]
2. 재료 계량 (1) 계량 시간 (2) 재료 손실 (3) 정확도	※ 재료를 계량하여 재료별로 계량대에 진열 ※ 제한 시간 이내에 전재료를 계량 완료(1재료당 1분) ※ 계량대, 재료대, 통로 등에 흘리는 재료가 없어야 함. ※ 전 재료가 정확해야 만점
3. 반죽 제조 (1) 믹싱법 (2) 반죽 상태 (3) 반죽 온도	※ 요구사항대로 "크림법"으로 제조 (1) 믹서 볼에 버터를 넣고 거품기나 비터(beater)를 사용하여 유연하 　게 만들고 설탕과 소금을 넣고 크림을 만든다. (2) 계란을 조금씩 나누어 넣으면서 부드러운 크림을 만든다. ※ 많은 양의 계란을 일시에 넣으면 크림이 분리되기 쉬우며 밀가루 　혼합이 어려워 단단한 제품이 된다. (3) 건포도와 잘게 썬 호두에 소량의 덧가루를 뿌려 버무리고 크림 　에 넣고 고루 혼합한다. (4) 밀가루와 베이킹파우더를 섞은 후 체로 쳐서 넣고 가볍게 혼합 　한다. (5) 동시에 붉은 포도주를 넣어 고루 섞어 준다. (1) 전 재료의 혼합이 균일하고 적정한 [되기]가 된다. (2) 건포도와 호두의 분포가 고르고 붉은 포도주가 치우쳐 있지 않아 　야 한다. ※ 요구사항대로 24℃에서 ±1℃로 맞춘다. 　재료의 온도를 조절하거나 시험장 온도에 따라 온수 또는 냉수로 　믹서 볼을 받쳐서 조절한다.
4. 팬에 넣기 (1) 팬 준비 (2) 팬에 반죽 넣기	※ 컵케이크 팬을 준비하고 팬 내면에 재단한 유산지나 컵케이크 종이 　를 깔아둔다. (1) 짤주머니를 준비하여 내면을 물로 씻는다. (2) 짤주머니에 반죽을 넣고 팬 용적의 약 80%가 되도록 반죽을 짜넣 　는다. 손실을 줄이고 깔끔하게 짠다. (3) 낱개 팬은 평철판 위에 나란히 놓는다.

세 부 항 목	항 목 별 유 의 사 항
5. 굽기 　(1) 굽기 관리 　(2) 포도주 시럽 　　칠하기 　(3) 구운 상태	(1) 오븐의 온도를 180/160℃로 맞춘다. (2) 오븐의 전후좌우에 온도차가 있으면 적절한 시간에 위치를 바꾸어 준다. (1) 포도주 시럽은 붉은 포도주 20g에 분당 80g을 녹여서 되직한 상태로 만든다. (2) 굽기가 95% 이상 진행된 컵케이크를 꺼내 붓을 사용하여 윗면 전체를 고르게 칠한다. (3) 다시 오븐에 넣고 시럽 수분이 건조되는 상태까지 굽고 꺼낸다. (분당의 피막이 형성) (1) 속이 완전히 익고 윗면이 붉은 포도주의 연한 색을 띄게 굽는다. (2) 너무 오래 구우면 건조해지고, 불안정한 상태에서 꺼내면 가라앉기 쉬우니 유의한다.
6. 정리 정돈, 청소, 　개인위생	(1) 사용한 기구 및 작업대와 주위를 깨끗이 청소하고 정돈 정돈을 잘한다. (2) 깨끗한 위생복, 위생모를 단정하게 착용하고, 두발, 손톱 등을 청결하게 한다.
〈제품 평가〉	※ 각 항목마다 상품 가치가 없다고 판단되면 0점 처리
7. 부피	(1) 틀(팬)에 알맞는 부피가 되어야 한다. (2) 너무 크거나 작으면 감점(패닝과 오븐 팽창이 중요)
8. 균형	(1) 윗면 가운데가 다소 높은 상태로 대칭이 좋다. (2) 찌그러지거나 평평한 윗면은 감점 요인이 된다.
9. 껍질	(1) 포도주 시럽이 입혀진 껍질이 부드러워야 한다. (2) 옆면과 밑면에도 적당한 색이 나야 한다.
10. 내상	(1) 기공과 조직이 부위별로 균일해야 한다. (2) 여린 붉은색으로 건포도와 호두의 분포가 고르고 익지 않은 부위가 없어야 한다.
11. 맛과 향	(1) 씹는 촉감이 부드럽고 버터와 포도주 맛과 향이 어울리고 건포도와 호두의 맛도 조화를 이루면 좋다. (2) 속이 끈적거리거나 탄 냄새, 생재료 맛이 없어야 한다.

6-17 버터 쿠키 (2시간)

△ 크림법 반죽

△ 짤주머니로 짜기

△ 평철판에 배열

1. 요구사항

1) 버터 쿠키를 제조하여 제출하시오.

① 배합표의 각 재료를 계량하여 재료별로 진열하시오(6분).
   • (재료당 1분) → [감독위원 계량 확인] → 작품 제조 및 정리 정돈
     (전체 시험 시간-재료 계량 시간)
   • 재료 계량 시간 내에 계량을 완료하지 못하여 시간이 초과된 경
     우 및 계량을 잘못한 경우는 추가의 시간 부여 없이 작품 제조 및
     정리 정돈 시간을 활용하여 요구사항의 무게대로 계량
   • 계란의 계량은 감독위원이 지정하는 개수로 계량
② 반죽은 크림법으로 수작업하시오.
③ 반죽 온도는 22℃를 표준으로 하시오.
④ 별 모양 각지를 끼운 짤주머니를 사용하여 2가지 모양 짜기를 하시오.(8자, 장미 모양)
⑤ 반죽은 전량을 사용하여 성형하시오.

순 서	※ ※ 재료	비 율(%)	무 게(g)
1	박력분	100	400
2	버 터	70	280
3	설 탕	50	200
4	소 금	1	4
5	계 란	30	120
6	바닐라 향	0.5	2
	계	251.5	1006

2. 수검자 유의사항

세 부 항 목	항 목 별 유 의 사 항
1. 배합표 작성	1) 총 배합률＝251.5% 2) 분할 반죽 무게＝1,000g 3) 재료 무게＝1,000÷(1-0.005)＝1,000÷0.995≒1,005.03[g] 4) 밀가루 무게＝1,005.03÷2.515≒399.61⇒g 미만은 올림 → 400g 5) 정답 　1＝(400×0.7＝280), 2＝(400×0.5＝200), 3＝(400×0.01＝4) 　4＝(400×0.3＝120), 5＝(400×0.005＝2), 6＝(400×1＝400) 　· 계(251.5%), (400x2.515＝1,006[g])
2. 재료 계량 　(1) 계량 시간 　(2) 재료 손실 　(3) 정확도	※ 재료를 계량하여 재료별로 계량대에 진열 ※ 제한 시간 이내에 전 재료를 계량(1재료당 1분) ※ 계량대, 재료대, 통로 등에 흘리는 재료가 있으면 감점 ※ 전 재료의 계량이 정확해야 만점
3. 반죽 제조 　(1) 믹싱법 　(2) 반죽 상태 　(3) 반죽 온도	※ 요구사항대로 '**크림법**'으로 수작업 (1) 용기에 버터를 넣고 거품기로 부드럽게 만든다. (2) 설탕, 소금을 넣고 휘저어 크림을 만든다. (3) 계란을 소량씩 넣으면서 부드러운 크림을 만든다. ※ 계란을 일시에 넣으면 크림이 분리되어 밀가루를 혼합할 때 더 많은 작업이 요구되어 반죽에 끈기가 생기며, 딱딱하고 부피가 작은 제품이 된다. (4) 바닐라 향을 넣는다. (5) 밀가루를 체질하여 부드러운 크림에 넣고 가볍게 혼합한다. ※ 일반 케이크 반죽의 90% 정도 ※ 믹싱이 지나치면 반죽에 끈기가 생겨 정형이 어렵다. (1) 전 재료가 균일하게 혼합되고 적정 〈되기〉를 가지며 (2) 오버 믹싱이 되지 않도록 한다. ※ 요구사항대로 22±1℃로 조절한다.
4. 반죽 짜기 　(1) 팬 준비 　(2) 짤주머니 준비 　(3) 짜기 숙련도 　(4) 정형된 모양	※ 평철판에 기름칠을 얇게 그러나 균일하게 칠한다. (1) 반죽이 눌어붙지 않도록 짤주머니 내부에 물을 적시고 별 모양 깍지를 끼운다. (2) 작업하기 알맞은 양을 깨끗이 담아 짜기 준비를 한다. (1) 균일한 크기와 모양으로 빠르게 짠다. (2) 팬 위의 세로, 가로에 일정한 간격을 유지한다. (1) 요구사항대로 '**에스**'자를 짠다(8자와 구별할 것). (2) 너무 두껍거나 얇지 않게 같은 두께로 짠다. ① 두꺼운 경우＝잘 익지 않고 바삭거리지 않는다 ② 얇은 경우＝바닥 부분이 타거나 색상이 진해진다.

세 부 항 목	항 목 별 유 의 사 항
5. 굽기 　(1) 굽기 관리 　(2) 구운 상태	(1) 180/150℃ 전후로 오븐 온도를 맞추어 놓는다. (2) 위치에 따라 온도 차이가 나거나 철판이 뒤틀리면 굽기중 위치를 바꾸거나 조치를 취한다. (1) 제품이 고루 익고 껍질 색이 황금 갈색이 나도록 하고 무늬가 살아 있도록 한다. (2) 밑면에도 약간의 색상이 나도록 한다.
6. 정리정돈, 청소, 　개인위생	(1) 사용한 기구와 작업대 주위를 깨끗이 청소하고 정리 정돈을 잘 한다. (2) 깨끗한 위생복, 위생모를 착용하고 두발, 손톱 등을 단정하고 청결하게 한다.
〈제품 평가〉	※ 각 항목마다 상품 가치가 없다고 판단되면 0점 처리
7. 부피	(1) 짜놓은 반죽량에 대하여 적정한 부피를 가지고 '퍼짐'이 일정해야 한다. (2) 모양 깍지의 줄무늬가 남아 있어야 부피감이 있다.
8. 균형	(1) '에스'자 형태가 균일하고 대칭으로 균형이 잡혀야 한다. (2) 모양이 비뚤어지거나 변하지 않아야 한다.
9. 껍질	(1) 표피에 모양 깍지에 의한 **줄무늬**가 분명하게 남고 황금 갈색의 색상이 나도록 한다. (2) 밑면에도 적정한 색이 나도록 한다.
10. 내상	(1) 큰 공기 구멍이 없고 '드롭 쿠키'의 특징인 부드러움이 있어야 한다. (2) 일반 케이크의 내상과는 구별
11. 맛과 향	(1) 식감이 부드럽고 버터 향이 조화를 이루게 한다 (2) 생재료 맛, 탄 맛, 건조한 식감이 없어야 한다.

6-18 치즈케이크 (2시간 30분)

△믹싱법

△팬 넣기

△굽기

1. 요구사항

1) 치즈케이크를 제조하여 제출하시오.

① 배합표의 각 재료를 계량하여 재료별로 진열하시오(9분).
- (재료당 1분) → [감독위원 계량 확인] → 작품 제조 및 정리 정
  돈(전체 시험 시간-재료 계량 시간)
- 재료 계량 시간 내에 계량을 완료하지 못하여 시간이 초과된 경우 및 계량을 잘못한 경우는
  추가의 시간 부여 없이 작품 제조 및 정리 정돈 시간을 활용하여 요구사항의 무게대로 계량
- 계란의 계량은 감독위원이 지정하는 개수로 계량

② 반죽은 별립법으로 제조하시오.
③ 반죽 온도는 20℃를 표준으로 하시오.
④ 반죽의 비중을 측정하시오.
⑤ 제시한 팬에 알맞도록 분할하시오.
⑥ 굽기는 중탕으로 하시오.
⑦ 반죽은 전량을 사용하시오.

재 료	비 율(%)	무 게(g)
중력분	100	80
버터	100	80
설탕(A)	100	80
설탕(B)	100	80
계란	300	240

재 료	비 율(%)	무 게(g)
크림 치즈	500	400
우유	162.5	130
럼주	12.5	10
레몬주스	25	20
계	1,400	1,120

2. 수검자 유의사항

세부 항목	항목별 유의사항
1. 재료 계량 	※ 재료를 계량하여 따로따로 재료별로 계량대에 진열함. ※ 제한 시간 10분 내에 전 재료 계량을 완료해야 만점 ※ 계량대, 재료대, 통로 등에 흘리는 재료가 없어야 만점 ※ 전 재료가 정확해야 만점. 1개라도 오차가 있으면 감점
2. 반죽 제조	※ 요구사항대로 '별립법'으로 제조
(1) 믹싱법	(1) 노른자와 흰자를 분리하여 준비한다. (2) 크림 치즈를 용기에 넣고 연하게 만든 다음 버터와 설탕(A), 소금을 투입하고 크림 상태로 믹싱한다(거품기를 사용한다). (3) 노른자를 서서히 넣으면서 부드러운 크림 상태로 만든다. (4) 우유, 럼주, 레몬주스를 넣고 고르게 혼합한다. (5) 기름기가 없는 깨끗한 다른 용기에 흰자를 넣고 60% 정도 기포(起泡)한 후 설탕(B)를 서서히 넣으면서 '중간 피크'의 머랭을 만든다. (6) (4)의 크림 치즈 반죽에 (5)의 머랭 1/3을 넣고 가볍게 섞은 다음 체질한 중력분을 혼합한다. (7) 여기에 나머지 머랭 2/3를 넣고 가볍게 혼합한다.
(2) 반죽 상태	※ 전 재료가 균일하게 혼합되지만 머랭이 꺼지지 않는 상태를 유지하는 것이 좋다.
(3) 반죽 온도	※ 요구사항대로 20℃ 전후가 되도록 한다.
(4) 비중 측정	※ 비중컵을 이용하여 측정 (적정 비중=0.8~0.85) 　비중 = 반죽 무게/물의 무게
3. 팬에 넣기	
(1) 팬 준비	※ 제시한 팬의 내면에 녹인 버터를 칠하고 설탕을 뿌린다.

세부 항목	항목별 유의사항
(2) 패닝	※ 반죽은 팬 용적의 약 80%를 넣고 평철판 위에 적정한 간격으로 배열하고 평철판에 1/3 정도가 되게 온수를 붓는다.
4.굽기	
(1) 굽기 관리	(1) 온도=150/150℃에서 40~50분간 (시간보다 상태로 판단) (2) 중탕으로 굽는다(패닝에서 언급).
(2) 구운 상태	(1) 속이 완전히 익고 표피 색이 치즈 케이크 특유의 황금색이 되어야 한다. (2) 껍질이 벗겨지지 않아야 한다.
5. 정리 정돈	(1) 사용한 기구 및 작업대와 주위를 깨끗이 청소하고 정리 정돈을 잘한다.
개인위생	(2) 깨끗한 위생복, 위생모를 착용하고 두발, 손톱 등을 단정하고 청결하게 한다.
6. 부피	※ 사용한 팬 위로 반죽이 넘치거나 팬의 높이보다 낮아서는 안 된다.
7. 균형	※ 찌그러짐이 없고 균일한 모양으로 균형이 잘 잡혀야 한다.
8. 껍질	(1) 너무 두껍지 않고 밝은 갈색으로 식욕을 돋우는 색이 되어야 한다. (2) 윗면이 평평하고 반점이나 기포 자국이 없어야 한다.
9. 내상	(1) 기공과 조직이 부위별로 균일하되 큰 기공이 없어야 한다. (2) 익지 않은 부위가 없고 촉촉한 식감을 지녀야 한다.
10. 맛과 향	(1) 식감이 부드럽고 치즈 케이크 특유의 맛과 향이 조직감과 어울려야 한다. (2) 속이 끈적거리거나 생재료 맛, 계란 냄새가 없어야 한다.

△ 충전물 준비

△ 반죽 상태

6-19   호두파이 (2시간 30분)

1. 요구사항

1) 호두파이를 제조하여 제출하시오.

① 껍질 재료를 계량하여 재료별로 진열하시오(7분).
 • (재료당 1분) → [감독위원 계량 확인] → 작품 제조 및 정리 정돈
  (전체 시험 시간-재료 계량 시간)
 • 재료 계량 시간 내에 계량을 완료하지 못하여 시간이 초과된 경우
  및 계량을 잘못한 경우는 추가의 시간 부여 없이 작품 제조 및 정리 정돈 시간을 활용하여 요
  구사항의 무게대로 계량
 • 계란의 계량은 감독위원이 지정하는 개수로 계량

△ 전체 공정

② 껍질에 결이 있는 제품으로 손 반죽으로 제조하시오.
③ 껍질 휴지는 냉장 온도에서 실시하시오.
④ 충전물은 개인별로 각자 제조하시오(호두는 구워서 사용).
⑤ 구운 후 충전물의 층이 선명하도록 제조하시오.
⑥ 제시한 팬 7개에 맞는 껍질을 제조하시오(팬 크기가 다를 경우 크기에 따라 가감).
⑦ 반죽은 전량을 사용하여 성형하시오.

껍 질			충전물		
재 료	비 율(%)	무 게(g)	재 료	비 율(%)	무 게(g)
중력분	100	400	호두	100	250
노른자	10	40	설탕	100	250
소금	1.5	6	물엿	100	250
설탕	3	12	계핏가루	1	2.5
생크림	12	48	물	40	100
버터	40	160	계란	240	600
냉수	25	100			
계	191.5	766	계	581	1,452.5

2. 수검자 유의사항

세부 항목	항목별 유의사항
1. 재료 계량	※ 껍질 재료를 계량하여 따로따로 재료별로 계량대에 진열함. ※ 제한 시간 7분 내에 전 재료 계량을 완료해야 만점 ※ 계량대, 재료대, 통로 등에 흘리는 재료가 없어야 만점 ※ 전 재료가 정확해야 만점. 1개라도 오차가 있으면 감점
2. 반죽 제조	※ 요구사항대로 손 반죽으로 제조
(1) 믹싱법	(1) 용기에 냉수를 붓고 설탕과 소금을 넣어 용해시킨다. (2) 여기에 생크림을 넣고 혼합한 후 노른자를 풀어서 첨가하여 고르게 섞어 준다. (3) 작업대 위에 체질한 중력분을 모아 놓고 버터에 뿌려 주면서 스크레이퍼를 사용하여 콩알 크기로 다진다(블렌딩법). (4) 다시 손으로 비벼서 푸슬푸슬한 가루 상태로 되면 화산 분화구처럼 모양을 잡아 (2)의 액체 재료를 가운데에 부으면서 한 덩어리의 반죽으로 만든다. 너무 치대지 않는다. (5) 반죽을 비닐에 싼 후 손바닥으로 눌러서 사각형의 널빤지 모양을 만든다.
(2) 반죽 상태	(1) 전 재료가 균일하게 혼합되고 수화(水化)되어야 한다. (2) 버터 입자가 반죽 속에 남아 있어야 한다(결이 있는 제품).
3. 껍질 반죽 휴지	(1) 냉장 온도에서 20~30분간 표피가 마르지 않게 비닐봉지 등으로 싸서 휴지시킨다. (2) 손가락으로 살짝 눌렀을 때 자국이 그대로 남으면 된다.
4. 충전물 준비	(1) 설탕에 계핏가루를 넣고 섞은 다음 물엿과 물을 첨가한 후 중탕으로 설탕을 완전히 용해시킨다. (2) 다른 용기에 거품기를 사용하여 전란의 알 끈이 없어질 때까지 풀어준다. 이때 거품이 일어나지 않도록 한다. (3) (2)에 (1)을 천천히 넣으면서 섞는다. 위생지를 재단하여 윗면에 덮고 냉각시키면 위생지에 거품이 묻어 제거된다.

세부 항목	항목별 유의사항
5. 전체 공정	(1) 3의 휴지가 끝난 반죽을 0.35cm 정도의 두께로 밀어 편다. 　두께가 일정해야 바닥 색이 균일하게 된다. 너무 얇으면 부스러지기 쉽다. (2) 제시된 팬에 맞도록 반죽을 재단하고 팬 바닥과 테두리에 빈 공간이 생기지 않도록 손가락으로 눌러 밀착시킨다 　(공기가 있으면 굽기 중 껍질이 들떠서 균형이 나빠진다). (3) 테두리는 양손의 엄지와 검지를 사용하여 교차로 눌러 지그재그 형태의 주름을 만든다. (4) 포크 등 기구로 바닥 반죽에 여러 개의 구멍을 낸다. (5) 팬 바닥이 안 보일 정도로 구운 호두 분태를 뿌린 후 충전물 시럽을 붓고 (70~80% 정도) 기포를 제거한다. (6) 평철판 위에 파이 팬을 적정 간격으로 배열한다.
6. 굽기	
(1) 굽기 관리	(1) 온도=170/160℃에서 30~40분간(시간보다 상태로 판단) (2) 윗면 색깔이 진해지면 윗불 온도를 낮추고 굽는다. (3) 구운 후 뜨거운 열기가 빠져나간 뒤에 팬에서 뺀다.
(2) 구운 상태	(1) 밑 껍질이 완전히 익고 충전물이 끓어 넘치지 않아야 한다. (2) 충전물의 층이 선명해야 한다.
7. 정리 정돈 개인위생	(1) 사용한 기구 및 작업대와 주위를 깨끗이 청소하고 정리 정돈을 잘한다. (2) 깨끗한 위생복, 위생모를 착용하고 두발, 손톱 등을 단정하고 청결하게 한다.
〈제품 평가〉	※ 각 항목마다 상품 가치가 없다고 판단되면 0점 처리
8. 부피	(1) 껍질 직경에 대한 충전물의 양이 적당하여 부피이 있다. (2) 윗면이 움푹 들어가거나 솟구치지 않아야 한다.

세부 항목	항목별 유의사항
9. 균형	(1) 대칭을 이룬 원반형으로 테두리 주름이 일정해야 한다. (2) 어느 부위가 주저앉거나 일그러지지 않아야 한다.
10. 껍질	(1) '결'이 있는 껍질로 바닥과 옆면에 밝은 갈색이 나야 한다. (2) 충전물이 껍질을 적셔 누글누글해지지 않아야 한다. (3) 터지거나 타거나 뒤틀리지 않아야 한다.
11. 내상	(1) 충전물의 '되기'가 알맞고 밀도가 적당해야 한다. (2) 구운 후 충전물의 '층'이 선명해야 한다.
12. 맛과 향	(1) 파이 껍질과 충전물이 조화를 이루어 호두파이 특유의 맛과 향이 나야 한다. (2) 껍질이 탄 맛, 생재료 맛, 과도한 덧가루에 의한 팁팁한 맛, 충전물 조리와 굽기 중 이미(異味) 등이 없어야 한다.

6-20 초코롤 (1시간 50분)

△ 충전물 준비

△ 팬닝

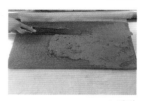
△ 말기

1. 요구사항

1) 초코롤을 제조하여 제출하시오.

① 배합표의 각 재료를 계량하여 재료별로 진열하시오(7분).
  - (재료당 1분) → [감독위원 계량 확인] → 작품 제조 및 정리 정돈
    (전체 시험 시간-재료 계량 시간)
  - 재료 계량 시간 내에 계량을 완료하지 못하여 시간이 초과된 경우 및 계량을 잘못한 경우는
    추가의 시간 부여 없이 작품 제조 및 정리 정돈 시간을 활용하여 요구사항의 무게대로 계량
  - 계란의 계량은 감독위원이 지정하는 개수로 계량

② 반죽은 공립법으로 제조하시오.

③ 반죽 온도는 24℃를 표준으로 하시오.

④ 반죽의 비중을 측정하시오.

⑤ 제시한 철판에 알맞도록 팬닝하시오.

⑥ 반죽은 전량을 사용하시오.

⑦ 충전용 재료는 가나슈를 만들어 사용하시오.

⑧ 시트를 구운 윗면에 가나슈를 바르고, 원형이 잘 유지되도록 말아 제품을 완성하시오.
  (반대 방향으로 롤을 말면 성혀 및 제품 평가 해당 항목 감점)

재 료	비 율(%)	무 게(g)
박력분	100	168
계란	285	480
설탕	128	216
코코아파우더	21	36
베이킹소다	1	2
물	7	12
우유	17	30
계	559	944

(※ 충전용 재료는 계량 시간에서 제외)

재 료	비 율(%)	무 게(g)
다크 커버츄어	119	200
생크림	119	200
럼	12	20

2. 수검자 유의사항

세부 항목	항목별 유의사항
	1) 항목별 배점은 제조 공정 60점, 제품 평가 40점입니다. 2) 시험 시간은 재료 계량 시간이 포함된 시간입니다. 3) 안전사고가 없도록 유의합니다. 4) 의문 사항이 있으면 감독위원에게 문의하고, 감독위원의 지시에 따릅니다. 5) 다음과 같은 경우에는 채점 대상에서 제외됩니다. 미완성 – 시험 시간 내에 작품을 제출하지 못한 경우 기권 – 수험자 본인이 수험 도중 기권한 경우 실격 – 작품의 가치가 없을 정도로 타거나 익지 않은 경우 – 주요 요구사항(수량, 모양, 반죽 제조법)을 준수하지 않았을 경우 – 지급된 재료 이외의 재료를 사용한 경우 – 시험 중 시설·장비의 조작 또는 재료의 취급이 미숙하여 위해를 일으킬 것으로 감독위원 전원이 합의하여 판단한 경우
1. 반죽 제조	※ 요구사항대로 공립법으로 제조
(1) 믹싱법	(1) 계란에 + 설탕을 넣고 믹싱하여 반죽을 아이보리색, 선명한 선이 발생하는 상태로 믹싱을 한다. (2) 박력분 + 코코아 + 베이킹소다를 혼합하여 체를 치고, 위 (1)의 반죽에 넣어 가볍게 혼합한다. (3) 가루가 보이지 않으면 우유, 물을 넣으면서 반죽의 되기를 조절한다.
(2) 반죽 상태	(1) 전 재료가 균일하게 혼합되도록 한다. (2) 적정한 공기가 함유되어 부피를 이루고 되기도 유지해야 한다.
(3) 반죽 온도	(1) 요구사항 24℃ 전후가 되도록 한다. (2) 작업실 온도를 고려하여 계란 온도를 조절하거나 물리적인 조치를 취해도 좋다.

세부 항목	항목별 유의사항
(4) 비중	(1) 0.5±0.05 전후가 되면 양호 (2) 계란 거품 올리기와 밀가루 혼합이 비중에 중요한 영향을 준다.
2. 팬 넣기	
(1) 팬 준비	(1) 믹싱 시간 등을 활용하여 사전에 팬 준비를 한다. (2) 평철판에 팬에 맞도록 종이를 재단하여 깔개 종이로 한다.
(2) 팬에 반죽 넣기	(1) 제시한 팬에 맞는 양을 담는 작업을 능숙하게 하고 반죽의 손실을 최소로 한다. (2) 팬에 넣은 후 평평한 도구를 이용하여 윗면을 고르게 하고, 반죽 중의 큰 공기 방울을 제거하는 것이 좋다.
3. 굽기	
(1) 굽기 관리	(1) 전체 온도를 180℃/160℃ 전후로 맞추고 굽는다. 오븐 앞면과 뒷면 가장자리와 중앙에 따라 온도 차이가 나면 적절한 시간에 위치를 바꾸어 준다. (2) 오버 베이킹이 되지 않도록 주의한다.
(2) 구운 상태	(1) 속이 완전히 익고, 껍질 색이 진해지지 않도록 구워야 한다. (2) 바닥 색의 껍질이 너무 나지 않도록 구워야 한다.
4. 말기	(1) 제품의 윗면이 롤의 안쪽으로 들어갈 수 있도록 하고, 바닥이 롤이 겉면이 될 수 있도록 한다(롤 제품 말기 시에 껍질에 충전 크림을 바를 수 있도록 주의한다). (2) 마는 작업을 능숙하게 해야 하고, 충전물 크림이 굳기 전에 부드럽게 잘 말 수 있도록 한다. (3) 이음매를 아래로 하여 벌어지지 않게 한다.

※ 충전물 제조하기

(1) 초콜릿을 중탕 용해하고, 초콜릿이 너무 높은 온도로 올라가지 않도록 주의한다.
(2) 생크림을 70-80%까지 믹싱한 후 적정한 온도로 식은 초콜릿을 넣고 혼합한다.
(3) 럼주를 넣고 가볍게 혼합한다.
(4) 초콜릿의 온도가 굳기 않도록 제품 말기 전에 크림을 제조하여 사용하도록 한다.

세부 항목	항목별 유의사항
〈제품 평가〉	※ 각 항목마다 상품 가치가 없다고 판단되면 0점 처리
5. 부피	(1) 팬에 맞는 반죽량으로 적정한 부피가 되어야 한다. (2) 말은 제품의 부피가 균일해야 한다.
6. 균형	(1) 찌그러짐이 없이 균형 잡힌 원기둥 모양이어야 한다. (2) 굵거나 가는 부위가 없이 대칭이어야 한다
7. 껍질	(1) 터짐, 주름이 없어야 한다. (2) 껍질 색깔이 고르고, 윗면이 얼룩이 없도록 해야 한다. (3) 반죽의 덩어리가 껍질 부분이 나오지 않도록 해야 한다.
8. 내상	(1) 기공과 조직이 부위별로 균일하고, 충전 크림의 두께가 균일해야 한다. (2) 지나치게 눌려 있거나 허술해서는 안 된다. (3) 줄무늬, 반점, 계란 고형질, 덩어리진 반죽이 없도록 한다.
10. 맛과 향	(1) 식감이 부드럽고 초코 롤 케이크 특유의 맛과 향이 충전 크림과 어울려야 한다. (2) 속이 끈적거리거나 탄 냄새, 생재료 맛 등이 나면 안 된다.

빵도넛 (3시간)

△ 모양 만들기

△ 한 면 먼저 튀기기

△ 계피설탕 묻히기

1. 요구사항

1) 빵도넛을 제조하여 제출하시오.

① 배합표의 각 재료를 계량하여 재료별로 진열하시오(12분).
- (재료당 1분) → [감독위원 계량 확인] → 작품 제조 및 정리 정돈(전체 시험 시간-재료 계량 시간)
- 재료 계량 시간 내에 계량을 완료하지 못하여 시간이 초과된 경우 및 계량을 잘못한 경우는 추가의 시간 부여 없이 작품 제조 및 정리 정돈 시간을 활용하여 요구사항의 무게대로 계량
- 계란의 계량은 감독위원이 지정하는 개수로 계량

② 반죽을 스트레이트법으로 제조하시오(단, 유지는 클린업 단계에서 첨가하시오).

③ 반죽온도는 27℃를 표준으로 하시오.

④ 분할 무게는 46g씩으로 하시오.

⑤ 모양은 8자형 22개와 트위스트형(꽈배기형) 22개로 만드시오.

⑥ 반죽은 전량을 사용하여 성형하시오.

순 서	※※ 재 료	비 율(%)	무 게(g)
1	강력분	80	880
2	박력분	20	220
3	설 탕	10	110
4	쇼트닝	12	132
5	소 금	1.5	16.5(16)
6	탈지분유	3	33(32)
7	이스트	5	55(56)
8	제빵 개량제	1	11(10)
9	바닐라 향	0.2	2.2(2)
10	달 걀	15	165(164)
11	물	46	506
12	넛메그	0.3	3.3(3)
	계	194	2,134(2,131)

2. 수검자 유의사항

세 부 항 목	항 목 별 유 의 사 항
1. 배합표 작성	※ 제한 시간 내에 전부 맞으면 만점 ※ % → g = % × 11, g → % = g ÷ 11 　　탈지분유 3%가 33g이므로 11을 곱하거나 11으로 나눈다. ※ 위에서 순서대로 (880) (220) (110) (132) (16.5) (33) (55) (11) (2.2) (165) (506) (3.3) (194%) (2134g)
2. 재료 계량 (1) 계량 시간 (2) 재료 손실 (3) 정확도	※ 재료를 계량하여 따로따로 재료별로 계량대에 진열함. ※ 제한 시간 내에 전 재료 계량을 완료해야 만점 ※ 계량대, 재료대, 통로 등에 흘리는 재료가 없어야 만점 ※ 전 재료가 정확해야 만점, 1개라도 오차가 있으면 감점
3. 반죽 제조 (1) 혼합 순서 (2) 반죽 상태 (3) 반죽 온도	※ 요구사항대로 "스트레이트법"으로 제조 (1) 쇼트닝을 제외한 전 재료를 믹서 볼에 넣고 (2) 저속으로 수화시키고 중속으로 믹싱하다가 (3) 「클린업 단계」에서 쇼트닝을 넣고 믹싱한다. (4) 「최종 단계」 전반에서 믹싱을 완료한다(중속). 　　　저속=2분, 중속=10분 정도 ※ 일반 식빵의 80~85% 수준의 반죽 상태 ※ 요구사항 27℃ 전후가 되도록 한다.

세부항목	항목별 유의사항
4. 1차 발효 　(1) 발효 관리 　(2) 발효 상태	※ 온도 27℃ 전후, 상대습도 75~80% 전후의 조건에서 60~ 　90분간 발효(시간보다는 상태로 판단) ※ 처음 부피의 3~3.5배로 부푼 상태
5. 분할 　(1) 시간 　(2) 숙련도	※ 요구사항대로 46g씩 분할 ※ 46g씩 46개로 가급적 빠른 시간에 분할한다. ※ 분할 반죽당 무게 편차가 적어야 하며, 대강의 무게를 감 　지하고 한두 번의 반죽 가감으로 완료한다.
6. 둥글리기	※ 반죽 표면이 매끄럽게 되도록 능숙하게 작업한다.
7. 중간 발효	※ 15분 전후의 시간에 표피가 마르지 않도록 조치한다.
8. 정형 　(1) 숙련도 　(2) 정형 상태	※ 가스빼기와 8자 꼬기를 능숙하게 작업한다. 과도한 덧가루 　는 솔로 털어낸다. ※ 반죽 꼬기가 균일한 상태가 되어 8자형이 일정한 모양이 　되도록 한다(다른 모양이 지정되어도 마찬가지이다).
9. 2차 발효 　(1) 발효 관리 　(2) 발효 상태	※ 온도 35~38℃ 전후, 상대습도 75~80% 전후의 조건에서 30~ 　35분간 발효(시간보다는 상태로 판단) ※ 다소 건조한 표피의 반죽으로 튀기기 전에 10~15분 풀로어타 　임을 준다(튀김 중 자연히 주게 됨).
10. 튀기기 　(1) 튀김 관리 　(2) 튀긴 상태 　(3) 설탕 묻히기	※ 튀김기름의 온도를 185℃로 맞추고 한 면의 튀김 시간을 　50~60초 정도로 양면 튀김이 2분 전후 ※ 잘 익고 양면의 색이 황금 갈색이 되며 옆면은 아주 연한 색으 　로 구분이 되도록 한다. ※ 제공하는 도넛 설탕류를 고루 묻힌다.
11. 정리 정돈, 청소, 　개인위생	(1) 사용한 기구 및 작업대와 주위를 깨끗이 청소하고 정리 정 　돈을 잘한다. (2) 깨끗한 위생복, 위생모를 착용하고 두발, 손톱 등을 단정하 　고 청결하게 한다.
〈제품 평가〉	※ 각 항목마다 상품 가치가 없다고 판단되면 0점 처리됨.
12. 부피	※ 분할 무게에 대하여 부피가 알맞고 균일해야 된다. 튀김 중 자주 　뒤집으면 부피가 작아진다. 튀김 온도가 낮으면 너무 퍼지고 부 　피가 커진다

세부항목	항목별 유의사항
13. 균형	※ 찌그러짐이 없이 균일한 모양을 지니고 균형이 잘 잡혀야 한다. 튀김 중에 모양을 잘 잡도록 하고 튀기기 전 반죽의 원형(原形)이 변하지 않도록 한다.
14. 껍질	※ 부위별로 고른 색깔이 나며 반점과 줄무늬 등이 없어야 한다. 옆면은 색깔이 여려서 앞·뒷면과 구별되어야 한다.
15. 내상	※ 기공과 조직이 부위별로 고르게 되어야 한다. 밝은 미색 내지 백색으로 흡유 상태가 균일해야 한다. 너무 느끼한 속이 되지 않도록 한다.
16. 맛과 향	※ 식감이 부드럽고 탄력성이 있어야 하며, 느끼한 기름맛이 나지 않고 발효 향이 온화해야 한다. 끈적거림, 탄 냄새, 생재료 맛 등이 없어야 한다.

7-2　소시지빵 (3시간 30분)

△ 낙엽 모양 정형

△ 꽃잎 모양 정형

△마무리 토핑

1. 요구사항

1) 소시지빵을 제조하여 제출하시오.

① 반죽 재료를 계량하여 재료별로 진열하시오(10분).
　(토핑 및 충전물 재료의 계량은 휴지 시간을 활용하시오.)
- (재료당 1분) → [감독위원 계량 확인] → 작품 제조 및 정리 정돈
　(전체 시험 시간-재료 계량 시간)
- 재료 계량 시간 내에 계량을 완료하지 못하여 시간이 초과된 경우
　및 계량을 잘못한 경우는 추가의 시간 부여 없이 작품 제조 및 정리 정돈 시간을 활용하여 요구사항의 무게대로 계량
- 계란의 계량은 감독위원이 지정하는 개수로 계량

② 반죽은 스트레이트법으로 제조하시오.　　③ 반죽 온도는 27℃를 표준으로 하시오.
④ 반죽 분할 무게는 70g씩 분할하시오.
⑤ 완제품(토핑 및 충전물 완성)은 12개 제조하여 제출하시오.
⑥ 충전물은 발효 시간을 활용하여 제조하시오.
⑦ 정형 모양은 낙엽 모양 6개와 꽃잎 모양 6개씩 2가지로 만들어서 제출하시오.

[반죽]

재 료	비 율(%)	무 게(g)
강력분	80	560
중력분	20	140
생이스트	4	28
제빵 개량제	1	6
소금	2	14
설탕	11	76
마가린	9	62
탈지분유	5	34
계란	5	34
물	52	364
계	189	1,318

[토핑 및 충전물]

재 료	비 율(%)	무 게(g)
프랑크 소시지	100	(480)
양파	72	336
마요네즈	34	158
피자치즈	22	102
케첩	24	112
계	252	1,188

2. 수검자 유의사항

세부 항목	항목별 유의사항
1. 재료 계량	※ 재료를 계량하여 따로따로 재료별로 계량대에 진열함. ※ 제한 시간 내에 전 재료 계량을 완료해야 만점 ※ 계량대, 재료대, 통로 등에 흘리는 재료가 없어야 한다. ※ 전 재료가 정확해야 만점, 1개라도 오차가 있으면 감점
2. 반죽 제조	※ 요구사항(스트레이트법)대로 제조
(1) 믹싱법	(1) 믹서 볼에 유지를 제외한 모든 재료를 넣고 믹싱한다(저속=분, 중속=2~3분). (2) 클린업 단계에서 유지를 넣고 발전 단계 후기까지 믹싱한다.
(2) 반죽 상태	(1) 발전 단계 후기에서 최종 단계 초기의 반죽 (2) 글루텐 피막이 곱고 매끄러운 반죽이 되도록 한다.
(3) 반죽 온도	※ 27℃를 표준으로 한다(± 1℃ 이내로 맞춘다).
3. 제1차 발효	반죽의 표피를 매끄럽게 만들어
(1) 발효 관리	(1) 온도=27℃ 전후 (2) 상대습도=75~80% 전후의 발효실에서 (3) 시간=50~60분 발효(시간보다는 상태로 판단)
(2) 발효 상태	※ 글루텐 숙성이 잘된 상태(손가락 시험, 섬유질 상태)
4. 분할	(1) 70g씩 분할 (2) 제한 시간 안에 전부를 능숙하게 분할한다. (3) 분할 반죽당 무게 편차가 작아야 한다.
5. 둥글리기	(1) 능숙하게 둥글려 반죽 표면을 매끄럽게 만든다. (2) 먼저 분할한 순서로 둥글리기를 한다.
6. 중간 발효	(1) 표피가 마르는 것을 방지하는 조치를 한다. (2) 실온에서 10~20분간 발효시킨다.
7. 정형	(1) 반죽을 손으로 눌러 가스를 뺀다. (2) 소시지를 반죽 위에 올려놓고 만다(roll). (3) 이음매 부분이 밑으로 가게 하여 배열한다. (4) 가위 등을 이용하여 비스듬히(약 45°) 2/3 정도로 절단하고 좌우로 잘린 단면이 보이도록 펼치면 '낙엽 모양'이 된다. (5) 이음매 부분이 밑으로 가게 한 상태에서 칼집을 6개를 만들면 반죽이 7개가 되어 잘린 단면이 보이도록 둥글게 펼치면 '꽃잎 모양'이 된다.

8. 팬에 놓기	(1) 평철판 안쪽에 기름을 균일하게 칠하고 정형한 반죽의 이음매가 바닥 쪽으로 가게 한다. (2) 간격을 알맞게 유지시키면서 배열한다.
9. 제2차 발효	
(1) 발효 관리	(1) 온도=35~38℃ (2) 상대습도=80~85% (3) 시간=30~35분
(2) 발효 상태	(1) 발효가 다소 부족한 상태에서 꺼낸다. (2) 반죽 위에 다진 양파와 마요네즈를 섞어 바르고 피자치즈를 올린 다음 케첩을 뿌려서 마무리한다.
10. 굽기	
(1) 굽기 관리	(1) 오븐 온도를 200/160℃ 전후로 맞추고 굽는다. 오븐의 내부 위치에 따라 온도 차이가 나면 적절한 시간에 위치를 바꾸어준다. (2) 시간=15~20분(시간보다 상태로 판단)
(2) 구운 상태	(1) 속이 완전히 익고, 껍질 색이 균일해야 한다. (2) 빵 윗면 또는 밑면이 타거나 너무 진해서는 안 된다.
11. 정리 정돈, 청소, 개인위생	(1) 사용한 기구 및 작업대와 주위를 깨끗이 청소하고 정리 정돈을 잘한다. (2) 깨끗한 위생복, 위생모를 착용하고 두발, 손톱 등을 단정하고 청결하게 한다.
12. 부피	(1) 분할량에 대해 적정한 부피가 되어야 한다. (2) 충전물이나 토핑의 두께가 일정하며 부피감이 있어야 좋다.
13. 균형	(1) 낙엽 모양과 꽃잎 모양이 각각 찌그러짐이 없이 균일한 모양을 지니고 균형이 잘 잡혀야 한다. (2) 껍질과 충전물의 양이 균형을 이루어야 한다.
14. 껍질	(1) 껍질과 토핑의 색상이 각각 먹음직스러워야 한다. (2) 옆면과 밑면에도 적정한 색이 나고, 윗면의 토핑이 균일하게 분포되어 있어야 시각적 효과가 크다. (3) 타거나 익지 않은 부분이 있어서는 안 된다.
15. 내상	(1) 기공과 조직이 부위별로 균일해야 한다. (2) 너무 조밀하거나 큰 공기구멍이 없어야 한다. (3) 익지 않은 부위가 없어야 한다(언더베이킹에 유의).
16. 맛과 향	(1) 소시지빵 특유의 맛과 향이 조직감과 조화를 이루어 조리빵의 특성을 나타내야 한다. (2) 속이 끈적거리거나 탄 냄새, 생재료 맛 등이 나면 안 된다. (3) 소시지와 토핑의 향미가 빵의 맛과 서로 잘 어울려야 한다. (4) 건조한 식감은 조리빵의 특성을 잃는다.

7-3 식빵(비상스트레이트법) (2시간 40분)

△ 둥글리기

△ 밀어 펴기

△ 팬에 담기

1. 요구사항

1) 식빵(비상 스트레이트법)을 제조하여 제출하시오.

① 배합표의 각 재료를 계량하여 재료별로 진열하시오(8분).
  • (재료당 1분) → [감독위원 계량 확인] → 작품 제조 및 정리 정돈
  (전체 시험 시간-재료 계량 시간)
  • 재료 계량 시간 내에 계량을 완료하지 못하여 시간이 초과된 경우 및 계량을 잘못한 경우는
  추가의 시간 부여 없이 작품 제조 및 정리 정돈 시간을 활용하여 요구사항의 무게대로 계량
  • 계란의 계량은 감독위원이 지정하는 개수로 계량
② 비상스트레이트법 공정에 의해 제조하시오(반죽 온도는 30℃로 한다).
③ 표준 분할 무게는 170g으로 하고, 제시된 팬의 용량을 감안하여 결정하시오.
  (단, 분할 무게×3을 1개의 식빵으로 함)
④ 반죽은 전량을 사용하여 성형하시오.

재료	비상 스트레이트법	
	비율(%)	무게(g)
강력분	100	1200
물	63	756
이스트	5	60
제빵개량제	2	24
설탕	5	60
쇼트닝	4	48
탈지분유	3	36
소금	1.8	21.6(22)
계	183.8	2,205.6(2,206)

2. 수검자 유의사항

세부항목	항목별 유의사항
1. 배합표 작성	※ 필수 조치 : (1)물 = 62% + 1% = 63% =〉1200g × 0.63 = 756g (2) 이스트=3%×1.5 = 4.5% =〉 1200g×0.045 = 54g (3) 설탕=6% −1% = 5% =〉 1200g×0.05 = 60g (4) 믹싱 시간= 16분×1.25 = 20분 (5) 반죽 온도= 30℃ (6) %×12 → g 이므로 이스트 푸드 = 2.4g, 탈지분유=36g, 소금=24g
2. 재료 계량 (1) 계량 시간 (2) 재료 손실 (3) 정확도	※ 용도별로 재료를 계량하여 따로따로 계량대에 진열한다. ※ 제한 시간 내에 전 재료 계량을 완료해야 만점 ※ 계량대, 재료대, 통로 등에 흘리는 재료가 없어야 만점 ※ 전 재료가 오차 범위 내에서 정확해야 만점
3. 반죽 공정	※ 요구사항에 따라 '비상 스트레이트법'으로 제조
(1) 혼합 순서	(1) 쇼트닝을 제외한 전 재료를 믹서 볼에 넣고 (2) 1단 속도로 수화시키고 2단 속도로 믹싱 (3) '클린업 단계'에서 유지를 첨가하고 일반 식빵보다 25% 정도 더 믹싱한다.
(2) 반죽 상태	(1) '최종 단계' 후기의 반죽을 만든다. (2) 글루텐 피막이 곱고 매끄러운 반죽이 되어야 한다.
(3) 반죽 온도	(1) 30℃ 〈==일반법 온도 27℃는 비상법에서 상승시킨다. (2) 물 온도=30×3-(실내온도+밀가루 온도+마찰계수)로 계산
4.제1차발효 (1) 발효 관리 (2) 발효 시간 (3) 발효 상태	(1) 온도=30℃ 전후, 상대습도=75~80% 전후의 조건에서 발효 (2) 비상법이기 때문에 15~30분간 발효(비상법의 특징) (3) 믹싱에 의한 기계적인 글루텐 발달이 진행된 상태이므로 어린 발효 상태가 된다.
5. 분할 (1)시간 (2)숙련도	* 요구사항대로 170g씩 분할 * 팬의 용적에 따라 변경 가능 (1) 가급적 빠른 시간 내에 12개로 분할==〉4개의 식빵이 된다. (2) 6분 이내에 분할 (1) 1~2회의 수정(가감)으로 능숙하게 분할이 끝나야 한다. (2) 분할 반죽당 무게 편차가 적어야 한다.

세부항목	항목별 유의사항
6. 둥글리기	(1) 다음 공정을 쉽게 할 수 있도록 일관된 모양으로 둥글리기 (2) 공 모양으로 표면이 매끄럽게 되도록 능숙하게 작업
7. 중간발효	(1) 작업대 위에서 15~20분간 중간 발효 (2) 표피가 마르지 않도록 천, 비닐, 랩 등으로 덮는다.
8. 성형 　(1)밀어 펴기 　(2)정형	(1) 가스 빼기와 필요한 두께로 밀어펴는 공정 (2) 밀대를 사용하여 밀어펴고 과도한 덧가루는 털어낸다. (1) 팬에 넣기 전 최종적으로 모양과 길이를 맞추는 공정 (2) 밀어 편 반죽을 길이로 단단하게 마는(roll) 공정 (3) 이음매를 탄탄하게 봉합하고 모양을 균형 있게 만든다.
9. 팬 넣기	(1) 식빵팬 안쪽에 팬기름 적정량을 균일하게 칠한다. (2) 이음매가 바닥에 가도록 팬에 넣고 모양을 잡는다.
10. 제2차 발효 　(1) 발효 관리 　(2) 발효 상태	굽기 전 최종 팽창 또는 최종 발효를 시키는 공정 (1) 온도=35~43℃, 상대습도=80~90%에서 발효 (2) 팬 테두리 위로 발효 반죽이 1~2cm 정도 올라온 상태 (3) 시간=40~50분(시간보다 상태로 판단)
11. 굽기 　(1) 굽기 관리 　(2) 구운 상태	(1) 오븐의 높은 온도로 전분을 호화시켜 구조를 형성 (2) 상단=180℃, 하단=200℃의 오븐 온도에서 굽기 (3) 오븐 내 온도 편차가 나면 팬의 위치를 바꾸어 준다. (1) 전체가 잘 익고 황금 갈색의 껍질 색을 내야 한다. (2) 바닥과 옆면에도 적절한 색상이 나야 한다. (3) 언더 베이킹 또는 오버 베이킹이 되지 않게 주의한다.
12. 냉각	(1) 오븐에서 나오면 즉시 빵을 팬에서 꺼낸다. (2) 적정 포장 온도 : 제품 내부 온도가 35~40℃
13. 정리 정돈, 　청소, 개인위생	(1) 사용한 기구 및 작업대와 그 주위를 깨끗이 청소하고 정리 정돈을 잘한다. (2) 깨끗한 위생복, 위생모, 안전화를 착용하고 두발, 손톱 등을 단정하고 청결하 　게 한다.
〈제품 평가〉	※ 각 항목마다 상품 가치가 없다고 판단되면 0점 처리
14. 부피	(1) 부피는 빵 내부 특성에도 중요한 영향을 준다. (2) 분할 무게와 팬 용적에 대하여 알맞고 균일해야 한다.

세부항목	항목별 유의사항
15. 균형	(1) 전후, 좌우 대칭으로 균형이 잘 잡혀야 한다. (2) 찌그러짐이 없고 터짐이 균일한 모양이어야 한다. (3) 주름이 없고 산(山) 모양이 일정해야 한다.
16. 껍질	(1) 껍질 두께가 비교적 얇고 탄력성이 있어야 한다. (2) 껍질 색이 균일한 황금 갈색으로 반점이나 줄무늬가 없어야 한다. (3) 껍질 색에 광택이 나며 바닥과 옆면에도 색이 나야 한다. * 옆면의 색이 너무 여리면 제품이 주저앉는 경우 발생
17. 내상	(1) 기공과 조직이 부위별로 고르며 부드러워야 한다. (2) 얇은 세포벽을 가진 비교적 작고 균일한 기공을 가지고 있어야 한다. (3) 부드럽고 탄력성이 좋은 조직을 가지고 있어야 한다. (4) 백색에서 크림색으로 부스러지거나 축축하지 않아야 한다.
18. 맛과 향	(1) 씹을 때 깔끔한 촉감이 있으며 생동감(spring back)을 가지는 식감이 있어야 한다. (2) 온화한 발효 향이 조직감과 어울려야 한다. (3) 끈적거림, 탄 냄새, 생재료, 설익은 반죽 맛 등이 나지 않아야 한다.

7-4 단팥빵(비상스트레이트법) (3시간)

△ 팥앙금 싸기

△ 가운데 눌러주기

△ 2차 발효 상태

1. 요구사항

1) 단팥빵(비상스트레이트법)을 제조하여 제출하시오.

① 배합표의 각 재료를 계량하여 재료별로 진열하시오(9분).
  • (재료당 1분) → [감독위원 계량 확인] → 작품 제조 및 정리 정돈(전체 시험 시간-재료 계량 시간)
  • 재료 계량 시간 내에 계량을 완료하지 못하여 시간이 초과된 경우 및 계량을 잘못한 경우는 추가의 시간 부여 없이 작품 제조 및 정리 정돈 시간을 활용하여 요구사항의 무게대로 계량
  • 계란의 계량은 감독위원이 지정하는 개수로 계량
② 반죽은 비상스트레이트법으로 제조하시오.
  (단, 유지는 클린업 단계에 첨가하고, 반죽 온도는 30℃로 한다.)
③ 반죽 1개의 분할 무게는 50g, 팥앙금 무게는 40g으로 제조하시오.
④ 반죽은 전량을 사용하여 성형하시오.

	재료	비상 스트레이트법	
		비율(%)	무게(g)
1	강력분	100	900
2	물	48	432
3	이스트	7	63(64)
4	제빵개량제	1	9(8)
5	소금	2	18
6	설탕	16	144
7	마가린	12	108
8	탈지분유	3	27(28)
9	계란	15	135(136)
	계	204	1,836(1,838)
	통팥앙금	150	1,440

2. 수검자 유의사항

세 부 항 목	항 목 별 유 의 사 항
1. 배합표 작성	※ 제한 시간 내에 전부 맞으면 만점 ※ %→ g = %×11,　g → % = g÷11 (밀가루 100%가 1100g) ① 물=1% 증가=〉(47+1=48%), 무게=1100g×0.48=528g ② 이스트=50% 증가=〉(4×1.5=6%), 무게=1100g×0.06=66g ③ 설탕=1% 감소=〉(17-1=16%), 무게=1100g×0.16=176g ④ 믹싱 시간=16분×1.25=20분 ⑤ * 이스트푸드=1.1g　* 마가린=12%　* 탈지분유=33g * 소금=22g 　　* 달걀=165g * 팥앙금=1540g * 소계 : (200.1%) -〉(202.1%), (2223.1g)
2. 재료 계량 (1) 계량 시간 (2) 재료 손실 (3) 정확도	※ 재료를 계량하여 따로따로 재료별로 계량대에 진열함. ※ 제한 시간 내에 전 재료 계량을 완료해야 만점 ※ 계량대, 재료대, 통로 등에 흘리는 재료가 없어야 만점 ※ 전 재료가 정확해야 만점. 1개라도 오차가 있으면 감점
3. 반죽 제조 (1) 혼합 순서 (2) 반죽 상태 (3) 반죽 온도	※ 요구 사항대로 '비상 스트레이트법'으로 제조 (1) 쇼트닝을 제외한 전 재료를 믹서 볼에 넣고 (2) 1단으로 수화시키고 2단 속도로 믹싱한다. (3) '클린업 단계'에서 유지를 첨가하고 일반 단과자 빵보다 　　20% 정도 더 믹싱한다. (1) '최종 단계' 중기의 반죽을 만든다. (2) 글루텐 피막이 곱고 매끄러운 반죽이 되도록 한다. ※ 스트레이트법에서 27℃는 비상 스트레이트법에서 30℃
4. 1차 발효 (1) 발효 관리 (2) 발효 시간 (3) 발효 상태	※ 온도 30℃ 전후, 상대습도 75~80% 전후의 조건에서 발효 ※ 15분간 발효(비상의 의미가 1차 발효에 있다) ※ 일반 단과자 빵에 비해 어린 상태
5. 분 할 (1) 시간 (2) 숙련도	※ 50g씩 36개를 가급적 빠른 시간 내에 정확하게 분할한다. ※ 분할 반죽당 무게 편차가 적어야 하며, 대강의 무게를 짐작하 　고 한두 번의 반죽 가감으로 완료한다.

세 부 항 목	항 목 별 유 의 사 항
6. 둥글리기	※ 반죽 표면이 매끄럽게 되도록 능숙하게 작업한다.
7. 중간 발효	※ 10~15분의 시간에 표피가 건조되지 않도록 조치한다.
8. 정형 (1) 시간 (2) 정형 상태	※ 가스 빼기와 **팥앙금**을 넣고 싸는 작업을 능숙하게 한다. ※ **팥앙금**이 반죽 내의 중앙에 위치하고 양이 같아야 한다. 눌러 놓고 모양을 잡았을 때 바닥에 비치지 않는다.
9. 팬 넣기	평철판에 기름칠을 골고루 하고 적절한 간격을 유지하여 나열시킨다. (계란칠 여부는 감독위원이 결정)
10. 2차 발효 (1) 발효 관리 (2) 발효 상태	※ 온도 35~43℃ 전후, 상대습도 85% 전후의 조건에서 30~35 분간 발효(시간보다 상태로 판단) ※ 가스 포집력이 최대인 상태(지치면 안 된다)

11. 굽기
(1) 굽기 관리
 	
(2) 구운 상태
	※ 전체 온도를 200/150℃에 맞추고 굽는다.
	  시간은 10~15분, 오븐 위치에 따라 온도 차이가 생기면 적절
	  한 시간에 팬의 위치를 바꾸어 준다.
	※ 전체가 잘 익어야 하고, 위 껍질 색이 황금 갈색으로 익지 않거
	  나 타지 말아야 한다. 옆면과 밑면에도 적절한 색이 나야 먹음
	  직스럽다.

12. 정리정돈, 청소,
 	
  개인위생
	(1) 사용한 기구 및 작업대와 주위를 깨끗이 청소하고 정리 정돈
	  을 잘한다.
	(2) 깨끗한 위생복, 위생모를 착용하고 두발, 손톱 등을 단정하고
	  청결하게 한다.

〈제품 평가〉	※ 각 항목마다 상품 가치가 없다고 판단되면 0점 처리됨.
13. 부피	※ 분할 무게에 대하여 부피가 알맞고 균일해야 된다. 팥앙금과 빵이 발효 정도에 따라 부피가 변화
14. 균형	※ 찌그러짐이 없이 균일한 모양을 지니고 균형이 잘 잡혀야 한 다.
15. 껍질	※ 질기거나 너무 두껍지 않으며, 부위별로 고른 색깔이 나며, 반 점이나 줄무늬가 없어야 한다.
16. 내상	※ 팥앙금이 제품 중앙 부분에 위치하고 밑바닥으로 비치지 않아야 한다.
17. 맛과 향	※ 식감이 부드럽고 팥앙금과 빵의 풍미가 조화를 이루어야 한다. 끈적거림, 탄 냄새, 생재료 맛 등이 없어야 한다.

7-5　그리니시 (2시간 30분)

△분할

△스틱 만들기

△굽기

1. 요구사항

1) 그리니시를 제조하여 제출하시오.

① 배합표의 각 재료를 계량하여 재료별로 진열하시오(8분).
- (재료당 1분) → [감독위원 계량 확인] → 작품 제조 및 정리 정돈(전체 시험 시간-재료 계량 시간)
- 재료 계량 시간 내에 계량을 완료하지 못하여 시간이 초과된 경우 및 계량을 잘못한 경우는 추가의 시간 부여 없이 작품 제조 및 정리 정돈 시간을 활용하여 요구사항의 무게대로 계량
- 계란의 계량은 감독위원이 지정하는 개수로 계량

② 전 재료를 동시에 투입하여 믹싱하시오(스트레이트법).

③ 반죽 온도는 27℃를 표준으로 하시오.

④ 분할 무게는 30g, 길이는 35~40cm로 성형하시오.

⑤ 반죽은 전량을 사용하여 성형하시오.

재 료	비 율(%)	무 게(g)
강력분	100	700
설탕	1	7(6)
건조 로즈메리	0.14	1(2)
소금	2	14
이스트	3	21(22)
버터	12	84
올리브유	2	14
물	62	434
계	182.14	1,275(1,276)

2. 수검자 유의사항

세부 항목	항목별 유의사항
1. 재료 계량	※ 재료를 계량하여 따로따로 재료별로 계량대에 진열함. ※ 제한 시간 내에 전 재료 계량을 완료해야 만점 ※ 계량대, 재료대, 통로 등에 흘리는 재료가 없어야 한다. ※ 전 재료가 정확해야 만점, 1개라도 오차가 있으면 감점
2. 반죽 제조	※ 요구사항(스트레이트법)대로 제조
(1) 믹싱법	(1) 모든 재료를 믹서 볼에 넣고 믹싱한다. (2) 저속=2분, 중속=5분 (3) 믹싱이 부족한 상태 (추후 성형 공정을 감안) ※ 최종 단계까지 믹싱하면 신전성이 양호하여 성형에 도움을 주고 양질의 제품을 만들 수도 있다(믹싱의 2 방법).
(2) 반죽 상태	(1) 반죽 믹싱이 부족하지만 전 재료가 균일하게 혼합되고 글루텐 형성 정도가 알맞은 반죽이 되도록 한다(일반법). (2) 최종 단계의 반죽으로 부드럽고 신장성이 큰 반죽
(3) 반죽 온도	※ 27℃를 표준으로 한다.
3. 제1차 발효	반죽의 표피를 매끄럽게 만들어
(1) 발효 관리	(1) 온도=28℃ 전후 (2) 상대습도=75~80% 전후의 발효실에서 (3) 시간=30분 내외의 조건에서 발효
(2) 발효 상태	(1) 일반 제품 반죽보다 발효가 부족한 상태 (2) 원래 반죽에 대한 팽창 정도로 판단한다.
4. 분할	(1) 30g씩 분할 (2) 제한 시간 안에 전부를 **능숙하게** 분할한다. (3) 분할 반죽당 무게 편차가 작아야 한다.
5. 둥글리기	(1) 능숙하게 둥글려 반죽 표면을 매끄럽게 만든다. (2) 먼저 분할한 순서로 둥글리기를 한다.
6. 중간 발효	(1) 표피가 마르는 것을 방지하는 조치를 한다. (2) 실온에서 15~20분간 발효시킨다.
7. 정형	(1) 반죽의 가스를 빼면서 약 35~40cm 길이의 원기둥 막대 모양으로 밀어 편다 (철판에 맞게 조절한다). (2) 길쭉한 원통형 막대기 모양으로 표면이 매끄럽고 두께가 일정해야 된다.

8. 팬에 놓기	(1) 평철판 안쪽에 기름을 균일하게 칠하고 정형한 반죽을 올려놓는다 (철판의 긴 쪽 사용). (2) 간격을 알맞게 유지시키면서 배열한다.
9. 제2차 발효 (1) 발효 관리	(1) 온도=30~32℃ (2) 상대습도=75~80% 조건의 발효실에서 (3) 시간=20~30분
(2) 발효 상태	(1) 원래 반죽보다 팽창된 정도로 판단 (2) 두께 팽창이 정형 반죽보다 약 100% 증가한 수준
11. 굽기 (1) 굽기 관리	(1) 오븐 온도를 210~220/150℃ 전후로 맞추고 굽는다. ※ 착색을 위하여 고온에서 굽는다(설탕을 적게 사용). 오븐의 내부 위치에 따라 온도 차이가 나면 적절한 시간에 위치를 바꾸어준다. (2) 시간=15~20분(시간보다 상태로 판단) *고온 굽기도 있음
(2) 구운 상태	(1) 속이 완전히 익고, 껍질 색이 균일해야 한다. (2) 표면이 건조한 상태 (3) 내부에 너무 많은 수분이 남지 않아야 한다.
12. 정리 정돈, 청소, 개인위생	(1) 사용한 기구 및 작업대와 주위를 깨끗이 청소하고 정리 정돈을 잘한다. (2) 깨끗한 위생복, 위생모를 착용하고 두발, 손톱 등을 단정하고 청결하게 한다.
13. 부피	(1) 분할 무게에 대해 적정한 부피가 되어야 한다. 너무 크거나 작으면 내부 조직에 많은 영향을 준다. (2) 2차 발효 상태, 굽기에 따라 부피가 달라지기 쉽다. (3) 정형 반죽= 1 => 발효 반죽= 2 => 구운 제품 = 2.5~3.0
14. 균형	(1) 찌그러짐이 없이 균일한 모양을 지니고 균형이 잘 잡혀야 한다. (2) 같은 팬에 구운 제품은 크기와 모양이 같아야 한다. (3) 스틱 모양이 일정하고 잘룩한 부분이 없어야 한다.
15. 껍질	(1) 전면에 색이 고르게 나야 한다. (2) 옆면과 밑면에도 적정한 색이 나야 먹음직스럽다. (3) 바삭거리는 특성을 지녀야 한다. (4) 타거나 익지 않은 부분이 있어서는 안 된다.
16. 내상	(1) 기공과 조직이 부위별로 균일해야 한다. (2) 너무 조밀하거나 큰 공기구멍이 많으면 안 된다. (3) 익지 않은 부위가 없어야 한다. (4) 수분이 너무 많으면 눅진눅진한 제품이 된다.
17. 맛과 향	(1) 그리시니 특유의 맛과 향이 조직감과 조화를 이루어야 한다. (2) 속이 끈적거리거나 탄 냄새, 생재료 맛 등이 나면 안 된다. (3) 바삭거림과 부드러움이 어우러진 특유의 식감을 가져야 한다.

7-6 밤식빵 (3시간 40분)

△밤 충전

△말기

△윗면 토핑

1. 요구사항

1) 밤식빵을 제조하여 제출하시오.

① 반죽 재료를 계량하여 재료별로 진열하시오(10분).
- (재료당 1분) → [감독위원 계량 확인] → 작품 제조 및 정리 정돈 (전체 시험 시간-재료 계량 시간)
- 재료 계량 시간 내에 계량을 완료하지 못하여 시간이 초과된 경우 및 계량을 잘못한 경우는 추가의 시간 부여 없이 작품 제조 및 정리 정돈 시간을 활용하여 요구사항의 무게대로 계량
- 계란의 계량은 감독위원이 지정하는 개수로 계량

② 반죽은 스트레이트법으로 제조하시오.

③ 반죽 온도는 27℃를 표준으로 하시오.

④ 분할 무게는 450g으로 하고, 성형 시 450g의 반죽에 80g의 통조림 밤을 넣고 정형하시오(한덩이:one loaf).

⑤ 토핑물을 제조하여 굽기 전에 토핑하고 아몬드를 뿌리시오.

⑥ 반죽은 전량을 사용하여 성형하시오.

(1) 빵 반죽

순 서	※※ 재 료	비 율(%)	무 게(g)	순 서	※※ 재 료	비 율(%)	무 게(g)
1	강력분	80	960	8	버터	8	96
2	중력분	20	240	9	탈지분유	3	36
3	물	52	624	10	계란	10	120
4	이스트	4.5	54		계	192.5	2,310
5	제빵 개량제	1	12		밤(다이스) 시럽 제외	35	420
6	소금	2	24				
7	설탕	12	144				

(2) 토핑용 밤식빵

순 서	※ ※ 재 료	비율(%)	무게(g)
1	마가린	100	100
2	설탕	60	60
3	베이킹파우더	2	2
4	계란	60	60
5	중력분	100	100
6	아몬드 슬라이스	50	50
	계	372	372

2. 수검자 유의사항

세 부 항 목	항 목 별 유 의 사 항
1. 배합표 작성	1) 본반죽 총 배합률＝193.1% 2) 분할 반죽 무게＝450g×5＝2,250g 3) 재료 무게＝2,250÷(1-0.029)＝2,250÷0.971≒2,317.199[g] 4) 밀가루 무게＝2,317.199÷1.931≒1,199.999＝g 미만은 올림→1,200g 5) 정답 1＝(1,200×0.8＝960), 2＝(1,200×0.2＝240), 3＝(1,200×0.55＝660) 4＝(1,200×0.03＝36), 5＝(1,200×0.001＝1.2), 6＝(1,200×0.02＝24) 7＝(1,200×0.12＝144), 8＝(1,200×0.08＝96), 9＝(1,200×0.03＝36) 10＝(1,200×0.1＝120) *계 (193.1)%, (2317.2) *당침 밤 11＝60g×5＝300g
2. 재료 계량 (1) 계량 시간 (2) 재료 손실 (3) 정확도	※ 계량한 재료는 섞지 말고 따로따로 진열한다. ※ 제한 시간 내에 전 재료를 계량한다. ※ 계량대, 작업대, 통로 등에 흘리는 재료가 없어야 된다. ※ 각 재료를 오차 없이 계량한다(오차가 있으면 감점).
3. 반죽 제조 (1) 믹싱법 (2) 반죽 상태 (3) 반죽 온도	※ 요구사항에 따라 '스트레이트법'으로 제조 (1) 버터를 제외한 전 재료를 믹서 볼에 넣는다. (2) 저속＝2분 → 중속＝4~8분 : (클린업 단계)+버터 (3) 저속＝1분 → 중속＝9~12분 : (최종 단계)에서 완료 ※ 글루텐 형성이 잘되어 '신장성과 탄력성'이 최대로 된 상태가 되어야 한다. ※ 요구사항대로 27±1℃로 맞춘다.

세 부 항 목	항 목 별 유 의 사 항
4. 제1차 발효 (1) 발효 관리 (2) 발효 상태	(1) 온도 : 27℃, 상대습도 : 75~80% 전후에서 적정 발효점까지 발효를 시킨다(60~90분). (2) 시간보다는 "발효 상태"로 판단 ※ 반죽 내부가 거미줄 같은 망상(網狀) 조직을 가지고 글루텐 숙성이 잘된 상태이어야 한다(손가락 시험, 조직, 발효된 부피, 발효향 등으로 판단).
5. 분할 (1) 시간 (2) 숙련도	※ 요구사항대로 1개 분할 무게를 450g으로 한다 ※ 5분 이내에 5개로 분할한다. ※ 대강의 무게를 짐작하여 한두 번의 반죽 가감으로 분할을 완료하고 개체당 편차를 적게 한다.
6. 둥글리기	(1) 반죽 표면이 매끄럽게 되도록 능숙하게 작업한다. (2) 먼저 분할한 반죽 순서로 둥글리기를 한다.
7. 중간발효	※ 10~20분의 시간에 표피가 건조되지 않도록 조치한다.
8. 정형 (1) 밀어 펴기 (2) 밤 충전 정형	(1) 가스를 빼면서 타원형으로 밀어 편다(밤 충전 감안). (2) 매끄러운 면이 덧가루를 뿌린 작업대 쪽으로 향하게 하여 능숙하게 작업한다. (1) 적당한 크기의 당절임된 밤을 반죽 위에 펴놓는다. (2) 한쪽부터 말아서 한 덩어리로 만들어 표피를 다듬고 대체로 대칭이 되도록 모양을 잡는다.
9. 팬에 넣기	(1) 제시하는 식빵류 팬 내부에 기름칠을 고르게 한다. (2) 이음매가 밑으로 향하게 넣고 모양을 고른다.
10. 제2차 발효 (1) 발효 관리 (2) 발효 상태	(1) 온도 : 35~40℃, 상대습도 : 85% 전후의 발효실에 넣고 수시로 발효 상태를 확인한다. (2) 여건에 따라 45~60분이 소요(상태가 더욱 중요) ※ 가스 보유가 가장 적정한 상태로 팬 위로 1~2cm 정도 올라온 것으로 판단
11. 토핑의 제조	※ 제1차 발효 중 또는 제2차 발효를 시작하고 제조 (1) 마가린과 설탕을 거품기를 사용 크림 상태로 만든다. (2) 계란을 넣으면서 부드러운 크림 상태로 만든다. (3) 밀가루와 베이킹파우더를 체질하여 넣고 고루 섞는다

세 부 항 목	항 목 별 유 의 사 항
12. 토핑하기	(1) 짤주머니에 평평한 끝을 가진 모양 깍지를 끼우고 토핑 반죽을 떠넣는다. (2) 제2차 발효가 끝난 팬을 발효실에서 꺼내어 잠시 건조시키고 윗면 전체에 '띠' 모양을 연결하여 짜서 덮는다. (3) 슬라이스된 아몬드를 고루 뿌려준다.
13. 굽기 (1) 굽기 관리 (2) 구운 상태	(1) 오븐 온도를 160/200℃로 맞추어 놓는다. (2) 오븐 내 위치에 따라 온도 차이가 생기면 적당한 시간에 위치를 바꾸어 주고 시간관리를 잘한다. (1) 전체가 잘 익고 토핑 색깔이 밝은 황색이 되어야 한다. (2) 옆면과 밑면에도 적정한 색상이 되어야 한다.
14. 정리 정돈, 청소, 개인위생	(1) 사용한 기구 및 작업대 주위를 깨끗이 청소하고 정리 정돈을 잘한다. (2) 깨끗한 위생복, 위생모를 착용하고, 두발, 손톱 등을 단정하고 청결하게 한다.
〈제품 평가〉	* 각 항목마다 상품 가치가 없다고 판단되면 0점 처리
15. 부피	(1) 분할 무게 또는 팬에 대하여 알맞은 부피가 좋다. (2) 너무 크거나 작은 부피, 불균일은 감점 요인
16. 균형	(1) 함몰(陷沒) 부분이 없고 대칭 형태가 되어야 한다. (2) 옆면이 찌그러지지 않고 밑면도 평평해야 한다.
17. 껍질	(1) 토핑 두께가 균일하며 윗면을 고루 덮어야 한다. (2) 윗면, 옆면, 밑면에도 부위별로 색이 붙어야 한다.
18. 내상	(1) 밤의 분포가 균일하고 조직에 생기가 있어야 한다. (2) 물기, 끈적거림이 없어야 한다.
19. 맛과 향	(1) 빵, 밤, 토핑의 맛과 향이 서로 잘 어울려야 한다. (2) 전체적으로 밤의 씹히는 촉감, 토핑의 바삭거림, 빵의 쫄깃한 식감에 발효 향이 조화를 이루어야 한다.

7-1 베이글 (3시간 30분)

△이음매 붙이기

△링 모양 만들기

△데치기

1. 요구사항

1) 베이글을 제조하여 제출하시오.

① 배합표의 각 재료를 계량하여 재료별로 진열하시오(7분).
   • (재료당 1분) → [감독위원 계량 확인] → 작품 제조 및 정리 정돈(전체 시험 시간-재료 계량 시간)
   • 재료 계량 시간 내에 계량을 완료하지 못하여 시간이 초과된 경우 및 계량을 잘못한 경우는 추가의 시간 부여 없이 작품 제조 및 정리 정돈 시간을 활용하여 요구사항의 무게대로 계량
   • 계란의 계량은 감독위원이 지정하는 개수로 계량
② 반죽은 스트레이트법으로 제조하시오.
③ 반죽 온도는 27℃를 표준으로 하시오.
④ 1개당 분할 중량은 80g으로 하고 링 모양으로 정형하시오.
⑤ 반죽은 전량을 사용하여 성형하시오.
⑥ 2차 발효 후 끓는 물에 데쳐 패닝하시오.
⑦ 팬 2개에 완제품 16개를 구어 제출하시오.

재 료	비 율(%)	무 게(g)
강력분	100	800
물	55~60	440~480
이스트	3	24
제빵 개량제	1	8
소금	2	16
설탕	2	16
식용유	3	24
계	166~171	1,328~1,368

2. 수검자 유의사항

세부 항목	항목별 유의사항
1. 재료 계량	※ 재료를 계량하여 따로따로 재료별로 계량대에 진열함 ※ 제한 시간 내에 전 재료 계량을 완료해야 만점 ※ 계량대, 재료대, 통로 등에 흘리는 재료가 없어야 한다. ※ 전 재료가 정확해야 만점, 1개라도 오차가 있으면 감점
2. 반죽 제조	※ 요구사항(스트레이트법)대로 제조
(1) 믹싱법	(1) 모든 재료를 믹서 볼에 넣고 믹싱한다. (2) 저속=2분, 중속=8~10분(시간보다 상태로 판단) **(3) 발전 단계**까지 믹싱
(2) 반죽 상태	(1) 전 재료가 균일하게 혼합되고 적정한 '되기'가 되도록 한다. (2) 일반 빵 반죽보다 다소 되고 거친 상태로 느껴지는 반죽
(3) 반죽 온도	※ 27℃를 표준으로 한다(± 1℃ 이내로 맞춘다).
3. 제1차 발효	반죽의 표피를 매끄럽게 만들어
(1) 발효 관리	(1) 온도=27℃ 전후 (2) 상대습도=75~80% 전후의 발효실에서 (3) 시간=40~50분 발효(시간보다는 상태로 판단)
(2) 발효 상태	글루텐 숙성이 잘된 상태(손가락 시험, 섬유질 상태)
4. 분할	(1) 80g씩 분할 (2) 제한 시간 안에 전부를 능숙하게 분할한다. (3) 분할 반죽당 무게 편차가 작아야 한다.
5. 둥글리기	(1) 능숙하게 둥글려 반죽 표면을 매끄럽게 만든다. (2) 먼저 분할한 순서로 둥글리기를 한다.
6. 중간 발효	(1) 표피가 마르는 것을 방지하는 조치를 한다. (2) 실온에서 10~15분간 발효시킨다.
7. 정형	(1) 반죽을 약 25~30cm 길이의 원기둥 막대 모양으로 밀어 편다(직경은 1.5cm 전후가 된다). (2) 동그란 도넛 모양을 만들어 이음매를 완전히 봉한다. ※ 한쪽 뾰족한 부분을 다른 쪽 넓적한 부분으로 감싸서 정형을 하면 모양이 좋고 풀어지지 않는다.

8. 팬에 놓기	(1) 평철판 안쪽에 기름을 균일하게 칠하고 정형한 반죽의 이음매가 바닥 쪽으로 가게 한다(작은 팬에는 6개). (2) 간격을 알맞게 유지시키면서 배열한다(8개/평철판).
9. 제2차 발효 (1) 발효 관리	(1) 온도=30~35℃ (2) 상대습도=80~85% (3) 시간=40~50분 ※ 발효 시작 25~30분 경과 후 **'끓는 물에 데치기'**를 한다.
(2) 발효 상태	일반 빵 반죽에 비하여 어린 상태
10. 데치기	(1) 끓는 물에 양쪽 면을 알맞게 데쳐 준 다음 평철판에 다시 패닝한다. ※ **호화가 부족하면 표면이 거칠고 수축이 되어 링 안쪽이 터지기 쉽다. 과도하면 오븐 스프링 감소** ※ **데친 후에 면포 위에 놓아 흐르는 물기를 제거하고 팬에 배열하면 밑면이 둥글게 되어 바람직하다.** (2) 2차 발효가 부족한 경우에는 2차 발효실 또는 실온에서 나머지 발효를 완성시킨다.
11. 굽기 (1) 굽기 관리	(1) 오븐 온도를 200/190℃ 전후로 맞추고 굽는다. 오븐의 내부 위치에 따라 온도 차이가 나면 적절한 시간에 위치를 바꾸어 준다. (2) 시간=15~20분(시간보다 상태로 판단)
(2) 구운 상태	(1) 속이 완전히 익고, 껍질 색이 균일하며 표면이 건조한 상태 (2) 데치기가 잘되었을 경우 광택이 균일하다.
12. 정리 정돈, 청소, 개인위생	(1) 사용한 기구 및 작업대와 주위를 깨끗이 청소하고 정리 정돈을 잘한다. (2) 깨끗한 위생복, 위생모를 착용하고 두발, 손톱 등을 단정하고 청결하게 한다.
13. 부피	(1) 분할 무게에 대해 적정한 부피가 되어야 한다. 너무 크거나 작으면 내부 조직에 많은 영향을 준다. (2) 2차 발효 상태, 굽기에 따라 부피가 달라지기 쉽다.
14. 균형	(1) 찌그러짐이 없이 균일한 모양을 지니고 균형이 잘 잡혀야 한다. (2) 같은 팬에 구운 제품은 크기와 모양이 같아야 한다. (3) '링' 모양이 가급적 대칭을 이루고 이음매가 풀어지지 않아야 한다.
15. 껍질	(1) 껍질은 너무 두껍거나 질기지 않아야 한다. (2) 옆면과 밑면에도 적정한 색이 나야 먹음직스럽다. (3) 좋은 **광택**이 균일하게 나야 한다(데치기와 관련). (4) 타거나 익지 않은 부분이 있어서는 안 된다.
16. 내상	(1) 기공과 조직이 부위별로 균일해야 한다. (2) 너무 조밀하거나 큰 공기구멍이 많으면 안 된다. (3) 익지 않은 부위가 없어야 한다.
17. 맛과 향	(1) 베이글 특유의 맛과 향이 조직감과 조화를 이루어야 한다. (2) 속이 끈적거리거나 탄 냄새, 생재료 맛 등이 나면 안 된다. (3) 담백하고 구수한 맛과 특유의 식감을 가져야 한다.

7-8 스위트롤 (3시간 30분)

△밀어 편 반죽에
계피 설탕 뿌리기

△원통형 말기

△자르기

△여러 가지 모양

1. 요구사항

1) 스위트롤을 제조하여 제출하시오.

① 배합표의 각 재료를 계량하여 재료별로 진열하시오(9분).
- (재료당 1분) → [감독위원 계량 확인] → 작품 제조 및 정리 정돈(전체 시험 시간-재료 계량 시간)
- 재료 계량 시간 내에 계량을 완료하지 못하여 시간이 초과된 경우 및 계량을 잘못한 경우는 추가의 시간 부여 없이 작품 제조 및 정리 정돈 시간을 활용하여 요구사항의 무게대로 계량
- 계란의 계량은 감독위원이 지정하는 개수로 계량

② 반죽은 스트레이트법으로 제조하시오(단, 유지는 클린업 단계에 첨가하시오).

③ 반죽 온도는 27℃를 표준으로 사용하시오.

④ 야자잎형 12개, 트리플리프(세잎새형) 9개를 만드시오.

⑤ 계피 설탕은 각자가 제조하여 사용하시오.

⑥ 성형 후 남은 반죽은 감독위원의 지시에 따라 별도로 제출하시오.

순 서	※※재 료	비 율(%)	무 게(g)
1	강 력 분	100	900
2	물	46	414
3	이스트	5	45(46)
4	제빵개량제	1	9(10)
5	소 금	2	18
6	설 탕	20	180
7	쇼 트 닝	20	180

8	탈지분유	3	27(28)
9	달 걀	15	135(136)
	계	212	1,908(1,912)
10	충전용 설탕	15	135(136)
11	충전용 계핏가루	1.5	13.5(14)

2. 수검자 유의사항

세 부 항 목	항 목 별 유 의 사 항

1. 배합표 작성	※ 제한 시간 내에 전부 맞으면 만점
	※ % → g = % × 12, g → % = g ÷ 12
	  소금 2%가 24g이므로 12를 곱하거나 12로 나눈다.
	※ 위에서 순서대로 (1200)(552)(5)(0.1)(240)(20)(3)(180)
	  소계 : (211.1%)(2533.2g)(360)(3)

2. 재료 계량 (1) 계량 시간 (2) 재료 손실 (3) 정확도	※ 재료를 계량하여 따로따로 재료별로 계량대에 진열함. ※ 제한 시간 내에 전 재료 계량을 완료해야 만점 ※ 계량대, 재료대, 통로 등에 흘리는 재료가 없어야 만점 ※ 전 재료가 정확해야 만점, 1개라도 오차가 있으면 감점
3. 반죽 제조 (1) 혼합 순서 (2) 반죽 상태 (3) 반죽 온도	※ 요구사항대로 '스트레이트법'으로 제조 (1) 쇼트닝을 제외한 전 재료를 믹서 볼에 넣고(충전용은 제외) (2) 저속으로 수화시키고 중속으로 믹싱한다. (3) '클린업 단계'에서 쇼트닝을 넣고 믹싱하여 (4) '최종 단계'에서 믹싱을 완료한다. ※ 글루텐 피막이 곱고 매끄러운 반죽이 되도록 한다. ※ 요구사항 27℃ 전후가 되도록 한다.
4. 1차 발효 (1) 발효 관리 (2) 발효 상태	※ 요구사항 27℃ 전후, 상대습도 80% 전후의 조건에서 60~80분간 발효(시간보다 상태로 판단) ※ 글루텐 숙성이 잘된 상태(손가락 시험, 섬유질 상태, 부피)

5. 성 형
(1) 밀어 펴기
 	
(2) 충전물 뿌리기
 	
(3) 말기
 	
(4) 정형
  (그림 참조)
	※ 밀어 펴기에 알맞는 반죽을 떼어 직사각형으로 모서리가 직각이 되
	  도록 능숙하게 밀어 편다. 가장 중요한 작업은 전면의 '두께'를
	  균일하게 하는 것이다(형태에 따라 다르나 25×80×1cm가 표준임).
	※ 용해 버터(마가린)를 밀어 편 반죽 위에 바르고 계피설탕을 적정
	  량 골고루 뿌린다.
	※ 마지막 봉하는 부분은 물칠을 하고 균일하게 말아서 원통형의 직경
	  이 일정하고 이음매 봉합을 잘한다.
	※ 형태별로 모양, 두께, 중량을 일정하게 해야 한다. 지시된 모양을
	  어떻게 만들 것인가를 미리 생각해 두면 편리하다.

세 부 항 목	항 목 별 유 의 사 항
6. 팬 넣기	※ 철판에 기름칠을 균일하게 하고 간격을 휴지하여 배열한다. 가급적 같은 모양과 크기의 반죽을 한 철판에 굽는다.
7. 2차 발효 (1) 발효 관리 (2) 발효 상태	※ 온도 35~43℃ 전후, 상대습도 85% 전후의 조건에서 25~35분간 발효(시간보다 상태로 판단) ※ 가스 포집력이 최대인 상태
8. 굽기 (1) 굽기 관리 (2) 구운 상태	※ 전체 온도를 200/150℃에 맞추고 굽는다. 시간은 15~20분, 오븐 위치에 따라 온도 차이가 나면 적절한 시간에 팬의 위치를 바꾸어 준다. ※ 전체가 잘 익고, 껍질 색이 황금 갈색으로 나야 한다. 익지 않거나 타지 않아야 하며, 옆면과 밑면에도 적절한 색이 나야 한다.
9. 정리 정돈, 청소, 개인위생	(1) 사용한 기구 및 작업대와 주위를 깨끗이 청소하고 정리 정돈을 잘한다. (2) 깨끗한 위생복, 위생모를 착용하고 두발, 손톱 등을 단정하고 청결하게 한다.
〈제품 평가〉	※ 각 항목마다 상품 가치가 없다고 판단되면 0점 처리됨.
10. 부피	※ 형태별로 분할 무게에 대하여 부피가 알맞고 균일해야 된다. 너무 퍼지면(지친 발효, 낮은 오븐 온도) 부피감이 감소된다.
11. 균형	※ 찌그러짐이 없이 균일한 모양을 지니고 균형이 잘 잡혀야 한다. 형태별로 일정한 모양으로 균형이 잡혀야 한다.
12. 껍질	※ 부드러우면서 부위별로 고른 색깔이 나며, 반점과 줄무늬가 없어야 한다. 가능한 한 충전물이 흘러 껍질에 묻지 않도록 한다.
13. 내상	※ 기공과 조직이 부위별로 고르며 부드러워야 한다. 충전물과 빵의 층이 분명하고 규칙적이어야 한다.
14. 맛과 향	※ 식감이 부드럽고 충전물의 맛이 발효 향과 더불어 스위트 롤 특유의 맛과 향이 나야 한다. 끈적거림, 탄 냄새, 생재료 맛 등이 없어야 한다.

7-9 우유식빵 (3시간 40분)

△둥글리기 완료

△밀어서 접기

△2차 발효

1. 요구사항

1) 우유식빵을 제조하여 제출하시오.

① 배합표의 각 재료를 계량하여 재료별로 진열하시오(7분).
- (재료당 1분) → [감독위원 계량 확인] → 작품 제조 및 정리 정돈
  (전체 시험 시간-재료 계량 시간)
- 재료 계량 시간 내에 계량을 완료하지 못하여 시간이 초과된 경우 및 계량을 잘못한 경우는 추가의 시간 부여 없이 작품 제조 및 정리 정돈 시간을 활용하여 요구사항의 무게대로 계량
- 계란의 계량은 감독위원이 지정하는 개수로 계량

② 반죽은 스트레이트법으로 제조하시오(단, 유지는 클린업 단계에 첨가하시오).

③ 반죽 온도는 27℃를 표준으로 하시오.

④ 표준 분할 무게는 180g으로 하고, 제시된 팬의 용량을 감안하여 결정하시오.
  (단, 분할 무게×3을 1개의 식빵으로 함)

⑤ 반죽은 전량을 사용하여 성형하시오.

순 서	※※ 재 료	비 율(%)	무 게(g)
1	강 력 분	100	1200
2	우 유	40	480
3	물	29	348
4	이 스 트	4	48
5	제빵 개량제	1	12
6	소 금	2	24
7	설 탕	5	60
	쇼 트 닝	4	48
	계	187	2,220

2. 수검자 유의사항

세 부 항 목	항 목 별 유 의 사 항

1. 배합표 작성	※ 제한 시간 내에 전부 맞으면 만점
	※ % → g = % × 12
	   분할 반죽 = 534g × 4 = 2136g
	   총재료 = 2136 ÷ 0.9802 ≒ 2179.15(g)
	※ 밀가루 = 2179.15 × 100/181.6 ≒ 1199.97(g) → 1200g
	※ 위에서 순서대로 (1200)(816)(30)(1.2)(24)(60)(48)(181.6)
	   (2179.2)

2. 재료 계량
  (1) 계량 시간
  (2) 재료 손실
  (3) 정확도
	※ 재료를 계량하여 따로따로 재료별로 계량대에 진열함.
	※ 제한 시간 내에 전 재료 계량을 완료해야 만점
	※ 계량대, 재료대, 통로 등에 흘리는 재료가 없어야 만점
	※ 전 재료가 정확해야 만점, 1개라도 오차가 있으면 감점

3. 반죽 제조
 	
  (1) 혼합 순서
 	
  (2) 반죽 상태
  (3) 반죽 온도
	※ 요구사항대로 "스트레이트법"으로 제조
	
	(1) 쇼트닝을 제외한 전 재료를 믹서 볼에 넣고
	(2) 1단(저속)으로 수화시키고 2단 속도로 믹싱한다.
	(3) 「클린업 단계」에서 쇼트닝을 넣고 믹싱하여 「최종 단계」
	    에서 믹싱을 완료한다.
	※ 글루텐 형성을 잘하여 신장성이 최대로 된 상태
	※ 요구사항 27℃ 전후가 되도록 한다.

4. 1차 발효
  (1) 발효 관리
 	
  (2) 발효 상태
	※ 온도 27℃ 전후, 상대습도 75~80% 전후에서 80~90분(단,
	   시간보다 상태로 판단)
	※ 글루텐 숙성이 잘된 상태(거미줄 조직)(단, 시간보다 상태
	   로 판단)

5. 분할
 	
  (1) 시간
  (2) 숙련도
	※ 요구사항대로 180g씩 분할
	※ 180g씩 12개를 가급적 빠른 시간 내에 분할
	※ 분할 반죽당 무게 편차가 적어야 하며 대강의 무게를 짐작
	   하고 한두번의 반죽 가감으로 완료한다.

6. 둥글리기	※ 반죽 표면이 매끄럽게 되도록 능숙하게 작업한다.
7. 중간 발효	※ 10~20분의 시간에 표피가 건조되지 않도록 조치한다.

8. 정형
  (1) 숙련도
 	
  (2) 정형상태
	※ 가스 빼기와 말기, 표면 마무리를 능숙하게 하면서 과도한
	   덧가루를 털어 준다.
	※ 단단하게 말아서 대칭이 되고 표피를 매끄럽게 한다.

세 부 항 목	항 목 별 유 의 사 항
9. 팬 넣기	※ 팬 기름칠이 적당하고 이음매를 바닥쪽으로 가게 하며, 배열 및 간격을 알맞게 한다.
10. 2차 발효 (1) 발효 관리 (2) 발효 상태	※ 온도 35~43℃ 전후, 습도 85% 전후의 조건에서 45~50분간 발효(단, 시간보다 상태로 판단) ※ 가스 포집력이 최대인 상태로 발효 팬 위로 1~2cm 정도 올라온 상태
11. 굽기 (1) 굽기 관리 (2) 구운 상태	※ 전체 온도를 180/200℃ 전후로 맞추고 굽는다. 시간은 40~45분, 오븐 위치에 따라 온도 차이가 생기면 적절한 시간에 팬의 위치를 바꾸어 준다. ※ 전체가 잘 익고, 껍질 색이 황금 갈색으로 나야 한다. 익지 않거나 타지 않아야 하며, 옆면과 밑면에도 적절한 색이 붙어야 한다.
12. 정리 정돈, 청소, 개인위생	(1) 사용한 기구 및 작업대와 주위를 깨끗이 청소하고 정리 정돈을 잘한다. (2) 깨끗한 위생복, 위생모를 착용하고 두발, 손톱 등을 단정하고 청결하게 한다.
〈제품 평가〉	※ 각 항목마다 상품 가치가 없다고 판단되면 0점 처리됨.
13. 부피	※ 분할 무게에 대하여 부피가 알맞고 균일해야 된다.
14. 균형	※ 찌그러짐이 없이 균일한 모양을 지니고 균형이 잘 잡혀야 한다.
15. 껍질	※ 껍질이 부드러우면서 부위별로 고른 색깔이 나며, 반점과 줄무늬가 없어야 한다.
16. 내상	※ 가공과 조직이 부위별로 고르며 부드러워야 한다. 밝은 색으로 줄무늬 등이 없어야 한다.
17. 맛과 향	※ 식감이 부드럽고 발효 향이 온화해야 한다. 끈적거림, 탄 냄새, 생재료 맛 등이 없어야 한다.

7-10 단과자빵(트위스트형) (3시간 30분)

△ 반죽 끈 만들기

△ 트위스트 만들기 과정

△ 완성된 트위스트

1. 요구사항

1) 단과자빵(트위스트형)을 제조하여 제출하시오.

① 배합표의 각 재료를 계량하여 재료별로 진열하시오(9분).

• (재료당 1분) → [감독위원 계량 확인] → 작품 제조 및 정리 정돈(전체 시험 시간-재료 계량 시간)

• 재료 계량 시간 내에 계량을 완료하지 못하여 시간이 초과된 경우 및 계량을 잘못한 경우는 추가의 시간 부여 없이 작품 제조 및 정리 정돈 시간을 활용하여 요구사항의 무게대로 계량

• 계란의 계량은 감독위원이 지정하는 개수로 계량

△ 계란물 칠하기

② 반죽은 스트레이트법으로 제조하시오(단, 유지는 클린업 단계에 첨가하시오).

③ 반죽 온도는 27℃를 표준으로 하시오.

④ 반죽분할 무게는 50g이 되도록 하시오.

⑤ 모양은 8자형 12개, 달팽이형 12개로 2가지 모양으로 만드시오.

⑥ 완제품 24개를 성형하여 제출하고, 남은 반죽은 감독위원의 지시에 따라 별도로 제출하시오.

순 서	※※재 료	비 율(%)	무 게(g)
1	강 력 분	100	900
2	물	47	422
3	이 스 트	4	36
4	제빵 개량제	1	8
5	소 금	2	18
6	설 탕	12	108
7	쇼 트 닝	10	90
8	분 유	3	26
9	계 란	20	180
	계	199	1,788

2. 수검자 유의사항

세 부 항 목	항 목 별 유 의 사 항
1. 배합표 작성	※ 제한 시간 내에 전부 맞으면 만점 ※ % → g = % × 12, g → % = g ÷ 12 　 소금 2%가 24g이므로 12를 곱하거나 12로 나눈다. ※ 위에서 순서대로 (1200)(564)(4)(0.1)(144)(10)(36)(20)(198.1%)(2377.2g)
2. 재료 계량 　(1) 계량 시간 　(2) 재료 손실 　(3) 정확도	※ 재료를 계량하여 따로따로 재료별로 계량대에 진열함. ※ 제한 시간 내에 전 재료 계량을 완료해야 만점 ※ 계량대, 재료대, 통로 등에 흘리는 재료가 없어야 만점 ※ 전 재료가 정확해야 만점. 1개라도 오차가 있으면 감점
3. 반죽 제조 　(1) 혼합 순서 　(2) 반죽 상태 　(3) 반죽 온도	※ 요구사항대로 "스트레이트법"으로 제조 (1) 쇼트닝을 제외한 전 재료를 믹서 볼에 넣고 (2) 1단(저속)으로 수화시키고 2단 속도로 믹싱 (3) 「클린업 단계」에서 쇼트닝을 넣고 믹싱 (4) 「최종 단계」에서 믹싱을 완료 ※ 글루텐 피막이 곱고 탄력성, 신장성이 좋은 상태 ※ 요구사항 27℃ 전후가 되도록 한다.
4. 1차 발효 　(1) 발효 관리 　(2) 발효 상태	※ 요구사항 27℃ 전후, 상대습도 75~80% 전후에서 80~100분간 　발효(시간보다 상태로 판단) ※ 글루텐 숙성이 잘된 상태(손가락 시험, 섬유질 상태, 부피 　3~3.5배)
5. 분 할 　(1) 시간 　(2) 숙련도	※ 50g씩 36개를 가급적 빠른 시간 내에 분할 ※ 분할 무게 편차가 적어야 하며, 대강의 무게를 짐작하고 한두 　번의 반죽 가감으로 완료한다.
6. 둥글리기	※ 반죽 표면이 매끄럽게 되도록 능숙하게 작업한다.
7. 중간 발효	※ 10~15분의 시간에 표피가 건조되지 않도록 조치한다.
8. 정 형 　(1) 숙련도 　(2) 정형 상태 　　(그림 참조)	※ 감독위원이 요구하는 형태로 만든다. ※ 밀어 펴기, 자르기, 꼬기, 모양 만들기 등을 능숙하게 해야 한다. ※ 종류별로 모양이 균일하고 균형이 잡혀야 한다.

세 부 항 목	항 목 별 유 의 사 항
9. 팬 넣기	※ 철판에 기름칠을 골고루 하고 적절한 간격을 유지하여 나열한다 (계란칠 여부는 감독위원의 결정).

10. 2차 발효
  (1) 발효 관리
 	
  (2) 발효 상태
	※ 온도 35~43℃ 전후, 상대습도 85% 전후의 조건에서 30~35분간
	발효(단, 시간보다 상태로 판단)
	※ 가스 포집능력이 최대인 상태로 발효

11. 굽기 (1) 굽기 관리 (2) 구운 상태	※ 전체 온도를 200/145℃에 맞추고 굽는다. 시간은 10~15분, 오븐 위치에 따라 온도 차이가 생기면 적절한 시간에 철판의 위치를 바꾸어 준다. ※ 전체가 잘 익어야 하고, 위 껍질 색이 황금 갈색으로 나야 한다. 익지 않거나 타지 않아야 하며, 옆면과 밑면에도 적절한 색이 붙 어야 한다.
12. 정리 정돈, 청소, 개인위생	(1) 사용한 기구 및 작업대와 주위를 깨끗이 청소하고 정리 정돈 을 잘한다. (2) 깨끗한 위생복, 위생모를 착용하고 두발, 손톱 등을 단정하고 청결하게 한다.
〈제품 평가〉	※ 각 항목마다 상품 가치가 없다고 판단되면 0점 처리됨.
13. 부피	※ 분할 무게에 대하여 부피가 알맞고 균일해야 한다. ※ 형태별로 부피가 일정해야 한다. ※ 옆으로 퍼지는 경우 부피감이 감소한다.
14. 균형	※ 찌그러짐이 없이 균일한 모양을 지니고 균형이 잘 잡혀야 한다. ※ 옆으로 퍼지는 경우 부피감이 감소한다.
15. 껍질	※ 껍질이 부드러우면서 부위별로 고른 색깔이 나며, 반점과 줄무 늬가 없어야 한다. ※ 옆면 밑면에는 적당한 색상이 나야 한다.
16. 내상	※ 기공과 조직이 부위별로 고르며 부드러워야 한다. 맑고 여린 미 색으로 너무 조밀하지 않아야 한다.
17. 맛과 향	※ 식감의 부드러움이 구수한 단과자 빵의 풍미와 조화를 이루어야 한다. 끈적거림, 탄 냄새, 생재료 맛 등이 없어야 한다.

7-11 단과자빵(크림빵) (3시간 30분)

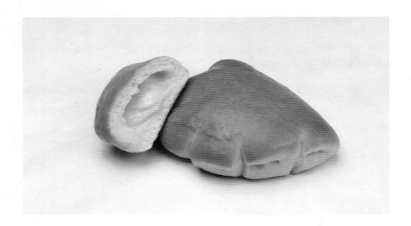

△밀어 펴기

△크림 싸기

△반달형 만들기

△모양내기

1. 요구사항

1) 단과자빵(크림빵)을 제조하여 제출하시오.

① 배합표의 각 재료를 계량하여 재료별로 진열하시오(9분).

- (재료당 1분) → [감독위원 계량 확인] → 작품 제조 및 정리 정돈(전체 시험 시간-재료 계량 시간)
- 재료 계량 시간 내에 계량을 완료하지 못하여 시간이 초과된 경우 및 계량을 잘못한 경우는 추가의 시간 부여 없이 작품 제조 및 정리 정돈 시간을 활용하여 요구사항의 무게대로 계량
- 계란의 계량은 감독위원이 지정하는 개수로 계량

② 반죽은 스트레이트법으로 제조하시오(단, 유지는 클린업 단계에 첨가하시오).

③ 반죽 온도는 27℃를 표준으로 하시오.

④ 반죽 1개의 분할 무게는 45g, 1개당 크림 사용량은 30g으로 제조하시오.

⑤ 제품 중 12개는 크림을 넣은 후 굽고, 12개는 반달형으로 크림을 충전하지 말고 제조하시오.

⑥ 남은 반죽은 감독위원의 지시에 따라 별도로 제출하시오.

순 서	※※ 재 료	비 율(%)	무 게(g)
1	강 력 분	100	800
2	물	53	424
3	이 스 트	4	32
4	제빵 개량제	2	16
5	소 금	2	16
6	설 탕	16	128
7	쇼 트 닝	12	96

순 서	※※ 재 료	비 율(%)	무 게(g)
8	분 유	2	16
9	계 란	10	80
	계	201	1,608
10	커스터드 크림	(1개당 30g)	360

2. 수검자 유의사항

세 부 항 목	항 목 별 유 의 사 항
1. 배합표 작성	※ 제한 시간 내에 전부 맞으면 만점 ※ % → g = %×11, g → % = g÷11 　소금 2%가 22g이므로 11을 곱하거나 11로 나눈다. ※ 위에서 순서대로 　(1100) (53) (44) (0.2) (176) (12) (2) (110) (199.2%) (2191.2g) (715)
2. 재료 계량 　(1) 계량 시간 　(2) 재료 손실 　(3) 정확도	※ 재료를 계량하여 따로따로 재료별로 계량대에 진열함. ※ 제한 시간 내에 전 재료 계량을 완료해야 만점 ※ 계량대, 재료대, 통로 등에 흘리는 재료가 없어야 만점 ※ 전 재료가 정확해야 만점, 1개라도 오차가 있으면 감점
3. 반죽 제조 　(1) 혼합 순서 　(2) 반죽 상태 　(3) 반죽 온도	※ 요구사항대로 "스트레이트법"으로 제조 (1) 쇼트닝을 제외한 전 재료를 믹서 볼에 넣고(커스터드는 충전용) (2) 1단 = 1분, 2단 = 5분 후 쇼트닝 투입 (3) 1단 = 1분, 3단 = 10분 정도 믹싱 ※ 글루텐 피막이 곱고, 탄성과 신장성이 좋은 상태 ※ 요구사항 27℃ 전후가 되도록 한다.
4. 1차 발효 　(1) 발효 관리 　(2) 발효 상태	※ 요구사항 27℃ 전후, 상대습도 80% 전후에서 80～100분간 발효(단, 시간보다 상태로 판단) ※ 글루텐 숙성이 잘 된 상태(손가락 시험, 섬유질 상태, 부피 3.5배)
5. 분할 　(1) 시간 　(2) 숙련도	※ 45g씩 36개를 가급적 빠른 시간 내에 분할 ※ 분할 무게 편차가 적어야 하며, 대강의 무게를 짐작하고 한 두 번의 반죽 가감으로 완료한다.
6. 둥글리기	※ 반죽 표면이 매끄럽게 되도록 능숙하게 작업한다.

세 부 항 목	항 목 별 유 의 사 항
7. 중간 발효	※ 10~20분의 시간에 표피가 건조되지 않도록 조치한다.
8. 정 형 　(1) 숙련도 　(2) 정형상태	※ 타원형으로 밀어 펴서 식용유를 절반쯤 바른 후 접는다 　(반달형). ※ 커스터드 크림을 넣고 싸는 작업을 능숙하게 한다. ※ 크림이 반죽 내의 중앙에 위치하고 그 양을 같게 한다. ※ 반달 모양이 균형이 잡혀야 한다.
9. 팬 넣기	※ 철판에 기름칠을 골고루 하고 적절한 간격을 유지하여 나열 　시킨다(계란칠 여부는 감독위원의 결정).
10. 2차 발효 　(1) 발효관리 　(2) 발효상태	※ 온도 35~43℃ 전후, 습도 85% 전후의 조건에서 30~35분 　간 발효(단, 시간보다 상태로 판단) ※ 가스 포집력이 최대인 상태로 발효
11. 굽기 　(1) 굽기관리 　(2) 구운 상태	※ 전체 온도를 200/150℃에 맞추고 굽는다. 　시간은 10~15분, 오븐 위치에 따라 온도 차이가 생기면 적 　절한 시간에 팬의 위치를 바꾸어 준다. ※ 전체가 잘 익어야 하고, 위 껍질 색이 황금 갈색으로 나야 　한다. 익지 않거나 타지 않아야 하며, 옆면과 밑면에도 적절 　한 색이 나야 한다.
12. 정리정돈, 청소, 　개인 위생	(1) 사용한 기구 및 작업대와 주위를 깨끗이 청소하고 정리 　　정돈을 잘한다. (2) 깨끗한 위생복, 위생모를 착용하고 두발, 손톱 등을 단정 　　하고 청결하게 한다.
〈제품 평가〉	※ 각 항목마다 상품가치가 없다고 판단되면 0점 처리됨.
13. 부피	※ 분할 무게에 대하여 부피가 알맞고 균일해야 된다. ※ 적정한 크림과 적절한 발효가 부피에 영향을 준다.
14. 균형	※ 찌그러짐이 없이 균일한 모양을 지니고 균형이 잘 잡혀야 　한다. ※ 반달형은 접힌 윗면과 아랫면이 맞아야 한다.
15. 껍질	※ 질기거나 너무 두껍지 않으며, 부위별로 고른 색깔이 나며, 　반점과 줄무늬가 없어야 한다.
16. 내상	※ 커스터드 크림이 제품 중앙 부분에 위치해야 하고 옆면으로 　새어나오지 않아야 한다.
17. 맛과 향	※ 식감이 부드럽고 커스터드 크림과 빵의 풍미가 조화를 이루 　어야 한다. 끈적거림, 탄 냄새, 생재료 맛 등이 없어야 한다.

7-12 풀만식빵 (3시간 40분)

△밀어 펴서 말기

△2차 발효 중 뚜껑 덮기

1. 요구사항

1) 풀만식빵을 제조하여 제출하시오.

① 배합표의 각 재료를 계량하여 재료별로 진열하시오(9분).
  • (재료당 1분) → [감독위원 계량 확인] → 작품 제조 및 정리 정돈(전체 시험 시간-재료 계량 시간)
  • 재료 계량 시간 내에 계량을 완료하지 못하여 시간이 초과된 경우 및 계량을 잘못한 경우는 추가의 시간 부여 없이 작품 제조 및 정리 정돈 시간을 활용하여 요구사항의 무게대로 계량
  • 계란의 계량은 감독위원이 지정하는 개수로 계량
② 반죽은 스트레이트법으로 제조하시오(단, 유지는 클린업 단계에 첨가하시오).
③ 반죽 온도는 27℃를 표준으로 하시오.
④ 표준 분할 무게는 250g으로 하고, 제시된 팬의 용량을 감안하여 결정하시오.
  (단, 분할 무게×2를 1개의 식빵으로 함)
⑤ 반죽은 전량을 사용하여 성형하시오.

순 서	※※재 료	비 율(%)	무 게(g)
1	강 력 분	100	1400
2	물	58	812
3	이 스 트	4	56
4	제빵 개량제	1	14
5	소 금	2	28
6	설 탕	6	84
7	쇼 트 닝	4	56
8	계 란	5	70
9	분 유	3	42
	계	183	2,562

2. 수검자 유의사항

세 부 항 목	항 목 별 유 의 사 항
1. 배합표 작성	※ 제한 시간 내에 전부 맞으면 만점 ※ %→g = %×14,　　　　g →% = g÷14 　 소금 2%가 28g이므로 14를 곱하거나 14로 나눈다. ※ 위에서 순서대로 (1400)(58)(3)(0.1)(84)(56)(5)(3)(181.1%)(2535.4g)
2. 재료 계량 　(1) 계량 시간 　(2) 재료 손실 　(3) 정확도	※ 재료를 계량하여 따로따로 재료별로 계량대에 진열함 ※ 제한 시간 내에 전 재료 계량을 완료해야 만점 ※ 계량대, 재료대, 통로 등에 흘리는 재료가 없어야 만점 ※ 전 재료가 정확해야 만점, 1개라도 오차가 있으면 감점
3. 반죽 제조 　(1) 혼합 순서 　(2) 반죽 상태 　(3) 반죽 온도	※ 요구사항대로 "스트레이트법"으로 제조 (1) 쇼트닝을 제외한 전 재료를 믹서 볼에 넣고 (2) 1단(저속)으로 수화(水化)시키고 2단 속도로 믹싱한다. (3) 「클린업 단계」에서 쇼트닝을 넣고 믹싱한다. (4) 「최종단계」에서 믹싱을 완료한다. ※ 글루텐의 신장성이 최대인 상태 ※ 요구사항 27℃ 전후가 되도록 한다.
4. 1차 발효 　(1) 발효 관리 　(2) 발효 상태	※ 요구사항 27℃ 전후, 상대습도 75~80% 전후에서 75~80분 　(단, 시간보다 상태로 판단) ※ 글루텐 숙성이 잘 된 상태 어리거나 지치지 않게 한다(손가 　락 시험, 섬유질 상태, 부피).
5. 분 할 　(1) 시간 　(2) 숙련도	※ 요구사항대로 팬에 맞게 분할(비용적 3.7~3.8) ※ 250g씩 10개를 가급적 빠른 시간 내에 분할 ※ 분할 반죽당 무게 편차가 적어야 하며, 대강의 무게를 짐작 　하고 한두 번의 반죽 가감으로 완료한다.
6. 둥글리기	※ 반죽 표면이 매끄럽게 되도록 능숙하게 작업한다.
7. 중간 발효	※ 10~15분의 시간에 표피가 건조되지 않도록 조치한다.
8. 정형 　(1) 숙련도 　(2) 정형 상태	※ 가스 빼기와 말기, 표면 마무리를 능숙하게 하면서 과도한 　덧가루를 털어 준다. ※ 단단하게 말아서 대칭이 되고 표피를 매끄럽게 한다.
9. 팬 넣기	※ 팬 기름칠이 적당하고 이음매를 바닥쪽으로 가게 하며, 배열 　및 간격을 알맞게 한다.

세 부 항 목	항 목 별 유 의 사 항
10. 2차 발효 　(1) 발효 관리 　(2) 발효 상태	※ 온도 35~43℃ 전후, 습도 85% 전후의 조건에서 40~50분간 발효(단, 시간보다 상태로 판단) ※ 가스 포집력이 최대인 상태로 발효 팬 모서리 직전까지 올라온 상태. 팬 위로 올라와서는 안 된다. ※ 풀만 팬 뚜껑을 덮고 발효를 계속한다.
11. 굽기 　(1) 굽기 관리 　(2) 구운 상태	※ 전체 온도를 180/200℃에 맞추고 굽는다. 　시간은 40~50분, 오븐 위치에 따라 온도 차이가 생기면 적절한 시간에 팬의 위치를 바꾸어 준다. ※ 전체가 잘 익고, 껍질 색이 황금 갈색으로 나야 한다. 익지 않거나 타지 않아야 하며, 옆면과 밑면에도 적절한 색이 붙어야 한다.
12. 정리 정돈, 청소, 　　개인위생	(1) 사용한 기구 및 작업대와 주위를 깨끗이 청소하고 정리 정돈을 잘한다. (2) 깨끗한 위생복, 위생모를 착용하고 두발, 손톱 등을 단정하고 청결하게 한다.
〈제품 평가〉	※ 각 항목마다 상품 가치가 없다고 판단되면 0점 처리됨.
13. 부피	※ 분할 무게에 대하여 부피가 알맞고 균일해야 된다. 팬 뚜껑에 못 미치거나(모서리에 공간이 생김) 너무 팽창하여 윗면이 조밀하지 않도록 한다.
14. 균형	※ 찌그러짐이 없이 균일한 모양을 지니고 균형이 잘 잡혀야 한다.
15. 껍질	※ 껍질이 부드러우면서 부위별로 고른 색깔이 나며, 반점과 줄무늬가 없어야 한다. 위, 아래, 옆면 모두에 적절한 색이 나야 한다.
16. 내상	※ 기공과 조직이 부위별로 고르며 부드러워야 한다. 밝은 색으로 줄무늬 등이 없어야 한다.
17. 맛과 향	※ 식감이 부드럽고 발효 향이 온화해야 한다. 끈적거림, 탄 냄새, 생재료 맛 등이 없어야 한다.

7-13 단과자빵(소보로빵) (3시간 30분)

△표면에 물 묻히기

△소보로 묻히기

△평철판에 놓기

1. 요구사항

1) 소보로빵(단과자빵)을 제조하여 제출하시오.

① 빵 반죽 재료를 계량하여 재료별로 진열하시오(9분)
- (재료당 1분) → [감독위원 계량 확인] → 작품 제조 및 정리 정돈(전체 시험 시간-재료 계량 시간)
- 재료 계량 시간 내에 계량을 완료하지 못하여 시간이 초과된 경우 및 계량을 잘못한 경우는 추가의 시간 부여 없이 작품 제조 및 정리 정돈 시간을 활용하여 요구사항의 무게대로 계량
- 계란의 계량은 감독위원이 지정하는 개수로 계량

② 반죽은 스트레이트법으로 제조하시오.
   (단, 유지는 클린업 단계에 첨가하시오.)

③ 반죽 온도는 27℃를 표준으로 하시오.

④ 반죽 1개의 분할 무게는 50g씩, 1개당 소보로 사용량은 약 30g씩으로 제조하시오.

⑤ 토핑용 소보로는 배합표에 의거 직접 제조하여 사용하시오.

⑥ 반죽은 25개를 성형하여 제조하고, 남은 반죽은 감독위원의 지시에 따라 별도로 제출하시오.

(1) 빵 반죽

순서	※※ 재료	비 율(%)	무 게(g)
1	강력분	100	900
2	물	47	423(422)
3	이스트	4	36
4	제빵 개량제	1	9(8)
5	소 금	2	18
6	마가린	18	162

(2) 토핑용 소보로

순서	※※ 재료	비 율(%)	무 게(g)
1	중력분	100	300
2	설 탕	60	180
3	마가린	50	150
4	땅콩버터	15	45(46)
5	계 란	10	30
6	물 엿	10	30

7	탈지분유	2	18
8	계 란	15	135(136)
9	설 탕	16	144
	계	205	1845(1844)

7	탈지분유	3	9(10)
8	베이킹파우더	2	6
9	소 금	1	3
	계	251	753

2. 수검자 유의사항

세 부 항 목	항 목 별 유 의 사 항
1. 배합표 작성	※ 제한 시간 내에 전부 맞으면 만점 (1) 빵반죽 ※ % → g = %×11, g → % = g÷11 (2) 토핑용 소보로 ※ % → g = %×5, g → % = g÷5 ※ 위에서 순서대로 (1) 빵반죽 : (1100)(517)(4)(0.2)(22)(18)(165)(176)(204.2%)(2246.2g) (2) 소보로 : (500)(60)(50)(75)(50)(50)(3)(10)(257%)(1255g)
2. 재료 계량 (1) 계량 시간 (2) 재료 손실 (3) 정확도	※ 재료를 계량하여 따로따로 재료별로 계량대에 진열함. ※ 제한시간 내에 전 재료 계량을 완료해야 만점 ※ 계량대, 재료대, 통로 등에 흘리는 재료가 없어야 만점 ※ 전 재료가 정확해야 만점, 1개라도 오차가 있으면 감점
3. 반죽 제조 (1) 혼합 순서 (2) 반죽 상태 (3) 반죽 온도	※ 요구사항대로 "스트레이트법"으로 제조 A. 빵 반죽 (1) 쇼트닝을 제외한 전 재료를 볼에 넣고 (2) 1단(저속)으로 수화시키고 2단으로 믹싱 (3) 「클린업 단계」에서 쇼트닝을 넣고 믹싱 (4) 「최종 단계」에서 믹싱을 완료 B. 소보로 제조 (1) 마가린+땅콩버터+설탕+소금+물엿을 넣고 크림화 (2) 계란을 소량씩 넣으면서 부드러운 크림을 만든다. (3) +건조 재료를 혼합하여 파실파실한 상태로 만든다. ※ 글루텐 피막이 곱고, 탄력성, 신장성이 좋은 상태 ※ 요구사항 27℃ 전후가 되도록 한다.
4. 1차 발효 (1) 발효 관리 (2) 발효 상태	※ 요구사항 27℃ 전후, 상대습도 75~80% 전후에서 80~100분 간 발효(시간보다 상태로 판단) ※ 글루텐 숙성이 잘 된 상태(손가락 시험, 섬유질 상태, 부피)
5. 분할 (1) 시간 (2) 숙련도	※ 50g씩 36개를 가급적 빠른 시간 내에 분할 ※ 분할 무게 편차가 적어야 하며, 대강의 무게를 짐작하고 한 두 번의 반죽 가감으로 완료한다.

세 부 항 목	항 목 별 유 의 사 항
6. 둥글리기	※ 반죽 표면이 매끄럽게 되도록 능숙하게 작업한다
7. 중간 발효	※ 10~20분간 표피가 건조되지 않도록 조치한다.
8. 정 형 　(1) 숙련도 　(2) 정형상태	※ 반죽에 소보로 토핑 묻히는 작업을 능숙하게 한다. ※ 토핑이 뭉치지도 않고, 한쪽에 치우쳐 있지 않고 너무 얇게 묻지 않아야 한다.
9. 팬 넣기	※ 팬 기름칠이 적당하고 이음매를 바닥쪽으로 가게 하며, 배열 및 간격을 알맞게 한다(평철판 사용).
10. 2차 발효 　(1) 발효관리 　(2) 발효상태	※ 온도 35~38℃ 전후, 습도 85% 전후의 조건에서 30~35분간 발효(단, 시간보다 상태로 판단) ※ 가스 포집력이 최대인 상태로 발효
11. 굽기 　(1) 굽기관리 　(2) 구운 상태	※ 전체 온도를 200/150℃에 맞추고 굽는다. 시간은 10~15분, 오븐 위치에 따라 온도 차이가 생기면 적절한 시간에 철판의 위치를 바꾸어 준다. ※ 전체가 잘 익어야 하고, 위 껍질 색이 황금 갈색으로 나야 한다. 익지 않거나 타지 않아야 하며, 옆면과 밑면에도 적절한 색이 나야 한다.
12. 정리 정돈, 청소, 　개인 위생	(1) 사용한 기구 및 작업대와 주위를 깨끗이 청소하고 정리 정돈을 잘한다. (2) 깨끗한 위생복, 위생모를 착용하고 두발, 손톱 등을 단정하고 청결하게 한다.
〈제품 평가〉	※ 각 항목마다 상품 가치가 없다고 판단되면 0점 처리됨.
13. 부피	※ 분할 무게에 대하여 부피가 알맞고 균일해야 된다. 소보로 토핑의 양과 팽창도 중요한 영향을 준다. 옆으로 처지면 부피감이 나빠진다.
14. 균형	※ 찌그러짐이 없이 균일한 모양을 지니고 균형이 잘 잡혀야 한다. 직경에 대한 높이가 잘 맞아야 한다.
15. 껍질	※ 질기거나 너무 두껍지 않으며, 부위별로 고른 색깔이 나며 반점이나 줄무늬가 없어야 한다. 소보로 토핑이 표피에 적당량으로 골고루 묻어 있고, 밝은 갈색으로 먹음직스러워야 한다.
16. 내상	※ 기공과 조직이 부위별로 고르며 부드러워야 한다. 밝고 여린 황색으로 너무 조밀하지 않아야 한다.
17. 맛과 향	※ 식감이 부드럽고 소보로 토핑과 빵이 풍미가 조화를 이루어야 한다. 끈적거림, 탄 냄새, 생재료 맛 등이 없어야 한다.

7-14 쌀식빵 (4시간)

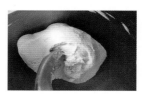
△믹싱법

△반죽온도

△팬 넣기

1. 요구사항

1) 쌀식빵을 제조하여 제출하시오.

① 배합표의 각 재료를 계량하여 재료별로 진열하시오(9분).
   - (재료당 1분) → [감독위원 계량 확인] → 작품 제조 및 정리 정돈(전체 시험 시간-재료 계량 시간)
   - 재료 계량 시간 내에 계량을 완료하지 못하여 시간이 초과된 경우 및 계량을 잘못한 경우는 추가의 시간 부여 없이 작품 제조 및 정리 정돈 시간을 활용하여 요구사항의 무게대로 계량
   - 계란의 계량은 감독위원이 지정하는 개수로 계량
② 반죽은 스트레이트법으로 제조하시오. (단, 유지는 클린업 단계에서 첨가하시오.)
③ 반죽온도는 27℃를 표준으로 하시오.
④ 분할무게는 198g씩으로 하고, 제시된 팬의 용량을 감안하여 결정하시오.
   (단, 분할무게 x 3을 1개의 식빵으로 함)
⑤ 반죽은 전량을 사용하여 성형하시오.

순 서	※※재 료	비 율(%)	무 게(g)
1	강력분	70	910
2	쌀가루	30	390
3	물	63	819(820)
4	생이스트	3	39(40)
5	소금	1.8	23.4(24)
6	설탕	7	91(90)
7	쇼트닝	5	65(66)
8	탈지분유	4	52
9	제빵개량제	2	26
	계	185.8	2,415.4(2,418)

2. 수검자 유의사항

세부 항목	항목별 유의 사항
1. 배합표 작성	※ 제한 시간 내에 전부 맞으면 만점 ※ % → g = % × 4, g → % = g ÷ 4 ※ 위에서 순서대로 (11111)
2. 재료 계량	※ 재료를 계량하여 따로따로 재료별로 계량대에 진열함 ※ 제한 시간 내에 전 재료 계량을 완료해야 만점 ※ 계량대, 재료대, 통로 등에 흘리는 재료가 없어야 만점 ※ 전 재료가 정확해야 만점, 1개라도 오차가 있으면 감점
3. 반죽 제조 (1) 혼합 순서 (2) 반죽 상태 (3) 반죽 온도	※ 요구 사항대로 **"스트레이트법"**으로 제조 (1) 쇼트닝을 제외한 전 재료를 믹서 볼에 넣고 (2) 1단(저속)으로 수화시키고 2단(중속)으로 믹싱한다. (3) '클린업 단계'에서 쇼트닝을 넣고 중속으로 믹싱하여 발전 단계 후기 또는 '최종 단계' 초기에서 믹싱을 완료한다. ※ 일반 식빵보다 발달이 약간 적은 상태로 한다. ※ 요구 사항 27℃ 전후가 되도록 한다.

4. 제1차 발효
 (1) 발효 관리
 	
 (2) 발효 상태
	※ 반죽통에 넣고 윗면의 표피가 매끄럽게 되도록 만들어야 한다.
	※ 온도 27℃, 상대습도 75~80% 전후에서 60~80분
	   단, 시간보다 상태로 판단
	※ 글루텐 숙성이 잘된 상태로 특히 지치지 않게 한다.
	   (손가락 시험, 섬유질 상태, 부피로 판단)

5. 분할 (1) 시간 (2) 숙련도	※ 요구 사항대로 198g×3 이 1개가 되도록 분할 ※ 198g씩 12개 모두를 가급적 빠른 시간 내에 분할 ※ 분할 반죽당 무게 편차가 적어야 하며, 대강의 무게를 짐작하고 한두 번의 반죽 가감으로 능숙하게 분할
6. 둥글리기	※ 반죽 표면이 매끄럽게 되도록 능숙하게 작업한다. 표피가 찢어지지 않도록 조심한다.
7. 중간 발효	※ 표피가 마르지 않도록 비닐이나 헝겊을 덮어서 10~20분

세부 항목	항목별 유의 사항
8. 정형 　(1) 숙련도 　(2) 정형 상태	(1) 밀대를 사용하여 밀어펴서 가스를 빼면서 일정 두께와 크기로 만들고 (2) 반죽 바닥면이 위가 되도록 하여 3겹 접기를 한다. (3) 손바닥으로 누르면서 직사각형 모양을 만든다. (4) 일반 식빵과 같은 방법으로 말아서 이음매를 잘 붙이고 표면 마무리를 능숙하게 하면서 과도한 덧가루를 털어준다. ※ 단단하게 말아서 대칭으로 만들고 표피를 매끈하게 한다.
9. 팬 넣기	(1) 팬 기름칠이 적당하고 이음매를 바닥 쪽으로 가게하며, 반죽 3개의 배열 및 간격을 알맞게 한다. (2) 윗면을 손등으로 가볍게 눌러 평평하게 해준다.
10. 제2차 발효 　(1) 발효 관리 　(2) 발효 상태	※ 온도 35℃, 상대습도 80~85% 전후에서 50~60분간 발효 (1) 가스 포집력이 최대인 상태로 식빵팬에서 1~2cm 높게 올라오도록 충분히 발효시킨다. (2) 식빵 반죽 윗면에 달걀물을 얇게 바른다.
11. 굽기 　(1) 굽기 관리 　(2) 구운 상태	※ 온도=180/200℃에서 30~35분 　(시간보다 상태로 판단) ※ 전체가 잘 익고 껍질 색이 황금갈색으로 옆면과 밑면에도 적절한 색이 붙도록 한다.
12. 정리정돈 　개인위생 　〈제품 평가〉	(1) 사용한 기구 및 작업대와 주위를 깨끗이 청소하고 정리정돈을 잘한다. (2) 깨끗한 위생복, 위생모를 착용하고 두발, 손톱 등을 단정하고 청결하게 한다. ※ 각 항목마다 상품 가치가 없다고 판단되면 0점 처리
13. 부피	(1) 분할 무게에 대하여 부피가 알맞고 균일해야 한다. (2) 일반 식빵에 비하여 팽창이 적으므로 2차 발효를 더 많이 시켜야 부피가 좋아진다.
14. 균형	※ 찌그러짐이 없이 균일한 모양을 지니고 좌우, 전후 균형이 잡혀야 한다.
15. 껍질	(1) 부드러우면서 부위별로 알맞은 색깔이 고르게 나야 한다. (2) 반점이나 줄무늬가 없어야 한다.
16. 내상	(1) 기공과 조직이 부위별로 고르며 부드러워야 한다. (2) 밝은 색상으로 줄무늬나 생 재료가 없어야 한다.
16. 맛과 향	(1) 식감이 부드럽고 발효향이 온화해야 된다. (2) 쌀의 독특한 맛과 향이 어우러진 식감을 가져야 한다.

7-15 호밀빵 (3시간 30분)

△ 반죽 밀어 펴기

△ 모양 만들기

△ 윗면 자르기

1. 요구사항

1) 호밀빵을 제조하여 제출하시오.

① 배합표의 각 재료를 계량하여 재료별로 진열하시오(10분).
- (재료당 1분) → [감독위원 계량 확인] → 작품 제조 및 정리 정돈(전체 시험 시간-재료 계량 시간)
- 재료 계량 시간 내에 계량을 완료하지 못하여 시간이 초과된 경우 및 계량을 잘못한 경우는 추가의 시간 부여 없이 작품 제조 및 정리 정돈 시간을 활용하여 요구사항의 무게대로 계량
- 계란의 계량은 감독위원이 지정하는 개수로 계량

② 반죽은 스트레이트법으로 제조하시오.
③ 반죽 온도는 25℃를 표준으로 하시오.
④ 표준 분할 무게는 330g으로 하시오.
⑤ 제품의 형태는 타원형(럭비공 모양)으로 제조하고, 칼집 모양을 가운데 일자로 내시오.
⑥ 반죽은 전량을 사용하여 성형하시오.

순서	※※ 재료	비율(%)	무게(g)
1	강력분	70	770
2	호밀가루	30	330
3	이스트	3	33
4	제빵 개량제	1	11(12)
5	물	60~65	660~715
6	소 금	2	22
7	황설탕	3	33(34)

8	쇼 트 닝	5	55(56)
9	분 유	2	22
10	당 밀	2	22
	계	178	1958~2016

2. 수검자 유의사항

세 부 항 목	항 목 별 유 의 사 항
1. 배합표 작성	※ % → g = % × 13,　g → % = g ÷ 13 소금 1%가 13g이므로 13을 곱하거나 13으로 나눈다. ※ 위에서 순서대로 (910)(390)(3.5)(45.5)(780~819)(26)(39)(65)(26)(26)(19.5) (181~184%)(2353~2392g)
2. 재료 계량 (1) 계량 시간 (2) 재료 손실 (3) 정확도	※ 재료를 계량하여 따로따로 재료별로 계량대에 진열함. ※ 제한 시간 내에 전 재료 계량을 완료해야 만점 ※ 계량대, 재료대, 통로 등에 흘리는 재료가 없어야 만점 ※ 전 재료가 정확해야 만점, 1개라도 오차가 있으면 감점
3. 반죽 제조 (1) 혼합 순서 (2) 반죽 상태 (3) 반죽 온도	※ 요구 사항대로 '스트레이트법'으로 제조 (1) 쇼트닝을 제외한 전 재료를 믹서 볼에 넣고 (2) 저속으로 수화시키고 중속으로 믹싱하여 (3) '클린업 단계'에서 유지을 넣고 믹싱한다. (4) '발전 단계'에서 믹싱을 완료한다. ※ 일반 식빵의 80% 수준의 믹싱 상태. '호밀가루'가 많을수록 　믹싱 시간이 짧아져야 한다. ※ 요구사항 25℃ 전후가 되도록 한다.
4. 1차 발효 (1) 발효 관리 (2) 발효 상태	※ 요구사항 27℃ 전후, 상대습도 80% 전후의 조건에서 50~80분 　(단 시간보다 상태로 판단) ※ 식빵에 비해 어린 상태(손가락 시험, 섬유질 상태, 부피 2.5~3배)
5. 분할 (1) 시간 (2) 숙련도	팬의 용적에 맞도록 조절하거나 ※ 330g 7개를 가급적 빠른 시간 내에 분할한다. ※ 분할 반죽당 무게 편차가 적어야 하며, 대강의 무게를 감지하고 　한두 번의 반죽 가감으로 완료한다.
6. 둥글리기	※ 반죽 표면이 매끄럽게 되도록 능숙하게 작업한다.

세 부 항 목	항 목 별 유 의 사 항
7. 중간 발효	※ 15~30분의 시간에 표피가 건조되지 않도록 조치한다.
8. 정형 (1) 숙련도 (2) 정형 상태	※ 가스빼기와 말기, 표면 마무리를 능숙하게 하면서 이음매, 과도한 덧가루 처리를 잘한다. ※ 단단하게 말아서 대칭이 되고 표피를 매끄럽게 한다.
9. 팬 넣기	※ 팬 기름칠이 적당하고 이음매를 바닥 쪽으로 가게 하며, 배열 및 간격을 알맞게 한다.
10. 2차 발효 (1) 발효 관리 (2) 발효 상태	※ 온도 32~35℃ 전후, 습도 85% 전후의 조건에서 40~60분간 발 효(시간보다 상태로 판단) ※ 가스 포집력이 최대인 상태로 발효

11. 굽기
(1) 굽기 관리
 	
(2) 구운 상태
	※ 전체 온도를 180 / 200℃에 맞추고 굽는다.
	   시간은 40~50분, 오븐 위치에 따라 온도 차이가 생기면 적절한
	   시간에 팬의 위치를 바꾸어 준다.
	※ 전체가 잘 익고, 껍질 색이 밀짚색으로 나면 좋다. 익지 않거나
	   타지 않아야 하며, 옆면과 밑면에도 적절한 색이 나야 한다.

12. 정리정돈, 청소,
 	
   개인위생
	(1) 사용한 기구 및 작업대와 주위를 깨끗이 청소하고 정리 정돈
	   을 잘한다.
	(2) 깨끗한 위생복, 위생모를 착용하고 두발, 손톱 등을 단정하고
	   청결하게 한다.

〈제품 평가〉	※ 각 항목마다 상품 가치가 없다고 판단되면 0점 처리됨.
13. 부피	※ 분할 무게에 대하여 부피가 알맞고 균일해야 된다. 오븐 팽창이 적으므로 무게에 비해 부피가 다소 적다.
14. 균형	※ 찌그러짐이 없이 균일한 모양을 지니고 균형이 잘 잡혀야 한다. ※ 막대모양의 전후좌우가 균형을 이룬다.

15. 껍질	※ 부위별로 고른 색깔이 나며 반점과 줄무늬 등이 없어야 한다.
	   옆면과 밑면에도 적절한 색깔이 나야 한다.
	   호밀가루에 의해 다소 거칠 수가 있다.

16. 내상	※ 기공과 조직이 부위별로 고르며 부드러워야 한다. 호밀가루에
	   의한 색상이 전면에 고르게 나야 한다. 세포벽은 다소 두껍고
	   너무 조밀하지 않는 게 좋다.

17. 맛과 향	※ 씹는 촉감이 다소 거칠더라도 끈적거리지 않고 호밀가루의 특유
	   한 맛이 발효 향과 어울려야 한다. 끈적거림, 탄 냄새, 생재료 맛
	   등이 없어야 한다.

7-16 버터톱 식빵 (3시간 30분)

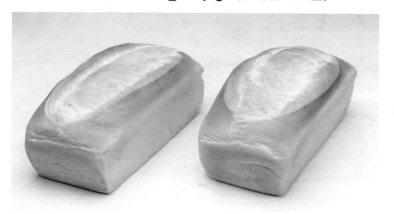

△one loaf 정형

△윗면 자르기

△자른 면에 버터 짜기

1. 요구사항

1) 버터톱 식빵을 제조하여 제출하시오.

① 배합표의 각 재료를 계량하여 재료별로 진열하시오(9분).
- (재료당 1분) → [감독위원 계량 확인] → 작품 제조 및 정리 정돈(전체 시험 시간-재료 계량 시간)
- 재료 계량 시간 내에 계량을 완료하지 못하여 시간이 초과된 경우 및 계량을 잘못한 경우는 추가의 시간 부여 없이 작품 제조 및 정리 정돈 시간을 활용하여 요구사항의 무게대로 계량
- 계란의 계량은 감독위원이 지정하는 개수로 계량

② 반죽은 스트레이트법으로 만드시오(단, 유지는 클린업 단계에서 첨가하시오).

③ 반죽 온도는 27℃를 표준으로 하시오.

④ 분할 무게 460g 짜리 5개를 만드시오(한덩이: one loaf).

⑤ 윗면을 길이로 자르고 버터를 짜 넣는 형태로 만드시오.

⑥ 반죽은 전량을 사용하여 성형하시오.

순 서	※※ 재료	비 율(%)	무 게(g)
1	강력분	100	1200
2	물	40	480
3	이스트	4	48
4	제빵 개량제	1	12
5	소금	1.8	21.6(22)
6	설탕	6	72
7	버터	20	240
8	탈지분유	3	36
9	계란	20	240
	계	195.8	2349.6(2350)
	버터(바르기용)	5	60

2. 수검자 유의사항

세 부 항 목	항 목 별 유 의 사 항
1. 배합표 작성	1) 총 배합률=195.8% 　 2) 분할 무게=460g×5=2,300g 3) 재료 무게=2,300÷(1-0.021)=2,300÷0.979≒2,349.34[g] 4) 밀가루 무게=2,349.34÷1.958≒1,199.87=g 미만은 반올림 →1,200g 5) 정답 　1=(1,200×1=1,200), 2=(1,200×0.4=480), 3=(1,200×0.04=48) 　4=(1,200×0.01=12), 5=(1,200×0.018=21.6), 6=(1,200×0.06=72) 　7=(1,200×0.2=240), 8=(1,200×0.03=36), 9=(1,200×0.2=240) 　계=(% → 195.8), (g → 2,349.6)
2. 재료 계량 　(1) 계량 시간 　(2) 재료 손실 　(3) 정확도	※ 계량한 재료는 섞지말고 재료별로 진열 ※ 제한시간내에 전 재료의 계량을 완료(1재료당 1분) ※ 계량대, 작업대, 통로 등에 흘리는 재료가 없어야 한다. ※ 전 재료를 정확하게 계량한다(오차가 있으면 감점).
3.반죽 제조 　(1) 믹싱법 　(2) 반죽 상태 　(3) 반죽 온도	※ 요구사항에 따라 '스트레이트/도법'으로 제조 (1) 버터를 제외한 전 재료를 믹서 볼에 넣고 저속 믹싱 (2) 저속 : 2분 → 중속 : 5분 → 버터 투입→저속 : 2분 → 중속 (3) 최종 단계로 믹싱(믹싱시간 보다는 상태로 판단) (1) 글루텐 발달이 최적인 상태--깨끗한 글루텐 필름 (2) (탄력성과 신장성)이 최대인 상태 ※ 요구사항 27±1℃ 전후가 되도록 맞춘다.
4. 제1차 발효 　(1) 발효 관리 　(2) 발효 상태	(1) 온도 : 27℃ 전후, 상대습도 : 75~80%로 조절한다. (2) 50~60분간 발효(여건이 다르므로 상태에 유의) ※ 글루텐 조절이 잘 된 상태(거미줄 조직 부피 등)
5. 분할 　(1) 시간 　(2) 숙련도	※ 요구사항대로 460g씩 5개를 분할한다. ※ 적량 5개를 제한시간 5분 안에 분할한다. ※ 반죽당 무게 편차가 적고, 분할 계량시 1~2번의 반죽 가감으로 능숙하게 분할한다.
6. 둥글리기	(1) 반죽 표피가 매끄럽게 되도록 능숙하게 작업한다. (2) 가급적 분할한 순서대로 둥글리기를 한다.
7. 중간 발효	(1) 표피가 건조되지 않도록 헝겊 등을 덮어서 실온 발효 (2) 10~20분간 소요(상태가 중요)
8. 정형 　(1) 밀어 펴기 　(2) 정형	※ 요구사항에 따라 한 덩어리 형태로 만든다. ※ 가스 빼기와 밀어 펴기를 능숙하게 한다 (1) 단단히 말아서 대칭으로 만들고 표면을 팽팽하게 되도록 손질한다. (2) 이음매를 꼼꼼하게 봉합한다.

세 부 항 목	항 목 별 유 의 사 항
9. 팬에 넣기	(1) 식빵 팬의 내부에 기름칠을 균일하게 칠한다. (2) 이음매가 밑으로 가게 정형한 반죽을 팬에 넣고 손으로 조절하여 균형이 잡히도록 한다.
10. 제2차 발효	
(1) 발효 관리	(1) 온도 : 35~43℃, 상대습도 : 85~90% 전후로 맞춘다. (2) 40~50분간 발효를 시킨다(발효 상태를 파악).
(2) 발효 상태	(1) 완전 발효의 80~85% 수준에서 꺼낸다. (2) 실온에서 발효를 계속하면서 표피를 건조시킨다.
11. 윗면 가르기와 버터 짜기	(1) 발효된 반죽 윗면을 길이로 길게 가른다. (2) 유연하게 만든 버터를 짤주머니에 넣고 자른 면에 충분하게 짜 놓는다.
12. 굽기 (1) 굽기 관리	(1) 오븐 온도를 160/200℃로 맞춘다. (2) 오븐 내에서 팬의 위치에 따라 온도 차이가 생겨 굽기 정도가 달라지면 자리나 위치를 바꾸어 준다.
(2) 구운 상태	(1) 전체가 잘 익고 찌그러지지 않아야 한다. (2) 버터를 바른 윗면은 밝은 황색을 띄고 옆면과 밑면에도 적당히 색이 나야한다.
13. 정리정돈, 청소, 개인위생	(1) 사용한 기구 및 작업대와 주위를 깨끗이 청소하고 정리 정돈을 잘한다. (2) 깨끗한 위생복, 위생모를 착용하고, 두발, 손톱 등을 단정하고 청결하게 한다.
〈제품 평가〉	※ 각 항목마다 상품 가치가 없다고 판단되면 0점 처리
14. 부피	※ 분할 무게에 대하여 부피가 알맞고 균일해야 한다.
15. 균형	(1) 함몰 부위가 없이 대칭으로 균형이 잡혀야 한다. (2) 찌그러진 옆면, 움푹 들어간 밑면은 감점 요인
16. 껍질	(1) 윗면의 터짐이 보기 좋고 밝은 황색을 띄어야 한다. (2) 옆면과 밑면에도 고르게 색이 나는 것이 좋다.
17. 내상	(1) 기공과 조직이 부위별로 고르며 부드러워야 한다. (2) 밝은 황색으로 반점이나 줄무늬가 없어야 한다.
18. 맛과 향	(1) 식감이 부드럽고 버터향이 발효향과 어울려야 한다. (2) 탄 냄새, 생재료 맛이 없고 끈적거리는 촉감이 없어야 한다.

7-17 옥수수 식빵 (3시간 40분)

△1차 발효

△밀어 펴서 말기

△2차 발효

1. 요구사항

1) 옥수수 식빵을 제조하여 제출하시오.

① 배합표의 각 재료를 계량하여 재료별로 진열하시오(10분).
  • (재료당 1분) → [감독위원 계량 확인] → 작품 제조 및 정리 정돈(전체 시험 시간-재료 계량 시간)
  • 재료 계량 시간 내에 계량을 완료하지 못하여 시간이 초과된 경우 및 계량을 잘못한 경우는 추가의 시간 부여 없이 작품 제조 및 정리 정돈 시간을 활용하여 요구사항의 무게대로 계량
  • 계란의 계량은 감독위원이 지정하는 개수로 계량
② 반죽은 스트레이트법으로 제조하시오(단, 유지는 클린업 단계에서 첨가 하시오).
③ 반죽 온도는 27℃를 표준으로 하시오.
④ 표준 분할 무게는 180g으로 하고, 제시된 팬의 용량을 감안하여 결정하시오
  (단, 분할 무게×3을 1개의 식빵으로 함).
⑤ 반죽은 전량을 사용하여 성형하시오.

순 서	※※재 료	비 율(%)	무 게(g)
1	강 력 분	80	960
2	옥수수 분말	20	240
3	물	60	720
4	이 스 트	3	36
5	제빵 개량제	1	12
6	소 금	2	24
7	설 탕	8	96
8	쇼 트 닝	7	84

9	탈지분유	3	36
10	계 란	5	60
	계	189	2,268

2. 수검자 유의사항

세 부 항 목	항 목 별 유 의 사 항
1. 배합표 작성	※ 제한 시간 내에 전부 맞으면 만점 ※ % → g = %×13, g → % = g÷13 소금 2%가 26g이므로 13을 곱하거나 13으로 나눈다. ※ 위에서 순서대로 (1040) (260) (60) (2.5) (0.1) (104) (7) (39) (65) (39) (190.6%) (2477.8g)
2. 재료 계량 (1) 계량 시간 (2) 재료 손실 (3) 정확도	※ 재료를 계량하여 따로따로 재료별로 계량대에 진열함. ※ 제한시간 내에 전 재료 계량을 완료해야 만점 ※ 계량대, 재료대, 통로 등에 흘리는 재료가 없어야 만점 ※ 전 재료가 정확해야 만점, 1개라도 오차가 있으면 감점
3. 반죽 제조 (1) 혼합 순서 (2) 반죽 상태 (3) 반죽 온도	※ 요구사항대로 "스트레이트법"으로 제조 (1) 쇼트닝을 제외한 전 재료를 믹서 볼에 넣고 (2) 1단(저속)으로 수화시키고 2단 속도로 믹싱한다. (3) 「클린업 단계」에서 쇼트닝을 넣고 믹싱한다. (4) 「최종 단계」에서 믹싱을 완료한다. 일반 식빵보다 다소 짧은 시간이 소요될 것이다. ※ 글루텐의 신장성이 최대인 상태 직전 일반 식빵보다 다소 된 반죽 ※ 요구사항 27℃ 전후가 되도록 한다.
4. 1차 발효 (1) 발효 관리 (2) 발효 상태	※ 요구사항 27℃ 전후, 상대습도 75~80% 전후에서 70~80분 (단, 시간보다 상태로 판단) ※ 글루텐 숙성이 잘 된 상태
5. 분할 (1) 시간 (2) 숙련도	※ 요구사항대로 3개×4로 분할(식빵보다 10% 정도 증량) ※ 180g씩 12개를 가급적 빠른 시간 내에 분할 ※ 분할 반죽당 무게 편차가 적어야 하며, 대강의 무게를 짐작 하고 한두 번의 반죽 가감으로 완료한다.
6. 둥글리기	※ 반죽 표면이 매끄럽게 되도록 능숙하게 작업한다.

세 부 항 목	항 목 별 유 의 사 항
7. 중간 발효	※ 10~20분의 시간에 표피가 건조되지 않도록 조치한다.
8. 정형 　(1) 숙련도 　(2) 정형 상태	※ 가스 빼기와 말기, 표면 마무리를 능숙하게 하면서 과도한 　덧가루를 털어 준다. ※ 단단하게 말아서 대칭이 되고 표피를 매끄럽게 한다.
9. 팬 넣기	※ 팬 기름칠이 적당하고 이음매를 바닥 쪽으로 가게 하며, 배열 　및 간격을 알맞게 한다.
10. 2차 발효 　(1) 발효 관리 　(2) 발효 상태	※ 온도 35~40℃ 전후, 습도 85% 전후의 조건에서 45~50분간 　발효(단, 시간보다 상태로 판단) ※ 가스 포집력이 최대인 상태로 발효 팬 위로 2cm 정도 올라온 　상태(더 많은 발효)
11. 굽기 　(1) 굽기 관리 　(2) 구운 상태	※ 전체 온도를 170/200℃에 맞추고 굽는다. 　시간은 35~50분, 오븐 위치에 따라 온도 차이가 생기면 적절 　한 시간에 팬의 위치를 바꾸어 준다. ※ 전체가 잘 익고 껍질 색이 황금 갈색으로 나야 한다. 익지 않거 　나 타지 않아야 하며, 옆면과 밑면에도 적절한 색을 붙인다.
12. 정리 정돈, 청소, 　개인위생	(1) 사용한 기구 및 작업대와 주위를 깨끗이 청소하고 정리 정돈 　을 잘한다. (2) 깨끗한 위생복, 위생모를 착용하고 두발, 손톱 등을 단정하고 　청결하게 한다.
〈제품 평가〉	※ 각 항목마다 상품 가치가 없다고 판단되면 0점 처리됨.
13. 부피	※ 분할 무게에 대하여 부피가 알맞고 균일해야 된다. 일반 식빵 　에 비해 팽창이 적으므로 2차 발효를 더 많이 시켜야 부피가 　좋아진다.
14. 균형	※ 찌그러짐이 없이 균일한 모양을 지니고 균형이 잡혀야 한다.
15. 껍질	※ 껍질이 부드러우면서 부위별로 고른 색깔이 나며, 반점과 줄 　무늬가 없어야 한다.
16. 내상	※ 기공과 조직이 부위별로 고르며 부드러워야 한다. 밝은 색으로 　줄무늬 등이 없어야 한다. ※ 옥수수 색상이 엷게 나타나야 한다.
17. 맛과 향	※ 식감이 부드럽고 발효 향이 온화해야 한다. 끈적거림, 탄 냄새, 　생재료 맛 등이 없어야 한다. 옥수수의 구수한 맛과 향이 식빵 　과 어울려야 한다.

7-18 모카빵 (3시간 30분)

△ 비스킷과 빵 반죽

△ 빵 반죽 정형

1. 요구사항

1) 모카빵을 제조하여 제출하시오.

△ 비스킷 반죽으로
빵 반죽 싸기

① 배합표의 빵 반죽 재료를 계량하여 재료별로 진열하시오(11분).
  • (재료당 1분) → [감독위원 계량 확인] → 작품 제조 및 정리 정돈
    (전체 시험 시간-재료 계량 시간)
  • 재료 계량 시간 내에 계량을 완료하지 못하여 시간이 초과된 경우 및 계량을 잘못한 경우는
    추가의 시간 부여 없이 작품 제조 및 정리 정돈 시간을 활용하여 요구사항의 무게대로 계량
  • 계란의 계량은 감독위원이 지정하는 개수로 계량
② 반죽은 '스트레이트법'으로 제조하시오(단, 유지는 클린업 단계에서 첨가하시오).
③ 반죽 온도는 27℃를 표준으로 하시오.
④ 반죽 1개의 분할 무게는 250g, 1개당 비스킷은 100g씩으로 제조하시오.
⑤ 제품의 형태는 타원형(럭비공 모양)으로 제조하시오.
⑥ 토핑용 비스킷은 주어진 배합표에 의거 직접 제조하시오.
⑦ 완제품 6개를 제출하고 남은 반죽은 감독위원 지시에 따라 별도로 제출하시오.

(1) 빵 반죽

순서	재 료	비율(%)	무게(g)
1	강 력 분	100	850
2	물	45	382.5(382)
3	이 스 트	5	42.5(42)
4	제빵 개량제	1	8.5(8)
5	소 금	2	17(16)

(2) 토핑용 비스킷

순서	재 료	비율(%)	무게(g)
1	박력분	100	350
2	버 터	20	70
3	설 탕	40	140
4	달 걀	24	84
5	베이킹파우더	1.5	5.25(5)

순서	재 료	비율(%)	무게(g)
6	설 탕	15	127.5(128)
7	버 터	12	102
8	탈지분유	3	25.5(26)
9	달 걀	10	85(86)
10	커 피	1.5	12.75(12)
11	건포도	15	127.5(128)
	계	209.5	1780.75 (1780)

순서	재 료	비율(%)	무게(g)
6	우 유	12	42
7	소 금	0.6	2.1(2)
	계	198.1	693.35 (693)

2. 수검자 유의사항

세 부 항 목	항 목 별 유 의 사 항
1. 배합표 작성	※ 빵 반죽 : % → g = % × 12, g → % = g ÷ 12 위에서 순서대로 (1200)(540)(4)(24)(15)(12)(36)(10)(1.5)(180)(208.5%)(2502g) ※ 비스킷 반죽 : % → g = % × 6, g → % = g ÷ 6 위에서 순서대로 (600)(120)(40)(20)(1.5)(60)(192%)(1152g)
2. 재료 계량	※ 재료를 계량하여 따로따로 계량대에 진열한다. ※ 제한시간(20분) 내에 전 재료의 계량을 완료한다. ※ 계량대, 재료대, 통로 등에 흘리는 재료가 없도록 한다. ※ 전 재료의 무게를 정확하게 계량한다.
3. 빵 반죽 제조 (1) 혼합 순서 (2) 반죽 상태 (3) 반죽 온도	※ 요구사항대로 " 스트레이트법 "으로 반죽한다· (1) 건포도는 믹싱 전에 미리 전처리를 해둔다. (2) 인스턴트커피는 사용할 물의 일부에 용해시켜 사용한다. (3) 버터와 건포도를 제외한 전 재료를 볼에 넣고 믹싱하여 클린업 단계에서 버터를 첨가하고 믹싱 최종 단계에 건포도를 투입하여 믹싱을 마친다. ※ 최종 단계의 반죽으로 건포도가 고르게 분포되도록 한다 (오버 믹싱이 되지 않도록 한다). ※ 요구사항대로 27℃ 전후가 되도록 한다.
4. 1차 발효 (1) 발효 관리 (2) 발효 상태	※ 온도 27℃ 전후, 상대습도 75~80%에서 50~80분간 발효(시간보다 는 상태로 판단) ※ 글루텐 숙성이 잘 된 상태(섬유질 조직)
5. 비스킷 제조 (1) 제조 공정 (2) 반죽 상태	※ 버터, 설탕, 소금을 용기에 넣고 크림을 만든 후 계란을 2~3회로 나누어 부드러운 크림 상태로 만든다. ※ 박력분과 베이킹파우더를 골고루 섞은 후 체로 친 다음 위에 넣고 가볍게 혼합하면서 우유로 되기를 조절한다. ※ 전 재료가 균일하게 혼합되고 적당한 되기를 유지시킨다.

세 부 항 목	항 목 별 유 의 사 항
6. 빵반죽 성형 (1) 분할 (2) 둥굴리기 (3) 중간 발효 (4) 정형	※ 요구사항대로 250g(또는 감독위원 지시에 따라)씩 시간 내에 분할한다. (1) 1개당 무게 편차가 적어야 하고 숙련도가 높아야 한다. (2) 반죽의 표피가 매끈하게 되도록 능숙하게 작업한다. ※ 표피가 건조되지 않게 조치하여 10~15분간 발효시킨다. (1) 가스 빼기와 표면 마무리를 능숙하게 하면서 타원형으로 밑면을 잘 봉합한다. 과도한 덧가루는 제거한다. (2) 비스킷 반죽을 분할하여 두께 0.3~0.4cm가 되도록 밀어 펴서 빵 반죽 윗면을 완전히 덮도록 씌운다 (빵반죽을 발효시킨 후 비스킷 반죽을 감싸는 방법도 있다).
7. 팬에 넣기	※ 평철판에 기름칠을 균일하게 하고 간격을 유지하여 놓는다.
8. 2차 발효 (1) 발효관리 (2) 발효상태	※ 35~38℃ 온도, 85% 정도의 상대습도에서 발효시킨다. ※ 가스 포집력이 최대인 상태로 발효한다.
9. 굽기 (1) 굽기 관리 (2) 구운 상태	※ 180/150℃ 전후의 온도로 상하 온도 조절을 잘하고 오븐 내의 철판, 철판 내의 제품에 대한 열관리를 잘한다. ※ 비스킷 색상, 밑면의 색상이 알맞고 전체가 잘 구워진 제품이 되도록 한다.
10. 청소, 정리 정돈, 개인위생	※ 사용한 기구 및 작업대와 주위를 깨끗이 청소하고 정리 정돈을 잘한다. ※ 깨끗한 위생복과 위생모를 착용하고 두발, 손톱 등을 단정하고 청결하게 한다.
11. 부피	※ 분할 무게에 대한 부피가 알맞고 개별 제품의 부피가 일정하면 좋다.
12. 균형	※ 찌그러짐이 없고 균일한 모양을 지니고 균형이 잘 잡혀야 한다.
13. 껍질	※ 토핑용 비스킷의 형태가 적당히 갈라지고 식욕을 돋구는 색상이 되도록 한다. ※ 토핑물이 빵에 잘 붙어 있고 밑면의 색도 적당해야 한다.
14. 내상	※ 기공과 조직이 부위별로 고르며 촉감이 부드러워야 한다. ※ 커피에 의한 색상이 균일하며 줄무늬가 없어야 한다.
15. 맛과 향	※ 빵과 비스킷의 맛과 향이 잘 어울린다. ※ 끈적거림, 탄 맛, 생재료 맛이 없어야 한다.

7-19 버터롤 (3시간 30분)

△ 원추형 반죽 만들기

△ 밀어 펴기

1. 요구사항

△ 말기

1) 버터롤을 제조하여 제출하시오.

① 배합표의 각 재료를 계량하여 재료별로 진열하시오(9분).
  • (재료당 1분) → [감독위원 계량 확인] → 작품 제조 및 정리 정돈(전체 시험 시간-재료 계량 시간)
  • 재료 계량 시간 내에 계량을 완료하지 못하여 시간이 초과된 경우 및 계량을 잘못한 경우는 추가의 시간 부여 없이 작품 제조 및 정리 정돈 시간을 활용하여 요구사항의 무게대로 계량
  • 계란의 계량은 감독위원이 지정하는 개수로 계량
② 반죽은 '스트레이트법'으로 제조하시오(단, 유지는 클린업 단계에 첨가하시오).
③ 반죽 온도는 27℃를 표준으로 하시오.
④ 반죽 1개의 분할 무게는 50g으로 제조하시오.
⑤ 제품의 형태는 번데기 모양으로 제조하시오.
⑥ 24개를 성형하고, 남은 반죽은 감독위원의 지시에 따라 별도로 제출하시오.

순서	재 료	비 율(%)	무 게(g)
1	강력분	100	900
2	설 탕	10	90
3	소 금	2	18
4	버 터	15	135(134)
5	탈지분유	3	27(26)
6	계 란	8	72
7	이스트	4	36
8	제빵 개량제	1	9(8)
9	물	53	477(476)
	계	196	1,764

2. 수검자 유의사항

세 부 항 목	항 목 별 유 의 사 항
1. 배합표 작성	※ % → g = % × 10, g → % = g ÷ 10 ※ 순서대로 (1000)(10)(20)(15)(80)(3)(4)(540)(197%)(1970g)
2. 재료 계량 (1) 계량 시간 (2) 손실 (3) 정확도	※ 제한 시간 9분 이내에 전 재료를 계량한다. ※ 계량대, 작업대, 통로 등에 재료를 흘리지 않는다. ※ 전 재료를 정확하게 계량한다.
3. 반죽 제조 (1) 혼합 순서 (2) 반죽 상태 (3) 반죽 온도	(1) 버터 이외의 전 재료를 믹서 볼에 넣고 저속과 중속 순으로 믹싱한다. (2) 클린업 단계에서 버터를 넣고 최종 단계까지 반죽을 한다. (1) 글루텐 피막이 곱고 매그러운 반죽이 되도록 한다. (1) 요구사항대로 27℃ 전후가 되도록 한다.
4. 1차 발효 (1) 발효 관리 (2) 발효상태	※ 온도 27℃ 전후, 상대습도 75~80%로 60~80분간 발효시킨다(시간보다 상태로 판단) ※ 글루텐 숙성이 잘 된 상태(손가락 시험, 섬유질 상태, 부피)
5. 성형 (1) 분할 (2) 둥글리기 (3) 중간발효 (4) 정형 정형한 모양	※ 요구사항대로 반죽 1개의 무게가 50g이 되도록 빠른 시간 내에 분할한다. ※ 분할 무게의 편차가 적어야 하며 능숙하게 분할한다. ※ 반죽 표면이 매끄럽게 되도록 능숙하게 작업한다. ※ 표피가 건조되지 않게 조치하고 10~15분간 발효시킨다. ※ 밀어펴기, 말기, 모양 만들기 등 작업을 능숙하게 하며 모양이 균일하고 균형이 잡히도록 한다. ※ 중간 발효가 끝난 반죽을 밀대로 밀어 약 2mm의 두께가 되도록 하고 삼각형 모양으로 만든 다음 끝부분부터 접어 넣으면서 민다.
6. 팬에 넣기	※ 철판에 기름칠을 골고루 하고 적절한 간격을 유지하여 나열한다.
7. 2차 발효 (1) 발효 관리 (2) 발효 상태	※ 온도 35~38℃, 상대습도 85% 전후의 조건에서 발효시킨다. (1) 가스 포집력이 최대인 상태로 발효 (2) 굽기 전에 윗면 전체에 계란물 칠을 한다

세 부 항 목	항 목 별 유 의 사 항
8. 굽기 　(1) 굽기 관리 　(2) 구운 상태	※ 200/145℃로 온도 조절을 잘하고 위치에 따른 열관리를 잘한다. ※ 전체가 잘 익어야 하고 위 껍질 색이 황금색으로 나야 한다. 옆면 　과 밑면에도 고르게 색깔이 나야 한다. ※ 오븐에서 꺼내면 즉시 녹인 버터를 칠한다.
9. 청소, 정리 정돈, 　개인위생	※ 사용한 기구 및 작업대와 주위를 깨끗이 청소하고 정리 정돈을 잘 　한다. ※ 깨끗한 위생복과 위생모를 착용하고 두발, 손톱 등을 단정하고 　청결하게 한다.
10. 부피	※ 분할 무게에 대하여 부피가 알맞고 균일해야 한다.
11. 균형	※ 찌그러짐 없이 균일한 모양을 가지고 균형이 잘 잡혀야 한다.
12. 껍질	※ 껍질이 부드러우면서 부위별로 고른 색깔이 나고 반점이나 줄무 　늬가 없어야 한다. ※ 녹인 버터칠의 광택이 살아야 한다.
13. 내상	※ 기공과 조직이 부위별로 고르며 부드러워야 한다. 밝고 여린 황 　색으로 너무 조밀하지 않아야 한다.
14. 맛과 향	※ 식감이 부드럽고 끈적거리지 않아야 하며, 발효 향과 버터의 향미 　가 조화를 이루어야 한다.

7-20 　통밀빵 (3시간 30분)

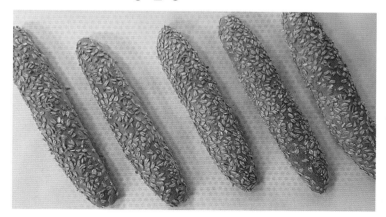

△ 반죽

△ 막대기로 성형하기

△ 굽기

1. 요구사항

1) 통밀빵을 제조하여 제출하시오.

① 배합표의 각 재료를 계량하여 재료별로 진열하시오(10분).
  • (재료당 1분) → [감독위원 계량 확인] → 작품 제조 및 정리 정돈(전체 시험 시간 - 재료 계량 시간)
  • 재료 계량 시간 내에 계량을 완료하지 못하여 시간이 초과된 경우 및 계량을 잘못한 경우는 추가의 시간 부여 없이 작품 제조 및 정리 정돈 시간을 활용하여 요구사항의 무게대로 계량
  • 계란의 계량은 감독위원이 지정하는 개수로 계량
  - (토핑용) 오트밀은 계량 시간에서 제외한다.
② 반죽은 스트레이트법으로 제조하시오.
③ 반죽 온도는 25℃를 표준으로 하시오.
④ 표준 분할 무게는 200g으로 하시오.
⑤ 제품의 형태는 밀대(봉)형(22~23㎝)으로 제조하고, 표면에 물을 발라 오트밀을 보기 좋게 적당히 묻히시오.
⑥ 8개를 성형하여 제출하고 남은 반죽은 감독위원의 지시에 따라 별도로 제출하시오.

재 료	비 율(%)	무 게(g)
강력분	80	800
통밀가루	20	200
이스트	2.5	25(24)
제빵 개량제	1	10
물	63~65	630~650
소금	1.5	15(14)
설탕	3	30
버터	7	70

재 료	비 율(%)	무 게(g)
탈지분유	2	20
몰트액	1.5	15(14)
계	181.5~183.5	1,812(1835)
(토핑용) 오트밀	–	200g

2. 수검자 유의사항

세부 항목	항목별 유의사항

	1) 항목별 배점은 제조 공정 60점, 제품 평가 40점입니다.
	2) 시험 시간은 재료 계량 시간이 포함된 시간입니다.
	3) 안전사고가 없도록 유의합니다.
	4) 의문 사항이 있으면 감독위원에게 문의하고, 감독위원의 지시에 따릅니다.
	5) 다음과 같은 경우에는 채점 대상에서 제외됩니다.
	
	미완성 – 시험 시간 내에 작품을 제출하지 못한 경우
	기권 – 수험자 본인이 수험 도중 기권한 경우
	실격 – 작품의 가치가 없을 정도로 타거나 익지 않은 경우
	    – 주요 요구사항(수량, 모양, 반죽 제조법)을 준수하지 않았을 경우
	    – 지급된 재료 이외의 재료를 사용한 경우
	    – 시험 중 시설 · 장비의 조작 또는 재료의 취급이 미숙하여 위해를 일으킬
	      것으로 감독위원 전원이 합의하여 판단한 경우

1. 반죽 제조	※ 요구사항대로 스트레이트법으로 제조
(1) 혼합 순서	(1) 버터를 제외한 전 재료를 믹서 볼에 넣고 (2) 저속으로 수화시키고, 중속으로 믹싱하여 (3) 클린업 단계에 버터를 넣고 7~8분 동안 믹싱한다. (4) 발전 단계에서 믹싱을 완료한다.
(2) 반죽 상태	(1) 일반 식빵의 70~80% 수준의 믹싱 상태. 통밀가루가 들어가면 믹싱을 짧게 칠 수 있도록 한다. (2) 매끈하며, 반죽의 탄력성을 유지하는 상태로 반죽을 완료한다.
(3) 반죽 온도	요구사항 25℃ 전후가 되도록 한다
2. 1차 발효	
(1) 발효 관리	(1) 요구사항 27℃ 전후, 상대습도 75% 전후의 조건에서 50~60분 (단, 시간보다는 상태로 판단) (2) 식빵에 비해 어린 상태(손가락 시험, 섬유질 상태, 부피의 2.5~3배)

세부 항목	항목별 유의사항
3. 분할	
(1) 시간	(1) 팬의 용적에 맞도록 조절하거나 (2) 200g 9개를 가급적 빠른 시간 내에 분할한다.
(2) 숙련도	(1) 분할 반죽당 무게 편차가 적어야 하며, 대강의 무게를 감지하고 한두 번의 반죽 가감으로 완료한다.
4. 둥글리기	(1) 반죽 표면이 매끄럽게 되도록 능숙하게 작업한다.
5. 중간 발효	(1) 10~15분의 시간에 표피가 건조되지 않도록 조치한다.
6. 정형	
(1) 숙련도	(1) 가스 빼기와 말기, 표면 마무리를 능숙하게 하면서 이음매, 과도한 덧가루 처리를 잘한다.
(2) 정형 상태	(1) 밀대형으로, 길이는 22~23Cm 전후가 되도록 한다. 반죽의 두께가 너무 다르지 않도록 정형한다. (2) 정형한 빵 윗면에 물을 바르고 오트밀을 묻힌다. 이때 반죽의 이음매 부분은 오트밀이 묻혀지지 않도록 한다.
7. 팬 넣기	(1) 팬 기름칠이 적당하고 이음매 바닥 쪽으로 가게 하며, 배열 및 간격을 알맞게 한다.

세부 항목	항목별 유의사항
8. 2차 발효	
(1) 발효 관리	(1) 온도 32~35℃ /상대습도 75% 전후의 조건에서 40~60분간 발효(시간보다 상태로 판단)
(2) 발효 상태	(1) 가스 포집력이 최대인 상태이며 부피의 1.5배까지 발효
9. 굽기	
(1) 굽기 관리	(1) 전체 온도를 220℃/200℃에 맞추고 굽는다(초기에 스팀 분사). (2) 반죽의 부피가 팽창하면, 온도를 190℃/170℃으로 낮춘 후 적절한 색이 나도록 구워 준다. (3) 시간은 15~20분 정도, 오븐 위치에 따라 온도 차이가 나면 적절한 시간에 팬의 위치를 바꾸어 준다.
(2) 구운 상태	(1) 전체가 잘 익고, 껍질 색이 밝은 황금색으로 나야 한다. 제품의 옆면에도 색이 잘 나도록 한다. (2) 익지 않거나 타지 않도록 한다.
〈제품 평가〉	※ 각 항목마다 상품 가치가 없다고 판단되면 0점 처리
1. 부피	(1) 분할 무게에 대하여 부피가 알맞고 균일해야 한다.
2. 균형	(1) 찌그러짐 없이 균일한 모양을 지니고 균형이 잘 잡혀야 한다. (2) 막대 모양의 전후좌우가 균형을 이룬다.
3. 껍질	(1) 부위별 오트밀이 골고루 잘 붙어 있어야 하며, 비어 있는 부분이 없도록 한다. (2) 옆면과 밑면에도 적절한 색깔이 나야 한다.
4. 내상	(1) 기공과 조직이 부위별로 고르며 부드러워야 한다. 통밀가루에 의한 색상이 전면에 고르게 나야 한다. (2) 조직이 너무 조밀하지 않게 나야 한다.
5. 맛과 향	(1) 씹는 촉감이 오트밀에 의해 바삭거리며, 끈적거리지 않아야 하고 통밀 특유의 향과 맛이 발효 향과 어울려야 한다. (2) 끈적거림, 탄 냄새, 생재료 맛 등이 없어야 한다.

8-1   생산관리 일반

1. 생산관리와 경영

1) 생산관리의 정의

경영기구에 있는 사람(man), 물질(material), 자금(money)의 3요소를 유효 적절하게 사용하여 '좋은 물건'을 '싼 비용'으로 '필요한 양'을 '필요한 시기'에 만들어 내기 위한 '콘트롤' 또는 '매니지먼트'

2) 물건의 가치

$$= \frac{품질(또는 기능)}{원가(또는 가격)}$$

3) 기업활동의 5대 기능

(1) 제조 : 물건을 만드는 기능
(2) 판매 : 상품을 파는 기능   ⎤ 전진 기능

(3) 재무 : 자금의 준비 기능
(4) 자재 : 자재의 조달 기능   ⎤ 지원 기능
(5) 인사 : 인재의 확보 기능

2. 생산시스템

1) 생산시스템의 분석

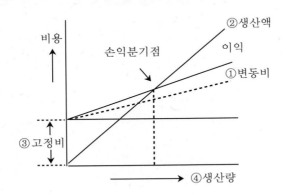

생산비용은 ①의 변동비 비용을 절감하는 것보다 ②의 매출액을 높이는 노력이 더 중요하다. 또한 ③의 고정비를 절감하면서 ④의 생산량을 증대시키는 수단을 강구하는 것이 필요하다.

2) 생산관리의 조직

(1) 라인(line) 조직

　규모가 작은 조직에 적합

　① 장점 : 지휘 명령 계통의 일관화(기업 질서 유지에 유리)

　② 단점 : 수평적 분업이 결여(경영능률이 저하)

(2) 직능(職能 : staff) 조직

　규모가 다소 큰 조직에 적합

　① 장점 : 수평적 분업이 잘 이루어짐(경영능률의 향상).

　② 단점 : 지휘 명령 계통의 혼란(기업 질서의 동요)

(3) 라인-스탭(Line-staff) 조직

　대규모 조직에 적합

　① 장점 : 관리 기능의 전문화, 탄력화(경영능률의 증진)

　　　　　지휘 명령 계통의 강력화(기업 질서의 유지)

　② 단점 : 규모가 작은 조직에는 적합하지 않음.

3. 생산관리의 실무

1) 생산관리의 점검 항목

			매일	매월	매년
생산액 (out-put)	생산량	① 생산액(금액) kg 개수	○ ○ ○	○ ○ ○	○ ○ ○
투입액 (in-put)	노동량	② 사용 인원(인/시) 출근 인원 출근율 잔업 인원(시)	○ ○ ○ ○	○ ○ ○ ○	○ ○ ○ ○
	원재료	③ 원재료 사용액 포장재료비 원료 비율	□ □ □	○ ○ ○	○ ○ ○
가공손실(loss)		④ 손실 불량 개수(금액) 손실 개수(금액) 불량률	○ ○ ○ ○	○ ○ ○ ○	○
실적 점검(평가)		⑤ 노동생산성(금액) ⑥ kg당 생산금액 ⑦ 제품 1개당 평균단가 ⑧ 생산가치 ⑨ 노동분배율 ⑩ 제품 품종(아이템 수) ⑪ 기계 운전 시간 ⑫ 설비 가동률	○ ○ ○	○ ○ ○ ○ ○ ○ ○ ○	○ ○ ○ ○ ○ ○

2) 생산 가치의 점검

(1) 물량적 생산성$= \dfrac{\text{생산량(또는 생산금액)}}{(\text{인원}\times\text{시간})}$

(2) 가치적 생산성$= \dfrac{\text{생산액}\times\text{생산가치}\times\text{이익}}{\text{인원}\times\text{시간}\times\text{임금}}$

(3) 1인당 생산가치$= \dfrac{\text{생산가치}}{\text{인원}}$

★생산가치＝생산금액−(원재료비+부자재비)−(제조경비−인건비−감가상각비)
(인건비에는 법정복리비×상여금×퇴직수당 적립금을 포함)

〔표〕가치와 노동분배율

(4) 생산 가치율 = $\dfrac{\text{생산가치}}{\text{생산금액}} \times 100$

(5) 노동 분배율 = $\dfrac{\text{인건비}}{\text{생산가치}} \times 100$

【연습문제】

어느 회사 A부서의 지난 달 생산실적이 다음과 같았을 때 점검항목의 실적을 산출하여라.
부서 인원 = 50명, 외부가치 = 6,800만 원, 생산가치 = 3,200만 원, 인건비 = 1,500만 원
감가상각비 = 300만 원, 조 이익 = 1,400만 원, 생산액 = 1억 원

〈풀이〉 (1) 생산가치율 = 생산가치지수

$\dfrac{\text{생산가치}}{\text{생산금액}} \times 100 = \dfrac{3,200}{10,000} \times 100 = 32\%$

(2) 노동분배율 = $\dfrac{\text{인건비}}{\text{생산가치}} \times 100 = \dfrac{1,500}{3,200} \times 100 = 47\%$

(3) 1인당 생산가치 = $\dfrac{\text{생산가치}}{\text{인원}} \times 100 = \dfrac{3,200\text{만 원}}{50\text{인}} \times 100 = 64$만 원/인

8-2 생산계획과 코스트다운 관리

1. 생산계획

1) 생산계획의 개요

생산에 관계되는 제반 활동을 과학적으로 계획하는 일

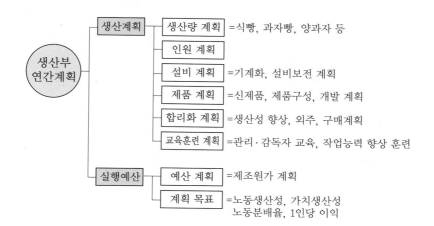

2) 인원 계획

생산량이 결정되면 '인원계획'이 세워져야 하는데 라인별 정원과 목표, 노동 생산성 등을 감안하여 소요되는 시/인수(時/人數)도 산출한다.

【연습문제】

월 과자 빵 라인의 생산액(예산)=48,250천 원, 목표 노동생산성=5000원/시/인, 가동 일수=26일, 라인의 인원=40명일 때 이 달의 소요 시/인수는?

〈풀이〉 ① 48,250,000원÷5,000원/시/인=9,650시/인

② 1일당 소요시/인수=9,650시/인÷26일=371시/인

③ 1일당 작업시간=371시/인÷40인=9.28시간

④ 1일 8시간 작업시 소요인원=371시/인÷8시=46.38인≒47명

3) 제품 계획

(1) 신제품 계획 : 제품의 수명(Life cycle), 일시적으로 폭발적인 인기가 있는 제품 등 상황을 고려하여 구제품의 정리, 대체 등 신제품 출시를 계획

(2) 제품 구성 계획 : 기업의 특징을 나타내도록 '차별화 전략계획' 제품의 가격, 판매량 비율, 제품 비용 감소 등 경영효율을 높이는 계획

(3) 개발 계획 : 새로운 상품의 창조, 신기술 개발(자사 독립 개발, 외부 도입)

4) 예산과 목표

효율적인 생산활동을 하기 위한 필요한 목표를 설정한다.

$$(1)\ 노동생산성 = \frac{생산금액}{소요시/인수} \qquad (2)\ 가치생산성 = \frac{생산가치}{연인원}$$

$$(3)\ 노동분배율 = \frac{인건비}{생산가치} \qquad (4)\ 1인당\ 조이익 = \frac{조이익(粗利益)}{연인원}$$

2. 코스트다운(Cost Down)을 위한 관리

1) 원재료비의 코스트다운

(1) 관리를 해야 하는 항목
　　① 표준화(제품, 공정)　　② 설계관리(배합, 상품)
　　③ 가치분석　　　　　　　④ 구매관리
　　⑤ 창고관리　　　　　　　⑥ 품질관리
　　⑦ 손실관리

(2) 제품의 구분

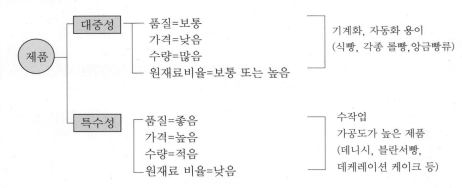

(3) 제품의 가치
　　① 교환가치, 코스트가치, 귀중가치, 사용가치 중 빵·과자 제품은 교환가치와 사용가치가 중요

$$② 상품의 가치(V) = \frac{설계(원료 \cdot 제법 \cdot 기술) + 품질(맛 \cdot 외관 \cdot 풍미)}{원가 (원재료비 \cdot 가공비 \cdot 경비) + 이익}$$

$$= \frac{기능(F)}{가격(P)} = \frac{품질(Q)}{코스트(C)}$$

(4) 불량률 감소로 코스트다운
　　① 작업자의 부주의
　　　　ⓐ 작업표준화　　　　ⓑ 작업지시의 철저　　　ⓒ 감시 철저
　　② 기술 수준이 낮음

        ⓐ 전문가 초청 교육훈련
        ⓑ 현장의 기술개선 지도 작업 습관이 나쁨
        ⓒ 학교수강
        ⓓ 사내 연구모임에 적극 참여

    ③ 가공 여건이 나쁨

ⓐ 작업표준화	ⓑ 공정별 가공규격 점검
ⓒ 기계보수 철저	ⓓ 기구의 정밀도 유지
ⓔ 작업장 정리, 정돈	

2) 노무비의 코스트다운

(1) 관리 항목
    ① 가공방법의 표준화와 간편화
    ② 가공방법의 개선, 향상
    ③ 생산소요시간, 공정시간의 단축
    ④ 공정간의 작업분배, 진행 등 작업 능률을 높임
    ⑤ 작업 개선(방법, 레이아웃 등)으로 인원수 감소
    ⑥ 가동률 제고
    ⑦ 불량품 감소(수율 향상)로 단위 코스트 절감
    ⑧ 생산능률의 향상

(2) 작업인원시수(作業人員時數) 관리 : 인원×시간＝시/인

【연습문제】 팥앙금빵을 1시간에 5,500개를 정형하는 기계를 사용하여 8,200개를 만드는 데 소요되는 시간은?

〈풀이〉 8,200개÷5,500개/시≒1.5시 ⟹ 약 90분

(3) 여유율

정형작업의 종류	여유율(%)
단순작업(기계 사용)	10~12
앙금싸는 제품(기계 사용)	13~15
앙금싸는 제품(손 작업)	18~20
데니시 페이스트리 정형 작업	18~20
불란서빵 정형 작업	18~20

(4) 작업시간의 분석

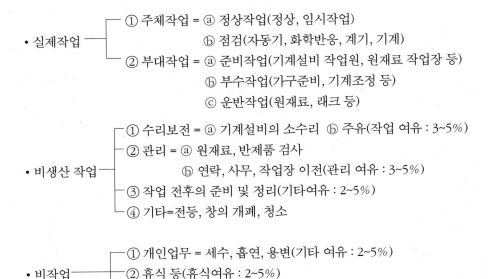

※ (1) $\dfrac{\text{조정·준비시간}}{\text{기계운전시간}} \leqq 20\%$ 가 되도록 한다.

(2) 여유율이 25%가 넘어서는 안 된다.

(3) 우발적 요소(기계의 고장, 정전, 사고)가 5% 이하가 되도록 관리

※ 피로 여유

에너지대사율(RMR) = $\dfrac{\text{노동대사}}{\text{기초대사}}$ = $\dfrac{\text{작업 시 소비에너지 - 안정 시 소비에너지}}{\text{기초대사}}$

	RMR	여유율		
		피로	관리 + 용변	합계
초중노동 작업	20 이상	30~50%	10%	40~60%
중노동 작업	10~20	20~30%	10%	30~40%
보통 노동 작업	4~5	10~15%	8%	18~23%
가벼운 작업	1 이하	0~5%	5%	5~10%

01. 크림법(제과 믹싱법)에 대하여 설명하라.

02. 옥수수 단백질은 어느 아미노산이 부족하여 불완전단백질인가?

03. 중화가란 무엇인가?

04. 관능검사란 무엇인가?

05. 제빵용 이스트의 속종명은?

06. 초콜릿 케이크의 속색을 진하게 하는 방법은?

07. 식빵 제조 시 믹싱에서 굽기까지 4시간 30분이 소요된다. 믹싱 시간은 20분이고 09:00시에 첫번째 믹싱을 시작했을 때 10번째 제품의 굽기가 끝나는 시각은?

   ● 답 : (1) 첫 번째 제품이 끝나는 시각 ⇒ 9시+4시간 30분=13시 30분
   　　　　(2) 10번째 제품이 끝나는 시각 ⇒ 20분×9=180분=3시간
   　　　　　 ∴ 13시 30분+3시간 ⇒ 16시 30분

08. 제빵 시 발효반응을 완성하여라.

   $$C_6H_{12}O_6 \rightarrow 2CO_2 + (\qquad)$$

   ● 답 : $2C_2H_5OH$(에틸알코올)

09. 식사시 단백질 10g, 지방질 30g, 당질 15g을 섭취했을 때 열량은?

   ● 답 : 4kcal×10+4kcal×1.5+9kcal×30=370kcal

10. 어떤 제품 1,000개의 원재료비가 500,000원, 노무비 및 기타 제조경비가 원재료비의 50%일 때 제품 1개의 제조원가는?(단, 수율은 93.75%)

   ● 답 : (1) 1개당 원재료비 = 500,000 ÷ 1,000 = 500(원)
   　　　　(2) 노무비 및 제조경비 포함 = 500원 × 1.5 = 750원
   　　　　(3) 수율감안 제조원가 = 750 ÷ 0.9375 = 800원

11. 밀가루 = 100%, 설탕 = 5%, 이스트 = 2%, 쇼트닝 = 4%, 소금 = 2%, 물 = 55%, 계란= 10%로 만든 빵이 굽기 중 12%의 수분손실이 있었다면 이 제품의 현재수분(%)은? (소수2자리)

   ● 답 : (1) 재료 중 총 수분 : 밀가루 14%+이스트 1.5%+물 55%+계란 7.5%=78%
   　　　　(2) 총 배합률 : 178%
   　　　　(3) 굽기손실의 수분 : 178%×0.12=21.36%
   　　　　(4) 제품에 남은 수분 = 78−21.36=56.64(%)
   　　　　(5) 제품의 수분(%) = $\dfrac{56.64}{178-21.36}$ ×100 = $\dfrac{56.64}{156.64}$ ×100 ≒ 36.16%

12. 베이킹파우더 10g에서는 몇 ml의 유효 이산화탄소 가스가 발생되어야 하는가?

  (단, B. P 무게의 12% 이상의 CO_2 발생)

  ◐답 : (1) B. P 10g에서 발생되어야 하는 CO_2 가스 무게 = 10g×0.12 = 1.2g

  　　 (2) CO_2 44g의 부피 = 22,400ml

  　　 (3) 1.2g의 부피 = 22,400× $\frac{1.2}{44}$ ≒ 610.9ml 이상 또는 611ml

13. 포도당(91% 고형질) 1,000g을 설탕으로 대체할 때 발효성 탄수화물을 기준으로 얼마를 사용하여야 하는가?

  ◐답 : 1,000g÷115.67≒864.5g

14. 파운드 케이크를 320개 제조하는 데 4명이 8시간 걸렸다. 500개를 만들려면 몇 시간의 연장근로가 필요한가?(연장 근로 시에는 80% 능률이 오른다.)

  ◐답 : 500－320개=180개 만드는데 연장근로 1시간 당 1인 생산=320÷(4×8)×0.8=8개

  ∴ 180÷32 = 5.625시간 ⇒ 5시간 37.5분

15. 데니시 1,000개 만드는 데 1명이 3.2시간 걸렸다. 1,400개를 만드는 데 34분만에 끝내려고 한다. 몇 명이 작업해야 하는가?

  ◐답 : 3.2×1.4=4.48시간=268.8분　　　268.8분÷34분≒7.9 ⇒ 8명

16. 어느 작업장에서 파운드 케이크 300개, 앙금빵 200개, 식빵 80개를 만드는 데 4명이 10시간에 만들고 있다. 1시간 노무비는 1,000원이다. 개당 노무비는 얼마인가? (소수는 올림)

  ◐답 : 10시간 노무비=40,000원　40,000÷580≒68.9 ⇒ 69원

17. 유지의 가수분해 반응으로 생성되는 물질은 무엇인가?

  ◐답 : 지방산과 글리세린

18. 스펀지 케이크를 만드는 데 전체 %는 450%이다. 분할무게 400g짜리 1,000개를 만들려고 하는 데 밀가루는 얼마를 사용하여야 하나?(손실은 2%이고 밀가루 kg 미만은 올림)

  ◐답 : 400g×1000=400kg, 밀가루 = 400÷0.98÷4.5≒90.7 ⇒ 91kg

19. 어느 맥분에서 15%의 물을 사용하는 데 6.6kg을 사용하였다. 20%로 늘어났을 경우 추가해야 할 물량은 얼마인가?

  ◐답 : 6.6kg×20/15=8.8kg　∴ 8.8kg－6.6kg=2.2kg

20. 어느 반죽에서 10배합을 가지고 빵을 만드는데 불량제품이 127개 나왔다. 이것은 1.2%이다. 한 배합에서 생산되는 빵은 몇 개인가?

  ◐답 : 127÷0.012≒10,583개(10배합중)　∴ 1배합=1,058개

21. 식품위생법상 과자류 제조업에 대하여 설명하라.

　　◉답 : 곡분, 당류 등을 주원료로 하여 빵류, 떡류, 사탕류, 과자류, 만두류 등을 제조하는 영업

22. 파운드 케이크 등에서 과일을 사용할 경우 과일을 얼마 이상 사용하여야 과일 케이크라고 할 수 있는가?

　　◉답 : 과일 〉 반죽

23. 반죽시 글루텐에 대하여 설명하시오.

　　◉밀가루의 단백질(글루테닌, 글리아딘 등)이 반죽시 물과 혼합하여 새로운 껌같은 물질이 생성되어 신장성, 탄력성을 주어 빵의 구조 형성을 이루24.다음은 무엇을 측정하기 위한 것인가?

24. 다음은 무엇을 측정하기 위한 것인가?

항 목	튀김시간	믹싱시간	반죽 수분	설탕 사용
과다	길다.	짧다.	많다.	과다

　　◉답 : 도넛의 과다 흡유

25. 커스터드 크림 제조 시 우유 100g에 대하여 배합비를 써라.

　　◉답 : 계란, 설탕, 우유가 기본적으로 들어가고 부수적으로 전분 또는 밀가루, 유지 등을 사용할 수 있는데 그 범위는 다른 재료와의 상관관계로 상대적일 수 있기 때문에 정답으로 밝히기 어려운 점이 있다.

26. 제빵공정 중에서 온도를 균일화 시키고 산소를 공급하는 공정을 무엇이라 하는가?

　　◉답 : 가스 빼기(펀칭)

27. 미생물의 성장 조건을 3가지만 써라.

　　◉답 : 온도, 습도, 영양, pH, 삼투압, (독성물질의 부재)

28. 전란분말(수분=5%) 1000g에 얼마의 물을 넣어야 생계란(수분=75%)과 같아지는가?

　　◉답 : $(x+50) : (x+1000) = 750 : 1000$, $250x = 700000 : x = 2800(g)$

29. 어떤 다크초콜릿에 설탕=35%, 유화제와 향=1% 들어 있다. 이 초콜릿 1kg에 생크림 1kg을 혼합하여 '가나슈'를 만들었다면 이 가나슈에 들어있는 코코아 %는?

　　◉답 : 다크초콜릿 1kg 중 코코아 = $(1000-360)×5/8=400(g)$

　　　　코코아 % = $\dfrac{400}{1000+1000} × 100 = 20\%$

30. 수분 15%인 밀가루의 단백질이 12.00%라면 같은 밀가루가 수분 12%로 되었을 때 단백질 %는?(소수 2자리)

　　◉답 : $85x = 88×12=1056$　　　$∴ x = \dfrac{1056}{85} ×100 ≒ 12.42 ⇒ 12.42\%$

01. 20kg짜리 밀가루 5포대를 사용하는 믹서로 1반죽을 믹싱하여 620g으로 분할하는 식빵을 275개 생산했다면 총 재료에 대한 수율은?(단, 총배합률은 180%임)(소수 2자리)

   ● 답 : 제품 무게=0.62×275=170.5 수율 = $\frac{170.5}{180}$ ×100 ≒94.72%

02. 6포켓짜리 분할기가 1분에 16회의 왕복운동을 한다면 1시간에 몇 개의 과자빵을 분할하는 가?(단, 작업 여유률은 8.0%임)

   ● 답 : 5,299개

03. 스펀지 케이크의 총 배합율이 450%, 분할 무게 500g짜리 1,000개를 생산할 때 분할까지 의 손실이 2%라면 밀가루 준비량은?(kg 미만은 올림)

   ● 답 : 114kg

04. 데니시 페이스트리 3,000개를 1시간 내에 정형하려 한다. 기준표에는 정형 1,000개당 3.2 시간/인으로 되어 있다. 몇 명을 배정해야 되는가?

   ● 답 : 10명

05. 시퐁 케이크 제조 시 밀가루 100%=1,500g, 계란=150%일 때 머랭용 흰자의 양은?

   ● 답 : 1500g

06. 제빵 시 이스트 2%로 4시간 발효하던 것을 발효시간을 2.5시간으로 단축하려면 이론상의 이스트 사용량은?

   ● 답 : 3.2%

07. 완제품 500g짜리 식빵 500개 제조 시 발효손실=2%, 굽기손실=12%, 총 배합률=180% 일 경우 밀가루 사용량은?(kg 미만은 올림)

   ● 답 : 162kg

08. 함수 포도당(고형질 91%) 1,000g은 발효성 탄수화물 기준으로 설탕 얼마와 같은가?

   ● 답 : 866.7g 또는 864.5g 범위

09. 과자빵 라인의 인원 15명으로 55초당 100개의 과자빵을 만들 때 8시간에는 몇 개를 생산 하는가?(여유율은 무시, 계산상 소수는 버림)

   ● 답 : 52,363개

10. 1사람이 식빵 1개를 정형하는 데 30초가 걸린다면 15,000개를 9시간에 제조하려면 몇 명의 인원이 필요한가?

   ● 답 : 14명

11. 제조원가에 대한 손실을 5%, 여기에 마진 25%, 다시 10%의 부가가치세를 포함하여 500원 에 공급하려는 제품의 제조원가는 얼마 이하여야 하는가?(1원 미만은 버림)

   ● 답 : 346원

12. 베이킹파우더 10kg 중 전분=34%, 중화가=120인 경우 탄산수소나트륨의 양은?

    ◐ 답 : 3.6kg

13. 공장도가 200원 하는 빵을 단일품목으로 생산하는 공장의 1일 고정비가 200,000원이고, 빵 1개당 변동비가 100원이라면 하루에 몇 개를 만들어야 손익분기점 물량이 되는가?

    ◐ 답 : 2,000개

14. 팥앙금 60kg 제조에 1명이 1.5시간 근무해야 되는데 1시간당 임금은 2,000원이다. 팥앙금 1kg의 원재료 단가는 1,200원이고 여기에 공임을 합한 것의 130%를 사내 가공단가로 한다면 얼마가 되는가?

    ◐ 답 : 1,625원

15. 양과자 반의 1일 생산목표가 5,000,000원이고 작업 인원이 20명이다. 생산성 목표가 1인 1시간당 25,000원일 때 8시간 근무를 할 때 충원시켜야 할 인원은?

    ◐ 답 : 5명

16. 밀가루 20kg당 900개의 팥앙금빵을 생산하는 공장에서 믹서 용량이 밀가루 5포대인 경우, 오전 11시 30분까지 분할을 완료하려면 언제부터 분할을 시작해야 하는가?(단, 분할기 능력은 5,500개/시, 여유율 포함, 분 미만은 올려서 계산)

    ◐ 답 : 10시 40분

17. 어떤 제과점의 케이크 제품 구성을 다음과 같이 계획하고 있는데 판매 총량이 전년과 같다고 한다면 판매액 증가율은 얼마나 되는가?(소수 이하는 버림)

단가(원)	2,000	3,000	5,000	8,000	10,000
전년도 비율(%)	25	32	20	13	10
금년도 비율(%)	15	25	30	20	10

    ◐ 답 : 14%

18. 어떤 믹서의 1작업 단위로 파운드 케이크 50개를 만드는 공장에서 500개를 12:00시까지 굽기를 끝내야 한다면 믹싱시간=20분, 팬 넣기=5분, 굽기=50분이 소요되는 공정으로 믹서 1대를 사용한다면 몇 시 몇 분에 첫 믹싱을 시작해야 되는가? (굽기에는 문제가 없음)

    ◐ 답 : 07시 45분

19. 제품의 가치 $= \dfrac{품질}{비용} = \dfrac{기능}{(\quad)}$

    ◐ 답 : 가격

20. 연속식 제빵법에서 2차발효에 들어가기 전 설비를 순서대로 나열하면?

   ○답 : ① 프리믹서   ② 도우 펌프   ③ 디벨로퍼   ④ 분할기   ⑤ 팬 넣는 기구

21. 파이껍질의 색상 개선을 위한 착색제는?

22. 도넛에 묻힌 설탕이 녹는 발한(發汗) 현상을 감소시키는 조치는?

23. 쿠키 제조 시 퍼짐이 작을 때 어떤 원인을 점검해야 하는가?

24. 산화제와 환원제를 함께 사용하는 제빵법은?

25. 튀김기름의 '4대 적'이란?

26. 과일 파이에서 충전물이 흘러나오는 원인은?(7가지 정도)

27. 도넛 설탕의 발한현상의 원인은?(6가지 정도)

28. 머랭(meringue) 제조 시 산염을 넣는 이유는?

29. 반죽형 케이크의 믹싱 방법 4가지 및 특징은?

30. 언더 베이킹(Under Baking)을 설명하시오.

31. 비상 반죽법으로 바꿀 때 필수적인 조치는?

32. 도넛이 흡유를 많이 하는 경우의 원인은?

33. 파운드 케이크를 구울 때 위껍질이 터지는 이유는?

34. 케이크 반죽의 비중 측정법은?

35. 머랭 제조 시의 3단계 과정을 간단히 설명하시오.

36. 밀을 제분할 때 회분과 단백질이 변화는?

37. 유지의 가수분해란?

38. 식빵 완제품의 pH가 5.0이라면 발효 상태는?

39. 글루텐이란 무엇인가?

40. 빵 반죽의 믹싱 단계를 6단계로 나누고 간단히 설명하시오.

41. 빵과 케이크의 물 온도 계산법과 얼음량 계산법은?

42. 스펀지/도법에서 스펀지에 사용하는 밀가루량과 플로어타임의 관계는?

43. 생산부서의 생산계획을 대분하면 어떤 계획들이 있는가?

44. 생산부서의 생산지시서에 기재할 사항(구두 전달 포함) 중 필수적인 것은?

45. 식빵의 가공 손실(loss)을 점검해야 할 공정은?(6개 공정)

46. 유지의 산화를 가속하는 요소 5가지를 쓰시오.

47. 둥글리기(제빵 성형 과정)의 주요 목적은?

48. 혈당량이 얼마 이상이면 당뇨병이라 하는가?

49. 골다공증, 골연화증과 관계가 깊은 무기질은?

50. 비상 스펀지/도법에서 스펀지에 사용하는 물은?(일반 스펀지/도법에서 총 물량이 63%일 때)

51. 빵의 노화에 대한 기작은?

52. 호밀 빵에 사와(sour)를 사용할 때 특징은?

53. 빵을 구울 때 일어나는 현상은?

54. 스펀지 케이크 제조 시 전란 20kg을 감소하고 물과 밀가루를 첨가하려 한다. 물 첨가량은?

    ◉ 답 : 15kg

55. 스펀지 / 도법으로 빵을 만들 때 본 반죽의 물 온도는?

    〈조건〉 실내 온도=30℃, 밀가루 온도=30℃, 수돗물 온도=20℃, 스펀지 온도=26℃, 마찰계수=23℃, 희망 온도=27℃

    ◉ 답 : 27×4−(30+30+26+23)=108−109=−1(℃)

56. 스트레이트법 식빵 제조 시 다음과 같은 조건에서 얼음 사용량은?

    〈조건〉 실내 온도=30℃, 밀가루 온도=27℃, 수돗물 온도=20℃, 반죽 결과 온도=33℃, 희망 온도=26℃, 물 사용량=1,000g

    ◉ 답 : 210g

57. 다음과 같은 배합표로 불란서 빵을 만들려고 한다. 완제품 280g짜리 7개를 만들 배합표를 완성하시오(단, 굽기손실=20%, 발효손실=2%, g 미만은 올림).

재료명	비 율(%)	실제중량(g)
강 력 분	100	( )
물	60	( )
이 스 트	2	( )
이스트푸드	0.1	( )
소 금	2	( )
맥 아	0.4	( )
비타민 C		( )

○ 답 : 위에서 순서대로 (1520)(912)(30.4)(1.52)(30.4)(6.08)(-)

제품 총 무게=280g×7=1,960g

분할 시 무게=1,960÷0.8=2,450(g)

재료 무게=2,450÷0.98=2,500(g)

밀가루 무게 $= 2500 \times \dfrac{100}{164.5} \fallingdotseq 1,519.76 \therefore 1520(g)$

※ 구매 밀가루 수분이 12%일 때 회분이 0.400%, 흡수율이 64%였는데 저장 중 수분이 14%로 변화하였다.

58. 회분 함량은? (소수 3자리)

○ 답 : 0.4×86÷88 ≒ 0.3909 ⇒ 반올림⇒ 0.391%

59. 새로운 흡수율은? (소수 2자리)

○ 답

	고형질(%)	수분(%)	흡수율(%)	전체 수분(%)
구매 시	88	12	64	76
저장 중	86	14	x	TW

저장 중 전체 수분(TW)=76×86÷88 ≒ 74.27

저장 중 흡수율 = 전체 수분 − 수분 = 74.27 − 14 = 60.27(%)

chapter 9

제과점 경영

9-1 구매

구매는 물품 구입에 관련된 제반사항에 대하여 계획하고 결정하는 일로서 제과점의 경영활동 중 매우 중요한 위치를 차지하고 있다.

1. 구매계획

구매계획은 **판매계획**을 기본으로 수립하여야 하며, 제조에 사용되는 원자재의 재고관리 및 자금관리에도 영향을 주는 경영의 큰 몫이 되는 부문이다.

판매계획		구매계획
어떤 과자와 빵을 (품목)		무엇을 (재료, 기기 등)
얼마로 (판매가격)		얼마로 (가격)
얼마만큼 (판매수량)	⇒	얼마만큼 (구매수량)
언제 (시기)		언제 (시기)
어디에서 (장소)		어디로부터 (구입처)
고객에게 팔 수 있을까 (판매)		어떤 조건으로 살 수 있을까 (구매)

구매관리의 목적은 적정한 품질 및 수량의 물품을 필요한 시기에 적정한 가격으로 적정한 공급원으로부터 적정한 장소에 납품하는데 있다.

2. 원자재 선택

'좋은 과자는 좋은 재료로부터' 라는 말과 같이 제품의 완성, 제조공정, 비용면에서도 원재료의 선택은 매우 중요한 요건이다. 밀가루인 경우 강력분, 중력분, 박력분 등이 있지만 메이커에 따라 각각 특징이 다르며, 원맥(原麥)이나 제분 공정뿐만 아니라 수분, 단백질, 회분 등 성분과 제조 특성에 차이가 있으므로 일률적인 '가격' 보다 '용도' 에 맞는 최적 제품이 더 중요하다.

설탕의 경우엔 구입단가와 중량 이외에도 덩어리가 생기는 정도와 정백당의 당도와 불순물, 삼온당의 수분, 당도, 전화당, 용해색가 등 제품에 미치는 영향을 비교하여 선택하는 것이 좋다.

3. 상품의 선정

다른 메이커의 상품을 구매하여 판매하는 경우도 원자재 구매 선택 이상으로 중요하다. 구매하여 파는 제품이 비싸면서 맛없고 눅눅하기까지 하다면 그 제과점에서 직접 만들었는지의 여부를 소비자는 알 수 없기 때문에 팔고 있는 제과점의 책임 하에서 팔리는 것이다. 고객이 원하는 제품이 무엇인지를 항상 파악해서 잘 팔리는 상품을 선택하고 매입 양도 결정한다.

자가생산하는 상품과 구입하는 상품을 함께 파는 제과점에서 기존 상품이 우수해도 질이 떨어지는 외주 상품 때문에 제과점 전체가 막대한 **악영향**을 받게 되는 경우가 많다.

4. 현금운용

같은 제품을 다른 제과점보다 비싸게 파는 것은 장기적인 안목에서 거의 불가능하지만 매입의 경우에 있어서는 현금을 운용하는 방법에 따라 싸게 살 수가 있다. **결제방법**(현금 또는 어음), 구매량(1일치 또는 10일치) 등 구매계획에 따라 좋은 조건을 만들 수 있다. 1개월간 원재료의 A:현금 구매액이 1,000만원인 제과점의 60일 후 B:어음 구매액이 1,100만원이라면 B-A의 100만원을 2개월간의 은행금리와 비교하여 유리한 쪽을 택하는 것이다.

5. 거래처 선정

구매 거래처는 둘 이상의 거래선에서 다른 제과점과의 거래실적, 신용도, 능력, 성실성 등 객관적인 자료를 평가하여 경쟁적인 가격으로 좋은 품질을 납품 받을 수 있는 업체를 선정한다. 고려할 사항은 다음과 같다.

(1) 취급 품목에 대한 전문성 확보   (2) 위생적인 반입과 취급관리
(3) 지정 일시와 장소에 납품할 수 있는 능력(지역적인 조건과 배송수단)
(4) 품질과 가격에 대한 경쟁력   (5) 우수한 거래실적과 양호한 경영상태
고객중심의 경영을 하는 제과점은 신제품에 필요한 소량의 특수재료라도 적시에 공급해주는 돈독한 유대를 맺고 있는 거래처가 있어야 한다.

6. 지불

제과점에서 **구매가** 없으면 제조도 판매도 일어나지 않기 때문에 구매처를 소중하게 생각해야 한다. 고객에게 물건을 파는 것만큼이나 물건을 사들이는 것도 중요하므로 돈을 지불할 때도 같은 고객으로 생각해야 한다.

판매가 감소되는 불경기에 자금난으로 인건비와 매입대금 결제가 어려울 때 지불이 깔끔하면 신용도 올라가고 유리한 가격으로 거래가 지속되어 결과적으로 이익이 된다.

7. 재고관리

재고관리란 재고(在庫)를 최적으로 유지하고 관리하는 총체적인 과정으로 그 중요성은 다음과 같이 요약된다.

(1) 물품 부족으로 인한 생산계획의 차질 방지

(2) 적정 재고수준의 유지로 재고관리의 유지비용을 감소

(3) 최저의 가격으로 최상품질의 품목 구매가 가능

(4) 정확한 재고량 파악으로 적정 주문량을 결정하여 구매비용을 절감

(5) 도난, 부주의, 변질에 의한 손실 최소화와 품질유지 및 안정성 확보

(6) 철저한 재고관리로 원가절감 및 관리의 효율화 등 경제적 이익 달성.

물품의 창고 저장관리에는 다음과 같은 몇 가지 수칙이 있다.

수 칙	내 용
1.물품의 저장위치 명시	※품목명 표시나 일련번호로 저장 위치 구별
2.적정 공간의 유지	※품목별 공간을 두어 품질을 유지
3.물품의 특수성 고려	※실온, 냉장, 냉동을 구분하고 냄새도 유의
4.위생	※방충, 방서, 미생물 오염방지를 위한 청결
5.선입선출의 원칙	※재료 특히 식품의 신선도 유지
6.창고보안과 입출고 기록	※안전장치와 담당자 책임 *입고-출고기록 철저

8. 재고회전율

재고회전율은 재고의 평균 회전속도로 재고량의 저장기간과 물품의 사용 빈도 및 판매 빈도 등을 의미하는데, 재고회전율은 재고량과는 반비례하며 수요량과는 정비례한다. 재고회전율 계산은 다음과 같이 한다.

*재고회전율 = 총매출원가 / 평균 재고액
*평균회전율 = (월초재고 + 월말재고) / 2

<재고회전율과 재고수준>

표준보다 낮을 때(과잉 재고수준)	표준보다 높을 때(과소 재고수준)
※ 과다한 재고량으로 유지·관리비 증가	※ 재고 고갈로 생산계획의 차질
※ 저장기간이 길어 물품의 손실 초래	※ 종업원의 사기 저하
※ 재고물품 구입에 과다 투자=자금 문제	※ 고객의 만족도 감소
※ 물품의 부정 유출 기회 증가	※ 급매상황 시 고가구매로 비용 증가

재료가 없어 급한 주문에 응하지 못하면 고객의 만족도가 떨어지며, 구매상품이나 재료가 재고로 오래 남으면 제품의 손상과 재료의 손실이 발생하고 창고를 빌릴 경우에는 임대료, 보험료 지불 등 경영상의 손실이 생긴다.

9. 반품 문제

반품은 일반적으로 물품 검수 시 결정하는 것이 정상적이며 **검수 절차**에는 다음의 6단계가 통용되고 있다.

단 계	주요 내용
1.물품과 구매청구서 대조	※ 납품된 물품의 품목, 수량, 중량의 일치 여부 ※ 냉장, 냉동 식품인 경우는 온도상태 점검
2.물품과 송장 대조	※ 물품의 품목, 수량, 중량, 가격을 대조 ※ 송장은 수량과 가격에 대한 전표로 대금지불의 청구서로 사용
3.물품인수 또는 반환처리	※ 품질상의 규격이나 기준 미달, 온도, 위생상태가 불량하거나 가격이 불일치하면 반품 조치 ※ 반품 사유서 작성
4.물품 분류 및 명세표	※ 포장에 품명, 검수일자, 납품업체명, 중량, 수량, 저장위치, 가격 등 명세표를 부착
5.물품 정리 및 보관장소	※ 사용 용도에 따라 생산 공장, 냉장고, 냉동고,이동창고 등 적절한 장소로 운반 ※ 적정한 온도, 습도를 유지하여 변질을 방지
6.검수에 관한 기록 기재	※ 검수관계 전표처리 및 검수일지 기록 ※ 검수일지, 거래명세표, 검수표, 반품서

검수가 끝나 입고된 물품이 장기간 경과 후 팔리지 않았거나 대금 지불이 힘들어 물품을 반품해서 해결하려는 것은 너무나 일방적인 행동이다. 유통기한이 가까워진 물품이나 시즌이 끝날 무렵의 계절상품을 반품하는 것은 물품 자체의 손해뿐만 아니라 **물류비용**까지 납품처에 부담하게 하는 행위이므로 상도덕의 문제를 넘어 **상업폭력**이라 할 수 있다.

10. 특가매입

거래처로부터 우수고객에 한하여 특별한 가격과 조건으로 판매하는 경우에 싸다는 이유만으로 팔리지 않는 물건까지 그것도 필요 이상으로 많은 양을 매입하는 것은 위험하다.

적절한 상품을, 적절한 수량만큼, 적절한 가격으로, 적절한 시기에, 적절한 구매처로부터 산다는 매입 원칙을 근거로 계획을 세우고 지키는 것이 좋다.

7,000원에 매입하여 10,000원에 판매하는 상품을 5,000원에 사라는 권유로 500개를 매입하고 한달에 100개씩 팔아 처분하는데 5개월이 걸렸다면 자금, 기간, 보관 중 손상, 할인판매 등으로 오히려 **비싼 구매**가 될 것이다.

9-2　제조

1. 제조계획

제조계획이라는 것은 〈고객이 기쁜 마음으로 살수 있는 안심하고 먹을 수 있는 빵과 과자〉를 제공하기 위하여 무엇을, 얼마만큼, 어떤 규격으로 누가 어떻게 만들 것인지에 대한 계획이다.

(1) 무엇을 = 손님이 기뻐하며 사는 제품
(2) 얼마만큼 = 유통기한과 재고를 감안하되 가급적 신선도를 유지
(3) 어떤 규격으로 = 매일 만들 때마다 맛과 모양이 달라지면 안 되므로 규격과 원칙을 지켜서 생산. 신제품은 별도
(4) 누가 어떻게 만들 것인가 = 업무 분장과 정해놓은 제법으로 생산

제과점은 당일 저녁에 **점주**와 **판매책임자**와 **제조책임자**가 모여 다음날의 품종, 수량, 규격, 업무의 분담, 방법 등에 관한 상세한 계획을 세운다. 그때그때 생각나는 대로 만들거나 싼 재료로 만들어 비싸게 팔면 안 된다.

2. 원료배합

맛을 내는 데 가장 중요한 좋은 원료와 우수한 제조 기술과 함께 정해진 **배합규격**(formula)이

양질의 빵과자 상품을 만들기 위한 중요 요인이 된다.

원료의 질과 양 그리고 원료원가의 관계는 미묘하고 복잡하다. 팥이 주원료인 양갱을 예로 들면 좋은 팥을 사용하여 그 풍미를 유지하는 것이 중요하지만 팥의 가격이 변동됨에 따라 원가에 맞추면 그 품질에 변화가 생기지만 수시로 판매가격을 조절하기는 어렵다.

같은 원료라도 배합규격을 일정하게 해두지 않으면 작업에 혼란이 생기고 **품질의 균일성**에 문제가 된다. 같은 제품을 만들 때도 오늘은 설탕을 사용하고 내일은 시럽으로 바꾼다든지, 작업방법을 바꾸면 품질관리의 측면에서 항상 같은 수준의 좋은 제품을 만들 수 없기 때문에 매번 맛이 달라지는 결과를 초래하게 된다. 작은 잘못이 자기 가게의 신용을 잃게 한다.

좋은 원료와 **좋은 배합**을 기본으로 하여 배합규격을 정하고 정확한 저울과 계량기로 재료를 준비하여 작업의 순서와 단계를 정해놓고 지켜야 한다.

계절이나 기념일, 세시풍속 등 시기에 맞는 상품에는 **변화**도 있어야 한다.

3. 품질관리

제과점의 품질관리란 품목별로 언제나 같은 양질의 빵과자를 만들고 제품의 모든 사항에 관심을 가지고 철저하게 관리하는 것을 말한다. 100개의 제품 중에 1개의 불량품이 있어도 고객 1명이 사가는 **불량품 1개**는 그 제과점의 **전부**와 같다는 것을 알 필요가 있다. 그렇기 때문에 원부재료의 선택, 원료 배합규격, 제법 등을 하나로 묶어 관리하고 완제품도 검사하고 있다.

변화하는 시장에서 **신제품 개발**은 그 비중이 점차 커지고 있으며 그 기본원리는 **고객중심**의 시장조사를 바탕으로 하는 것이다. 잘 팔리는 제품이 되도록 상품명을 짓는 일도 중요한데 맛과 유래, 내용물을 알기 쉽고 연상하기 쉬운 이름으로 1) 읽기 쉽고 2) 쓰기 쉽고 3) 듣기 쉽고 4) 부르기 쉽고 5) 외우기 쉬운 이름이 좋다.

품질관리를 잘하며 판매도 잘하는 제과점은 1) 당일 저녁에 점주와 공장장 및 판매책임자가 모여 당일의 실적보고와 내일의 계획을 세우고 점검한다. 2) 점주는 매일 공장에 들어가서 제조계획에 의한 진행에 애로가 생기면 빨리 문제점을 해결하고 재고관리와 공장위생 등 관리 부분을 담당한다. 3) 점주 부인은 판매하지 못할 상품을 골라내고 시장조사와 판매 등을 담당하면서 **점포의 신용**에 중점을 두고 경영한다.

4. 식품위생

식품위생법의 목적은 〈식품으로 인한 위생상의 위해를 방지하고 식품영양의 질적 향상을 도모함으로써 국민보건의 증진에 이바지함〉에 있다고 명시되어 있으며, 식품위생이란 〈식품, 식품첨가물, 기구 또는 용기·포장을 대상으로 하는 음식에 관한 위생〉이라고 정의하고 있다.

제과점에서 생산·판매되고 있는 빵 및 과자류는 대체로 수분이 많고 영양성분이 풍부한 식품으로 미생물의 생육과 번식에 적당한 조건을 가지고 있어 고객이 안심하고 먹을 수 있도록 **위생관리**에 만전을 기해야 한다. 다른 면에서 만점이라 하더라도 위생이 떨어지는 제품이 실격(失格)

이 되는 것은 '식중독' 이나 '유해 첨가물 문제' 의 원인이 되기 때문이다.

제과점에서 일상적으로 점검하고 실시해야 하는 위생사항은 다음과 같다.

(1) 원료의 위생관리

제과·제빵의 원료는 종류 및 특성이 다양해서 자체적인 기준을 설정하고 관리하고 있으나 특히 계란, 우유, 생크림, 유지류, 치즈 등은 신선도, 산패, 유통기간, 보관상태를 확인하여 구입하고 오염을 방지하도록 보관한다.

(2) 중간제품의 안전보관

완제품을 만들기 전의 조합용 중간제품은 보관 중에 미생물의 오염과 이물질의 혼입이 우려되므로 청결보관과 온도조절이 가능한 냉장고를 이용한다.

(3) 제품의 보관과 진열

제품을 담는 용기와 포장재는 무해성인 재질로 만든 것을 사용해야 하며, 제품의 특성에 따라 냉장이나 냉동 보관하고 실온에 보관하는 상품은 직사광선을 피하고 통풍이 잘되는 건조한 곳에 보관한다. 위해해충의 침입으로 인한 질병을 방지하기 위하여 방충, 방서작업을 철저히 한다.

(4) 제조설비의 청결유지 및 관리

제조에 사용되는 기계, 기구, 용기 등은 가급적 세척과 소독이 용이한 재질과 구조로 되어야 하며 중요한 관리사항은 다음과 같다. ① 식품과 접촉하는 기계 기구류는 표면이 매끄럽고 틈이 적으며 흡수성이 없고 충격과 부식에 강해야 좋다. ② 고정된 기계, 기구류는 작업과 청소가 용이하도록 배치하고 정기적으로 점검한다. ③ 세척 소독은 작업 종료 후 실시하며 살균 소독제는 안정성이 입증된 것으로 식품에 남지 않게 한다.

(5) 종사원의 위생관리

청결한 위생복, 깨끗한 몸, 손의 청결, 식품의 취급습관 등 종사원의 개인위생은 안전식품의 기본이 된다. ① 전염병에 걸렸거나 보균자 및 손에 화농성 상처가 난 사람은 식품의 제조 등 취급을 하지 말아야 한다. ② 손은 식품을 직접 접촉하는 최대의 오염원으로 작업 전에 반드시 손을 씻는 습관을 갖도록 하고 시계 등 착용을 금하고 매니큐어는 바르지 않는다. ③ 작업 중에는 청결한 위생복과 안전화를 착용하고 가급적 외부와 접촉을 피한다. ④ 생산현장에서는 식사, 흡연, 잡담, 침 뱉는 등 비위생적인 행위를 금한다. ⑤ 정기적인 건강진단(1년마다)을 실시하고 위생교육을 철저히 한다.

(6) 운반차의 위생관리

유통의 1차 취급 및 관리는 운전자로서 운반상자와 적재함에 대한 청결과 위생관념에 철저하고 온도관리에도 항상 유의해야 한다. 근년에는 위해분석과 중요관리점(HACCP)이란 시스템으로 예방중심의 위생관리를 하고 있다.

(7) 판매점의 위생관리

제과점은 제품을 진열, 보관, 판매하는 식품유통의 최종단계로 고객이 직접 매장의 환경제품과 접하는 곳으로 위생관리가 아주 중요하다. 준수사항으로

① 냉장(동)제품은 반드시 보존기준에 적합하게 보관하며 온도를 조절한다.
② 실온보관 제품은 직사광선을 피하고 저온, 건조한 곳에 보관한다.
③ 유통기한이 경과한 제품은 진열하지 못하며 변질과 부패여부를 확인한다.
④ 용기나 포장이 파손된 제품, 녹이 슨 깡통 제품은 진열과 판매를 못한다.
⑤ 빵 및 양생과자는 장기 보관이 어려운 식품으로 선입 선출이 원칙이다.
⑥ 장기 보관이 가능한 건과류(乾菓類) 등도 항시 이상 유무를 확인해야 하며 위해해충의 발생 여부를 점검해야 한다.
⑦ 판매장 도구의 위생상태 유지, 진열장, 좌석 등 주위환경을 깨끗이 한다.

5. 기계화

옛날에는 기계화라고 하면 대기업에서 하는 것이지 제과점 규모에서는 불필요 하다고 생각했으나 여러 가지 이유로 기계화가 이루어지고 있다.

(1) 노동력 부족을 기계화로 **성력화**(省力化)하고 (2) 기계화는 고임금에 의한 인건비 상승에 대한 **비용을 절감**하며 (3) 기계화로 **대량생산과 계획생산**이 가능해지는데다 (4) **위생적인** 제품의 (5) **균일화**를 이룰 수 있다. 무엇이든 사람의 손으로 하면 된다는 생각은 시대적으로 한계가 오고 있다.

그러나 주의할 것은 무계획적으로 무조건 기계화만 하면 된다는 생각은 위험하다는 점이다. 다음 사항을 충분히 검토하지 않으면 오히려 마이너스가 될 수 있으니 신중하게 검토해야 된다.

(1) 기계화로 제품의 질을 유지하고 **양**을 늘릴 수 있는가 (2) 대량생산으로 만든 제품을 **판매**할 수 있는 전략이 세워져 있는가 (3) **기계 구입자금**을 자기자본 또는 대출로 하느냐 문제 (4) 기계를 놓는 장소, 기초공사, 열원과 전도 방법, 공사비 등 **설비 장소와 에너지원** (5) 판매계획, 생산계획에 기초하여 기계의 이용도를 높여 작업을 순조롭게 진행하는 **기계의 가동률** (6) 가동하기 위한 경비, 수선비, 감가상각 계산을 포함하는 **경비** (7) 메이커, 형식, 능력, 특징, 강도, 능률 등을 고려한 제조에 알맞은 **기계의 선정**

(8) **기계화 후의 주의 할 점** ① 종업원의 협력 ② 주유 등 세심한 보수 ③ 풀가동 ④ 안전 조작 ⑤ 전후 작업공정과의 연계 ⑥ 안전사고에 대한 대책에 대하여 자세히 검토하여 시행해야 할 것이다.

6. 안전대책

사고는 주로 부주의에 의해 일어난다. 실제로 충분히 주의를 기울여 일을 하는 개인은 사고를 당하지 않으며 세심한 주의가 생활화된 작업장에서는 통계적으로도 사고가 적다.

빈틈없는 점검과 정비, 올바른 취급과 안전교육이 사고를 줄이는 방법이다.

특히 신입사원은 **안전교육**을 충분히 시킨 후에 현장에 투입시키는 게 좋다.

그리고 작업장은 언제나 깨끗이 정리 정돈을 하고 안전설비가 작업장 구석구석까지 설치되어 있어야 한다. 요약하면 기계설비의 안전관리와 종업원의 안전교육이 재해를 막는 요점으로 공장 재해의 발생 빈도는 다음과 같다.

재해의 원인	비율(%)
작업자의 과실	47
공장의 일반적인 위험요소	35
공장 경영자의 책임	12
불가항력	5
공장 경영자와 작업자의 공동과실	1

A. 인적 요인

 (1) 작업 설비에 관한 지식 부족　(2) 작업자의 부주의, 과실, 태만 등
 (3) 성격상의 결함, 부적응 등　　(4) 육체상의 결함, 질병 등
 (5) 안전교육의 부족　　　　　　(6) 작업상의 경험부족

B. 물적 요인

 (1) 안전장치 및 설비의 결함　　(2) 공장건물, 기계장치, 공구 등의 불안전
 (3) 기계속도로 인한 사고 원인　(4) 작업장소의 정돈이 불량
 (5) 채광, 조명, 환기의 불완전　(6) 온도와 습도의 불합리
 (7) 작업이 단조로움　　　　　　(8) 작업복이 부적당

불조심은 아무리 강조해도 지나치지 않는다. 작은 방심으로 자기의 재산은 물론 이웃에게도 큰 손해를 끼친다. 불씨, 전기배선, 전도 설비, 난방기구 등 다양한 요소가 원인이 되므로 **책임자**를 정해서 세심한 주의를 기울여야 한다. 화재 시 초기 진화를 위한 소화기구의 비치가 필수적이며 **방화훈련과 피난훈련 등 교육과 화재보험** 가입도 중요하다.

7. 직장환경의 미화

직장환경의 미화는 눈으로 보기에도 좋아 정서적으로 안정을 찾으며 움직이기에도 편리하여 작업능률을 높인다. 작업장이 깨끗하게 청소되어 있고 정리되어 있는가의 여부로 그 공장의 능률을 판단하기도 한다.

하루의 거의 대부분의 시간을 보내는 곳으로 그것도 먹는 것을 만드는 곳이기 때문에 더욱 **청소와 정리정돈**을 철저하게 해야 한다.

8. 방충대책

제과점에서의 여러 가지 벌레 문제는 골칫거리이다. 창고의 **쥐**, 공장과 매장에 나타나는 **파리, 바퀴벌레, 하루살이, 나방** 등은 고객의 식욕을 떨어뜨리고 사고 싶은 마음을 사라지게 함으로 가게의 **신용**을 잃게 한다.

쇼 케이스에 들어가 있는 파리, 진열대 위에 놓인 과자 사이를 활보하면서 이동하는 바퀴벌레를 상상하면 고객의 입장을 이해할 것이다.

새로운 방식의 방충 설비와 시설과 적절한 약품 등의 개발이 실용화 되고 있으므로 이들 방법을 동원하여 **방서(防鼠)**와 **방충대책**을 세워야 한다.

9. 포장

포장이라는 것은 판매대에 올리기 전에 포장하는 것을 말하는데 포장지나 포장방법 등에 주의를 기울이는 것 외에 **불량품**을 가려내는 **제품검사**를 해야 된다는 것이다. 포장이 끝나 판매대에 오른 상품은 형태의 변형, 이물질의 혼입과 곰팡이가 핀 것을 확인하기가 어려우므로 포장할 때가 중요하다.

포장 후 팔릴 때까지의 기간을 명확하게 표시하고 소비자의 입장을 고려해 보기에도 좋아야 하지만 먹기에도 편하게 포장해야 할 것을 생각해야 한다.

포장과 선전광고의 측면도 경시해서는 안 되며 그 포인트는 다음과 같다.

(1) 많은 상품들 가운데서 눈에 띄는 **디자인**

(2) 제품의 내용물이 무엇인지 알기 쉽고 가급적이면 내용물이 보일 것

(3) 대량으로 빨리 진열하기에 **편리한 포장**

(4) 거칠게 취급해도 견디는 **구조와 재질**

(5) 제품에 대한 설명을 표시하되 **설명문**은 간결하고 **만화** 형태도 좋다.

(6) 가격을 표시할 것. 슈퍼처럼 1품목마다 표시하지 않더라도 스탬프로 찍을 공간을 포장지에 디자인 해두는 방법도 좋다.

(7) 배송이나 점원과 고객이 취급하기 쉬울 것

(8) 작은 것은 도난 될 가능성이 크므로 패키지 단위로 포장하는 것도 고려

이상의 조건 이외에 메이커의 대량판매를 위한 포장의 고려사항이 있다.

① 상품의 특성을 연구 ② 기업의 이미지를 높이고 ③ 고객이 동경할 만큼의 디자인을 선도
④ 인쇄 재료와 기술의 연구 ⑤ 큰 틀에서의 양식(樣式)에 대한 기초연구 ⑥ 경쟁상품의 조사
⑦상품의 보호성과 포장비 저하 등

10. 빵과자와 영양

모든 빵-과자에 영양성분이 골고루 들어있지는 않은데 가정의 소비자 대표인 주부는 건강과
관계되는 더 많은 영양을 요구하고 있다. 엄마가 아이에게 과자를 사줄 때 가격과 수량 이외에도
아이에게 맞는 과자 – 아이가 좋아하는 과자 – 몸에 해가 없는 과자 – 영양이 고루 갖추어진 과
자를 고른다.

빵과자는 대체로 **탄수화물**이 풍부한 식품으로서 제품의 특성에 따라 지방함량이 높거나 단백
질이 많은 것도 있지만 기능성 빵과자를 제외하고는 다른 일반 음식물과 마찬가지로 철과 칼슘
이외의 무기질과 비타민은 부족한편이다. 시각적으로 보기 좋은 것, 맛있는 것, **트랜스지방**의 유
해성이 대두되면서 안심하고 먹을 수 있는 것, 게다가 영양까지 고려한 제품을 소비자가 요구하
는 시대를 맞고 있다.

당뇨나 고혈압, 저칼로리, 고섬유질 등 용도로 만드는 **다이어트 제과·제빵**(Dietetic Baking)도
준비해야 되지만 빵과자는 어디까지나 **식품**이지 **약**이 아니기 때문에 맛이 없어서는 안 된다는
것을 잊지 말아야 된다.

베이커리 제품도 **성분, 칼로리** 등을 표기해야 되는 시대가 되었으니 제과점 종사자도 영양에
관한 지식을 가지고 생산 – 판매를 해야 할 것이다.

9-3 판매

1. 판매계획

고객이 〈최적의 품질〉을 가진 상품을 〈최적의 가격〉으로 살 수 있는 점포를 자유롭게 선택하
도록 하는 것이 판매의 근간이다.

(1) 고객의 선택 자유

고객은 선택의 자유가 있다. 과일이나 과자 중 무엇을 살 것인가, 여러 가지 과자 중 어느 제품
을 살 것인가, 어느 가게를 선택하는 것도 자유이다.

맛있고 영양가가 높은 과자를 살 것이며 똑같은 제품을 살려면 느낌이 좋고 서비스가 좋은 가
게를 고르게 될 것이다.

(2) 최적의 품질

제과점의 빵 – 과자 제품이 종류가 다양하고 품질에 자신이 있다 하더라도 고객들이 전부를 사주는 것이 아니다. 최고의 품질이라고 각개의 고객 취향에 맞고 인정받는 것이 아니기 때문에 고객층에 맞는 품질이 오히려 좋다.

(3) 최적의 가격

가격이 싸다고 잘 팔리는 것은 아니다. 너무 싸면 불량품이라는 인상을 주어 불안감을 조성하며 다른 상품에까지 영향을 주기 때문에 고객층에 맞는적 정한 가격이 요구된다.

(4) 판매계획 작성의 요인

① 전년도 실적을 근거로 제품별로 일별, 월별, 연간계획을 세운다.
② 과거 판매일보를 기준으로 계절, 행사, 세시풍속, 날씨, 경기상황에 따른 변수를 상정하여 일일의 판매를 예측한다.
③ 주문 판매와 신제품 출시의 기대효과도 감안한다.

2. 접객태도

고객은 제과점을 선택할 자유가 있지만 제과점은 고객을 고를 자유가 없다.

접객 태도의 좋고 나쁨에 따라 새로운 고객을 확보하여 가게가 번성하기도 하고 기존 고객까지도 잃어서 문을 닫기도 하니 특히 유의할 사항이다.

(1) 웃는 얼굴로 고객을 맞을 것 (2) 깍듯이 응대할 것 (3) 고객을 기다리지 않게 할 것 (4) 모든 것을 고객 입장에서 생각할 것 (5) 고객 앞에서 사원끼리 사적인 이야기 하는 것을 삼가할 것 (6) 계량 및 중량을 정확히 할 것 (7) 금액 계산을 정확하게 하고 거스름돈을 틀리지 말 것 (8) 돌아가는 고객에게 꼭 인사를 할 것 (9) 개나 고양이를 매장에 두지 말 것, 파리나 다른 벌레의 침투를 막을 것 (10) 위생적이고 깔끔한 점포라는 인상을 남길 것 등등의 접객 요령이 있으나 가장 중요한 것은 ‘마음’ 이다. 품질과 가격을 신용하고 서비스에 만족하는 고객을 단골로 만드는 가게는 항상 고객의 입장에 서서 생각하여 다시 오고 싶은 마음을 갖게 한다.

접객시의 7대 용어	접객 용어의 원칙
1. 어서오세요.	1. 마음을 담아서
2. 알겠습니다.	2. 정중한 단어를 사용하여
3. 잠시 기다려주세요.	3. 표준어, 일반어를 사용
4. 기다리게 해서 죄송합니다.	4. 귀에 거슬리는 표현에 주의
5. 감사합니다.	5. 요령껏, 확실하게
6. 죄송합니다.	6. 직원끼리 사담을 하지 않는다.
7. 부탁드립니다.	7. ‘아니요’ 라는 말을 쓰지 않는다.

접객시의 7대 용어	접객 용어의 원칙
	8. 고객과 다투는 일이 없어야 한다.
	9. 혼자 해결이 안되면 도움을 청한다.
	10. 언제나 **웃는 얼굴로**

3. 진열

진열의 연출이 점포의 존재가치를 좌우하는 힘을 가지기도 한다. 고객의 시각에 호소하여 구매욕을 자극하는 것은 매출 증진의 방법으로 연구되어 왔다. 그러기 위해서는 점포 내외의 인테리어, 진열도구, 상품의 진열, 조명, 색채, 간판, 가격표 등 점포에 어울리는 방법을 충분히 연구해서 실제로 활용해야 하며 '쇼윈도우'의 중요성도 인지해야한다.

조명을 단지 밝게만 하면 된다는 생각은 조명효과의 원칙을 무시하는 것이다. 물론 고객은 어두컴컴한 점포를 기피하고 밝은 점포를 찾게 되지만 팔상품, 그것을 사는 손님 층 또 계절에 맞는 조명으로 상점의 '무드(mood)'를 살려서 판매효과를 얻는 것이 조명효과이다. 제과점이 슈퍼마켓과 같은 조명을 하면 제품을 사먹고 싶다는 분위기를 연출하지 못하는 것과 같다.

쇼윈도우에 예술적인 빵-과자 공예품을 전시하여 기술력을 암시하고 미각을 자극하는 초콜릿세트, 고품위 포장의 선물용을 진열하거나 미려한 모양의 〈메뉴판〉과 가격표로 눈길을 끄는 것도 한 가지 방법이 될 것이다.

4. 광고 선전

최근의 경영에 있어 광고 선전의 중요성, 필요성이 많은 비중을 차지하고 있다. "우리 제과점의 과자는 맛이 좋고 잘 팔리고 있으니 광고 선전 따위는 필요 없다."라고 말하는 시대는 지나갔다. 보다 많은 고객에게 우리 제과점을 알려서 많이 팔기 위하여 광고 선전의 필요성이 있다.

'좋은 타이밍에 맞추어', '실질적으로', '더욱 효과를 높이는' 방법을 선택하고 광고의 목적, 방법, 시기, 예산, 효과 등을 자세히 연구·검토하여 시행한다. 돈만 많이 들이면 좋은 광고가 되는 것이 아니기 때문에 필요한 경우에는 전문가와 협의하며 그 **효과**가 마이너스가 되는 경우를 예방해야 한다.

정보화 시대를 살고 있는 현재는 '광고학'이라는 체계적인 학문이 빛을 보는 시대로 전문가도 많고 연구도 활발하다. 일반적으로 광고 효과의 측정은 어렵다고 하지만 제과점은 매출의 증감으로 알 수 있다. 광고에서 고려할 사항은 ① 가급적 단순화 ② 전체적으로 통일감이 필요 ③ 안정성이 있고 ④ 상품의 '이미지'에 맞는 색채를 사용 ⑤ 쉽게 기억하도록(만화 사용 여부) ⑥ 그림이나 사진의 사용 여부 ⑦ 매출 대비 광고비 등이 있다.

5. 포장

포장은 매장에서 고객에게 제품을 건넬 때 제품의 가치 및 상태를 보호하기 위하여 적합한 재료 또는 용기 등으로 장식하는 방법 및 상태를 말한다.

(1) 용기 · 포장 재질

용기나 포장지는 가게의 품격을 나타내고 동시에 광고의 효과도 얻을 수 있는 재질을 선택하는 것이 좋다. 가게 독자적으로 또는 상점가나 동업자와 함께 제작하는 것이 있는데 어느 경우에도 가게의 이름이 들어가기 때문에 **디자인, 재질, 수량, 위생**등을 제작 또는 인쇄 전에 충분히 검토해야 한다.

(2) 포장 방법

고객이 너무 오래 기다리지 않는 시간 내에 포장하며 가지고 가는 도중에 제품이 상하거나 **포장이 풀리지 않도록** 주의를 기울여야 하고 고객에 전달할 때에는 정중해야 한다. 포장할 완제품을 손으로 만지는 경우에 세균오염의 우려가 있으니 특히 유의하여 **위생**의 측면에서 고객이 안심하도록 한다.

6. 사은 행사

사은행사에 초대를 하는 것도 초대를 받는 것과 같은 입장으로 생각하고 고객에게 감사의 뜻이 표현되도록 마음을 담아 사가는 제품에 중점을 두어야 한다. 초대된 고객이 기뻐하며 고맙게 여기는 행사로 만들기 위해 일자, 장소, 행사내용, 업무 분담, 예산 등의 계획을 세워 시행한다.

(1)어느 범위로 몇 명인지 **초대자**를 정한다. (2)필요 항목이 빠지지 않은 **초대장**을 발송한다. (3)장소를 빌려서 하는 경우에는 예약을 확실히 하고 오고가는 교통편도 준비한다. (4)접수와 안내를 정중하게 한다. (5)계획한 업무 진행에 차질이 없도록 사전에 **업무분담**을 정한다. (6)기념품과 차와 음료 등을 제공한다. (7)필요한 **예산**을 세우고 자금을 준비한다.

7. 상품 지식

고객들 중에는 맛이 어떤지, 유통기한은 언제까지인지, 무게는 얼마인지 등 궁금한 것을 질문하는 사람이 많아졌고 즉시 대답을 하지 않으면 불친절 하다고 생각하며 심지어는 자세한 설명과 납득이 없는 제품을 사지 않는다.

아주 어려운 기술적인 부분을 물어보는 고객도 적지 않으므로 대답할 필요가 적은 사항까지 알아두는 것이 좋다. 이 제품은 무엇으로 만들고 특징은 어떤 것이며, 내용을 알고 싶은 제품은 단면을 사진으로 찍어 보이는 것도 한 가지 방법이 된다. 판매할 빵 – 과자의 맛, 영양, 질과 양, 포장의 품격에 이르기까지 **상품 지식**을 익히고 용기 내의 건조제에 대해서도 설명한다.

8. 계량

제과점에서도 무게로 팔거나 무게를 표시한 제품이 있다. 계량을 잘못하면 그것이 아무리 작은 양이라도 고객의 기분을 상하게 하여 나쁜 이미지를 심어줄 수 있다. 요즘은 가정에 저울을 두고 쓰는 집이 많기 때문에 계량을 잘못하면 고객이 금방 파악할 수 있다. 정량보다 적을 때는 말할 것도 없거니와 같은 무게로 산 것이 서로 달라도 그 가게의 신용이 크게 떨어진다.

계량이 잘못되는 경우의 하나는 저울 자체의 고장이며 다른 하나는 계량하는 **사람의 잘못**에 있다. 저울의 정기검사와 **고장유무**의 수시 점검으로 정확도를 확보하고 '0점 수정' 등 사용법을 익혀 계량의 실수가 없도록 한다.

9. 셀프 서비스

슈퍼마켓이나 대형 마트의 큰 매력은 〈셀프 서비스(self-service)〉라는 데서 찾을 수 있는데 그것은 소비자가 가장 원하는 역할을 잘 해내는 점포로서의 요인인데 (1) 상품이 풍부하게 준비되어 있고 (2) 자유롭게, 가벼운 마음으로 선택하여 살 수 있으며 (3) **신용**할 수 있고 (4) 값이 싸다는 4대 장점이 있다.

좋은 마트의 점포 조건으로는 다음과 같은 항목이 고려된다.

(1) 매장의 면적이 넓다 (2) 통로가 넓고 직선으로 되어있다 (3) 경영을 적극적으로 한다 (4) 청결하게 유지한다 (5) 모든 상품을 직접 선택할 수 있다 (6) 판매대의 상품 설명이 자세하여 이해하기 쉽다 (7) 상품의 진열과 정렬이 잘되어 있다 (8) 생선, 채소, 과일 등 식품이 신선하다 (9) 직원들의 응대가 친절하다 (10) 많은 지점을 가지고 있다 등이다.

이런 원리를 이용하여 일반 제과점에서도 '**셀프 코너**'를 만들어 고객으로 하여금 부담 없이 자유롭게 선택하는 자유를 제공하는 점포가 늘고 있다.

공산품 성격을 갖는 제품은 가격경쟁을 하지만 양생과자, 빵, 수제 초콜릿 등은 품질과 맛에 있어 **전문점의 품격**을 당당히 지켜야 할 것이다.

10. 제품을 사고 싶은 편한 점포

사기 편하고 좋은 점포의 요건으로 위치. 교통 등 여러 가지가 있으나 그 중에도 직원의 대응이 크게 좌우하는 경우가 많다. 현재로서 직원의 복장, 태도, 언어, 행동에 충분한 주의를 기울이는 것은 물론 **교육훈련**을 통하여 **접객태도**를 향상시키는데 특별히 관심을 가져야 한다.

주인이든 직원이든 고객을 맞는 것은 점포의 이름을 걸고 대하는 일이며 고객은 어린아이에서부터 어른에 이르기까지 천차만별이므로 '**고객은 항상 옳다**'는 생각으로 정성과 친절을 다해야 '그 제과점은 좋은 제품을 팔고 있고 들어가 사기에도 편하다'는 인상을 주어야 성공하고 발전하게 된다.

고객 모두가 동물을 좋아하는 사람이 아니며 식품을 다루는 제과점이므로 가게에 고양이나 개를 두는 것은 바람직하지 않다. 전화주문에 친절하게 응대하고 시간을 지켜 믿음을 얻고, 고액권도 즐거운 표정으로 바꾸어주는 태도로 고객을 감동 시키는 번영하는 점포가 되어야 한다.

9-4　근무

1. 민주적 인사관리

　일할 사람이 없다는 말은 (1)일을 적극적으로 하는 사람이 없다 (2)경영주가 뜻하는 대로 일하지 않고 불평만 많다 (3)일하던 사람이 그만 둔다 (4)새로운 사람이 들어오지 않는다. 는 내용을 가지고 있다. 그래서 결국은

　인력부족 =〉 노동관리의 어려움 =〉 경영난 =〉노무도산의 순서를 밟게 된다.

　인사관리의 기본은 '적재적소(適材適所)주의' 라든가 '직원에게 동기 부여' 를 하는 것이라 하지만 이에 앞서 (1) 성실하고 창의적인 사람을 존중하고 (2) 직원의 장점을 찾아서 신장시키며 (3) 사람을 판단하는데 과거보다 현재를 중시하는 원칙을 도입하여 '창의와 기백이 넘치고, 책임감을 존중하는 사풍을 조성' 하는데 노력할 필요가 있다.

　경영자는 아집과 독선을 버리고 직원의 의견과 불만을 경청하고 수용하는 능력과 함께 필요한 경우에 설득도 하는 민주적 방법으로 직원의 협력을 받아야 되는 시대임을 받아들여야 한다.

2. 근로조건

　근로조건이란 자본주의 사회에서 임금노동자와 사용주와의 고용관계에 있어 그 사업장 내에서의 인간관계, 생활시설과의 관계 또는 경제관계에서 생겨나는 여러 조건 즉 임금·근로시간·작업안정·복리후생·휴가제도 등 일체의 것을 말한다. 종업원 10인 이상인 회사는 근로기준법에 따라 취업규칙을 만들고 신고해야 한다. **취업규칙**이란 임금이나 근로시간 등의 근로조건과 복무규율을 획일적, 체계적, 구체적으로 정한 노동자와 기업간의 룰(rule)이라 할 수 있지만 규모가 작은 제과점에서는 의무규정이 아닌데다 잦은 인력의 이동 때문에 실제로 적용하는데 어려움이 많은 실정이다.

　당장에 노동3법의 적용이 어렵다 하더라도 그러나 최소한의 권리 의무를 지키기 위하여 '절대적 필요 기재 사항' 으로 ① 임금 ② 노동시간 ③ 퇴직에 관한 사항이 있으며, '상대적 필요 기재 사항' 으로 ① 퇴직수당 ② 임시임금 ③ 안전에 관한 사항 ④ 식비부담 등을 들 수 있다.

3. 채용

　인력을 확보하기 위해서 ① 채용 조건을 명확히 하여 우수한 인력을 모집하고 ② 일을 능숙하게 할 수 있도록 교육을 시키며 ③ 직원의 의욕을 북돋아 적극적으로 활동하면서 장기간 근무를 하도록 인간관계를 중시하여 가족과 같은 직장분위기를 만드는 것이 중요하다.

(1) 모집방법

　관련 학교에 추천을 의뢰하는 방법 외에 광고, 고용지원센터, 전단을 이용하거나 단위 조합

(협회)에서 단체 구인광고를 내어 모집하기도 한다.

(2) 채용기준

담당 업무를 잘하는 사람, 소질이 있는 사람을 채용한다. 일반적으로 명랑하여 호감이 가는 사람, 성실한 사람, 친절하고 열심히 일하는 사람, 표정이 밝은 사람, 건강한 사람이 바람직한데 면접과 인성검사로 판단한다.

(3) 채용조건

특히 채용조건은 명확하게 해두지 않으면 안 된다. ① 대우 : 급여, 승급의 기준 ② 공제할 내역 ③ 근무시간, 휴일 ④ 업무의 내용, 복장 ⑤ 직책과 승진 ⑥ 숙소, 복리후생관계 ⑦ 제과점의 현황과 전망에 대한 개요(경영이념 포함)

채용 안내를 만들어 비치하고 배포하는 것도 생각해야 한다.

나이가 들었다고 과거의 경험이나 능력이 사라지는 것이 아니므로 파트타임이나 아르바이트 형식으로라도 **중장년의 인력 활용**이 권장되고 있다.

4. 급여

급여는 근로자에 있어서는 일을 하는 목적이며 기업은 일을 해준 대가로 지불하는 것이기 때문에 기준을 정해야 한다. 많은 소규모 기업 급여의 문제점 중 가장 주의할 점은 직원의 연령, 학력, 근속, 근무능력 등에 따른 급여 기준과 원칙이 없다는 것이다. 사람이란 같은 조건으로 같은 시간, 같은 일을 하는데 타사 또는 다른 동료보다 급여가 낮으면 불만을 갖게 된다.

공평한 급여기준에 의해 일한 만큼 급여를 받는다는 확신을 주어야 하며 승급과 상여금, 각종 수당, 퇴직금에 대해서도 마찬가지이다.

근로자가 제공하는 노동이 근로자와 별개로 볼 수 없으므로 **최저임금제**를 기업의 손익과 상관하지 않고 법으로 보호하고 있으니 지켜야 할 것이다.

일반적으로 승급과 승진이 연공서열식 이었으나 최근에는 **직무·직능** 식으로 변화하는 흐름이 대세이므로 경영과 급여에도 참고해야 할 것이다.

5. 복리후생

영세기업은 대기업에 비하여 복리후생이 열악하지만 점차 개선되고 있다.

(1) 건강관리

1년에 한번 이상 **건강진단**을 하고 병에 걸리면 안심하고 치료할 수 있는지

(2) 숙식과 생활

숙소, 침구, 욕실, 식사 등의 문제와 사생활을 보호 받고 취미생활, 오락생활, 휴식 등으로 내

일 활기차게 일 할 수 있는 **생활환경의 조성 여부**

(3) 보험

국민건강보험, 국민연금, 고용보험, 산재보험 등 보험의 가입 여부

6. 표창, 보상

일정기간 무사고나 선행, 제안, 장기근속 등에 표창하고 보상하는 것은 다른 직원에게도 좋은 결과를 가져온다. 표창의 기준을 명문화하고 위원회를 두고 운영하는 것이 좋다. 제안제도를 통하여 작업개선, 품질개선, 코스트 다운의 효과를 얻으며 자기인정에 의한 의욕 고취의 방법이 된다.

7. 판매직원의 교육

판매원의 불친절로 고객을 잃는 예가 많으므로 교육을 통해 판매직원으로서의 소양과 상품지식, 접객태도 등을 익히고 의욕을 높이는 것이 중요하다. 다음과 같은 사항에 대한 지도방법을 연구할 필요가 있다.

(1) 판매원으로서, **상인으로서의 본분**

(2) 판매원으로서의 **인격**을 도야하여 친절, 정중한 접객태도와 고객관리

(3) **판매기술** = 고객을 맞이하고 고객의 의중을 파악하는 일, 상품을 권하는 방법, 적극적인 판매요령, 판매의 마무리(포장 포함), 고객이 돌아갈 때의 인사방법 등

(4) **판매대금의 취급** = 돈을 받을 때, 입금할 때, 거스름에 대한 주의사항

(5) **상품지식** = 상품연구, 비교연구

(6) **상품관리** = 상품의 분류, 보충, 정리, 가격, 위치

(7) **상품진열** = 색채의 조화, 상품의 배열, 계절성 상품, 쇼카드와 가격표, 조명, 청결, 창조력

(8) **판매실무** = 포장, 계량판매, 납품기한, **선물용**(메시지 카드, 가격표 처리, 특별포장 등), 상품의 발송, 인수품, 민원관계, 보관, 반품처리, 고객이 사용하는 방법, 고객의 이름 확보

(9) **매입실무** = 매입처 선정, 거래선에 대한 태도, 품질의 선정, 가격의 결정, 수량 및 시기의 결정, 주문과 납품검사, 판매부서와의 연락, 상품관리 등

(10) **전표 취급방법** = 전표 기재상 주의점, 숫자 쓰는 법, 정정, 관리전표의 종류

(11) **안전교육** = 기계 사용시 주의사항, 미끄럼 주의, 넘어짐 주의 등

8. 제안제도

'제안'을 활성화하는 제도로서 단순히 여러 생각을 모으는 것에 그치지 않고 좋은 '아이디어'를 활용하여 제품개발, 작업개선, 능률향상, 경비절감 등 경영전반에 영향을 미치고 있다. 채택된 제안에 대해서 보상기준을 정하여 상응하는 보상을 함으로 본인뿐 아니라 다른 직원에게도

신선한 충격이 되어 의욕을 고취시키는 효과가 있다. 특히 **젊은이들의 제안**이 성공적이다.

9. 인력문제

인력부족은 이미 심각한 수준으로 '**근로 도산**' 이라는 말이 나올 정도로 그 이유도 다양하다. ① 급여가 적어서 ② 작업시간이 길어서 ③ 작업이 힘들어서 ④ 복리후생 시설이 열악해서 ⑤ 장래 희망이 없어서 ⑥ 사장이 마음에 들지 않아서 ⑦ 자기 시간이 없어서 ⑧ 공부를 할 수 없어서 ⑨ 고용관계가 온정주의(친인척 관계)의 조직이라서 ⑩ 주인이나 선배가 일을 가르쳐주지 않아서 ⑪ 기업체가 작고 자본도 없어서 장래가 불안하므로 등이 그 예 이다.

특히 젊은이들의 제과점 기피 경향은 인력구조의 **공동화현상(空洞化 現象)**을 초래할 우려가 크므로 종업원의 협력이 가게 번창의 원동력임을 주지하여 점주들이 열의를 가지고 문제 해결을 위한 구체적 방안을 마련해야한다.

10. 인간관계

동서고금을 막론하고 사업경영의 제일 요체는 사람과의 조화이다. 사람과의 조화는 연령, 경력, 남녀 성별을 불문하고 '**팀워크(team work)**' 를 이루어야 한다. 인간관계는 협력으로 시작되며 상호 간의 '**신뢰**' 를 바탕으로 형성되는데 이 신뢰가 사람을 움직이는 가장 중요한 요체(要諦) 라 한다.

일을 잘하기 위해서는 일이 끝난 후에도 본인 희망의 교육을 받거나 휴식이나 오락 등을 즐기고, 경영주는 직원의 불만이나 의견을 수렴하고 고충사항을 경청하는 상담자의 역할도 해야 한다. 요약하면 직원을 **인격자**로 대하며 일하고 싶은 직장이 되도록 사람끼리의 믿음과 조화를 중시해야 한다.

9-5   재무

---

1. 재무관리

재무관리란 기업가치의 극대화 목표를 달성하기 위하여 필요한 자금을 조달하고, 조달된 자금을 운용하는 것과 관련된 재무의사 결정을 보다 효율적으로 수행하기 위한 기법 등을 다루는 학문이라 하지만 제과점에서는 경리제도와 결산을 정확히 하고 **자금을 잘 다루는 것**이다.

돈을 운용하는 데 계수, 계획, 조직, 통제의 업무를 철저히 하지 않으면 영업이 부진하여 적자도산이 되는 것은 물론 '**흑자도산**' 의 불행도 생기게 된다. 선박이 항해할 때의 나침반 역할이 제과점 경영의 재무관리와 같다.

2. 경리제도

느낌과 경험만으로 경영하던 시대는 지났다. 숫자에 의한 경영 즉 장부의 기능을 도입한 경영으로 점포의 영업활동, 재산의 움직임, 언제·어떤 거래가 있었는지의 기록을 정확하게 하여야 한다.

예금, 현금, 수표, 유가증권의 보관관리를 포함하여 거래상의 채권·채무의 기록, 청구·수금·지불에 대한 사항도 장부에 남긴다. 일정기간에 결산을 실시하고 손익계산서·대차대조표를 작성하여 이익이나 재산의 현황을 명확하게 파악할 수 있게 한다. 너무 복잡하거나 비용이 많이 드는 방법은 피한다.

3. 자금조달

자금조달이라 하는 것은 단지 돈을 마련하는 것뿐만 아니라 일상의 출입을 정확히 관리하고, 장부에 의해 언제 얼마만큼의 자금이 필요한지를 정확히 예측하여 자금을 조달하거나 운용하는 것을 말한다.

그러기 위해서는 ① 현금, 예금, 수표(어음)의 출납과 잔고확인 ② 대출관계의 관리 ③ 재산관리를 하여 단기, 장기의 계획을 수립하고 **자금조달표**를 만들어 운용한다. 자금 사정이 좋을 때나 어려울 때나 당연히 자금조달표에 근거하여 시행해야 하며 입금예정, 지불예정, 어음기일, 적금의 적립 등은 1개월 단위로 계획을 세워 관리해야 한다.

4. 예산·결산

예산·결산은 관공서나 대기업에서만 하는 것이 아니고 소규모 제과점에서도 월 1회 정도로 가급적 간단한 방법을 연구하여 실시하는 것이 상례이다.

매월 생산 - 판매계획을 수립하고 시행한 후에 **결산**을 할 때 생산과 판매에서 문제점이 발견되면 이것을 해결하는 작업을 계속함으로 예측이 가능한 경영으로 개선된다.

5. 세무대책

일반적으로 세무공무원이 호감을 주지는 않지만 영업을 하는 한 납세하는 것은 당연하다. 세무조사 등을 대비해서 누구나 납득할 수 있는 자료를 항상 준비하고 경리를 명확히 해 둘 필요가 있다. 필요한 경우에는 상담을 하거나 소송을 해야 하지만 규모가 작더라도 경영을 잘하기 위하여 합리적인 납세액을 내는 것이 중요하다. 세무교육도 받고 녹색신고를 하는 것이 좋다.

6. 융자

자기자본으로 영업을 하는 것이 좋으나 금융기관의 신용을 높여서 융자를 받은 돈으로 점포와 공장을 확장하는 방법도 있다. 점포의 현대화도 필요하고 설비를 바꾸는 것도 좋은 방법이다. 하지만 높은 금리는 문제가 된다.

은행으로부터 돈을 빌릴 때는 '사업 내용 플러스 알파(Plus α)'의 매력이 필요하고 그 '+알파'라는 것은 ① 사람·돈·물건의 3박자가 고루 갖추어진 건전경영과 ② 과거에 만족, 현재에 안심, 미래에 기대되는 사업에 ③ 융통성 있는 적당한 선에서의 융자와 대출담당자와의 유대관계를 말한다. 전문가와 상담하여 금리가 싼 융자를 받아 현대적이고 세련된 점포를 만들어 번창하는 가게를 만든 성공사례가 많다.

7. 신용조사

도산의 종류에는 흑자도산, 적자도산, 노무도산, 고의도산, 연쇄도산 등 그 질과 양도 확대되고 있으며 피해도 크다. 자기도 도산하지 않도록 노력해야 함은 당연하며 거래처와 안심하고 거래할 수 있도록 **신용조사**가 필요하다.

도산의 주된 원인은 ① 매출금의 회수난 ② 재고상태의 악화 ③ 설비의 과다투자 ④ 방만한 경영 ⑤연쇄도산의 반응(실적부진 포함) ⑥ 부족한 자본으로 이를 **중소기업 도산의 6대 원인**이라 하며 거래처의 신용조사가 필요하다.

거래처의 위험 징후 리스트로는 A. 대금지불에 있어 ① 어음 기한을 연장 ② 현금에 대한 어음 비율의 증가 ③ 어음 만기일을 2~3회 변경 ④ 토요일 오후에 어음을 발행 B. 구매의 변화로 ① 상식적인 가격보다 고가로 매입 ② 부당한 납품을 독촉 ③ 비정상적으로 대량 주문 ④ 새로운 상품을 취급

C. 영업활동의 변화로 ① 창고 물품의 이동이 갑자기 활발해짐 ② 판매거래선의 변경 ③ 필요 이상의 접대 및 서비스 ④ 공장인데도 원재료를 처분 ⑤ 덤핑과 악성 루머 등이 있다.

8. 매출금의 출납

매출금의 출납은 가정의 자금과 구별되어야 한다. 예산제도의 실시가 어려운 규모의 제과점에서도 매일, 매월 자금계획을 세우고 장부에 기록해 두어야 세무대책도 된다. 카운터에 설치한 금전등록기를 철저히 활용하는 것도 좋은 방법의 하나가 될 것이다. **가계(家計)와 영업의 구분**이 핵심이다.

9. 자금난

자금난은 누구에게나 해당될 수 있으므로 원인을 규명하고 치료 대책을 세워야 한다. 그 원인은 ① 느슨한(loose) 영업방법으로 적자가 누적 ② 무리한 매입 ③ 지나친 **저가 판매** ④ 빌린 돈이 너무 많음 ⑤ 설비투자가 많고 **운전자금이 부족** ⑥ 다른 사람의 보증 ⑦ 재해 등이 있으며,
이를 방지하기 위한 해결책으로 다음과 같은 점을 검토할 필요가 있다.
① 거래를 시작할 때 충분한 조사 ② 판매방법, 수금방법의 타당성 ③ 담당자와 관리책임자의

책임 소재 ④ 융자의 이자율과 상환대책 ⑤ 다른 이익 발생처의 재검토 ⑥ 결손의 경리처리 ⑦ 자금회전 측면에서의 대책

10. 사고대책자금

사고는 예고가 없으므로 평소부터 준비해야 한다. 종업원과 가족의 재해, 점포·공장·주택의 화재 및 풍수해 등을 대비하여 ① 보험과 ② 적립금 제도를 이용하는 것이 제일의 방법이다. 특히 화재보험은 필수불가결 사항이다.

9-6   경영합리화

1. 경영이념

기업의 대소를 막론하고 경영책임자로서 경영이념을 가지고 있으며 이를 명문화하고 경영신조를 따라 일을 하게 하기 위해서는 주인이나 사장이 혼자 하는 것이 아니라 전종업원과 가족이 이해하고 체득하여 같은 방향으로 함께 실행하도록 해야 한다. 사훈(社訓)을 제창하는 이유도 여기에 있다.

경영이념은 기업이 나아갈 방향과 달성해야 할 지표를 나타내는 것으로 기업의 사명, 특색, 개성 등을 구체적으로 구어체, 사가(社歌) 또는 최근에는 동영상 형태로 표현하기도 한다. 무엇보다 관계자 전원이 실행할 수 있는 신조를 만드는 것이 중요하다.

A 제과점의 신조	B 제과점의 사훈
① 고객을 웃는 얼굴로 대한다	① 의욕은 무형의 전력(戰力)이다.
② 고객이 살 때 진심으로 감사한다.	② 개선은 영원하고 무한하다.
③ 청결한 몸으로 고객을 맞이한다.	③ 마음을 담아 말하고, 마음을 열고 듣는다.
④ 언어와 행동을 항상 바르게 한다.	④ 공은 모두에게, 책임은 나에게
⑤ 오늘 하루 후회 없게 일한다.	⑤ 항상 미소를 잃지 않는다.

2. 경영의 근대화

경영의 근대화란 것은 계수화 – 계획화 – 조직화 – 능률화 – 마케팅화 – 자동화 – 민주화 – 공개화 등 경영전반에 걸쳐 경영실태를 개선하고 자신의 것으로 만들어 기업의 번영을 기하는 것이다. 시대적 요구나 필요에 의해 새로운 일을 시작하거나 현행에 불리한 일을 그만 둘 경우에

어느 쪽이든 용기가 필요한 결단을 내려야한다. 일본의 요미우리신문이 상점 세미나에서 조사하여 발표한 문제점을 참고로 소개한다.

가장 어려운 문제		가장 알고 싶은 문제	
주요 내용	인원	주요 내용	인원
① 자금의 고갈	88	① 설비의 확장 대책	71
② 조직의 운영	72	② 판매 증가 대책	64
③ 경쟁의 격화	69	③ 계수관리	53
④ 설비비의 증대	66	④ 교육대책	49
⑤ 구인난	62	⑤ 이익 증가대책	42
⑥ 경비의 증가	62	⑥ 경영전략	41
⑦ 순이익의 감소	50	⑦ 체인화 대책	40
⑧ 도산 점포의 증가	46	⑧ 노무관리	36
⑨ 조이익의 저하	27	⑨ 경쟁대책	32
⑩ 배달증가와 반품의 어려움	21	⑩ 진열기술과 설비의 설계	32

3. 현상파악

병법에도 지피지기(知彼知己)면 백전백승(百戰百勝)이라는 말이 있듯이 먼저 자기를 아는 것이 중요하므로 자기 점포의 현상(실태)을 정확하게 파악하고 있는 것이 중요하다. 적어도 **사람, 돈, 물건**이 어떻게 연관되어 있는 것인가를 숫자에 의해 통계나 도표 등으로 알고 있는 것이 필요하며 하나씩 자세하게 검사를 해서 대책을 세워야 한다. 매출액, 경비, 이익, 매입액, 현금, 예금 잔고 등 기초 사항을 모르고서 가게를 운영하는 것은 무리이다.

4. 체질개선

파악한 현상을 기초로 항목마다 구체적인 계획을 세운다. 나쁜 점은 과감히 개선하고 보다 건강해지기 위하여 영양제를 투여할 필요도 있을 것이다. 처음에는 사소한 것이라도 실행하기 쉬운 것부터 시작하는 것이 좋다.

낱개로 된 과자의 봉투를 예를 들면, 오십여 년 전에는 신문지에 말아 주던 시절도 있었으나 인쇄가 없는 포장지에서 도장만 찍는 포장지로 발전하였다. 지금은 점포의 '이미지(Image)' 관리와 **홍보**를 위하여 디자인이 되어 있는 포장지로 **재활용 및 위생**에도 신경을 쓰게 되었다. 디자인, 포장지 값, 수주처와 주문량, 주문시기 등 하나 하나씩 대책을 세워 실행에 옮기게 되는 것도 체질개선의 하나이다.

5. 경비절감

상당히 계획적으로 사업을 하고 있음에도 들어오는 돈은 예정된 선을 밑돌고 나가는 돈은 계획을 웃돌게 되는 경우가 있어 고충이 많다. 경비의 발생에 대하여 지난달 또는 지난해의 지출과 비교하여 과목별로 검사해 볼 필요가 있다. 예산 이상으로 지출한 것은 어떤 항목으로 얼마이며, 과잉지출의 이유와 대책은 무엇인가를 파악하고 절약할 수 있는 것부터 절감안을 세워 실행하면 건실한 경영의 궤도에 오르게 된다.

6. 신지식의 습득

자신의 능력만으로 활약하는 사람과 자신의 능력에 더해 공부하는 사람과는 나중에 큰 차이가 나는 것과 같이 기업체에서도 항상 새로운 것을 찾아 연구하는 것이 필요하다. 업계의 출판물을 위시해서 관련 잡지와 서적을 꾸준히 읽도록 하고 연구회, 강습회 등에 참가하여 전문가의 교육을 받아야 한다. 다른 가게(타 업종의 가게도 포함)를 보고 매장의 설계, 점원의 응대, 판매방법 등을 참고로 하는 것도 필요하고 경우에 따라서는 전문가에 의한 기업진단을 받는 것도 장기적으로 중요하다.

특히 원료 사정, 업계의 움직임, 고객의 동향, 기호의 변화 등 계속 변하는 상황에서 새로운 지식을 습득하는데 노력을 기울여야 하며 유익한 내용을 얻었으면 하나라도 좋으니 실행에 옮겨야 그 가치가 있다.

7. 업종간의 경쟁

동업자란 경쟁의 상대가 아닌 협력의 상대라는 좋은 말이 있지만 현실의 문제가 되면 그렇게 간단하지가 않다. 무리한 가격경쟁까지 일으켜 양쪽 모두가 피해를 입는 경우를 피하기 위하여 자기 가게가 자랑하는 좋은 과자를 센스 있는 판매방법으로 고객에 서비스하는 정당한 룰(rule)을 만들어 경쟁하는 것이 공동의 이익이 되며 가게의 발전이 되기도 한다.

빵과 과자가 담배처럼 제과점의 전매품이 아닌지 오래 되었다. 밀가루, 설탕 등 주원료 생산회사가 제과점 영업을 하고, 빵의 대기업이 양과자를 대량생산하여 자체의 판매조직과 물류를 활용하고 있다. 손작업으로 숙련을 요하던 제품도 앙금제조기와 앙금을 싸는 기계가 대량생산을 주도하고 제과점에서만 만들어 팔던 상품이 편의점, 팬시점, 꽃집, 패스트푸드 점, 대형 마트 등에서 무차별로 팔고 있으니 고객 제일주의로 대비해야 할 것이다.

8. 타지역과의 경쟁

교통기관과 통신매체의 발달로 전국이 1일 생활권으로 되었기 때문에 지역이나 고장에 한정된 애향심에 의존하지 않고 고객의 욕구를 충족시키는 가게를 만들기 위하여 고객의 동향, 자신의 가게, 자기의 동네, 경쟁상대의 동네 등을 연구할 필요가 있다

동네 가게를 가는 이유	불만스러운 점포
1) 집에서 가깝다.	1) 물건을 보는데 부담스럽다.
2) 언제라도 바로 살 수 있다.	2) 물건이 적다.
3) 마음 편하게 구매할 수 있다.	3) 가격표시가 확실하게 되어 있지 않다.
4) 가격을 흥정할 수 있다.	4) 무게, 수량이 부정확하다.
5) 단골이어서 주인과 친숙하다.	5) 위생상태가 나쁘다.
6) 지역에서 신용이 있다.	6) 점원의 태도가 불성실하다.
7) 기타	7) 값이 비싸다.

9. 새로운 시대의 경영

제과점에서의 고객서비스는 가격인하보다는 고객에 '가치(價値)'를 제공하는 것이다. 가격경쟁에는 한계가 있고, 같은 상권이라 생각하고 경쟁자를 도태시키기 위한 과당가격경쟁은 결국 공멸(共滅)의 지름길이자 제과-제빵 제품에 대한 '이미지'와 '신뢰성'에도 나쁜 영향을 미치게 된다.

새로운 시대의 우수한 경영자는 다음과 같은 경영 덕목을 가져야 한다.
1. 창의성 : 옛날부터 내려온 가게의 신용도와 명성에만 의존하지 말고 언제나 앞을 바라보는 생각으로 새로운 상품과 시장을 개척하는데 주저하지 말아야 한다.
2. 계획성 : 가까운 장래뿐만 아니라 5년, 10년 앞도 예측하고 이에 맞추어 대응할 계획을 가지고 경영해야 한다.
3. 수준 높은 관리능력 : 과학적인 방법으로 일하는 '사람'을 관리하고, '판매'와 '재무'를 관리하여 효과적인 기업경영 능력을 길러야 한다.

<중소기업을 위한 기업경영 번영의 원칙>
1. 경영자 독자적인 경영방침을 세워서 동업자와 대기업도 흉내낼 수 없는 특수점을 갖는다. (개성과 특장)
2. 사업의 지속과 안전을 위해 자신의 능력과 걸맞는 경영 규모를 지킨다.(적정 규모)
3. 평소에 대비하면 경기변동에도 견딜 수 있다. 이익은 최상의 자본력에 의해 생긴다. (자본축적)
4. 자기의 일에 자신감과 자부심을 갖고 마지막까지 일에 대한 책임과 정열을 가진다. (책임관념)
5. 가족적인 주종관계가 아닌 인간 대 인간으로서 종업원을 대하라.(인권존중)

10. 원가계산 이론

(1) 원가 계산의 의의와 목적

경영활동을 실시함으로 생기는 제조 및 판매의 제품별, 장소별 원가를 계산하는 복잡한 작업으로 그 주요 목적은 다음과 같다.

① 능률향상과 '코스트다운'을 위한 **경영관리** ② 원가요소를 세밀하게 계산해서 정확한 원가를 산출함으로 **가격결정** ③ 재무제표에 필요한 자료를 제공하는 **회계의 보조**

(2) 원가의 3요소

① **재료비** : 물품의 재료로 발생하는 원가로 주원재료, 부자재 등

② **노무비** : 노동용역의 소비로 발생하는 원가로 임금, 급료, 잡급, 수당 등

③ **경비** : 감가상각비, 임차료, 수선비, 전기동력비, 가스수도비, 보험료, 잡비 등 재료비와 노무비 이외의 원가요소

(3) 판매비 및 일반관리비

급료임금, 상여수당, 복리후생비, 사무용소모품비, 통신비, 보험료, 조세공과, 여비교통비, 교제비, 운송비, 판매수수료, 광고선전비, 지불이자, 잡비 등

(4) 원가에 계산하지 않는 항목

① 화재, 수해, 도난, 기타의 우발적 손실에 속한 것

② 경영 외 자산의 감가상각비·관리비, 유가증권의 매각손실 등 제조, 판매에 직접 관계가 없는 것

③ 법인세·소득세·주민세, 배당금, 임원상여금, 임의적립금 등 이익처분항목

(5) 원가의 분류

직접재료비=400	직접재조비 700	제조원가 750	순원가 900	판매가격 1000
직접노무비=200				
직접 경비=100				
계=700				
	간접제조비=50			
	계=750			
		판매·일반관리비 =150		
		계=900		
			판매이익=100	
			계=1000	

※원가계산의 원칙으로 ①진실성 ②발생주의 ③정확성 ④계산신속성 ⑤부담력의 원칙 외에 a.확정법 원칙 b.비교법 원칙 c.상호관리의 원칙이 있다.

어떤 비용(요소별 계산)으로 어디에서(부문계산) 어느 제품(제품별계산)을 만드는가를 분리하는 것이 원가계산의 3단계이다.

※ 다음과 같은 식품의 자료를 참고로 하여 다음 질문에 답하시오.

지방 (g)	탄수화물(g)	단백질 (g)	재료	무게 (g)	칼슘 (mg)	철 (mg)	비타민A (I.U.)
1	12	2	식빵(영양강화), 1슬라이스	23	20	0.6	–
19	–	18	햄(스모크), 1 슬라이스	85	8	2.2	–
6	–	7	전란(삶은 것) 1개	54	26	1.2	550
9	–	7	체다 치즈(프로세스) 1조각	28	214	0.2	350
12			마요네즈 1숟갈	15	2	0.1	40
–	1	1	양상추, 큰 잎 2개	50	11	0.2	270
9	12	9	우유, 1잔	244	285	0.1	330
1	33	–	사과, 1개	220	16	0.7	200
11	–	–	마가린, 1숟갈	14	3	–	460
2	22	3	스펀지케이크, 1조각	40	11	0.6	210
7	15	2	파운드케이크, 1조각	30	16	0.5	300
15	52	4	체리파이, 1조각	135	19	0.4	594

※ '모' 군인은 식빵 2조각, 마요네즈 1숟갈, 햄 1 슬라이스, 치즈 1조각, 전란 1개 으깬 것, 양상추 큰 잎 2개로 만든 샌드위치와 우유 1잔, 사과 1개로 아침식사를 하였다.

01. 아침식사의 칼로리는 얼마가 되는가? (　　　　칼로리)

(샌드위치의 열량계산)= 식품의 칼로리 계산은 Cal.(큰 칼로리) 또는 kcal.

① 식빵 2조각 = (9×1 +4×12 + 4×2)×2 = 65×2 = 130 (Cal.)

② 마요네즈 = 9×12 = 108 (Cal.)

③ 햄 1조각 = 9×19 + 4×18 = 171 + 72 = 243 (Cal.)

④ 치즈 1조각 = 9×9 + 4×7 = 81 + 28 = 109 (Cal.)

⑤ 계란 1개 = 9×6 + 4×7 = 54 + 28 = 82 (Cal.)

⑥ 양상추 2 이파리 = 4×1 + 4×1 = 4 + 4 = 8 (Cal.)

⑦ 계 = 130 + 108 + 243 + 109 + 82 + 8 = **680** (Cal.)

(우유와 사과의 열량계산)

① 우유 = 9×9 + 4×12 + 4×9 = 81 + 48 + 36 = 165 (Cal.)

② 사과 = 9×1 + 4×33 = 9 + 132 = 141 (Cal.)

** 합계 = 680 + 165 + 141 = **986** (Cal.)

02. 다음 중 골격형성(骨格形成)에 필요한 무기질이 가장 풍부한 식품군은?

　㉮ 햄과 양상추　　㉯ 식빵과 계란　　㉰ 치즈와 우유　　㉱ 햄과 마요네즈

03. 미국 식품의약청(FDA)이 인정하는 영양강화 밀가루(Enriched Flour)에 첨가하는 영양소 설명으로 틀리는 것은?(밀가루 454g 당)

　㉮ 티아민(thiamin) = 2.0mg　　　㉯ 리보플라빈(riboflavin) = 1.2mg

　㉰ 니아신(niacin) = 16mg　　　　㉱ 제2철(Fe+++) = 5mg

　*철은 환원형인 제1철(Fe++)만이 흡수된다.

04. 근년에 대두된 트랜스지방의 유해론과 가장 관계가 깊은 식품은?

　㉮ 식빵　　　　㉯ 햄　　　　㉰ 체다 치즈　　　　㉱ 마가린

05. 비타민 A는 다음의 어느 이름과 같은가?

　㉮ 레티놀(retinol)　　　　㉯ 칼시페롤(calciferol)

　㉰ 토코페롤(tocopherol)　　　㉱ 비오틴(biotin)

06. 성장기의 골격형성, 성인의 골연화증(骨軟化症) 방지를 위해 필요한 비타민은?

　㉮ A　　　　㉯ B　　　　㉰ C　　　　㉱ D

※다음과 같은 다이어트 견과 머핀 배합표를 참고로 질문에 답하시오.

재료	%	g	문제
대용설탕	6	60	07. 당뇨병을 대비하여 사용하는 재료는?
대용소금	1	10	㉮ 대용설탕　　㉯ 대용소금
탈지분유	7	70	㉰ 버터　　㉱ 박력분
중력분	50	500	08. 대용소금으로 가장 많이 사용하는 것은?
버터	40	400	㉮ Nacl　㉯ Kcl　㉰ Mgcl　㉱ Hcl
계란	40	400	09. 고혈압을 대비하여 사용하는 재료는?
박력분	50	500	㉮ 대용설탕　　㉯ 대용소금
베이킹파우더	2	20	㉰ 계란　　㉱ 탈지분유
물	30	300	10. 대용설탕 사용으로 인한 제조상의 조치로 가장 틀리는 항목은?
바닐라 향	1	10	㉮ 계란의 증가　　㉯ 유지의 증가
견과류(호두, 아몬드, 피칸)	40	400	㉰ 저온 장시간 굽기　㉱ 다이어트용 토핑

해답　02-㉰　03-㉱　04-㉱　05-㉮　06-㉱　07-㉮　08-㉯　09-㉯　10-㉰

01. 정통적인 과일케이크(Fruits Cake)란 다음 중 어느 것인가?

㉮ 과일 〉 밀가루　　　　　　　　㉯ 과일 〉 케이크 반죽

㉰ 과일 〉 계란　　　　　　　　　㉱ 과일 〉 유지 + 설탕

02. 다이어트 피자반죽(dietetic pizza dough)에서 바꾸어야 하는 재료는?

㉮ 이스트　　　㉯ 소금　　　　㉰ 밀가루　　　　㉱ 쇼트닝

03. 신제품 개발의 도입단계에서 고려할 사항이 아닌 것은?

㉮ 제품 아이디어 수렴　　　　　㉯ 타당성 검토

㉰ 제품개발 및 품평회　　　　　㉱ 신상품 교육

04. 일반적으로 신제품 개발의 과정 중 가장 늦게 하는 사항은?

㉮ 상품 기획안 수립　　　　　　㉯ 최종제품의 식품공정상 안정성 시험

㉰ 신규원료 안정성 및 유통기한 시험　㉱ 예비 생산 시험

05. 신제품 개발의 출시 단계에 속하는 사항이 아닌 것은?

㉮ 신상품 교육　　　　　　　　㉯ 제품 안내서 배부

㉰ 제품 및 원료 등록　　　　　㉱ 품질점검 등 사후관리

06. 제빵용 냉동반죽(frozen dough)에 대한 설명으로 틀리는 것은?

㉮ 저장기간 증가는 사멸세포 수 증가로 발효력이 저하

㉯ 글루타티온의 동결로 환원반응을 억제하므로 반죽을 강화

㉰ 크고 불균일한 얼음결정이 반죽조직을 파괴하여 제빵적성을 악화

㉱ 냉동 내구성이 강한 이스트나 양을 증가하여 사용

07. 주문한 냉동반죽을 수령할 때 확인할 사항이 아닌 것은?

㉮ 제조일　　　　㉯ 반죽상태　　　　㉰ 수량　　　　　㉱ 반죽온도

08. 발렌타인 데이(Valentine Day)에 초콜릿 제품의 수요가 점증하고 있다. 템퍼링 과정 중 32~35℃로 냉각하는 공정으로 얻는 지방 결정입자는?

㉮ 알파(α)형　　㉯ 베타(β)형　　㉰ 베타 프라임(β')형　　㉱ 감마(γ)형

01-㉯　02-㉯　03-㉱　04-㉯　05-㉱　06-㉯　07-㉱　08-㉯

1. 불란서빵 배합표 (생산량 중심 배합표 작성)

재료	%	A 바게트 280g,10개	B 쿠페 120g, 10개	C 버섯 48g, 50개	조합(A+B+C) A+B, A+C, B+C
강력분	100	2160 g	926 g	1851 g	( ) g
물	60	1296 g	555.6 g	1110.6 g	( ) g
이스트	2	43.2 g	18.52 g	37.02 g	( ) g
개량제	1	21.6 g	9.26 g	18.51 g	( ) g
소금	2	43.2 g	18.52 g	37.02 g	( ) g
맥아(麥芽)	0.4	8.64 g	3.704 g	7.404 g	( ) g
계	165.4	3572.64 g	1531.604 g	3061.554 g	( ) g
비타민 C	15ppm	33 ml	14 ml	28 ml	( ) ml
기타					

*비타민C 1g 을 1,000cc의 물에 녹여서 사용한다. 이 용액 1cc(ml)에 비타민 C는 0.001g이 들어있다. ppm(parts per million)은 백만분의 얼마라는 비율단위이다.

*기본 배합표를 설정하고 생산계획에 따라 비율대로 가감한다.

*예를 들어 공장에서의 실험결과 공정손실 = 2%, 굽기손실 = 20%라 하면

*A : 완제품 무게 280g 짜리 100개를 생산

　　⑴ 완제품 무게 = 280g × 10 = 2800 g

　　⑵ 재료 무게 = 2800g ÷ 0.8 ÷ 0.98 ≒ 3571.4285 g

　　⑶ 밀가루 무게 = 3571.4285g ÷ 1.654 ≒ 2159.2675 g == 소수 올림=〉 2160 g

　　⑷ 비타민 C = 2160 × 15 ÷ 1000000 = 0.0324 ==〉 용액=0.0324÷ 0.001=32.4 ml

*B : 완제품 무게 120g 짜리 10개를 생산

　　⑴ 완제품 무게 = 120g × 10 = 1200 g

　　⑵ 재료 무게 = 1200g ÷ 0.8 ÷ 0.98 ≒ 1530.6122 g

　　⑶ 밀가루 무게 = 1530.6122 g ÷ 1.654 ≒ 925.400 g == 소수 올림 =〉 926 g

　　⑷ 비타민 C = 926 × 15 ÷ 1000000 = 0.01389 ==〉 용액=0.01389÷ 0.001=13.89 ml

*C : 완제품 무게 48g 짜리 50개를 생산

　　⑴ 완제품 무게 = 48g × 50 = 2400g

　　⑵ 재료 무게 = 2400g ÷ 0.8 ÷ 0.98 ≒ 3061.2244g

　　⑶ 밀가루 무게 = 3061.2244g ÷ 1.654 ≒ 1850.8007 g == 소수 올림 =〉 1851g

　　⑷ 비타민 C=1851 × 15 ÷ 1000000 = 0.027765 ==〉 용액= 0.027765 ÷ 0.001 = 27.765 ml

2. 과자빵 배합표(밀가루 중심 배합표 작성)

재료	%	g	분할 45g 제품	분할 50g 제품
강력분	100	1000		
물	45	450	1960÷45= 43.5	1960÷50= 39.2
이스트	4	40	==〉43개	==〉39개
개량제	1	10	↓	↓
소금	2	20	*앙금빵 1000개를	*소보로빵 500개를
설탕	18	180	주문 받았다면	주문 받았다면
쇼트닝	12	120	밀가루 사용량은?	밀가루 사용량은?
탈지분유	3	30		
계란	15	150	1000÷43≒23.26	500÷39 ≒12.82
계	200	2000	==〉 24 kg	==〉 13 kg
수율 98%	196	1960	*밀가루 5kg 믹서로	*밀가루 5kg 믹서로
수량(개)	–	–	5 작업(batch)	3 작업(batch)

3. 초콜릿케이크의 배합률 조정

재료	범위(%)	연습(%)	설명
박력분	100	100	
설탕	110~180	120	
유화쇼트닝	30~70	(60)-〉54	*초콜릿 중 유지의 1/2 차감=60-6-54
전란	쇼트닝×1.1	(66)	*쇼트닝의 1.1배==〉 60×1.1=66
탈지분유	변화	(11.4)	①우유=설탕+30+(코코아x1.5)-전란
물	변화	(102.6)	=120+30+(20x1.5)-66=114
소금			②분유=114×0.1=11.4 , 물=114×0.9=102.6
B.P.	2~5	3	
	1~3	2	
바닐라 향	0.5~1.0	0.5	
비터초콜릿	24~50	32	①코코아=32×0.625=20
			②코코아버터=32×0.375=12
			유화쇼트닝 효과=12×1/2=6=〉쇼트닝 감소
계		491.5	

*다크초콜릿(설탕 = 35%, 레시틴 = 0.6%. 바닐라 향 = 0.4%)을 32% 사용한 경우

① 다크초콜릿 중 코코아 = (100 – 35 – 0.6 – 0.4)× 5/8 =64×5/8 = **40%**

사용한 32% 중 코코아 = 32×0.4 = **12.8%**(비터는 20%)

② 다크초콜릿 중 코코아버터 = (100-35-0.6-0.4)×3/8 = 64×3/8 = **24%**

사용한 32% 중 코코아버터 = 32×0.24 = 7.68% ==〉유화쇼트닝 효과 = 7.68×1/2 = **3.84**

③ 우유 = 120 + 30 + (12.8×1.5) – 66 = 150 + 19.2 – 66 = **103.2** ∴ 비터 보다 우유 감소

4. 표준화를 위한 배합·작업 일람표 (예)

고급식빵-S-				버터 롤			
원재료	%	3kg	5kg	원재료	%	3kg	5kg
〈스펀지〉		(g)	(g)			(g)	(g)
강력분	50	1,500	2,500	( )분	100	3,000	5,000
준강력분	50	1,500	2,500				
이스트	2.5	75	125	이스트	3.5	105	175
이스트푸드	0.4	12	20	이스트푸드	0.5	15	25
버터	5	150	250	소금	1.6	48	80
탈지분유	2	60	100	설탕	12	360	600
물	58	1,740	2,900	쇼트닝	15	450	750
〈도〉				탈지분유	4	120	200
소금	2	60	100	계란	15	450	750
설탕	6	180	300	물	45	1,350	2,250
물	8	240	400	맥아	1	30	50
계	183.9	5,517	9,195	계	197.6	5,928	9,880
분할 : 240g×2		11개	19개	분할 : 40g		148개	245개
믹싱(분)	스펀지	L=3 → M=3		믹싱(분)	L=3→M=4→H=1+유지		
	도	L=2 → M=2 → H=5			L=2 → M=3 → H=1		
반죽온도	스펀지	24℃		반죽온도	27℃		
	도	27℃					
스펀지 발효		135분					
본반죽 플로어타임		20분		1차 발효		60분	
중간발효(bench time)			25분	중간발효(bench time)			15분
2차발효	38℃	RH=90%	40분	2차발효	38℃	RH=90%	40분
굽기	180/220℃		40분	굽기	210/160℃		10분
특기사항				특기사항			

* 3kg, 5kg 은 밀가루 사용량 기준의 믹서용량 〈== 생산량에 따라 선택

〈문〉 이 공장에 3kg 믹서 1대와 5kg 믹서 1대가 있을 때, 고급 식빵 120개를 생산하기 위한 효율적인(최단시간 믹싱) 믹서 사용은?

120 ÷ (11 + 19) = 4 ==〉 3kg 믹서와 5kg 믹서를 동시에 4회씩 믹싱

〈문〉 같은 조건인 경우, 버터 롤 1,500개를 생산할 때 최단시간 믹싱은?

1,500 ÷ (148 + 245) ≒ 3.82 5kg 믹서로 4회 ==〉 245개×4 = 980개, 나머지 520개는 3kg 믹서로 4회 ==〉 148개 3회 + 76개 1회

*일상적으로 만드는 제품에 대하여 작업을 위한 배합·작업 일람표를 준비

5-1. 제품 일람표의 활용 (예)

과자빵 반죽					크로와상 반죽				
재료	%	g	kg@	금액(원)	재료	%	g	kg@	금액(원)
(　　)분	100	1,000			강력분	100	1,000		
이스트	5	50			이스트	5	50		
m.y.f	0.5	5							
소금	1	10			소금	2	20		
설탕	25	250			설탕	6	60		
쇼트닝	10	100			쇼트닝	5	50		
탈지분유	4	40			탈지분유	3	30		
계란	10	100			계란	8	80		
물	50	500			물	50	500		
					계	179	1,790		
					롤인(마)	50	500		
합계	205.5	2,055			합계	229	2,290		
반죽수율(98%)			반죽 kg당		반죽수율(98%)			반죽 kg당	
2,014g			단가@		2,244g			단가@	
〈통팥빵〉	중량(g)		금액(원)		〈크로와상〉	중량(g)		금액(원)	
반죽	40				반죽	50			
통팥	45				계란칠	3			
계란칠	3								
양귀비씨	2								
계	90				계	53			
판매가 (　)원		원재료비율	(　　)%		판매가 (　)원		원재료비율	(　　)%	
〈앙금빵〉					〈치즈 크로와상〉				
팥앙금	45				반죽	50			
반죽	40				치즈	10			
계란칠	3				계란칠	3			
참깨	3								
계	91				계	63			
판매가 (　)원		원재료비율	(　　)%		판매가 (　)원		원재료비율	(　　)%	

※일상적으로 생산하는 제품의 일람표를 준비하여 항시 원재료비를 점검하면 손실을 줄일 수 있고 표준 또는 목표와 비교함으로 '코스트다운(cost down)'의 항목이 된다.

5-2. 제품 일람표 연습

과자빵 반죽					크로와상 반죽				
재료	%	g	kg@	금액(원)	재료	%	g	kg@	금액(원)
(강력)분	100	1,000	800	800	강력분	100	1,000	800	1,000
이스트	5	50	3600	180	이스트	5	50	3600	180
m.y.f	0.5	5	4000	20					
소금	1	10	1000	10	소금	2	20	1000	20
설탕	25	250	1000	250	설탕	6	60	1000	60
쇼트닝	10	100	4000	400	쇼트닝	5	50	4000	200
탈지분유	4	40	9000	360	탈지분유	3	30	9000	270
계란	10	100	2000	200	계란	8	80	2000	160
물	50	500	–	–	물	50	500	–	–
					계	179	1,790	–	1,690
					롤인(마)	50	500	4000	2,000
합계	205.5	2.055	–	2,220	합계	229	2.290	–	3,690

반죽수율(98%)		반죽 kg당		반죽수율(98%)		반죽 kg당	
2.014g		단가@ 1,103원		2.244g		단가@ 1,644원	

〈통팥빵〉		중량(g)	금액(원)	〈크로와상〉		중량(g)	금액(원)
반죽		40	44.12	반죽		50	82.2
통팥(@1,700)		45	76.50				
계란칠		3	6.00	계란칠		3	6.0
양귀비씨(@10,000)		2	20.00				
계		90	146.62	계		53	88.2
판매가	600원	원재료비율	(24.44)%	판매가	400원	원재료비율	(22.05)%

〈앙금빵〉				〈치즈 크로와상〉			
팥앙금(@1,700)		45	76.50	반 죽		50	82.2
반 죽		40	44.12	치 즈(@12,000)		10	120.0
계란칠		3	6.00	계란칠		3	6.0
참깨(@9,000)		3	27.00				
계		91	153.62	계		63	208.2
판매가	600원	원재료비율	(25.60)%	판매가	800원	원재료비율	(26.03)%

※변화하는 원료 가격을 대입하여 계산하고 생활화할 필요가 있다.

01. 제과점이 구매 거래처 선정을 할 때 고려할 사항으로 적당하지 않은 항목은?
    ㉮ 취급 품목에 대한 전문성 확보   ㉯ 위생적인 반입과 취급관리 능력
    ㉰ 품질과 가격에 대한 경쟁력   ㉱ 적정 재고수준의 유지 능력
    ● 재고관리의 항목

02. 구매계획 수립에 있어 가장 기본이 되는 항목은?
    ㉮ 판매계획   ㉯ 생산계획   ㉰ 현금운용계획   ㉱ 재고회전율
    ● 생산계획도 판매계획을 기본으로 수립

03. 재고회전율이 표준보다 낮을 때(과잉 재고수준)의 설명이 아닌 것은?
    ㉮ 재고의 유지·관리비 증가   ㉯ 저장기간 증가로 물품의 손실 초래
    ㉰ 급매 시 고가구매로 비용 증가   ㉱ 구입과다로 자금 문제 부담
    ● 재고수준이 과소인 경우의 설명

04. 재고관리에 있어 실온, 냉장, 냉동을 구분하고 냄새에도 유의해야 하는 내용은 다음의 재고 관리 수칙 중 어느 것에 해당하는가?
    ㉮ 물품의 저장위치 명시   ㉯ 적정공간의 유지
    ㉰ 선입 선출의 원칙   ㉱ 물품의 특수성 고려

05. 품질상의 규격이나 기준의 미달, 위생상태의 불량이나 가격이 일치하지 않아 반품하는 경우 다음의 검수절차 중 어느 단계에서 하는가?
    ㉮ 물품과 구매청구서, 송장 대조   ㉯ 물품인수
    ㉰ 물품분류 및 명세표 부착   ㉱ 검수에 관한 기록 기재
    ● ㉮절차 후 물품을 인수하거나 반환처리(반품 사유서 작성)

06. 다른 조건이 같을 때, 매입 재료에 대한 다음의 결제조건 중 구매자로서 가장 유리한 것은? (월평균 은행 금리는 0.5%로 본다)
    ㉮ 현금 1,000만원   ㉯ 2개월 어음 1,020만원
    ㉰ 4개월 어음 1,050만원   ㉱ 6개월 어음 1,100만원
    ● 이자 : (2개월 = 5 x 2 =)10만원) (4개월=5 x 4=)20만원) (6개월=5 x 6 =)30만원)

01-㉱ 02-㉮ 03-㉰ 04-㉱ 05-㉯ 06-㉮

07. 같은 원맥으로 제분한 강력분의 성분과 가격이 다음과 같을 때 고형질을 기준으로 구매의 측면에서 가장 유리한 조건은?(다른 기능은 동일)

제품	수분(%)	단백질(%)	회분(%)	가격(원/20kg)
가	12	13.30	0.460	15,400
나	13	13.15	0.455	15,200
다	14	13.00	0.450	15,000
라	15	12.85	0.445	14,900

① 단백질과 회분은 수분 14%를 기준으로 할 때 같은 수준임.
② 〈다〉 고형질 1kg당 가격 = 15,000 ÷ (20×0.86) = 15,000 ÷ 17.2 ≒ 872.093(원)
③ 〈가〉   "   = 15,400 ÷ (20×0.88) = 15,400 ÷ 17.6 = 875.000(원)
④ 〈나〉   "   = 15,200 ÷ (20×0.87) = 15,200 ÷ 17.4 ≒ 873.563(원)
⑤ 〈라〉   "   = 14,900 ÷ (20×0.85) = 14,900 ÷ 17.0 ≒ 876.471(원)

08. 제조계획(생산계획)이라는 것은 무엇을, 얼마만큼, 어떤 규격으로, 누가 어떻게 만들 것인지에 대한 계획이다. 유통기한과 재고를 감안하고 신선도를 유지시키려는 계획은 다음 어느 항목과 가장 관계가 깊은가?

㉮ 품종   ㉯ 수량   ㉰ 규격   ㉱ 업무분장과 방법

09. ① 빵과 과자제품 ② 식품첨가물 ③ 기구 ④ 용기·포장 중 제과점 〈식품위생〉의 대상은?

㉮ ①과 ②   ㉯ ①과 ③   ㉰ ①, ③과 ④   ㉱ ①, ②, ③과 ④

10. 제과점 제조설비의 청결유지 및 관리에 대한 설명이 아닌 것은?

㉮ 식품과 접촉하는 기계, 기구류는 표면이 매끄럽고 부식에 강해야 좋다.
㉯ 고정된 기계, 기구류는 작업과 청소가 용이하도록 배치한다.
㉰ 생산현장에서는 식사, 흡연, 잡담 등 비위생적인 행위를 금한다.
㉱ 안정성이 입증된 소독제로 작업 종료 후 세척 소독하고 식품에 남지 않게 유의한다.

● 종사원의 위생관리 항목임.

11. 예방중심의 위생관리와 가장 관계가 깊은 것은?

㉮ 위해분석과 중요점관리(HACCP)   ㉯ 피엘(PL)법
㉰ 식품위생법   ㉱ 소비자보호법

해답   07-㉰ 08-㉯ 09-㉱ 10-㉰ 11-㉮

12. 종사원의 개인위생은 안전식품의 기본이 된다. 다음 생산직 직원의 위생관리에 대한 설명 중 일상적으로 수행해야 하는 사항이 아닌 것은?

㉮ 전염병에 걸렸거나 화농성 상처가 있는 사람은 식품의 취급을 금한다.

㉯ 작업 전에 손을 씻는 습관을 갖도록 하고 매니큐어는 바르지 않는다.

㉰ 청결한 위생복과 안전화를 착용하고 가급적 외부와 접촉을 피한다.

㉱ 정기적인 건강진단을 실시하고 위생교육을 철저히 한다.

❍ 건강진단은 1년(6개월), 위생교육은 수시(隨時)

13. 판매점의 위생관리에 대한 설명으로 틀리는 것은?

㉮ 냉장(동)제품은 반드시 보존기준에 적합하게 보존, 온도를 조절한다.

㉯ 빵 및 양생과자는 장기 보존이 어려우므로 선입선출이 원칙이다.

㉰ 견과류(堅果類) 등은 수시로 소독하여 장기보관을 가능하게 한다.

㉱ 판매장 도구의 위생상태 유지, 진열장, 좌석 등 주위를 깨끗이 한다.

❍ 소독을 할 수 없으며 항시 이상 유무, 위해 해충의 발생 유무를 확인한다.

14. 제과점 생산현장의 기계화(자동화)의 이유가 아닌 것은?

㉮ 안전사고의 감소   ㉯ 노동력 부족에 대한 성력화(省力化)

㉰ 고임금 인건비 비용절감   ㉱ 대량생산과 계획생산 가능

❍ 기계에 의한 안전사고 발생에 대한 대책 수립이 필요

15. 다음의 공장재해 발생빈도 중 '안전교육'이 특히 필요한 항목은?

㉮ 작업자의 과실 = 47%   ㉯ 공장의 일반적인 위험요소 = 35%

㉰ 공장 경영자의 책임 = 12%   ㉱ 불가항력 = 5%

16. 포장은 제품을 보호하는 기능 이외에 광고 홍보의 측면도 있다. 대량판매를 위한 포장의 고려사항이 아닌 것은?

㉮ 상품의 특성 연구   ㉯ 기업의 이미지(Image) 제고

㉰ 고객이 동경할 디자인 선도   ㉱ 상품에 대한 자세한 설명문 인쇄

17. 용기나 포장지는 가게의 품격을 나타내고 동시에 광고의 효과도 얻을 수 있다. 제작 또는 인쇄 전에 충분히 검토하지 않아도 되는 것은?

㉮ 디자인   ㉯ 재질   ㉰ 포장방법   ㉱ 수량과 위생

12-㉱ 13-㉰ 14-㉮ 15-㉮ 16-㉱ 17-㉰

18. 통상적으로 판매계획 작성의 실질적인 요인이라 할 수 없는 것은?

㉮ 전년도 실적을 근거로 일별, 월별, 연간계획을 세운다.

㉯ 판매일보를 기준으로 계절, 행사, 날씨, 세시풍속에 따른 변수를 상정

㉰ 경제성장률, 각종 경제지표를 근거로 전반적인 경기상태를 예측, 적용

㉱ 주문 판매와 신제품 출시의 기대효과도 감안한다.

19. 정보화 시대의 광고에서 고려할 사항으로 틀리는 것은?

㉮ 가급적 단순화 한다. ㉯ 전체적으로 통일감을 준다.

㉰ 상품의 이미지에 맞는 색채 사용 ㉱ 매출대비 광고비를 높인다.

20. 좋은 제과점의 '셀프 코너'가 대형 마트의 조건과 맞지 않는 항목은?

㉮ 고객에게 상품을 자유롭게 직접 선택하는 자유를 제공한다.

㉯ 공산품을 제외한 빵, 과자, 수제품 제품은 전문점 품격의 값을 받는다.

㉰ 상품의 진열과 정렬이 잘 되어 있으며 청결을 유지한다.

㉱ 신용을 바탕으로 적극적으로 경영하며 직원의 응대가 친절하다.

❱ 대형 수퍼마켓이나 마트의 장점 중 〈값이 싸다〉는 제과점과 다르다.

21, 규모가 작은 제과점에서도 앞으로는 임금근로자와 사용주와의 고용관계에서 근로조건을 명시할 필요가 있다. 절대적 필요기재사항이 아닌 것은?

㉮ 임금 ㉯ 노동시간 ㉰ 퇴직에 관한 사항 ㉱ 퇴직수당

❱ 상대적 필요기재사항 ; ① 퇴직수당 ② 임시임금 ③ 안전사항 ④ 식비부담

22. 판매원으로서의 인격을 도야하여 정중한 접객태도와 고객관리를 위하여 판매기술, 판매대금의 취급, 상품지식, 상품진열, 판매실무, 매입실무, 상품관리 등을 교육하는데 다음 중 주로 판매실무의 내용에 속하는 것은?

㉮ 포장과 계량판매 ㉯ 색채의 조화와 조명

㉰ 판매부서와의 협의 ㉱ 주문과 납품검사

23. 좋은 '아이디어'를 활용하여 제품개발, 작업개선, 능률향상, 경비절감 등 경영 전반에 영향을 주고 직원의 의욕을 고취시키는 회사 활동은?

㉮ 복리후생제도 ㉯ 제안제도 ㉰ 교육제도 ㉱ 경영합리화

해답 18-㉰ 19-㉱ 20-㉯ 21-㉱ 22-㉮ 23-㉯

24. 새로운 시대의 우수한 경영자는 다음과 같은 경영 덕목을 가지고 있다. 앞을 바라보는 생각으로 새로운 상품과 시장을 개척하는 덕목은?

㉮ 창의성　　　　　　㉯ 계획성
㉰ 과학적인 방법으로 일하는 '사람'을 관리하는 능력
㉱ '판매'와 '재무'를 관리하여 효과적인 기업경영을 하는 능력

25. 일반적으로 제과점의 자금난(資金難)과 관계가 적은 것은?

㉮ 느슨한 영업으로 적자 누적　　　㉯ 빌린 돈이 너무 많아 이자지급 과다
㉰ 운전자금에 비해 설비투자가 부족　㉱ 지나친 저가 판매를 계속

26. 대차대조표(貸借對照表) 과목에서 부채부분에 속하는 것은?

㉮ 은행예금　　㉯ 매출금　　㉰ 상품　　㉱ 자본금

❍ 가, 나, 다는 모두 자산 부분임

27. 다음 중 원가로 계산하는 항목은?

㉮ 화재, 수해, 도난, 기타의 우발적 손실에 속한 것
㉯ 감가상각비, 보험료 등 생산·판매에 직접 속하지 않는 것
㉰ 경영 외 자산의 감가상각비·관리비, 유가증권의 매각손실 등
㉱ 법인세·소득세·주민세, 배당금, 임의적립금 등 이익처분 항목

※다음 어느 제과점의 원가 분류표를 보고 물음에 답하시오.

직접재료비=400	직접재조비 700	제조원가 750	순원가 900	판매가격 1,200
직접노무비=200				
직접 경비=100				
	간접제조비=50			
		판매·일반관리비 =150		
			판매이익=300	

28. 직접 재료비는 판매가의 약 몇 %인가?

㉮ 33.3%　　㉯ 44.4%　　㉰ 53.3%　　㉱ 57.1%

29. 제조원가에서 직접 노무비가 차지하는 비율은 약 몇 %인가?

㉮ 16.7%　　㉯ 22.2%　　㉰ 26.7%　　㉱ 28.6%

30. 데니시 페이스트리 1,000개를 만드는 원재료비가 500,000원이고 제조인건비 등 제조경비를 원재료비의 50%로 할 때, 제조경비까지의 수율을 93.75%라 하면 제품 1개당 제조원가는 얼마인가?

㉮ 500원 　　　 ㉯ 650원 　　　 ㉰ 800원 　　　 ㉱ 950원

◐ ① 제품 1개당 원재료비 = 500,000원 ÷ 1,000 = 500원
　 ② 제품 1개당 원재료비와 제조경비 = 500원 x 1.5 = 750원
　 ③ 수율 감안 제조원가 = 750원 ÷ 0.9375 = 800원

※다음과 같은 파운드케이크 배합표와 조건을 참고로 물음에 답하시오.

재료	배합률(%)	사용량(%)	단가(원/kg)	수분함량(%)
밀가루	100	2,000	800	15
설탕	100	2,000	1,000	0
버터	100	2,000	8,000	18
계란	100	2,000	2,000	75
계	400	8,000	–	–
분할까지 수율(%)	98	7,840	–	–
굽기손실(%)	10	7,056	–	–

31. 분할무게 1kg당 원재료비는 얼마인가?(원 미만은 올려서 정수로) 완제품 1kg당 원재료비는 얼마인가?

◐ ① 총배합율 = 400%, 재료의 무게 = 8,000g
　 ② 재료비 = (800 x 2 + 1000 x 2 + 8000 x 2 + 2000 x 2) = 23,600(원)
　 ③ 분할무게 1kg당 재료비 = 23,600 ÷ 7,840 ≒ 3,010.2 ==〉 3,011(원)
　 ④ 완제품 1kg당 재료비 = 23,600 ÷ 7,056 ≒ 3,344.67 ==〉 3,345(원)

32. 이 배합표로 판매가 10,000원짜리 8개를 만들었다면 원재료비율은?

◐ ① 판매액 = 10,000원 x 8 = 80,000원
　 ② 판매가에 대한 원재료비율 = 23,600원 ÷ 80,000원 x 100 = 29.5%

33. 반죽 및 굽기 손실 모두를 수분의 손실로 간주하면 완제품의 수분함량은 몇 %인가? (소수 셋째자리에서 반올림하여 둘째 자리까지 표시)

제품	고형질(g)	수분(g)	계(g)
재료	5840	2160	8000
손실	▼	944	944
제품	5840	1216	7056

◐ ① 재료 수분 = (2000 x 0.15) + (2000 x 0.18) + (2000 x 0.75) = 2160(g)
　 ② 재료 고형질 = 8000 − 2160 = 5840(g)
　 ③ 제품 무게 = 8000 x 0.98 x 0.9 = 7056(g), 수분 손실 = 8000 − 7056 = 944(g)
　 ④ 제품의 수분 % = (1216 ÷ 7056) x 100 = ≒17.233 ==〉 17.23%

해답 　 30-㉰

국가직무능력표준(NCS)에 따른

부록

출제기준

국가직무능력표준에 따른 기준

- 자격종목 : 제과, 제빵 기능사
- 검정방법 : 필기 + 실기(공통)

능력단위	능력단위 요소	수행 준거
공통	FDS2001	**영양적 측면 반영**
	식품특성	*재료의 영양, 작업특성, 식품첨가물, 칼로리 등
	특이식 수요	*당뇨, 알러지, 아토피, 비만 등 질병과 식이요법 등
	FDS2002	**제품 및 매장관리**
	신제품 개발	*계절, 행사, 세시풍속 등 절기, 새로운 제법 등
	제품 구성	*절기, 원가, 수익성, 설비에 맞는 제품 구성
	제품 표현방식	*신상품 등의 POP, 시식회 등 홍보와 안내, 용어
	배학표 관리	*주문량, 생산량에 따라 배합표를 환산하고 반영
		*생산량에 따라 수율, 손실을 감안한 배합량 계산
	FDS2003	**구매 및 검수**
	공급선 파악	*재료, 도구, 장비의 공급선 확보, 원활한 수급
	구매 및 재고관리	*가격 대비 재료의 질과 양, 종류를 결정
		*주문량, 주문 주기, 보관성에 따라 재고관리
	재료선별 및 검수	1.입고된 재료의 상태 점검과 질을 파악
		*부적합한 재료의 반품 처리
제과능력	FDS2101	**케이크류 제조**
	계량 및 반죽	*팬 용적과 반죽량 계산, 정확한 계량과 반죽하기
	패닝하기	*희망하는 모양이 되도록 팬과 반죽량 조절
	굽기	*오븐 점검과 조작, 제품의 크기와 오븐 온도
	냉각과 포장	*냉각 중 맛과 형태 유지, 수분증발 방지 대책
		*자르기, 아이싱, 데커레이션 등의 가공, 유통기한
	FDS2102	**특수 케이크류 제조**
	계량 및 반죽	*정확한 계량과 반죽하기
		*굽기/찌기/굳히기 등 제조공정에 따른 재료량 조절
	패닝 및 성형	형상, 색상을 고려한 제품별 패닝 및 성형
	굽기/찌기/굳히기	*장비의 점검과 조작, 온습도, 시간을 조절
		*굽기/찌기/굳히기 작업의 확인 및 평가

능력단위	능력단위 요소	수행 준거
제과능력	냉각 및 포장	*냉각 중 맛과 형태 유지, 수분증발 방지 대책
		*자르기, 아이싱, 데커레이션 등의 가공, 유통기한
	FDS2103	**페이스트리, 파이류**
	계량 및 반죽	*정확한 계량과 반죽하기, 페이스트리용 유지 관리
		*상대적으로 낮은 온도로 반죽, 충분한 휴식
	성형	*덧가루 사용, 균일한 두께로 밀어펴기, 외형유지
	굽기	*제품별 온도 조절, 굽기 중 상태 점검
	냉각 및 포장	*냉각 중 맛과 형태 유지, 수분증발 방지 대책, 토핑
	FDS2104	**쿠키류 제조**
	계량 및 반죽	*배합표에 따른 재료 계량, 성형에 적합한 반죽
	성형 및 패닝	*제품별 형상, 생상을 고려한 성형, 크기 간격 유지
	굽기	*오븐의 예열과 조작, 바람직한 색상으로 온도 조절
	냉각 및 포장	*맛과 형태를 유지하면서 냉각, 부스러짐 방지 등
	FDS2105	**튀김, 찜과자류 제조**
	계량 및 반죽	*배합표에 따른 재료 계량, 조건에 따른 반죽, 휴지
	성형	*균일한 두께로 밀어펴기, 외형 유지, 충전 등
	튀기기	*제품별 온도 조절. 기름의 산패 확인, 색상 조절 등
	찌기	*제품별 스팀온도/증기압력, 붙지 않는 간격 유지 등
	냉각 및 포장	*후반 가공 준비, 토핑이나 충전물 관리 등
	FDS2106	**디저트 류**
	계량 및 반죽	*배합표에 따른 재료 계량, 부재료 준비, 적정 반죽
	찬 디저트	*제품별 정확한 레시피와 제조법, 냉각과정 활용 등
	더운 디저트	*제품별 정확한 레시피와 제조법, 굽기과정 등 활용
	담아내기	*집기, 포장재 사용, 장식 등 제품력 제고 능력 발휘
	FDS2107	**화과자류 제조**
	계량 및 반죽	*배합표에 따른 재료 계량, 찹쌀가루 준비, 호화 등
	충전물	*앙금 제조, 한천 사용, 양갱의 활용 등
	성형	*찰편 늘리기, 앙금싸기, 소도구 사용 모양 만들기 등
	굽기/찌기/삶기 굳히기	*제품특성에 맞는 온습도 시간, 조건으로 익히기
		*제품 종류와 특징에 따라 적정하게 삶거나 굳히기 등
	냉각 및 포장	*맛, 색채, 형태를 유지하면서 냉각, 포장, 유통기한

능력단위	능력단위 요소	수행 준거
제과능력	FDS2108	**초콜릿류 제조**
	재료준비	*초콜릿, 부재료, 충전물 준비 및 템퍼링 하기 등
	성형	*몰드 사용, 손작업, 충전물, 코팅, 장식 등
	냉각 및 포장	*시간 경과에 다른 변질, 블룸현상 고려한 포장, 저장
	FDS2109	**과자공예**
	구상하기	*공예품의 형태, 색상, 구성, 규모, 해외 경향을 구상
	재료준비	*원재료와 장비 확인, 후에 사용할 반제품의 보존 등
	세공하기	*반죽을 형틀 또는 수공에 의해 필요한 형태로 성형
		*착색, 분무, 다듬기, 붙이기 등 세공하기
	디스플레이	*전체적인 모양 형성, 전시를 위한 소품과 장식
		*완성품의 장기 보존을 위한 처리방법의 활용
제빵능력	FDS2201	**식빵류 제조**
	반죽 및 제1차발효	*재료의 정확한 계량, 조건에 맞는 최적상태의 반죽
		*발효조건을 감안하여 최적 상태의 발효
	성형 및 제2차발효	*제품별로 적당한 분할, 둥글리기, 정형 후 패닝
		*적정 조건에서 2차발효
	굽기	*굽는 온도와 시간 조절, 구워진 빵에 대한 평가 등
	냉각 및 포장	*맛과 형태를 유지하면서 냉각, 유통기한 표시 등
	FDS2202	**과자빵류 제조**
	반죽 및 제1차발효	*재료의 정확한 계량, 조건에 맞는 최적상태의 반죽
		*최적 상태의 발효 및 발효반죽의 상태를 판단, 조치
	충전물 및 토핑 준비	*제품의 종류에 알맞은 충전물/토핑 재료를 준비
		*제조방법에 따라 제조하고 효율적으로 보관
	충전/토핑 및 제2차 발효	*반죽의 분할, 충전물을 넣거나 토핑하여 정형
		*적정 조건으로 2차발효, 발효상태의 판단 및 조치
	굽기	*굽는 온도/시간을 조절, 구워진 상태를 판단, 조치
	냉각 및 포장	*맛과 형태를 유지하면서 냉각, 충전물/토핑 관리
	FDS2203	**특수빵류 제조**
	반죽 및 제1차 발효	*재료의 정확한 계량, 조건에 맞는 최적상태의 반죽
		*발효조건을 감안하여 최적 상태의 발효(특수재료)

능력단위	능력단위 요소	수행 준거
제빵능력	성형 및 제2차발효	*제품별로 적당한 분할, 둥글리기, 정형 후 패닝
		*적정 조건에서 2차발효(표피 가르기, 토핑 포함)
	굽기	*굽는 온도/시간을 조절, 올바른 스팀 사용법
	냉각 및 포장	*맛과 형태를 유지하면서 냉각, 유통기한 표시
	FDS2204	**페이스트리류 제조**
	반죽 및 제1차 발효	*재료의 정확한 계량, 조건에 맞는 최적상태의 반죽
		*발효조건을 감안하여 최적 상태의 발효(저온 휴지)
	밀기-접기 및 제2차 발효	*밀어펴기-유지 싸기-(접기-휴지-밀어펴기)를 반복
		*다양한 모양으로 정형 후 저온으로 2차 발효
	굽기	*굽기전 작업 처리 후 균일한 색상으로 굽기
	냉각 및 포장	*맛과 형태를 유지하면서 냉각, 충전물/토핑 관리
	FDS2205	**조리빵류**
	반죽 및 제1차 발효	*재료의 정확한 계량, 조건에 맞는 최적상태의 반죽
		*발효조건을 감안하여 최적 상태의 발효(충전물)
	충전물 만들기	*충전물, 소스에 필요한 재료를 준비하고 계량
		*오븐, 팬, 찜기, 튀김기 등을 이용하여 사전에 조리
	성형 및 제2차발효	*성형시 제품에 맞는 충전물을 넣거나 토핑하여 정형
		*적정 조건으로 2차발효, 발효상태의 판단 및 조치
	굽기	*굽는 온도/시간을 조절, 구워진 상태를 판단, 조치
	냉각 및 충전물 넣기	*맛과 형태를 유지하면서 냉각, 자르기, 충전물 관리
		*제품에 따라 조리된 빵을 다시 굽거나 그릴링
	FDS2206	**튀김빵류 제조**
	반죽 및 제1차발효	*재료의 정확한 계량, 조건에 맞는 최적상태의 반죽
		*발효조건을 감안하여 최적 상태의 발효(반죽온도)
	성형 및 제2차발효	*알맞은 크기로 분할하여 원하는 모양으로 정형(충전)
		*적정 조건으로 2차발효, 발효상태의 판단 및 조치
	튀기기	*제품별 온도 조절, 기름의 산패 확인, 색상 조절 등
	충전물과 토핑 만들기	*충전물과 토핑 재료를 계량하고 제법에 따라 제조
		*글레이즈의 온도 유지, 제품별로 토핑 또는 장식
	냉각 및 포장	*맛과 형태를 유지하면서 기름이 흐르지 않도록 냉각
		*충전물이나 토핑이 포장지에 묻지 않도록 포장

능력단위	능력단위 요소	수행 준거
제빵능력	FDS2207	**찜빵류 제조**
	반죽 및 발효하기	*재료의 정확한 계량, 조건에 맞는 최적상태의 반죽
		*발효조건을 감안하여 최적 상태의 발효
	성형	*알맞은 크기로 분할하여 원하는 모양으로 정형
		*제품에 따라 충전물을 넣거나 토핑하여 정형
	찌기	*찜기의 준비와 조작, 달라붙지 않는 간격 유지
		*찜온도(증기압)/시간을 조절, 찜 상태를 판단, 조치
	냉각 및 포장	*맛과 형태를 유지하면서 냉각, 충전물/토핑관리
	FDS2208	**빵공예**
	구상하기	*목적에 따라 형태, 색상, 구성, 규모를 결정(해외경향)
		*작업 단위의 분할, 시간 등 계획을 수립
	원재료 준비	*배합표에 따른 재료의 정확한 계량, 최적상태의 반죽
		*반죽 특성을 위한 가열과 혼합, 재사용을 위한 조치
	세공하기	*반죽을 형틀 또는 수공에 의해 필요한 형태로 성형
		*착색, 꼬기, 깎기, 분무, 다듬기 등으로 표면 질감내기
		*공정 중 발생 가능한 이물질 혼입 방지 및 변질 예방
	굽기	*굽는 온도/시간을 조절, 구워진 상태를 판단, 조치
		*다듬기, 자르기 등 굽기 전후에 필요한 가공작업 수행
	전시하기	*전체적인 모양 형성, 전시를 위한 소품과 장식
		*완성품의 장기 보존을 위한 처리방법이 활용

[저자 약력]

• 홍행홍

  – 서울대학교 농화학과 졸업,
    미국 American Institute of Baking 졸업
  – 전) 한국제과학교 이사장
  – 저서
    《제빵입문》(제과학교, 1974)
    《케익과 페이스트리 Ⅰ, Ⅱ》(AIB 동문회, 1978, 1979)
    《제과 제빵사 기능검정 문제집》(대한제과협회, 1986)
    《제빵실기 69》(대한제과협회, 1988)
    《재료과학》(제과학교, 1989) 《제과이론》(제과학교, 1989)
    〈고등기술학교 교육과정 개발〉(문교부, 1988),
                    (교육부, 1992), (교육부, 1998)
    《제빵Ⅰ 비디오》(한국산업인력공단, 2000, 2001년),
    《제과실기》(컬러판)(한국산업인력공단, 2002년),
    《제과·제빵사시험》(광문각, 1993, 2003년)

• 민경찬

  – 고려대학교 농화학과 졸업, 경희대학교 이학박사
  – 덴마크 공과대학 생물공학과 객원교수 역임
  – 전) 신흥대학 교수
  – 저서 : 《식품영양학》, 《기초영양학》,
    《식품미생물학》 다수

• 서홍원

  – 위덕대학교 대학원 외식산업학과 박사학위
  – 현) 한국기능인협회 회장
  – 현) 아델라 7 디저트카페 대표
  – 현) 연산국제제과제빵커피학원 원장

• 이재동

  – 경기대학교 일반대학원 외식경영학박사
  – 대한민국 제과기능장
  – (사) 한국조리학회 학술 부회장
  – 정화예술대학교 외식산업학부 학과장

• 정혜심

  – 동의대학교 호텔외식경영학과 졸업
  – KBS 바리스타대회 부산지역 주관사 운영위원
  – 사)한국기능연합회 제1회 제과제빵 실기 민간기능경기대회 운영위원
  – 현)연산국제제과제빵커피학원 부원장

• 이관복

  – 군산대학교 대학원 가정학과 석사학위
  – 현)전주기전대학 호텔제과제빵과 교수
  – 현)기독교연합봉사단 러브레브(사회적기업) 기술이사

NEW

국가직무능력표준(NCS)에 따른
제과 제빵 이론&실기

| 2023년 | 10월 21일 | 1판 | 1쇄 | 인쇄 |
| 2023년 | 10월 30일 | 1판 | 1쇄 | 발행 |

지은이: 홍행홍 · 민경찬 · 서홍원
　　　　이재동 · 정혜심 · 이관복
펴낸이: 박　정　태
펴낸곳: **광　문　각**

10881
파주시 파주출판문화도시 광인사길 161
광문각빌딩 4층
등　　록: 1991. 5. 31 제12-484호
전화(代): 031)955-8787
팩　　스: 031)955-3730
E-mail: kwangmk7@hanmail.net
홈페이지: www.kwangmoonkag.co.kr

ISBN : 978-89-7093-069-5　93590

정가 : 32,000원

한국과학기술출판협회회원